# 市政工程工程量清单计价


主　编　祝丽思　刘春霞

副主编　陈　静　杨春玲　尹晓静

参　编　贾学涵

主　审　张　鑫

中国铁道出版社有限公司

2025年·北　京

## 内容简介

本教材共分九章，主要内容包括：市政工程概述、市政工程造价与定额、工程量清单计价基础知识、土石方工程计量与计价、道路工程计量与计价、管网工程计量与计价、桥涵工程计量与计价、市政工程合同价款的调整和结算、市政工程竣工决算及保修费用处理。

本书内容实用、简要、系统、完整，操作性强，具有实践性、地区性强的特点，可作为内蒙古自治区高等职业院校相关专业教材和建筑行业相关岗位培训教材，也可作为其他地区高职院校相关专业师生参考教材，也可供从事工程造价管理及施工企业、工程咨询机构等相关专业人员参考。

**图书在版编目(CIP)数据**

市政工程工程量清单计价/祝丽思，刘春霞主编. —北京：中国铁道出版社，2018.7(2025.2 重印)

ISBN 978-7-113-24594-8

Ⅰ. ①市… Ⅱ. ①祝… ②刘… Ⅲ. ①市政工程-工程造价-教材 Ⅳ. ①TU723.3

中国版本图书馆 CIP 数据核字(2018)第 123296 号

**书　　名：市政工程工程量清单计价**
**作　　者：**祝丽思　刘春霞

---

**策　　划：**曹艳芳
**责任编辑：**曹艳芳　　**编辑部电话：**(010)51873162
**封面设计：**崔　欣
**责任校对：**苗　丹
**责任印制：**高春晓

---

**出版发行：**中国铁道出版社(100054，北京市西城区右安门西街 8 号)
**网　　址：**http://www.tdpress.com
**印　　刷：**北京铭成印刷有限公司
**版　　次：**2018 年 7 月第 1 版　2025 年 2 月第 4 次印刷
**开　　本：**787 mm×1 092 mm　1/16　印张：19.25　字数：471 千
**书　　号：**ISBN 978-7-113-24594-8
**定　　价：**40.00 元

---

# 前　言

本教材根据内蒙古地区的有关建设工程法规、现行计价依据和建设工程造价管理相关文件编制。针对高等职业技术教育应用型专门人才培养目标要求，经过充分调研，与校外企业专家共同开发完成，其针对性、实用性强、地区特色鲜明，适合于“教、学、做”一体化教学。教材通过典型翔实的清单计价编制实例，运用通俗简练的文字，使学生能够较快且扎实地理解和掌握市政工程工程量清单计价编制的基本理论和方法。

本教材根据建设部、财政部《建筑安装工程费用项目组成》(建标〔2013〕44号)、《建筑工程施工发包与承包计价管理办法》(建设部令第107号)、2013年《建设工程工程量清单计价规范》(GB 50500—2013)、2017版《内蒙古自治区建设工程计价依据》等有关内容编写，系统地介绍了土石方工程、道路工程、管网工程、桥涵工程工程量清单编制以及清单计价编制、市政工程合同价款的调整和结算、市政工程竣工决算及保修费用处理的方法。书中每个知识内容都辅以编制实例，增强了本书的实用性和操作性。本书可作为造价工程专业、市政工程专业教学与参考，也可作为建筑行业相关岗位培训教材，也可供从事工程造价管理及施工企业、工程咨询机构等相关专业人员参考。

本书由内蒙古建筑职业技术学院祝丽思担任第一主编，内蒙古自治区建设工程标准定额总站刘春霞担任第二主编，内蒙古建筑职业技术学院陈静、杨春玲、尹晓静担任副主编，内蒙古高等级公路建设开发有限责任公司贾学涵参编，全书由祝丽思负责统稿。本书编写分工如下：祝丽思编写第3章、第6章，刘春霞编写第4章、第5章，陈静编写第7章，杨春玲编写第8章、第9章，尹晓静编写第2章，贾学涵编写第1章。内蒙古自治区建设工程造价管理总站张鑫对全书内容及编制深度进行了审核，为本书的编写提出了许多宝贵的建议。

由于编者水平有限，有不足之处，敬请读者批评指正。

在此并向本书参考文献的作者表示感谢。

编　者

2018年5月

# 目　录

# 第1章　市政工程概述

## 1.1　市政工程概述

### 1.1.1　市政工程的概念

市政工程是指城市(镇)公共基础设施建设工程，是指在城市区、镇(乡)规划建设范围内设置、基于政府责任和义务为居民提供有偿或无偿公共产品和服务的各种建筑物、构筑物、设备等。市政工程是属于国家的基础建设，是城市生存和发展必不可少的物质基础，是提高人民生活水平和对外开放的基本条件。

### 1.1.2　市政工程的内容

按照市政工程建设的分类，市政工程建设的内容包括以下几个方面。

1. 城(镇)市道路

城(镇)市道路建设主要包括城(镇)市中的主干道、次干道、广场、停车场以及路边的绿化、美化工程。

2. 桥涵隧道

城(镇)市桥涵隧道是指各种结构的桥梁、涵洞、隧道。如人行街道桥(俗称过人天桥)、立交桥、高架桥、跨线桥、地下通道，以及箱涵、板涵、拱涵等。

3. 给排水工程

城(镇)市给水、排水工程是指城(镇)区的主干线、次干线、郊区、开发区的规划线，厂区的工业和生活的给排水；建筑群、社区的给排水；大型给水、排水工程及建筑物、构筑物工程；地下水特殊处理、工业废水处理、城市污水处理、污泥处理；地面水源取水、地下水源取水及配水厂、净水厂等工程。

4. 燃气与集中供热工程

这项工程是指城市天然气或煤气供应干、支线输送管网；天然气加(减)站、输配站、煤气厂，煤气罐站，贮配器站，煤气调压站。集中供热工程包括热源工程、供热管网工程和热交换站等工程。

5. 地铁工程

地铁工程是指地下铁路工程。它主要包括进站口、出站口、地下站台、隧道、轨道以及电力工程等。

6. 路灯工程

路灯工程是城(镇)市路灯照明工程，包括变配电设备工程、架空线路、电缆敷设、配管配线、照明器具安装和防雷接地装置安装等内容。

### 1.1.3　市政工程的特点

市政工程有着建设先行性、服务性和开放性等特点。在国家经济建设中起重要的作用，它不但解决城市交通运输、给排水问题,促进工农业生产,而且大大改善了城市环境卫生,提高了城市的文明建设。有的国家称市政与环境工程为支柱工程、骨干工程。市政工程又被称为血管工程,它既输送着经济建设中的养料,又排除废物,沟通着城乡物质交流,对于促进工农业生产以及科学技术的发展,改善城市面貌,对国家经济建设和人民物质文化生活的提高,有着极为重要的作用。

1.市政工程的特点

(1)产品具有固定性,建成后不能移动。

(2)工程投资巨大。一般工程在千万元左右,较大工程要在亿元以上。

(3)工程类型多,工程量大。市政工程包括道路、桥梁、隧道、自来水厂、污水处理厂、泵站等类工程,工程量很大。点、线、片型工程都有,如桥梁、泵站属于点型工程,道路、管道是线型工程,自来水厂、城市污水处理厂是片型工程。

(4)结构复杂而且单一。每个工程的结构不尽相同,特别是桥梁、污水处理厂等工程更是复杂。干、支线配合,系统性强。如管网工程作为一个系统,干线要解决支线流量问题,否则互相堵截,造成排水不畅。

2.市政工程施工的特点

(1)施工生产具有流动性。产品的固定性,决定了必须流动施工。

(2)施工生产的一次性。产品类型不同,设计形式和结构不同,再次施工生产各有不同。

(3)工期长,投入的人力、物力、财力多。由于工程结构复杂,工程量大,从开工到最终完成交付使用的时间较长,一项工程往往要施工几个月,长的甚至施工几年才能完成。

(4)施工的连续性。工程开工后,必须根据施工程序连续进行,不能间断,否则会造成很大的损失。

(5)协作性强。需要地上地下工程的配合,材料供应、水源、电源、交通运输等的配合,以及工程所在地政府各有关部门、市民的配合。

(6)露天作业。由于产品的特点,施工生产需要露天作业。

(7)季节性强。气候影响大,一年四季、雨雾风雪和气温高低,都可能给工程施工带来很大的困难。

在建设项目的安排和施工操作方面,特别是在制定工程投资或造价方面都必须尊重市政工程建设的客观规律,严格按照程序办事。

## 1.2 道路工程构造与施工

### 1.2.1 道路工程的概念及分类

道路工程是指以道路为对象而进行的规划、设计、施工、养护与管理工作的全过程及其所从事的工程实体。同其他任何门类的土木工程一样,道路工程具有明显的技术、经济和管理方面的特性。

道路工程按照路面力学性质、交通功能等可进行如下分类。

1.按路面力学性质分类

(1)柔性路面

柔性路面主要是指除水泥混凝土以外的各类基层和各类沥青面层、碎石面层等所组成的路面。主要力学特点是在行车荷载作用下弯沉变形较大，路面结构本身抗弯拉强度小，在重复荷载作用下产生累积残余变形。路面的破坏取决于荷载作用下所产生的极限垂直变形和弯拉应力，如沥青混凝土路面。

(2)刚性路面

刚性路面主要是指用水泥混凝土作为面层或基层的路面。主要力学特点是在行车荷载作用下产生板体作用，其抗弯拉强度和弹性模量较其他各种路面材料要大得多，故呈现出较大的刚性，路面荷载作用下所产生的弯沉变形较小。路面的破坏取决于荷载作用下所产生的疲劳弯拉应力，如水泥混凝土路面。

(3)半刚性路面

半刚性路面主要是指以沥青混合料作为面层，水硬性无机结合稳定类材料作为基层的路面。这种半刚性基层材料在前期的力学特性呈柔性，而后期趋于刚性，如水泥或石灰粉煤灰稳定粒料类基层的沥青路面。

2.按交通功能分类

(1)快速路

快速路是城市大容量、长距离、快速交通的通道，具有四条以上的车道。快速路对向车行道之间应设中央分隔带，其进出口应全部采用全立交或部分立交。

(2)主干路

主干路是城市道路网的骨架，为连接各区的干路和外省市相通的交通干路，以交通功能为主。自行车交通量大时，应采用机动车与非机动车分隔形式。

(3)次干路

次干路是城市的交通干路，以区域性交通功能为主，起集散交通的作用，兼有服务功能。

(4)支路

支路是居住区及工业区或其他类地区通道，为连接次干路与街坊路的道路，解决局部地区交通，以服务功能为主。

3.按道路平面及横向布置分类

(1)单幅路

机动车与非机动车混合行驶。单幅路面横断示意如图1-1所示。

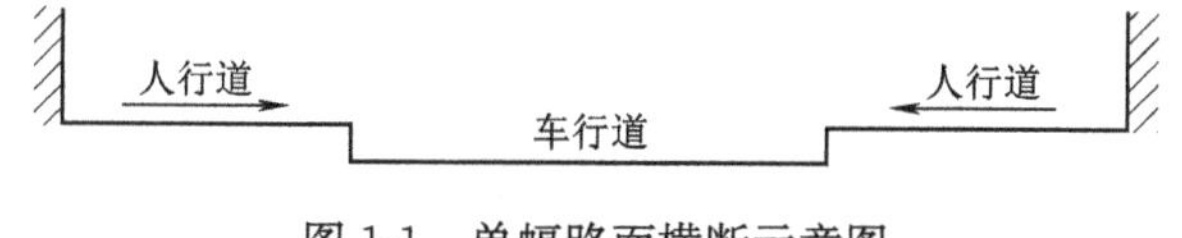


图1-1　单幅路面横断示意图

(2)双幅路

机动车与非机动车分流向混合行驶。双幅路面横断示意如图1-2所示。

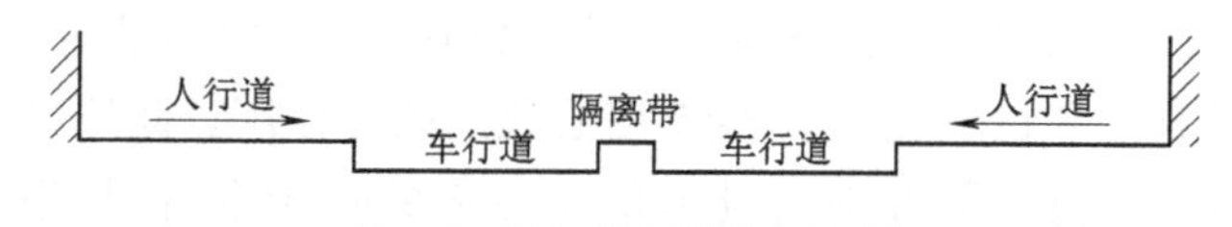


图1-2　双幅路面横断示意图

(3)三幅路

机动车与非机动车分道行驶,非机动车分流向行驶。三幅路面横断示意如图 1-3 所示。

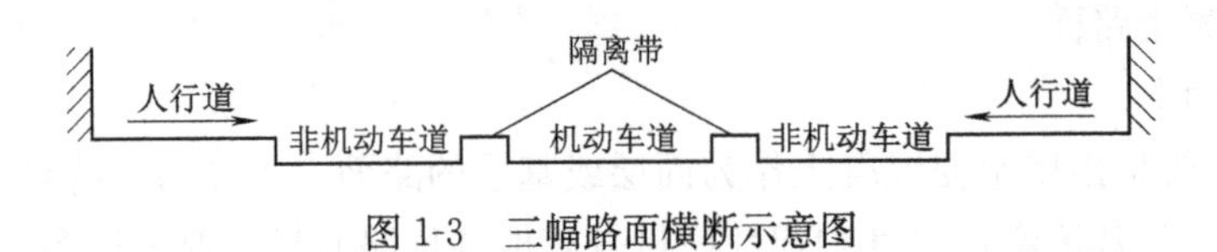


图 1-3　三幅路面横断示意图

(4)四幅路

机动车与非机动车分道、分流向行驶。四幅路面横断示意如图 1-4 所示。

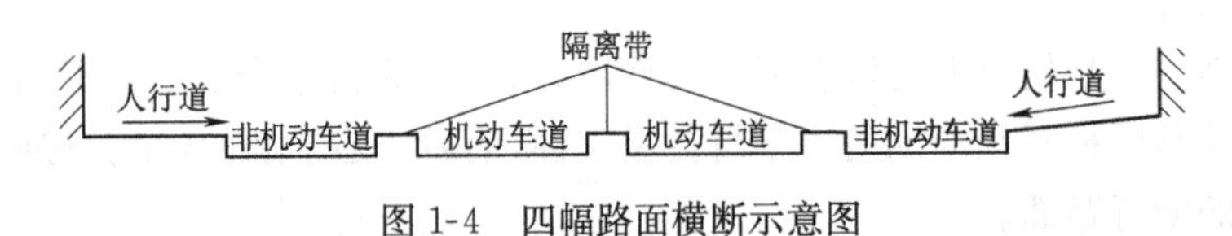


图 1-4　四幅路面横断示意图

### 1.2.2　道路工程的组成及特点

道路是一种带状构筑物,主要承受汽车荷载的反复作用和经受各种自然因素的长期影响。路基、路面是道路工程的主要组成部分。路面按其组成的结构层次从下至上可分为垫层、基层和面层。

1. 路基

(1)路基的作用

路基是路面的基础,是用土石填筑或在原地面开挖而成的、按照路线位置和一定的技术要求修筑的、贯穿道路全线的道路主体结构。

(2)路基的基本形式

道路按填挖形式可分为路堤、路堑和半填半挖路基。高于天然地面的填方路基称为路堤,低于天然地面的挖方路基称为路堑,介于二者之间的称为半填半挖。如图 1-5 所示。

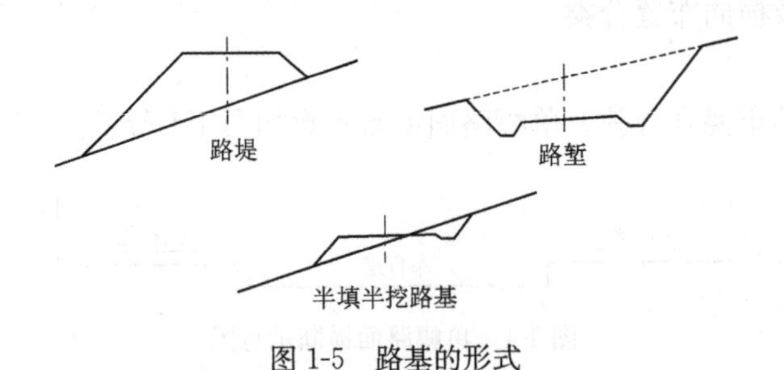


图 1-5　路基的形式

2. 路面结构

(1)垫层

垫层是设置在土基和基层之间的结构层。其主要功能是改善土基的温度和湿度状况,以保证路面层和基层的强度和稳定性,并不受冻胀翻浆的破坏作用。此外,垫层还能扩散由面层和基层传来的车轮荷载垂直作用力,减小土基的应力和变形,还能阻止路基土嵌入基层中,使基层结构不受影响。修筑垫层的材料,强度不一定很高,但水稳定性和隔热性要好。常用的有碎石垫层、砂砾石垫层等。

(2)基层

基层主要承受由面层传来的车辆荷载垂直力，并把它扩散到垫层和土基中，基层可分两层铺筑，其上层仍称为基层，下层则称为底基层。

基层应有足够的强度和刚度，基层应有平整的表面以保证面层厚度均匀，基层受大气的影响比较小，但因表层可能透水及地下水的侵入，要求基层有足够的水稳定性。常用的基层有石灰土基层、二灰稳定碎石基层、水泥稳定碎石基层、灰土基层、粉煤灰三渣基层等。

(3)面层

面层是修筑在基层上的表面层次，保证汽车以一定的速度安全、舒适而经济地运行。面层是直接同行车和大气接触的表面层次，它承受行车荷载的垂直力、水平力和冲击力作用以及雨水和气温变化的不利影响。面层应具备较高的结构强度、刚度和稳定性，而且应当耐磨、不透水，其表面还应有良好的抗滑性和平整度。常用的有水泥混凝土面层和沥青混凝土面层。

### 1.2.3 道路工程施工技术

1.路基施工技术

(1)路基施工测量和放样

开工前按图纸及有关规定进行线路及高程的复测，水准点及控制桩的核对和增设，并对路线横断面进行测量与绘制，其测量结果应记录并形成资料报监理工程师审查签字认可。在测量放线前一定要对所使用的仪器进行检测。看仪器是否损坏，精度是否达到要求，一切检验合格后才可进行实际的施工测量。

(2)路基填方施工

1)基底处理

路堤基底指地基与堤身的接触部分，应视不同情况分别予以处理，以保证堤身稳固。

①基底土密实稳定、地面坡度缓于1∶5时，路堤可直接填筑在天然地面上。但地表有树根草皮或腐殖土等应予以清除，以免日后形成滑动面或产生较大的沉陷。

②路堤基底为耕地或较松的土时，应在填筑前进行压实。高速公路、一级公路和二级公路路堤基底的压实度不应小于85%；路基填土高度小于路床厚度(80 cm)时，基底的压实度不宜小于路床的压实标准。基底松散土层厚度大于30 cm时，应翻挖后再分层回填压实。

③路线经过水田、池塘或洼地时，应根据积水和淤泥层等具体情况，采取排水疏干、清淤换填、晾晒或掺灰等处理措施，经碾压密实后再填路堤。受地下水影响的低填方路段，还应考虑在边沟下设置渗沟等降、排地下水的措施。当基底土质湿软而深厚时，应按软土地基处理。软土地基处理的方法包括砂垫层法、轻质路堤及加筋路堤、浅层处治、竖向排水体、反压护道、预压、粒料桩、加固土桩、强夯法等。

④在地面坡度陡于1∶5的稳定斜坡上填筑路堤时，为使填方部分与原地面紧紧密结合，基底应挖成台阶，以防堤身沿斜坡下滑。台阶宽度不得小于1.0 m，台阶高度宜为路堤分层填土厚度的两倍，台阶底应有2%～4%向内倾斜的坡度。对于半填半挖路基，挖方一侧在行车范围之内宽度不足一个车道的部分，其上路床深度范围之内的原地面土应予以挖除换填，并按上路床填方的要求施工，以增加车道内中基的均匀性及稳定性。若地面横坡陡于1∶2.5，则应进行滑动稳定性验算，并采取必要的支挡措施。

2)压实工艺试验

路堤填方施工前28 d,先根据填料及压实机的不同选择进行碾压工艺试验,据此选定最佳工艺参数,包括填料的最佳含水量、填料的松铺厚度,以及压实机型、行进速度、压实遍数等。

3)路堤填筑

在施工中始终坚持"三线四度",三线即:中线、两侧边线;四度即:厚度、密实度、拱度、平整度。施工时在三线上每隔20 m插一小红旗,明确中线、边线的控制点。控制路基分层厚度以确保每层层底的密实度;控制密实度以确保路基的压实质量及工后沉降不超标;控制拱度以确保雨水及时排出;控制平整度以确保路基碾压均匀。

在路基中心线每200 m处设一处固定桩,随填筑增高。在固定桩上标出每层的厚度及标高。路基填筑时在路基两侧每间隔50 m(局部可加密到20 m)同步设置一道临时泄水槽至路基外排水沟,确保在雨季路基上的水从泄水槽中排出,避免雨水冲刷边坡。

4)路基整修

①填筑至标高后,进行平整和测量,恢复中线,水平测量,施放路基边桩,修筑路拱,并用光轮压路机碾压一遍。

②修整的路基表层厚150 mm内,不应留有尺寸大于100 mm的材料。

③路基整修采用人工或机械的方法将路基两侧的余土清除场外。

④整修需加固的坡面时,应预留加固位置。

⑤整修路基时应将边沟内的杂物清除干净,保证排水畅通。

5)施工质量控制要点

①分层填筑。满足上一层压实要求后,再填压下一层,压实前必须对含水量进行测定,含水量符合要求后再碾压,避免返工浪费。

②干密度试验标定要准确。对不同的土质要分别标定干密度,不可以用同一个干密度去评定不同土质的压实度。

③分段施工。纵向搭接两段交接处不在同一时间填筑,则先填地段应按1∶1坡分层留台阶,若两个地段同时填,则应分层相互交叠衔接,搭接长度不得小于2 m,否则路基会出现不均匀沉陷,影响路面平整度。

④预防地下水的影响。当路基稳定受到地下水影响时,应在路堤底部填以水稳性优良、不易风化的砂石材料或用无机结合料进行加固处理,使基底形成水稳性好的厚约20～30 cm的稳定层。

(3)路基挖方施工

首先清除开挖施工范围内的表土、杂草等,自上而下逐层挖掘。挖掘采用横挖法。施工中注意:首先,平曲线外边沟沟底纵坡与曲线前后的沟底相衔接,曲线内侧不得有积水或外溢现象发生;其次,路基交接处的边沟应徐缓引向路堤两侧的天然沟或排水沟,防止冲刷路堤;最后,所有排截水设施要满足沟基稳固、沟形整齐、坡底平顺。

截水沟弃土置于路堑与截水沟间,形成土台,台顶截水沟设2%的横坡,土台边坡脚距堑顶的距离不小于设计规定。路基挖方应注意开挖程序,预留碾压沉降高度,并应有处理超挖或土质松软地段措施。常见的软土类别有淤泥、淤泥质黏土、冲填土、杂填土等。现场管理的重点是:保证设计单位出具齐全的地质勘测资料;全面了解软土的厚度、成因、物理化学特性以及各项力学指标;根据地勘资料选择处理方案,完善设计;选择有利季节尽早安排施工,确保足够的工后沉降期。

(4)路基防护工程施工

路基防护是提高路基强度及稳定性不可缺少的环节，通常采用浆砌片石挡土墙、浆砌片石护坡、绿化种植护坡。砌筑材料采用结构密实、质地均匀、不易风化且无裂缝的硬质石料，其抗压强度不小于 30 MPa，并尽量选用较大的石料砌筑。块石选用形状大致方正，上下面大致平整，厚度不小于 0.2 m，宽度和长度约为厚度的 1～1.5 倍和 1.5～3 倍，用作镶面时，由外露面四周向内稍加修凿。片石选用具有两个大致平行的面，其厚度不小于 0.15 m，宽度和长度不小于厚度的 1.5 倍，所使用砂浆配合比符合设计要求。

2. 路面施工技术

(1)道路基层施工技术

1)石灰土稳定土基层

石灰土稳定土基层包括石灰土、石灰碎石土和石灰砂砾土，具有较高的抗压强度，一定的抗弯强度和抗冻性，稳定性较好，但干缩性较大；可用于各种交通类别的底基层，可作次干路和支路的基层，但不应用作高级路面的基层。在冰冻地区的潮湿路段以及其他地区过分潮湿路段，不宜用石灰土作基层，如必须用，应采取防水措施。

石灰稳定土施工技术要求包括：

①粉碎土块，最大尺寸不应大于 15 mm。生石灰在使用前 2～3 d 需要消解，并用 10 mm 方孔筛筛除未消解灰块。工地上消解石灰的方法有：花管射水和坑槽注水消解法两种。为提高强度减少裂缝，可掺加最大粒径不超过 0.6 倍(且不大于 10 cm)石灰土厚度的粗集料。

②拌和应均匀，摊铺厚度虚厚不宜超过 20 cm。

③应在混合料处于最佳含水量时碾压，先用 8 t 稳压，后用 12 t 以上压路机碾压。控制原则是："宁高勿低，宁创勿补"。

④交接及养护：施工间断或分段施工时，交接处预留 30～500 mm 不碾压，便于新旧料衔接。养生期内严禁车辆通行。

⑤应严格控制基层厚度和高程、其路拱横坡与面层一致。

2)水泥稳定土基层

水泥稳定土基层包括水泥土、水泥砂、水泥碎石和水泥砂砾，具有良好的整体性，足够的力学强度，抗水性和耐冻性；适用于各种交通类别的基层和底基层，不应作高级沥青路面的基层，只能作底基层；在快速路和主干路的水泥混凝土面板下，水泥土也不应用作基层。

水泥稳定土施工技术要求：

①必须采用流水作业法。一般情况下，每一作业段以 200 m 为宜。

②宜在春季和气温较高的季节施工。施工期日最低气温应在 5 ℃以上，在有冰冻地区，应在第一次重冰冻到来之前 0.5～1 个月前完成。

③雨季施工，应注意天气变化，防止水泥和混合料遭雨淋，下雨时停止施工，已推铺的水泥土结构层应尽快碾压密实。

④配料应准确，洒水、拌和、摊铺应均匀。应在混合料处于最佳含水量+(1%～2%)时碾压，碾压时先轻型后重型。

⑤宜在水泥初凝前碾压成活。

⑥严禁用薄层贴补法进行找平。

⑦必须保湿养生,防止忽干忽湿。常温下成活后应 7 d 养护。

⑧养生期内应封闭交通。

3)石灰工业废渣稳定土(砂砾、碎石)基层

石灰工业废渣稳定土分为两大类:石灰粉煤灰类和石灰煤渣(煤渣、高炉矿渣、钢渣等)类。石灰工业废渣稳定土具有良好的力学性能、板体性、水稳性和一定的抗冻性,其抗冻性比石灰土高得多,抗裂性能比石灰稳定土和水泥稳定土都好。石灰工业废渣稳定土适合各类交通类别的基层和底基层,但二灰土不应作高级沥青路面的基层;在快速路和主干路的水泥混凝土面板下,二灰土也不应作基层。

石灰工业废渣稳定土施工技术要求:

①宜在春末和夏季组织施工,施工期间日最低气温应在 5 ℃以上,并应在第一次重冰冻(−3 ℃～−5 ℃)到来前 1～1.5 个月完成。

②配料应准确。以石灰∶粉煤灰∶集料的质量比表示。

③城市道路宜选用集中厂拌法,运到现场推铺。应在混合料处于或略大于最佳含水量时碾压。基层厚度≤150 mm 时,用 12～15 t 三轮压路机;150 mm<厚度≤200 mm 时,可用 18～20 t 三轮和振动压路机。

④二灰砂砾基层施工时,严禁用薄层贴补法进行找平,应适当挖补。

⑤必须保湿养生,不使二灰砂砾层表面干燥,在铺封层或者面层前,应封闭交通,临时开放交通时,应采取保护措施。

4)级配碎石和级配砾石基层(粒料基层)

级配型集料可分为级配碎石、级配砾石、级配碎砾石。

级配碎石和级配砾石施工技术要求:

①级配碎石中的碎石颗粒组成曲线应是一根顺滑的曲线。

②配料必须准确。混合料应拌和均匀,没有粗细颗粒离析现象。

③在最佳含水量时进行碾压。

④应用 12 t 以上三轮压路机碾压,轮迹小于 5 mm。

⑤未洒透层沥青或未铺封层时,禁止开放交通,以保护表层不受破坏。

(2)道路面层施工技术

1)沥青混凝土面层

①下面层边部钢丝绳挂线,施工前在下承层上恢复中线,两侧设高程指示桩(钢钎),每 10 m设一桩。控制桩采用 $\phi$25 mm 钢筋加工,并按标准拉力挂上 5 mm 钢丝绳作为摊铺机行走时控制标高的基准线。

②拌和:集料和沥青按配合比规定的用量送进拌和机,拌和时间根据试拌确定,必须使集料的颗粒被沥青完全包裹,混合料充分拌和均匀。

③运输:沥青混合料的运输采用自卸车运至推铺地点。

④摊铺:摊铺前,首先对下承层进行清扫。

摊铺前熨平板应预热至少半小时以上,达到规定温度,且熨平板必须拼接紧密,不许存在缝隙,防止卡入粒料将摊铺面拉出条痕。

摊铺时,采用平衡梁法施工,以保证厚度和平整度。经摊铺机初步压实的摊铺层应符合平整度、横坡的规定要求。

在铺筑过程中，摊铺机螺旋送料器应不停顿的转动，两侧应保持有不少于送料器高度2/3的混合料，使熨平板的挡板前混合料的高度在全宽范围内保持一致，并保证在摊铺机全宽度断面上不发生离析。如发生离析，应及时人工找补或换填。

⑤沥青混合料的压实。沥青混合料压实应紧跟在摊铺后，温度较高的情况下尽快完成，碾压时遵循“高频、低幅、紧跟、慢压、少水、高温”，“由外到内、由低向高”的原则，即压路机应采用高振频低振幅的方式，碾压时向前紧跟到摊铺机时再返回，行驶速度应慢速、匀速，洒水量以不粘轮为准。采用双钢轮压路机与重吨位胶轮压路机组合的方式，碾压分为：初压、复压、终压。

初压：摊铺之后立即进行（高温碾压），用静态双钢轮压路机完成（2遍），上面层改性沥青混凝土采用同等型号双钢轮压路机并列梯队压实，初压温度控制在160 ℃，复压不低于140 ℃，终压不低于120 ℃。压路机从外侧向中心碾压，相邻碾压带重叠1/3～1/2轮宽，碾压时将驱动轮面向摊铺机。碾压路线及碾压方向不应突然改变而导致混合料产生推移。初压后检查平整度和路拱，必要时应予以修整。

复压：复压紧接在初压后进行，复压用双钢轮压路机和轮胎压路机完成，一般是先用双钢轮压路机碾压4遍，再用轮胎压路机碾压1～2遍，使其达到规定压实度。上面层改性沥青混凝土复压采用同等型号双钢轮压路机并列梯队碾压4～6遍，不用胶轮压。

终压：终压紧接在复压后进行，上、下面层终压都采用双钢轮式压路机碾压2～3遍，消除轮迹。

⑥沥青混凝土面层的交通放行及养护。热拌沥青混合料路面应待摊铺层完全自然冷却，隔日开放交通。沥青混凝土上面层应从施工的次日起开始养护，直到交工证书签发之日为止。养护期间安排专人分段对沥青混凝土路面进行清扫，保持路面清洁。

2）水泥混凝土路面施工

①施工放样。施工前根据设计要求利用水稳层施工时设置的临时桩点进行测量放样，确定板块位置和做好板块划分，并进行定位控制，在车行道各转角点位置设控制桩，以便随时检查复测。

②支模。根据混凝土板纵横高程进行支模。

③混凝土搅拌、运输。混凝土应提前按照设计要求进行试验配合比设计，搅拌时严格按试验室提供的配合比准确下料。混凝土采用混凝土运输车运送。

④钢筋制作安放。钢筋统一在场外按设计要求加工制作后运至现场，水泥混凝土浇筑前安放。

a.自由板边缘钢筋安放。自由板边缘钢筋安放，离板边缘不少于5 cm，用预制混凝土垫块垫托，垫块厚度为4 cm，垫块间距不大于80 cm，两根钢筋安放间距不少于10 cm。在浇筑混凝土过程中，钢筋中间保持平直，不变形挠曲，并防止移位。

b.角隅钢筋安放。在混凝土浇筑振实至与设计厚度差5 cm时安放，距胀缝和板边缘各为10 cm，平铺就位后继续浇筑、振捣上部混凝土。

c.检查井、雨水口防裂钢筋安放同自由板边缘钢筋安放方法。

⑤混凝土摊铺、振捣。钢筋安放就位后即进行混凝土摊铺，摊铺前刷脱模剂，摊铺时，保护钢筋不产生移动或错位。即混凝土铺筑到厚度一半后，先采用平板式振动器振捣一遍，等初步整平后再用平板式振动器再振捣一遍，自一端向另一端依次振动两遍。

⑥抹面与压纹。混凝土板振捣后用抹光机对混凝土面进行抹光后用人工对混凝土面进行催光，催光后用排笔沿横坡方向轻轻拉毛，以扫平痕迹，后用压纹机进行混凝土面压纹。

⑦拆模。拆模时小心谨慎，勿用大锤敲打以免碰伤边角，拆模时间掌握在混凝土终凝后36～48 h以内，以避免过早拆模、损坏混凝土边角。

⑧胀缝。胀缝板采用2～3 cm厚沥青木板，两侧刷沥青各1～2 mm，埋入路面，板高与路面高度一致。在填灌填缝料前，将其上部刻除4～5 cm后再灌填缝料。

⑨切缝。缩缝采用混凝土切割机切割，深度为4～5 cm，割片厚度采用3 mm，切割在拆模后进行，拆模时将已做缩缝位置记号标在水泥混凝土块上，如横向缩缝(不设传力杆)位置正位于检查井及雨水口位置，重新调整缩缝位置，原则上控制在距井位1.2 m以上。

⑩灌缝。胀缝、缩缝均灌注填缝料，灌注前将缝内灰尘、杂物等清洗干净，待缝内完全干燥后再灌注。

⑪养护。待道路混凝土终凝后进行养护，养护期间不堆放重物，行人及车辆不在混凝土路面上通行。

3.道路附属设施施工技术

(1)人行道块料铺设

①放样。人行道铺砌前，根据设计的平面及高程，沿人行道中线(或边线)进行测量放线，每5～10 m安测一块砖作为控制点，并建立方格格网，以控制高程及方向。

②垫层。根据测量测设的位置及高程，进行垫层施工。

③铺砌。

a.一般采用“放线定位法”顺序铺砌，彩砖应紧贴垫层，不得有“虚空”现象。

b.经常用3 m直尺沿纵横和斜角方向测量面层平整度，发现不符要求，及时整修。

c.铺砌必须平整稳定，纵横缝顺直，排列整齐，缝隙均匀。

④灌缝及养生。铺筑完成后，经检查合格后方可进行灌缝。用过筛干砂掺水泥拌和均匀将砖缝灌满，并在砖面洒水使砂灰下沉，表面用符合设计要求的水泥砂浆勾缝，勾缝必须勾实勾满，并在表面压成凹缝；待砂浆凝固后，洒水养生7 d方可通行。

(2)排砌侧平石

侧平石实际上是由侧石和平石二者组成，作用是划分车行道与人行道的界线，也是路面排水的重要设施，同时又起着保护道路面层结构边缘的作用。侧石是在城市道路中人行道与绿化带高出路面时，为保护和支承边缘用的立式构筑物；平石是在城市道路中安砌在路面边缘与侧石中间，起到排水和保护路边用的卧式构筑物。

①放样。

a.核对道路中心线无误后，依次丈量出路面边界，进行边线放样，定出边桩。

b.按路面设计纵坡与侧石纵坡相平行的原则，计算出侧石顶面标高，定出侧石标高。

c.道路改建翻排侧平石，应按新排砌的要求进行现场放样，做好原有雨水口标高调整，并与原有侧平石衔接和顺。

②槽夯实。根据设计图放线开挖基槽，整平夯实槽底，摊铺垫层。

③铺筑碎石垫层及混凝土基础。

a.路床施工宽度应包括侧平石基础宽度，侧平石基础用相应的路面材料替代。

b.混凝土基座底面以下部分应用合适的筑路材料填高，整平夯实。

④排砌侧平石。

a. 侧石施工：根据施工图确定的侧石平面位置和顶面标高，放出施工线，人行道斜坡处的侧石，一般比平石高出约 2～3 cm，两端接头应做成斜坡（俗称“牛腿式”）。

b. 相邻侧石接缝必须平齐，缝宽 1 cm。

c. 平石施工：平石和侧石应错缝对中相接，平石间缝宽 1 cm，与侧石间的缝隙<1 cm。

d. 平石与路面接边线必须顺直。

e. 侧平石灌缝，灌缝用水泥砂浆抗压强度应大于 10 MPa。灌缝必须饱满嵌实，勾缝以平缝或凹形缝为宜。

f. 新砌侧平石应设护栏防护，接缝应湿治养护不得少于 3 d，冬季应注意防冻。

g. 侧平石排砌应整齐稳固，线形顺直，圆角和顺，灌缝应饱满，勾（抹）缝光洁坚实。

h. 平石排水必须畅通，无积水和阻水现象。

铺筑完成后，经检查合格后方可进行灌缝。用过筛干砂掺水泥拌和均匀将砖缝灌满，并在砖面洒水使砂灰下沉，表面用符合设计要求的水泥砂浆勾缝，勾缝必须勾实勾满，并在表面压成凹缝；待砂浆凝固后，洒水养生 7 d 方可通行。

## 1.3 排水工程构造与施工

### 1.3.1 排水工程的分类与排水体制

1. 排水工程的分类

根据用户和污染源的不同，排水工程建设标准体系划分为城市排水工程、工业排水工程、建筑排水工程三大类。

（1）城市排水工程

以城市用户（包括各类工厂、公共建筑、居民住宅等）排出的废水，通过城市下水管道，汇集集中至一定地点进行污水处理，使出水符合处置地点的质量标准要求。还有从用户区域排除的雨水径流水，大型工业企业的排水汇集和常规污水处理等。

（2）工业排水工程

工业生产工艺过程使用过的水，包括生产污水、生产废水等，其排出的废水，进行中和、除油、除重金属等特定的污水处理，再排入城市排水管道。

（3）建筑排水工程

建筑排水工程包括生活污水、废水排水系统，生产污水、废水排水系统，雨水排水系统等。通过排水系统收集使用过的污水、废水以及屋面和庭院的雨水径流水，排至室外排水系统。

2. 排水体制

生活污水、工业废水和雨水可以采用一个管渠来排除，也可以采用两个或两个以上独立的管渠来排除，污水的这种不同排除方式所形成的排水系统，称为排水体制。排水系统的体制一般分为合流制和分流制两种类型。

（1）合流制

将生活污水、工业废水和雨水混合在同一个管渠内排除的系统，称为合流制系统。如图 1-6所示。

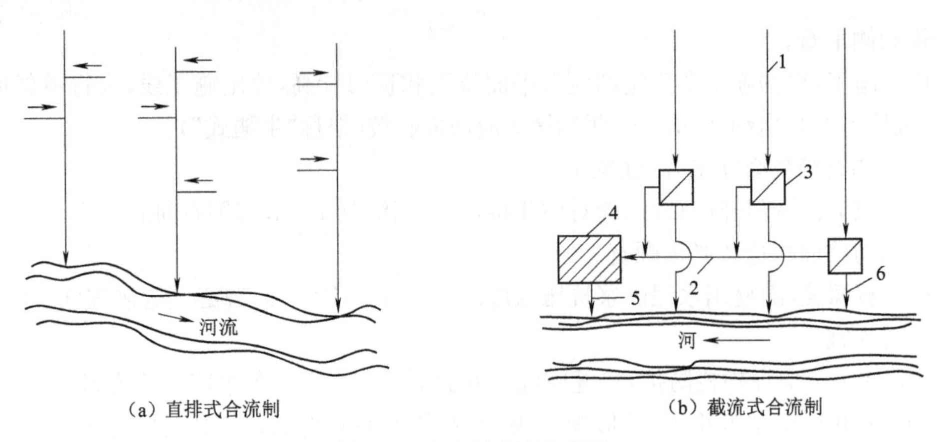


(a) 直排式合流制　　(b) 截流式合流制

图 1-6　合流制系统示意图

1—合流干管；2—截流干管；3—溢流井；4—污水厂；5—出水口；6—溢流出水口

1)直排式合流制

最早出现的合流制排水系统，是将排除的混合污水不经处理直接就近排入水体。

2)截流式合流制

临河岸边建造一条截流干渠，同时在合流干管与截流干管相交前或相交处设置溢流井，并在截留干管下游设置污水厂。晴天和初降雨时所有污水都排送至污水厂，经处理后排入水体，随着降雨量的增加，雨水径流也增加，当混合污水的流量超过截流干管的输水能力后，就有部分混合污水经溢流井溢出，直接排入水体。

3)完全合流制

将污水和雨水合流于一条管渠，全部送往污水处理厂进行处理后再排放。此时，污水处理厂的设计负荷大，要容纳降雨的全部径流量，其水量和水质的经常变化不利于污水的生物处理；处理构筑物过大，平时也很难全部发挥作用。

(2)分流制

将生活污水、工业废水和雨水分别在两个或两个以上各自独立的管渠内排除的系统，称为分流制系统。排除生活污水、城市污水或工业废水的系统称污水排水系统，排除雨水的系统称雨水排水系统。由于排除雨水方式的不同，分流制排水系统分为完全分流制和不完全分流制两种排水系统。

1)完全分流制

完全分流制是将城市的生活污水和工业废水用一条管道排除，而雨水用另一条管道来排除的排水方式。如图 1-7 所示。

2)不完全分流制

在城市中受经济条件的限制，只建完整的污水排水系统，不建雨水排水系统，雨水沿道路边沟排除，或为了补充原有渠道系统输水能力的不足只建一部分雨水管道，待城市发展后再将其改造成完全分流制。如图 1-8 所示。

(3)排水体制的特点

1)环保方面。全部截流式合流制对环境的污染最小；部分截留式合流制雨天时部分污水溢流入水体，造成污染；分流制在降雨初期有污染

2)造价方面。合流制管道比完全分流制可节省投资 20%～40%，但合流制泵站和污水处理厂投资要高于分流制，总造价看，完全分流制高于合流制。而采用不完全分流制，初期投资

少、见效快,在新建地区适于采用。

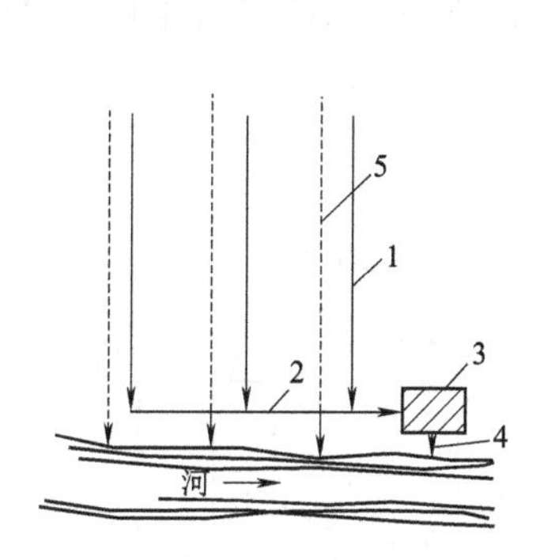


图1-7　完全分流制

1—污水干管;2—污水主干管;3—污水厂;

4—出水口;5—雨水干管

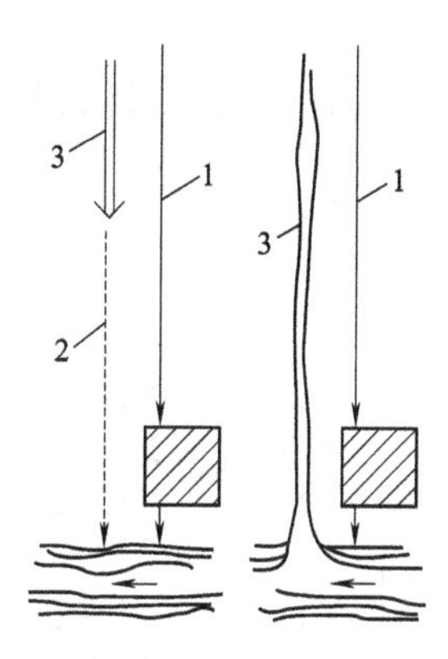


图1-8　不完全分流制

1—污水管道;2—雨水管渠;

3—原有渠道

3)维护管理。合流制污水厂维护管理复杂。晴天时合流制管道内易于沉淀,在雨天时沉淀物易被雨水冲走,减小了合流制管道的维护管理费。

### 1.3.2　常见的排水管渠材料

1.混凝土管和钢筋混凝土管

适用于排除雨水和污水,分混凝土管、轻型钢筋混凝土管和重型钢筋混凝土管三种,管口有承插式、平口式和企口式三种。如图1-9所示。

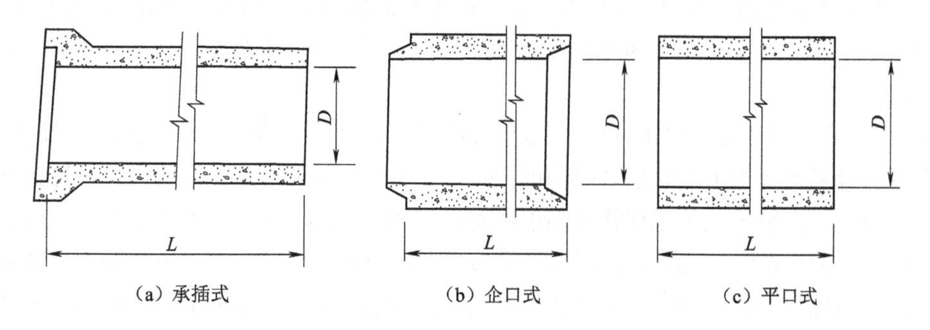


图1-9　混凝土管和钢筋混凝土管

混凝土管和钢筋混凝土管便于就地取材,制造方便,在排水管道系统中得到了广泛应用。其主要缺点是抵抗酸、碱浸蚀及抗渗性能差;管节短、接头多、施工复杂、自重大、搬运不便。

混凝土管的最大管径一般为450 mm,长多为1 m,适用于管径较小的无压管。轻型钢筋混凝土管、重型钢筋混凝土管长度多为2 m,因管壁厚度不同,承受的荷载有很大差异。

2.金属管

金属管质地坚固,强度高,抗渗性能好,管壁光滑,水流阻力小,管节长、接口少,施工运输方便。但价格昂贵,抗腐蚀性差,因此,在市政排水管道工程中很少用。只有在设防地震烈度大于8度或地下水位高,流沙严重的地区;或承受高内压、高外压及对渗漏要求特别高的地段才采用金属管。常用的金属管有铸铁管和钢管。排水铸铁管耐腐蚀性好,经久耐用;但质地较脆，不耐振动和弯折，自重较大。钢管耐高压、耐振动、重量比铸铁管轻，但抗腐蚀性差。

3. 排水渠道

排水渠道一般有砖砌、石砌、钢筋混凝土渠道，断面形式有圆形、矩形、半椭圆形等。如图 1-10所示。

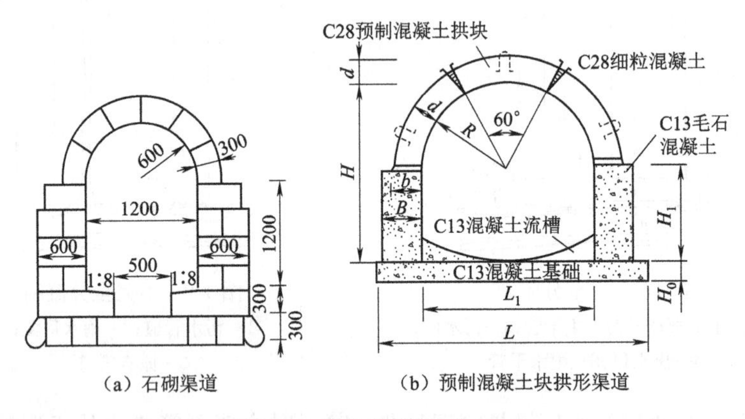


图 1-10 排水渠道(单位:mm)

砖砌渠道应用普遍，在石料丰富的地区，可采用毛石或料石砌筑，也可用预制混凝土砌块砌筑，对大型排水渠道，可采用钢筋混凝土现场浇筑。排水渠道的构造一般包括渠顶、渠底和渠身。渠道的上部叫渠顶，下部叫渠底，两壁叫渠身。通常将渠底和基础做在一起，渠顶做成拱形，渠底和渠身扁光、勾缝，以使水力性能良好。

4. 新型管材

随着新型建筑材料的不断研制，用于制作排水管道的材料也日益增多，新型排水管材不断涌现，如玻璃纤维筋混凝土管和热固性树脂管、离心混凝土管，其性能均优于普通的混凝土管和钢筋混凝土管。

塑料管已广泛用于排水管道，UPVC 双壁波纹管是以聚氯乙烯树脂为主要原料，经挤出成型的内壁光滑，外壁为梯形波纹状肋，内壁和外壁波纹之间为中空的异型管壁管材。管材重量轻，搬运、安装方便。双壁波纹管采用橡胶圈承插式连接，施工质量易保证，由于是柔性接口，可抗不均匀沉降。一般情况下不需做混凝土基础，管节长，接头少，施工速度快。在大口径排水管道中，已开始应用玻璃钢夹砂管。玻璃钢夹砂管具有重量轻、强度高，耐腐蚀、耐压、使用寿命长，流量大、能耗小，管节长(可达 12 m)，接头少的特点，使用橡胶圈连接，一插即可，快速可靠，综合成本低。

### 1.3.3 排水管道的接口

根据接口的弹性，一般将接口分为柔性、刚性和半柔半刚性三种形式。

1. 柔性接口

允许管道纵向轴线交错 3～5 mm 或交错一个较小的角度，而不致引起渗漏。常用有橡胶圈接口。在土质较差、地基硬度不均匀或地震地区采用，具有独特的优越性。

2. 刚性接口

不允许管道有轴向的交错，但比柔性接口造价低，适于承插管、企口管及平口管的连接。常用的刚性接口有水泥砂浆抹带接口和钢丝网水泥砂浆抹带接口。刚性接口抗震性能差，用在地基比较良好，有带形基础的无压管道上。

3. 半柔半刚性接口

介于刚性接口及柔性接口之间，使用条件与柔性接口类似。常用预制套环石棉水泥（或沥青砂浆）接口，这种接口适用于地基较弱地段，在一定程度上可防止管道沿纵向不均匀沉陷而产生的纵向弯曲或错口，一般常用于污水管道。

### 1.3.4　排水管道基础及覆土

1. 排水管道基础

（1）砂土基础

砂土基础又叫素土基础，它包括弧形素土基础和砂垫层基础。如图 1-11 所示。

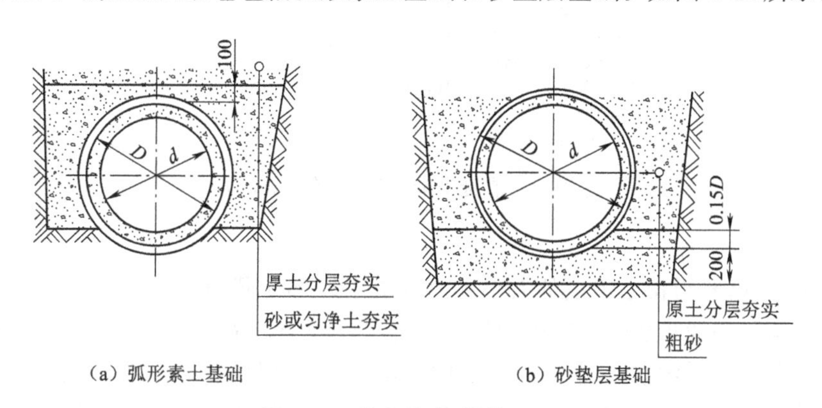


图 1-11　砂土基础（单位：mm）

弧形素土基础是在原土上挖一弧形管槽，管道敷设在弧形管槽里。弧形素土基础适用于无地下水，原土能挖成弧形（通常采用 90°弧）的干燥土壤；管道直径小于 600 mm 的混凝土管和钢筋混凝土管；管道覆土厚度在 0.7～2.0 m 之间的小区污水管道、非车行道下的市政次要管道和临时性管道。

在挖好的弧形管槽里，填 100～150 mm 厚的粗砂作为垫层，形成砂垫层基础。适用于无地下水的岩石或多石土壤；管道直径小于 600 mm 的混凝土管和钢筋混凝土管；管道覆土厚度在 0.7～2.0 m 之间的小区污水管道、非车行道下的市政次要管道和临时性管道。

（2）混凝土枕基

混凝土枕基是只在管道接口处才设置的管道局部基础。通常在管道接口下用 C10 混凝土做成枕状垫块，垫块常采用 90°或 135°管座。这种基础适用于干燥土壤中的雨水管道及不太重要的污水支管，常与砂土基础联合使用。

（3）混凝土带形基础

混凝土带形基础是沿管道全长铺设的基础，分为 90°、120°、135°、180°的管座形式。

混凝土带形基础适用于各种潮湿土壤及地基软硬不均匀的排水管道，管径为 200～2000 mm。无地下水时常在槽底原土上直接浇筑混凝土；有地下水时在槽底铺 100～150 mm 厚的卵石或碎石垫层，然后在上面再浇筑混凝土，根据地基承载力的实际情况，可采用强度等级不低于 C10 的混凝土。当管道覆土厚度在 0.7～2.5 m 时采用 90°管座，覆土厚度在 2.6～4.0 m 时采用 135°管座，覆土厚度在 4.1～6.0 m 时采用 180°管座。如图 1-12 所示。

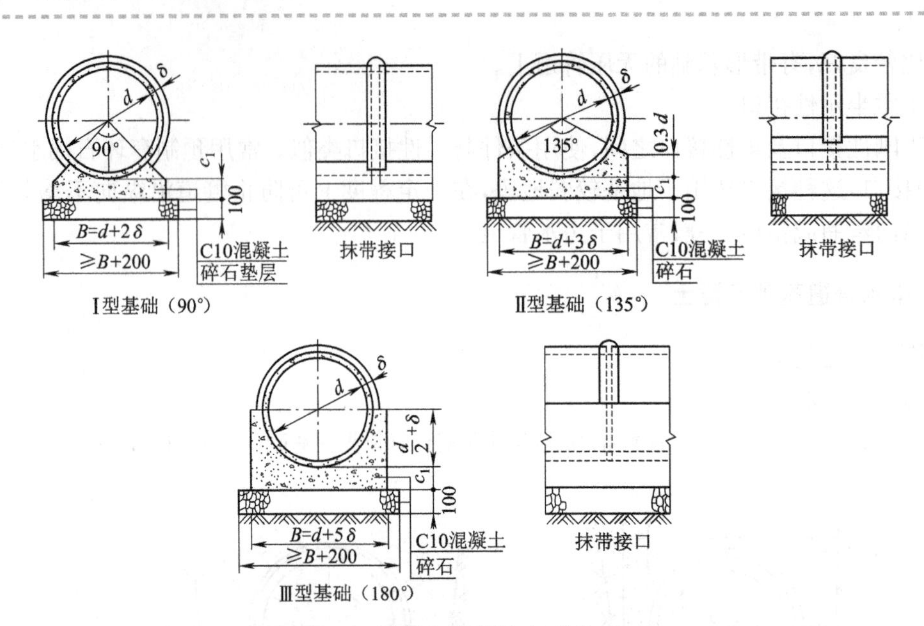


图 1-12 混凝土带形基础(单位:mm)

2. 覆土

在非冰冻地区,管道覆土厚度的大小主要取决于外部荷载、管材强度、管道交叉情况以及土壤地基等因素。一般排水管道的覆土厚度不小于 0.7 m。在冰冻地区,无保温措施的生活污水管道或水温与生活污水接近的工业废水管道,管底可埋设在冰冻线以上 0.15 m;有保温措施或水温较高的管道,管底在冰冻线以上的距离可以加大,其数值应根据该地区或条件相似地区的经验确定,但要保证管道的覆土厚度不小于 0.7 m。

### 1.3.5 排水管渠附属构筑物

1. 检查井

在排水管渠系统上,为便于管渠的衔接和对管渠进行定期检查和清通,必须设置检查井。检查井通常设在管渠交汇、转弯、管渠尺寸或坡度改变、跌水等处以及相隔一定距离的直线管渠段上。根据检查井的平面形状,可将其分为圆形、方形、矩形或其他不同的形状。方形和矩形检查井用在大直径管道的连接处或交汇处,一般均采用圆形检查井。如图 1-13 所示。

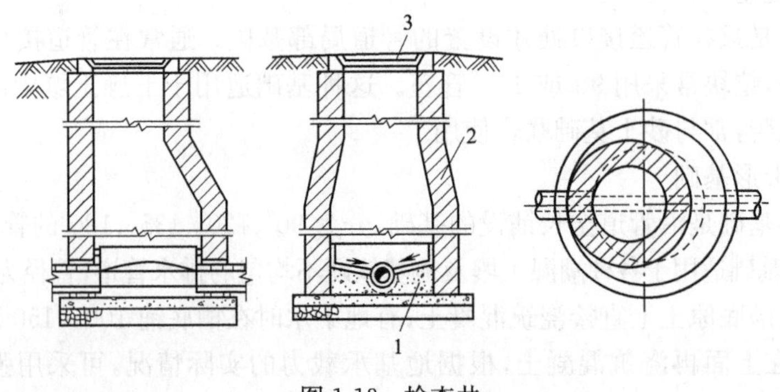


图 1-13 检查井

1—井底;2—井身;3—井盖

检查井由井底(包括基础)、井身和井盖(包括盖座)三部分组成。井盖可采用铸铁、钢筋混凝土或其他材料,为防止雨水流入,盖顶应略高出地面。盖座采用与井盖相同的材料。井盖和盖座均为厂家预制,施工前购买即可。

2. 雨水口

雨水口一般设在道路交叉口、路侧边沟的一定距离处以及设有道路缘石的低注地方,在直线道路上的间距一般为 25～50 m,在低洼和易积水的地段,要适当缩小雨水口的间距。

雨水口的构造包括进水箅、井筒和连接管三部分,井筒一般用砖砌,深度不大于 1 m,在有冻胀影响的地区,可根据经验适当加大。雨水口由连接管与雨水管渠或合流管渠的检查井相连接。连接管的最小管径为 200 mm,坡度一般为 0.01,长度不宜超过25 m。平箅雨水口如图 1-14 所示。

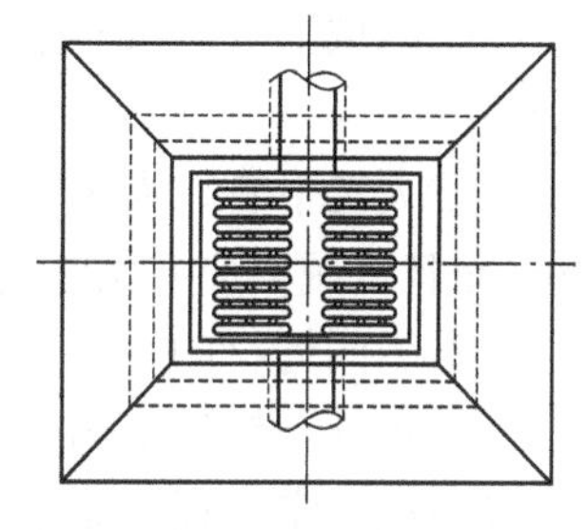

图 1-14 平箅雨水口

3. 倒虹管

排水管道遇到河流、洼地或地下构筑物等障碍物时,不能按原有的坡度埋设,而是按下凹的折线方式从障碍物下通过,这种管道称为倒虹管。它由进水井、下行管、平行管、上行管和出水井组成。如图 1-15 所示。

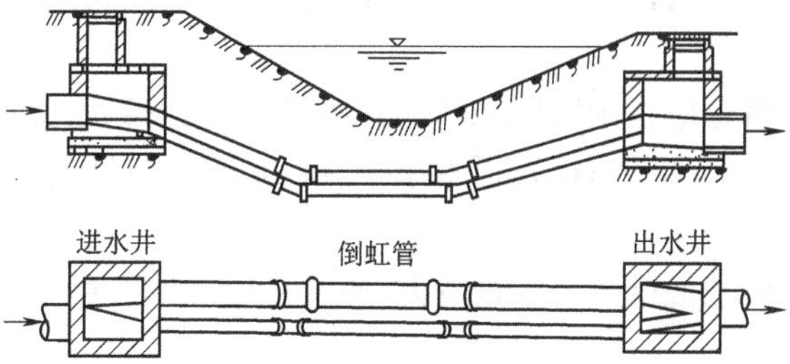

进水井 倒虹管 出水井

图 1-15 排水管倒虹吸管

进水井和出水井均为特殊的检查井,在井内设闸板或堰板以根据来水流量控制倒虹管启闭的条数,进水井和出水井的水面高差要足以克服倒虹管内产生的水头损失。

平行管管顶与规划河床的垂直距离不应小于 0.5 m,与构筑物的垂直距离应符合与该构筑物相交的有关规定。上行管和下行管与平行管的交角一般不大于 30°。

### 1.3.6 排水工程施工技术

1. 室外管道开槽法施工技术

室外管道的安装是整个管道施工的主体,它包括下管、稳管、接口、质量检查及验收。

管道安装铺设前,首先应检查管道沟槽开挖深度、沟槽断面、沟槽边坡及堆土位置是否符合规定,检查管道地基处理情况等。同时,还必须对管材、管件进行检验,质量要符合设计要求,确保不合格或已经损坏的管材及管件不下入沟槽。

(1)下管

下管就是将管节从沟槽上运到沟槽下的过程。在把管子下入沟槽之前,应先在槽上排列成行,即排管。管道经过检验、修复后,运至沟边,按照设计要求经过排管、核对管节、管件位置无误后方可下管。下管可分集中下管和分散下管。下管一般都沿着沟槽把管道下到槽位,管道下到槽内基本上就位于铺管的位置，减少管道在沟槽内的搬动，这种方法称为分散下管；如果沟槽旁边场地狭窄，两侧堆土，或沟槽内设支撑，分散下管不便，或槽底宽度大，便于槽内运输时，则可选择适宜的几处集中下管，再在槽内把管道分散就位，这种方法称为集中下管。

1)下管方法

下管方法分为人工下管和机械下管。应根据管材种类、单节重量和长度、现场情况、机械设备情况等选择。

①机械下管。机械下管适用于管径大、自重大，沟槽深、工程量大，施工现场便于机械操作的情况。

②人工下管。人工下管适用于管径小、重量轻，施工现场狭窄、不便于机械操作，工程量较小，而且机械供应有困难的情况。

2)不同管材的下管方法

①钢管。钢管下沟的方法，可按照管道直径及种类、沟槽情况、施工场地周围环境与工机具等情况而定。通常要采用汽车式或履带式起重机下管，当沟旁道路狭窄，周围树木、电线杆较多，管径较小时，可以使用人工下管。

②铸铁管。铸铁管下沟的方法与钢管基本相同，要尽可能地采用起重机下管。人工下管时，多采用压绳下管法。铸铁管以单根管道放到沟内，不可碰撞或突然坠入沟内，避免将铸铁管碰裂。

③塑料管。聚乙烯管道应在沟底标高和管基质量检查合格后，方可敷设。聚乙烯管道铺设时，应随管走向埋设金属示踪线；距管顶不小于 300 mm 处应埋设警示带，警示带上应标出醒目的提示字样。

④钢筋混凝土管。钢筋混凝土管重量较大，通常采用机械下管方法。在施工条件较差时，可因地制宜采用其他方法。

(2)稳管

稳管是将管道按设计高程和位置，稳定在地基或基础之上。对距离较长的重力流管道工程一般由下游向上游进行施工，以便使已安装的管道先期投入使用，同时也有利于地下水的排除。

1)管轴线位置控制

管轴线位置控制是指所铺设的管线符合设计规定的坐标位置，其方法是在稳管前由测量人员将管中心钉测设在坡度板上，稳管时由操作人员将坡度板上中心钉挂上小线，即为管子轴线位置。

①中线对中法。在中心线上挂一垂球，在管内放置一块带有中心刻度的水平尺，当垂球线穿过水平尺的中心刻度时，则管子已经对中。若垂线往水平尺中心刻度左边偏离，则管子往右偏离中心线相等距离，调整管位置，使其居中为止。

②边线对中法。在管子同一侧，钉一排边桩，其高度接近管中心处，在边桩上钉小钉子，其位置距中心垂线保持同一常数值。稳管时，将边桩上的小钉挂上边线，即边线与中心垂线相距同一距离的平行线。在稳管操作时，使管外皮与边线保持同一距离，则表示管道中心处于设计轴线位置。

2)管内底高程控制

沟槽开挖接近设计标高，由测量人员埋设坡度板，坡度板上标出桩号、高程和中心线坡度板埋设间隙，排水、燃气管道一般为 15～20 m。管道平面及纵向折点和附属构筑物处，根据需要增设坡度板。稳管时，用一木制丁字形高程尺，上面标出下反数刻度，将高程尺垂直放在管内底中心位置，调整管子高程，使高程尺下反数的刻度与坡度线相重合，则表明管内底高程正确。

(3)管材与管道接口

1)铸铁管及其接口

铸铁管是采用铸造生铁(灰口铸铁)以离心浇筑法或砂型法铸造而成。可用于给水管道、供热通风及煤气管道。它能承受较大的水压、气压，耐腐蚀性强并且价格较无缝钢管、有缝钢管低廉。但因铸铁管为脆性材料，在方法不当时易撞坏。铸铁管由于焊接、套丝、焊弯等加工困难，因此它的接口形式主要采用承插式及法兰连接两种方式。

①承插式接口。承插式接口主要用于内径为 100～1200 mm 的铸铁管。刚性接口是承插铸铁管的主要接口形式之一，由嵌缝材料和密封填料组成。其形式主要有麻—石棉水泥接口、麻—膨胀水泥砂浆接口、麻—铅接口等。施工时，先填塞嵌缝填料，然后再填打密封材料，养护后即可。

a. 嵌缝材料。嵌缝的主要作用是使承插口缝隙均匀，增加接口的黏着力，确保密封填料击打密实，而且能防止填料掉入管内。嵌缝的材料有麻、橡胶圈、粗麻绳和石棉绳等。

b. 密封材料。

石棉水泥填料。石棉水泥填料是一种最常用的密封填料，有较高的抗压强度，石棉纤维对水泥颗粒有较强的吸附能力，水泥中掺入石棉纤维可以提高接口材料的抗拉强度。水泥在硬化过程中收缩，石棉纤维可以组织其收缩，提高接口材料与管壁的黏着力及接口的水密性。

膨胀水泥砂浆。用膨胀水泥砂浆作为密封填料，也是铸铁管常用的一种刚性接口形式。膨胀水泥是由作为强度组分的硅酸盐水泥及作为膨胀剂的矾土水泥和二水石膏组成，在水化过程中体积膨胀，增加其与管壁的黏着力，提高了水密性，且产生密封性微气泡，提高接口抗渗性能。

②柔性接口。承插式铸铁管的刚性接口抗应变性能差，受外力作用时，填料容易碎裂而渗水，尤其在弱地基、沉降不均匀地区和地震区，接口的破坏率较高。为此，在上述不利条件下，应尽量以柔性接口来取代。

a. 承插式橡胶圈接口。属于柔性接口。此种承插式接口在插式口处设一凹槽，防止橡胶圈脱落。此种接口施工方便，适用于地基土质较差、地基硬度不均匀或地震区。接口形式如图 1-16所示。

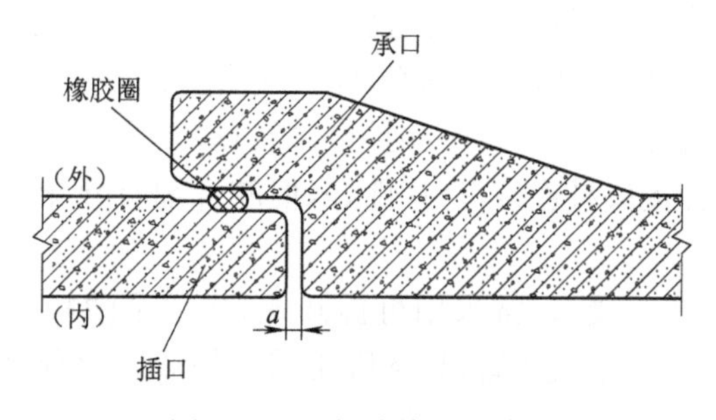


图 1-16　承插式橡胶圈接口

b.其他形式橡胶圈接口。为了改进施工工艺，铸铁管可以采用角唇形、圆形、螺栓压盖形及中缺形胶圈接口。螺栓压盖形的特点是抗震性能良好，安装拆修方便，但是配件较多，造价较高；中缺形是插入式接口，接口仅需一个胶圈，操作简单，但是承口制作尺寸要求较高；角唇形的承口可固定安装胶圈，但胶圈耗胶量较大，造价较高；圆形则具有耗胶量小，造价低的优点，但只适用于离心铸铁管。

2)钢管及其接口

钢管的接口多为螺纹接口、焊接接口、法兰盘接口和各种柔性接口形式。钢管耐腐蚀性差，使用前需进行防腐处理。

①钢管螺纹连接。钢管螺纹连接是在管段端部加工螺纹，然后拧上带内螺纹的管子配件(如管箍、三通、弯头、活接头)，再与其他管段连接起来构成管路系统。

螺纹接口的螺纹形式分圆柱螺纹和圆锥螺纹。圆柱螺纹，也称平行螺纹，用于活箍等管件。

圆锥形螺纹，圆锥螺纹具有1/16的锥度，圆锥形螺纹接口作为管道接口，螺纹长度较短。

人工套丝的工具是管道丝板，每种规格的丝板都分别附有相应的板牙，加工螺纹时可按口径分别选用相应的丝板和板牙。

②钢管焊接。焊接的优点是：接口牢固严密，焊缝强度一般达到管子强度的85%以上，甚至超过母材强度；焊接系管段间直接连接，构造简单，管路美观整齐，节省了大量定型管件(管箍、三通等)，也减少了材料管理工作；焊接口严密不用填料，减少维修工作；焊接口不受管径限制，速度快，比起螺纹连接减轻了劳动强度。

钢管电弧焊接接口常为对接焊或角接焊，由于管材的自重，管口会产生椭圆度，当两管端的椭圆度不一样时或由于施工时管口两端基础误差使管口不能完全正对接时，称为错口，错口过大，也会影响施焊质量，所以错口应控制在一定范围内。

③钢管法兰连接。在高压管路系统中，凡经常需要检修或定期清理的阀门、管路附属设备与管子的连接，一般采用法兰连接。法兰连接强度高、严密性好，拆卸安装方便，但整圈易腐蚀。

法兰盘接口是依靠螺栓的拉紧将两个法兰盘紧固在一起，比其他接口耗钢量多，用人工多，造价较高。

3)塑料管及其接口

①聚合塑料管接口。聚合塑料管中的硬聚氯乙烯塑料管在管道中常用。接口形式有不可拆卸和可拆卸两种。不可拆卸的接口有焊接、承插和套管胶接等；可拆卸接口有法兰接口。

a.焊接口。塑料焊接是根据塑料的热塑性，用热压缩空气对塑料加热，在塑料软化温度时，使焊件和焊条相互粘接。但焊接温度超过软化点时，塑料会分化燃烧而无法焊接。此种接口技术要求高，但成本低，整体性好，不易漏水，而且接头变化灵活。

b.承插接口。承插连接的管口先将管端扩口，插口端切成坡口，插入深度视管径确定，管口应保持干燥、清洁。此种接口易连接，封存性好，但胶合剂有异味，接口只能连接使用一次，不得重复使用。

c.法兰接口。塑料管法兰接口，常采用可拆卸式；法兰系塑料，与管口连接有焊接，凸缘接、翻边接等形式；法兰盘面应垂直于管口；垫圈常采用橡胶。此种接口易连接，但易渗漏，接口零件可重复使用。

②缩聚塑料管接口。缩聚塑料管以玻璃钢管为常见，常用于小型排水管道。玻璃钢管道

接口有可拆卸和不可拆卸两种：可拆卸式接口为法兰连接；不可拆卸式接口为承插式或套管式。

4)钢筋混凝土管及其接口

钢筋混凝土管多用于大口径的给水管道和污水、雨水管道。其接口形式有刚性、柔性、半柔半刚性三种。给水管道多采用柔性接口；雨水、污水管道多采用刚性接口；半柔半刚性口介于柔性和刚性两种形式之间，使用条件和柔性接口类似。

①抹带接口。抹带接口有水泥砂浆抹带和钢丝网水泥砂浆抹带。

a.水泥砂浆抹带接口。属于刚性接口。在管的接口处用1∶2.5(重量比)水泥砂浆配比抹成半椭圆形或其他形状的砂浆带，带宽120～150 mm，带厚30 mm。抹带前保持管口洁净。一般适用于地基土质较好的雨水管道。企口管、平口管、承插管均可采用这种接口。

b.钢丝网水泥砂浆抹带接口。属于刚性接口。将抹带范围的管外壁凿毛，抹1∶2.5(重量比)水泥砂浆一层，厚15 mm，中间采用20号10 mm×10 mm钢丝网一层，两端插入基础混凝土中，上面再抹砂浆一层，厚10 mm，带宽200 mm。适用于地基土质较好的一般污水管道和内压低于0.05 MPa的低压管道接口。

②承插式接口。承插式接口多用于管径在400 mm以下的混凝土管，其接口方法基本上与铸铁管相同。接口材料有普通水泥砂浆、膨胀水泥砂浆、石棉水泥、沥青砂浆或沥青油膏等。

③柔性接口。柔性接口有沥青砂浆灌口、石棉沥青带接口及沥青麻布接口等形式。为了防止因地基不均匀沉降而造成管道漏水时可采用此接口。

2.室外管道不开槽法施工技术

地下管道在穿越铁路、河流、重要构筑物或在城市干道上不适宜采用开槽法施工时，可选用不开槽法施工。

不开槽法施工的优点包括：不需要拆除地上建筑物；不影响地面交通；减少土方开挖量；管道不必设置基础和管座；不受季节影响也有利于文明施工等。

管道不开槽法施工的种类包括掘进顶管法和盾构法。

(1)掘进顶管法

掘进顶管法施工工艺过程为：

开挖工作坑→工作坑底修筑基础、设置导轨→制作后背墙、顶进设备(千斤顶)安装→安放第一节管子(在导轨上)→开挖管前坑道→管子顶进→安接下一节管道→循环。

1)人工掘进顶管

①工作坑及其布置。

工作坑又称竖井，其位置按下列条件选择：管道井室的位置；可利用坑壁土体做后背；便于排水、出土和运输；对地上与地下建筑物、构筑物易于采取保护和安全施工的措施；距电源和水源较近，交通方便；单向顶进时宜设在下游一侧。

工作坑按照其功能不同，通常可分为单向坑、双向坑、多向坑、转向坑、交汇坑等几种。

工作坑纵断面形状有直槽形、阶梯形等。由于操作需要，工作坑最下部的坑壁通常为直壁，高度不小于3 m。如果开挖斜槽，则顶管前进方向两端要为直壁。土质不稳定的工作坑壁要设支撑或板柱。

②工作坑的基础。

如果在地下水位以上且土质较好时，工作坑内采用方木基础；如果在地下水位以下时要浇筑混凝土基础。为防止工作坑地基沉降，导致管子顶进位置误差过大，要在坑底修筑基础。

为了安放导轨，要在混凝土基础内预埋方木轨枕。方木轨枕分横铺与纵铺两种。

密实地基土可采用木筏基础，由方木铺成，平面尺寸与混凝土基础相同，分为密铺及疏铺两种。

③导轨安装。顶管都安装导轨，控制导轨的中心位置及高程，可保证顶入管节中心及高程能符合设计要求。

2)机械掘进顶管

机械掘进顶管法一般可分为切削掘进、纵向切削挖掘、水平钻进和水力掘进等。

①切削掘进。钻进设备主要由切削轮及刀齿组成。

②纵向切削挖掘。掘进机械为球形框架或刀架，刀架上安装刀臂，切齿装于刀臂上。切削旋转的轴线垂直于管子中心线，刀架纵向掘进，切削面呈半球状。该设备构造简单，拆装维修方便，挖掘效率高，适用于在粉质黏土和黏土中掘进。

③水平钻进。通常采用螺旋掘进机，主要由旋转切削式钻头切土，由螺旋输送器运土。

④水力掘进。利用管端工具管内设置的高压水枪喷出高压水，将管前端的水冲散，变成泥浆，然后使用水力吸泥机或泥浆泵将泥浆排出去，这样边冲边顶，不断前进。此法优点是效率高，成本低，缺点是顶进时方向不易控制。

(2)盾构法

盾构法是暗挖法施工中的一种全机械化施工方法，它是将盾构机械在地中推进，通过盾构外壳和管片支承四周围岩防止发生往隧道内的坍塌，同时在开挖面前方用切削装置进行土体开挖，通过出土机械运出洞外，靠千斤顶在后部加压顶进，并拼装预制混凝土管片，形成排水管沟结构的一种机械化施工方法。

3.附属构筑物施工技术

(1)砖砌检查井施工

1)井室

①砌筑材料采用普通烧结砖。

②当混凝土基础验收后，抗压强度达到设计要求，基础面处理平整和洒水润湿后，严格按设计要求砌筑检查井。

③工程所用主要材料，符合设计规定的种类和标号；砂浆随拌随用，常温下，在 4 h 内使用完毕；气温达 30 ℃以上时，在 3 h 内使用完毕。将墙身中心轴线放在基础上，并根据此墙身中心轴线弹出纵横墙边线。

④立皮数杆控制每皮砖砌筑的竖向尺寸，并使铺灰、砌砖的厚度均匀，保证砖皮水平。

⑤铺灰砌筑应横平竖直、砂浆饱满和厚薄均匀、上下错缝、内外搭砌、接槎牢固。随时用托线板检查墙身垂直度，用水平尺检查砖皮的水平度。圆形井砌筑时随时检测直径尺寸。

⑥井室砌筑时同时安装踏步，位置应准确。踏步安装后，在砌筑砂浆未达到规定抗压强度前不得踩踏。

⑦检查井接入圆管的管口与井内壁平齐，当接入管径大于 300 mm 时，砌砖圈加固。

⑧检查井砌筑至规定高程后，及时安装浇筑井圈，盖好井盖。

⑨井室做内外防水，井内面用 1∶2.5 防水砂浆抹面，采用三层做法，共厚 20 mm，高度至闭水试验要求的水头以上 500 mm 或地下水以上 500 mm，两者取大值。井外面用 1∶2.5 防

水砂浆抹面，厚20 mm。井建成后经监理工程师检查验收后方可进行下一道工序。

2)井筒、井盖和踏步

检查井在现况道路和规划道路上的井盖采用重型铸铁井盖，在绿地上和河坡上的井盖采用轻型铸铁井盖，对于井盖设于污水厂厂外的采用“五防”井盖，即防响、防跳、防盗、防坠落、防位移。检查井内采用塑钢踏步，按设计尺寸及规格设置。井筒为预制混凝土井筒，采用二级以上预制构件专业厂商生产的定型产品。

(2)雨水口施工

雨水口的施工与道路工程施工配合进行。

1)施工准备

雨水口位置按照道路设计图确定，同时按照雨水口位置及设计要求确定雨水支线管的槽位，雨水口圈面高程比附近地面低30 mm，与附近地面接顺。依照设计图纸选择正确的雨水口井圈，对于不能及时加盖井圈和井箅的雨水口加盖保护。

2)基础施工

依照设定的雨水口位置及外形尺寸，开挖雨水口槽，开挖雨水口支管槽，每侧留出300～500 mm的肥槽。槽底要夯实，遇有松软土质，换填石灰土，及时浇筑混凝土基础。

3)砌筑雨水口

雨水口圈面高程比附近路面低3 cm，并与附近路面顺接，雨水口管坡度不得小于1%。在基础上放出雨水口侧墙位置线，并安放雨水管，管端面露于雨水口内，其露出长度不大于20 mm，管端面完整无损。砌筑雨水口灰浆饱满，随砌随勾缝，雨水口内保持清洁，砌筑时随砌随清理，砌筑完成后及时加盖。雨水口底面用水泥砂浆抹出雨水口泛水坡。雨水口平面尺寸及位置施工误差不超过±10 mm，高程误差不超过－10 mm。连接管与雨水口壁连接处，添抹密实。

路下雨水口、雨水支管根据设计要求浇筑混凝土基础，坐落于道路基层内的雨水支管做C25级混凝土包封，且在包封混凝土在75%强度前，不得放行交通。

4)雨水口质量

①雨水口位置符合设计要求；内壁勾缝应直顺、坚实，不得漏勾、脱落。

②井框、井箅应完整、无损，安装平稳、牢固。

③井周回填土应符合要求。

④管应直顺，管内应清洁，不得有错口、反坡、管内接口灰浆外露的“舌头灰”、存水及破损现象。管端端面完整无损与井壁平齐。

(3)雨水方沟施工

1)雨水方沟施工工序：验槽线→挖槽→钎探验收→支模→浇筑垫层混凝土→绑扎钢筋、安装止水带→支模→浇筑混凝土基础→抹面→安装盖板→回填。

2)槽底经验收合格后，即进行支模，按设计规定垫层宽度，高度，几何尺寸支好模板，模板以钢模为主，木模为辅，后背用木方及架子管连接固定，支撑木与槽帮垫好木楔子固定，使整体模板牢固可靠，模板内侧每隔5 m加净距支撑木，保证结构尺寸准确，经驻地监理验收合格后，进行浇筑垫层混凝土和混凝土养生。

3)钢筋绑扎，在平基强度达到5 MPa以上进行钢筋绑扎，绑扎时按设计钢筋间距尺寸，在垫层上弹线，控制钢筋间距，且每隔1.5 m间距设架立筋一道，保持上层钢筋的整体平整和钢筋的净保护层的要求。同时用同标号砂浆垫块把底层网筋托起达到钢筋净保护层要求。

4)钢筋绑扎安装,钢筋绑扎按设计规定铺筋,交点特别是双向受力筋必须全部绑扎牢靠,同时保证受力筋不产生偏移。

5)钢筋搭接,受拉钢筋绑扎接头的搭接长度应符合下表规定,受压钢筋绑扎接头的搭接长度为受拉钢筋绑扎接头搭接长度的 0.7 倍。且其搭接接头应相互错开,相邻两根钢筋搭接接头最小间距为 0.5 m。

钢筋绑扎时配置的钢筋级别、规格、根数和间距均应符合设计要求。绑扎或焊接的钢筋骨架不得变形、松脱和开焊现象。

6)伸缩缝,在弹钢筋位置线的同时,根据设计要求弹出伸缩缝正确位置线,砖墙的伸缩缝与底板的伸缩缝应垂直贯通,伸缩缝的间隙尺寸应符合设计要求,安装止水带位置应正确牢固,浇筑混凝土过程中,应保证止水带不变位、不垂、不浮,止水带附近混凝土应振捣密实。

7)支模浇筑混凝土,按设计规定结构尺寸支装模板,模板垂直平整、牢固可靠,浇筑混凝土时采用行夯振捣或平板振捣器,木抹搓平,墙体部位搓成麻面,其他部位压实抹光。达到设计要求及市政规范规定要求。

8)砌砖,根据弹出墙体宽度线和高程点处的层数杆拉线找平,底层用 C10 细石混凝土找平,摆砖撂底,砌墙应上下错缝,内外搭接,但最下层和最上一层砖应用丁砖砌筑,且必须灰浆饱满。

9)安装盖板,盖板使用经过住地监理工程师考察合格的生产厂家供应盖板及小型构件,上盖板时铺设 1∶2 水泥砂浆。

## 1.4 桥梁工程构造与施工

### 1.4.1 桥梁结构基本组成

道路路线遇到江河湖泊、山谷深沟以及其他线路(铁路或公路)等障碍时,为了保持道路的连续性,就需要建造专门的人工构筑物——桥涵来跨越障碍。桥梁一般由以下几部分组成。如图 1-17 所示。

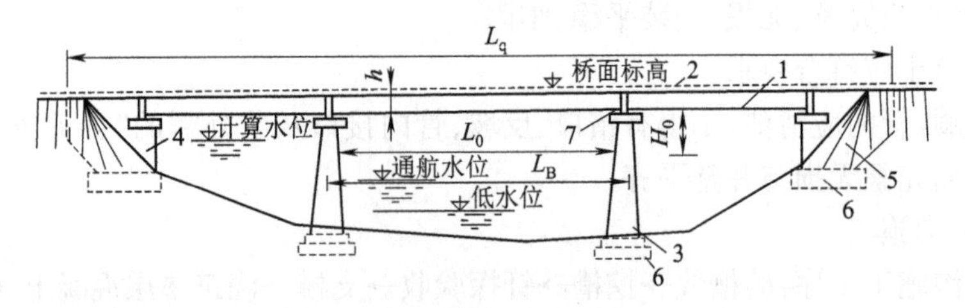


图 1-17 桥梁的基本组成

1—主梁;2—桥面;3—桥墩;4—桥台;5—锥形护坡;6—基础;7—支座

1. 桥梁上部结构

桥梁上部结构也称桥跨结构,由主要承重结构、桥面系和支座组成。主要承重结构是在线路中断时跨越障碍的主要承重结构。

支座是指一座桥梁中在桥跨结构与桥墩或桥台的支承处所设置的传力装置。它不仅要传递很大的荷载,并且要保证桥跨结构能产生一定的变位。

桥面系包括桥面铺装和桥面板组成。桥面铺装用以防止车轮直接磨耗桥面板和分布轮重,桥面板用来承受局部荷载。

2. 桥梁下部结构

是指桥墩和桥台(包括基础)。桥墩和桥台是支承桥跨结构并将恒载和车辆等活载传至地基的建筑物。通常设置在桥两端的称为桥台,它除了上述作用外,还与路堤相衔接,以抵御路堤土压力,防止路堤填土的滑坡和坍落,单孔桥没有中间桥墩。

基础是指桥墩和桥台中使全部荷载传至地基的底部奠基部分,它是确保桥梁能安全使用的关键,由于基础往往深埋于土层之中,并且需在水下施工,故也是桥梁建筑中比较困难的一个部分。

3. 附属结构

包括锥形护坡、护岸、导流结构物。在桥梁建筑工程中,河流中的水位是变动的。在枯水季节的最低水位称为低水位;洪峰季节河流中的最高水位称为高水位。桥梁设计中按规定的设计洪水频率计算的高水位,称为设计洪水位。

### 1.4.2 桥梁工程的分类

由基本构件所组成的各种结构物,在力学上也可归结为梁式、拱式和悬吊式三种基本体系以及它们之间的各种组合。下面从受力特点、建桥材料、适用跨度、施工条件等方面来阐明桥梁各种类型的特点。

1. 梁式桥

梁式桥是一种在竖向荷载作用下无水平反力的结构。如图1-18所示。

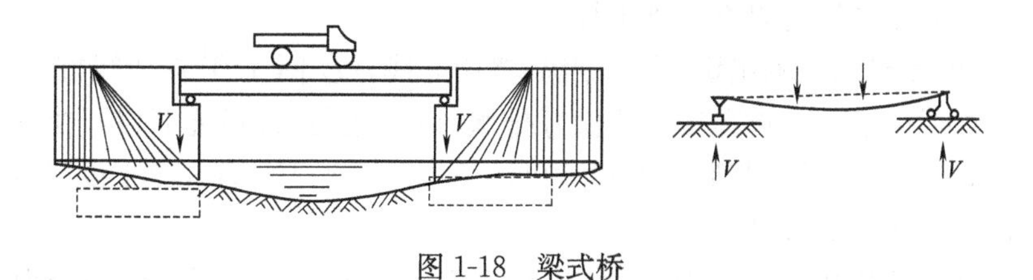


图1-18 梁式桥

2. 拱式桥

拱式桥的主要承重结构是拱圈或拱肋,这种结构在竖向荷载作用下,桥墩或桥台将承受水平推力。同时,这种水平推力将显著抵消荷载所引起在拱圈(或拱肋)内的弯矩作用。因此,与同跨径的梁相比,拱的弯矩和变形要小得多。拱桥的跨越能力较大,外形也较美观,在条件许可的情况下,修建拱桥往往是经济合理的。如图1-19所示。

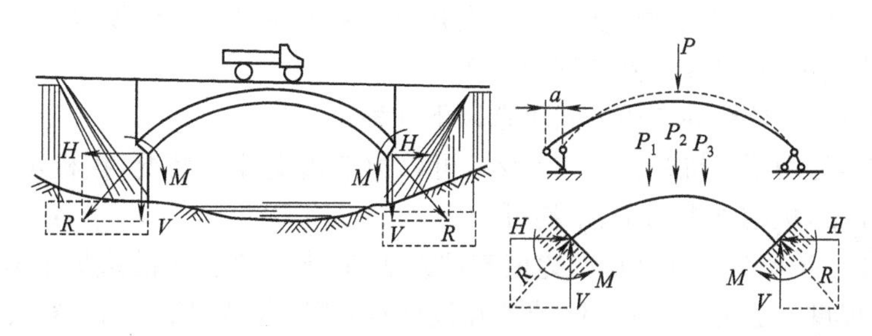


图1-19 拱式桥

3. 刚架桥

刚架桥的主要承重结构是梁或板和立柱或竖墙整体结合在一起的刚架结构，梁和柱的连接处具有很大的刚性，在竖向荷载作用下，梁部主要受弯，而在柱脚处也具有水平反力，其受力状态介于梁桥与拱桥之间。

4. 吊桥

传统的吊桥（也称悬索桥）均用悬挂在两边塔架上的强大缆索作为主要承重结构，在竖向荷载作用下，通过吊杆使缆索承受很大的拉力，通常就需要在两岸桥台的后方修筑非常巨大的锚碇结构，吊桥也是具有水平反力（拉力）的结构。

5. 组合体系桥梁

(1)拱组合体系

利用梁的受弯与拱的承压特点组合而成。

(2)斜拉桥

斜拉桥由斜索、塔柱和主梁所组成，用高强钢材制成的斜索将主梁多点吊起，并将主梁的恒载和车辆荷载传至塔柱，再通过塔柱基础传至地基。这样，跨度较大的主梁就像一根多点弹性支承（吊起）的连续梁一样工作，从而可使主梁尺寸大大减小，结构自重显著减轻，既节省了结构材料，又大幅度地增大桥梁的跨越能力。

### 1.4.3 桥梁工程的施工技术

1. 明挖扩大基础

对刚性扩大基础的施工，一般均采用明挖，根据开挖深度、边坡土质、渗水情况及施工场地，其开挖方式和施工方法可以有多种选择。

(1)测量放线：用经纬仪测出墩、台基础纵、横中心线，放出上口开挖边线桩。

为避免雨水冲坏坑壁，基坑顶四周应做好排水，截住地表水，基坑下口开挖的大小应满足基础施工的要求，渗水的土质，基底平面尺寸可适当加宽 50～100 cm，便于设置排水沟和安装模板，其他情况可放小加宽尺寸。

(2)开挖作业方式以机械作业为主，采用反铲挖掘机配自卸汽车运输作业辅以人工清槽。单斗挖掘机（反铲）斗容量根据上方量和运输车辆的配置可选择 0.4～0.1 $m^3$，控制深度 4～6 m。挖基土应外运或远离基坑边缘卸土，以免塌方和影响施工。

(3)基坑开挖前，依据设计图提供的勘探资料，先估算渗水量，选择施工方法和排水设备，采用集水坑排水方法施工时按集水坑底应比基坑底面标高低 50～100 cm，以降低地下水位保持基底无水，抽水设备可采用电动或内燃的离心式水泵或潜水泵，采用人工降低地下水位。

(4)基坑开挖应连续施工，避免晾槽，一次开挖距基坑底面以上要预留 20～30 cm，待验槽前人工一次清除至标高，以保证基坑顶面坚实。

(5)坑壁的支撑。坑壁的支撑方式可选以下几种：

①挡板支撑，适用于基坑断面尺寸较小，可以边挖边支撑的情况，挡板可竖或横立，板厚 5～6 cm，加方木带，板的支撑用钢、木均可。

②喷射混凝土护壁是一种常用的边坡支护方法，在人工修整过的边坡上采用混凝土喷射机喷射混凝土，厚度一般为 5～10 cm（或特殊设计），混凝土标号 C20，石子粒径 0.55 cm，喷射法随着基坑向下开挖 1.0～2.0 m，即开始喷射混凝土护壁，以后挖一节喷一节，直到基底。

③围堰，在有地表水的地段，开挖基坑应设置围堰，根据施工的不同环境，水文情况，围堰可以采用上围堰、草(麻)袋围堰、木板或钢板桩围堰等多种形式，施工时应注重充分利用当地材料和现有设备，尽可能缩短工期，提高工效，保证安全。要求堰顶至少高出施工期最高水位0.5～1.0 m，围堰应尽量减少压缩河床断面，要满足强度和稳定的要求。

2. 桥梁打桩工程施工

当地基浅层土质较差，持力土层埋藏较深，需要采用深基础才能满足结构物对地基强度、变形和稳定性要求时，可用桩基础。桩基础是常用的桥梁基础类型之一，基桩按材料分类有木桩、钢筋混凝土桩、预应力混凝土桩与钢桩。打桩工程的包括如下施工程序。

(1)整理场地，打桩机进场，因多数桩基需要在工地进行拼装，为保证桩机拼装就位，施工前应清理场地，修建临时便道。

(2)测量放线，沉入桩施工由于桩径较细，每一基础内桩的根数较多，现场施工用经纬仪放出墩(台)基础纵横轴线，并拉线，根据轴线位置放出桩位桩，并经复核、确认。施工中注意看管，及时复位。

(3)开挖排水沟，保证桩基施工时，基础内有良好的排水措施。

(4)柱锤的选择。沉入桩施工时，应适当选择桩锤重量，桩锤过轻，柱难以打下，效率低，还可能打坏桩头，所以常拟选重锤轻击，但桩锤过重，则动力、机具都加大，不经济。

(5)打桩工作。

1)桩的吊运，由于预制钢筋混凝土桩主筋都是沿桩长均匀分布的，所以吊运时吊点位置处正负弯矩应相等，一般桩在吊运时选择两个吊点，桩长 $L$，吊点距离每端应为 $0.207L$；单点起吊时，吊点设在 $0.293L$ 处。

2)打桩的顺序应由基础的一端向另一端进行。当柱基础平面尺寸很大时，也可由中间向两端进行。

3)在打桩前应检查锤的重心与桩的中心是否一致，桩位是否正确，桩顶应采用桩帽，桩垫保护，以免打裂。

4)桩在起吊前，自桩尖向上应画尺寸线，画线的等分应满足打桩记录的要求。

5)桩开始击打时，应轻击慢打，随着桩的沉入，逐渐增大锤击的冲击能量。

6)随着桩入土深度的增加，贯入度会随之减少，因此在沉桩时，必须有专人做好打桩记录(按规定的格式)。依据用动力公式计算出的下沉量/击次，决定桩是否达到设计荷载力的要求。遇有不正常情况时，如桩身倾斜，突然下沉，桩顶破碎或桩身开裂，锤回弹严重应停打，探明原因再行施工。沉完一根桩后，应立即进行检查，确认桩身无问题再移动桩架。

7)在浮船上进行水下打(沉)桩时，浮船要锚固牢靠，水面波浪超过二级时，停止沉柱。

8)管桩填充前，应用吸泥机将桩内泥浆吸除干净，用水泵将桩内水排出，然后按设计要求填充。

9)加桩，如发现断桩等质量问题，确认此桩质量不合格，经监理工程师同意，可在邻近位置加桩，加柱按正常桩一样施工，并做好加桩记录。

10)复打，是沉桩工作完成后，经过一段时间有选择的进行复打，以检验沉桩是否真正满足了设计贯入度，复打的具体要求依标书的技术条款规定为准。

11)接桩，就地接桩宜在下截桩头露出地面(或水面)1 m 以上进行，接桩时上下两根桩应同一轴心，接触面应平齐，连接应牢固。

12)送桩,在打桩时,由于打桩架底盘离地面有一定距离,不能将桩打入地面以下设计位置,而需要用打桩机和送桩机将预制桩共同送入土中,这一过程称为送桩。

13)沉好的基桩,验收前不得截桩头,验收后的桩头可用小锤开槽,扩大加深将桩头截断或用破碎机切割。

3.钻孔灌注桩施工

钻孔灌注桩是指采用不同的钻孔方法,在土中形成一定直径和深度和井孔,达到设计标高后,将钢筋骨架(笼)吊入井孔中,灌注混凝土形成桩基础。

钻孔灌注桩施工的主要工序是:埋设护筒,制备泥浆,钻孔,清底,钢筋笼制作与吊装以及灌注水下混凝土等。

(1)场地准备

钻孔场地的平面尺寸应按桩基设计的平面尺寸,钻机数量和钻机底座平面尺寸,钻机移位要求,施工方法以及其他配合施工机具设施布置等情况决定。施工场地或工作平台的高度应考虑施工期间可能出现的高水位或潮水位,并比其高出0.5～1.0 m。

(2)埋设护筒

常见的护筒有木护筒、钢护筒和钢筋混凝土护筒三种。护筒要求坚固耐用,不漏水,其内径应比钻孔直径大,每节长度为2～3 m。一般常用钢护筒,在陆上与深水中均可使用,钻孔完成后,可取出重复使用。

(3)泥浆制备

钻孔泥浆一般由水、黏土(或膨润土)和添加剂按适当配合比配制而成,具有浮悬钻渣,冷却钻头,润滑钻具,增大静水压力,并在孔壁形成泥皮,隔断孔内外渗流,防止坍孔等作用。调制的钻孔泥浆及经过循环净化的泥浆,应根据钻孔方法和地层情况采用不同的性能指标。泥浆稠度应视地层变化或操作要求,机动掌握,泥浆太稀,排渣能力小,护壁效果差;泥浆太稠会削弱钻头冲击功能,低钻进速度。泥浆的比重、黏度、含砂率、酸碱度等指标均应符合规定指标。

(4)钻孔施工

1)选择钻孔机械

正循环钻机:黏性土、砂类土、砾卵石粒径小于2 cm,钻孔直径80～250 cm,孔深30～100 m。

反循环钻机:黏性土、砂类土、卵石粒径小于钻杆内径2/3,钻孔直径80～250 cm,孔深泵吸<40 m,气举100 m。

正循环潜水钻机:淤泥、黏性上、砂类土、砾卵石粒径小于10 cm,钻孔直径60～150 cm,孔深50 m。

全套管冲板抓和冲击钻机:适用于各类土层,孔径80～150 cm,孔深30～40 m。

2)钻孔灌注桩施工

将钻机调平对准钻孔,把钻头吊起徐徐放入护筒内,对正桩位,启动泥浆泵和转盘,等泥浆输到孔内一定数量后,方可开始钻孔。具有导向装置的钻机开钻时,应慢速推进,待导向部位全部钻进土层后,方可全速钻进。

钻孔应连续进行,不得间断,视土质及钻进部位调整钻进速度。开始钻进及护筒刃脚部位或砂层、卵砾石层中时,应低挡慢速钻进。钻进过程中,要确保泥浆水头高度高出孔外水位

0.5 m以上，泥浆如有损失、漏失，应及时补充，并采取堵漏措施。钻进过程中，每进 2～3 m 应检查孔径、竖直度，在泥浆池捞取钻渣，以便和设计地质资料核对。

钻进时，为减少扩孔、弯孔和斜孔，应采用减压法钻进，使钻杆维持垂直状态，使钻头平稳回转。

(5)清底

终孔检查合格后，应迅速清孔，清孔方法有抽浆法(适用于孔壁不易坍塌的柱桩和摩擦桩)、换浆法(用于正循环钻机)、掏渣法(适用于冲抓、冲击、成孔，掏渣后的泥浆比重应小于1.3)。清孔时必须保证孔内水头、提管时避免碰孔壁。清孔后的泥浆性能指标，沉渣厚度应符合规范要求。不论采用何种方法清孔排渣，都必须注意保持孔内水头，防止坍孔。

清孔后用检孔器测量孔径，检孔器的焊接可在工地进行，监理工程师检验合格后，即可进行钢筋笼的吊装工作。

(6)钢筋笼吊装

钢筋笼骨架，焊接时注意焊条的使用一定要符合规范要求，骨架一般分段焊接，长度由起吊设备的高度控制，钢筋笼的接长，可采用搭接焊或套管冷挤压连接等方法，钢筋笼安放要牢固，以防在混凝土浇筑过程中钢筋笼浮起，钢筋笼周边要安放圆的混凝土保护层垫块。

(7)灌注水下混凝土

水下混凝土采用导管法进行灌注，导管内径一般为 25～35 cm，导管使用前要进行闭水试验(水密、承压、接头抗拉)，合格的导管才能使用，导管应居中稳步沉放，不能接触到钢筋笼，以免导管在提升中将钢筋笼提起，导管可吊挂在钻机顶部滑轮上或用卡具吊在孔口上，导管底部距桩底的距离应符合规范要求，一般 0.25～0.4 m，导管顶部的贮料斗内混凝土量，必须满足首次灌注剪球后导管端能埋入混凝土中 0.8～1.2 m，施工前要仔细计算贮料斗容积，剪球后向导管内倾倒混凝土宜徐徐进行防止产生高压气囊。施工中导管内应始终充满混凝土。随着混凝土的不断浇入，及时测量混凝土顶面高度和埋管深度，及时提拔拆除导管，使导管埋入混凝土中的深度保持 2～6 m。混凝土面检测锤随孔深而定，一般不小于 4 kg。

每根导管的水下混凝土浇筑工作，应在该导管首批混凝土初凝前完成，否则应掺入缓凝剂，推迟初凝时间。

3. 承台施工

承台指的是为承受、分布由墩身传递的荷载，在基桩顶部设置的联结各桩顶的钢筋混凝土平台。

承台是桩与柱或墩联系部分，承台把几根，甚至十几根桩联系在一起形成柱基础。承台分为高桩承台与低桩承台。低承台一般埋在土中或部分埋在土中，高承台一般露出地面或水面。高承台由于具有一段自由长度，其周围无支撑体共同承受水平外力。基桩的受力情况极为不利。桩身内力和位移都比同样水平外力作用下低桩承台要大，其稳定性因此比低承台差。高桩承台一般用于港口、码头、海洋工程及桥梁工程。低桩承台一般用于工业与民用房屋建筑物。桩头一般伸入承台 0.1 m，并有钢筋锚入承台。承台上再建柱或墩，形成完整的传力体系。

(1)围堰及开挖方式的选择

1)当承台位置处于干处时，一般直接采用明挖基坑，并根根据基坑状况采取一定措施，在其上安装模板，浇筑承台混凝土。

2)当承台位置位于水中时，一般先设围堰(钢板桩围堰或吊箱围堰)将群桩用在堰内，然后在内河底灌注水下混凝土封底，凝结后，将水抽干，使各桩处于干地，再安装承合模板，在干处灌筑承台混凝土。

3)对于承台底标高位于河床以上的水中，采用有底吊箱或其他方法在水中将承台模板支撑和固定。如利用桩基，或临时支撑直接设置，承台模板安装完毕后抽水，堵漏，即可在干处灌筑承台混凝土。承台模板支承方式的选择应根据水深、承台的类型、现有的条件等因素综合考虑。

(2)开挖基坑

1)基坑开挖一般采用机械开挖，并辅以人工清底找平，基坑的开挖尺寸要求根据承台的尺寸，支模及操作的要求，设置排水沟及集水坑的需要等因素进行确定。

2)基坑的开挖坡度以保证边坡的稳定为原则，根据地质条件，开挖深度，现场的具体情况确定，当基坑壁坡不易稳定或放坡开挖受场地限制，或放坡开挖工作量大太不经济时，可按具体情况采取加固坑壁措施，如挡板支撑，混凝土护壁，钢板桩，地下连续墙等。

3)基坑顶面应设置防止地面水流入基坑的措施，如截水沟等。

4)当基坑地下水采用普遍排水方法难以解决，可采用井点法降水，井点类型根据其土层的渗透系数，降水的深度及工程的特点进行确定。

(3)承台底的处理

1)低桩承台，当承台底层土质有足够的承载力，又无地下水或能排干时，可按天然地基上修筑基础的施工方法进行施工。当承台底层土质为松软土，且能排干水施工时，可挖除松软土，换填 10～30 cm 厚砂砾土垫层，使其符合基底的设计标高并整平，即立模灌筑承台混凝土。如不能排干水时，用静水挖泥方法换填水稳性材料，立模灌注水下混凝土封底后，再抽干水灌注承台混凝土。

2)高桩承台，当承台底以下河床为松软土时，可在板桩围堰内填入砂砾至承台底面标高。填砂时视情况决定，可抽干水填入或静水填入，要求能承受灌注封底混凝土的重量。

(4)钢筋及模板

在设置模板前应按前述做好承台底的处理，破除桩头，调整柱顶钢筋做好喇叭口。板一般采用组合钢模，在施工前必须进行详细的模板设计，以保证模板有足够的强度、刚度和稳定性，能可靠的承受施工过程中可能产生的各项荷载，保证结构各部形状、尺寸的准确。模板要求平整，接缝严密，拆装容易，操作方便。一般先拼成若干大块，再由吊车或浮吊(水中)安装就位，支撑牢固。钢筋的制作严格按技术规范及设计图纸的要求进行，墩身的预埋钢筋位置要准确、牢固。

(5)混凝土的浇筑

1)混凝土的配制要满足技术规范及设计图纸的要求外，还要满足施工的要求。如泵送对坍落度的要求。为改善混凝土的性能，根据具体情况掺加合适的混凝土外加剂。如减少剂、缓凝剂、防冻剂等。

2)混凝土的拌和采用拌和站集中拌和，混凝土罐车通过便桥或船只运输到浇筑位置。采用流槽、漏斗或泵车浇筑。也可由混凝土地泵直接在岸上泵入。

3)混凝土浇筑时要分层，分层厚度要根据振捣器的功率确定，要满足技术规范的要求。

4)大体积混凝土的浇筑，随着桥梁跨度越来越大，承台的体积变得很大。越来越多的承台混凝土的施工必须按照大体积混凝土的方法进行。大体积混凝土的施工除遵照一般混凝土的要求外，施工时还应注意以下几点：

①水泥，选用水化热低，初凝时间长的矿渣水泥，并控制水泥用量，一般控制在 300 kg/m$^3$ 以下。

②砂、石，砂选用中、粗砂，石子选用 0.5～3.2 cm 的碎石和卵石。夏季砂、石料堆可设简易遮阳棚，必要时可向骨料喷水降温。

③外加剂，可选用复合型外加剂和粉煤灰以减少绝对用水量和水泥用量，延缓凝结时间。

④按设计要求敷设冷却水管，冷却水管应固定好。

⑤如承台厚度较厚，一次浇筑混凝土方量过大时，在设计单位和监理同意后可分层浇筑，以通过增加表面系数，利于混凝土的内部散热。分层厚度以 1.5 m 左右为宜，上层浇筑前，应清除下层水泥薄膜和松动石子以及软弱混凝土面层，并进行湿润，清洗。

⑥混凝土养生和拆模。混凝土浇筑后要适时进行养生，尤其是体积较大，气温较高时要尤其注意，防止混凝土开裂。混凝土强度达到拆模要求后再进行拆模。

4. 桥梁墩、台施工技术

桥梁墩台施工是建造桥梁墩台的各项工作的总称。桥梁墩台施工方法通常分为两大类：一类是现场就地浇筑与砌筑；一类是拼装预制的凝土砌块、钢筋混凝土或预应力混凝土构件。前者工序简便，机具较少，技术操作度较小；但是施工期限较长，需消耗较多的劳力和物力。后者的特点是可确保施工质量、减轻工人劳动的强度，又可加快工程进度，提高经济效益。

(1)砌筑墩台

石砌墩台是用片石、块石及粗料石以水泥砂浆砌筑的，具有就地取材和经久耐用等优点，在石料丰富地区建造墩台时，在施工期间限许的条件下，为节约水泥，应优先考虑石砌墩台方案。

(2)装配式墩(柱式墩、后张法预应力墩)

装配式墩台施工适用于山谷架桥、跨越平缓无漂流物的河沟、河滩等的桥梁，特别是在工地干扰多、施工场地狭窄，缺水与沙石供应困难地区，其效果更为显著。其优点是：结构形式轻便，建桥速度快，圬工省，预制构件质量有保证等。

(3)现场浇筑墩台(V 形墩等)

主要有两个工序：一是制作与安装墩台模板；二是混凝土浇筑。

1)模板

常用的模板类型有：拼装式模板，整体吊装模板，组合型钢模板，滑动钢模板。模板安装前应对模板尺寸进行检查；安装时要坚实牢固，以免振捣混凝土时引起跑模漏浆；安装位置要符合结构设计要求。

2)混凝土浇筑

墩、台身混凝土施工前，应将基础顶面冲洗干净，凿除表面浮浆，整修连接钢筋。灌注混凝土时，应经常检查模板、钢筋及预埋件的位置和保护层的尺寸，确保位置正确，不发生变形。混凝土施工中，应切实保证混凝土的配合比、水灰比和坍落度等技术性能指标满足规范要求。

5. 桥梁上部结构施工技术

桥梁上部结构的施工方法总体上分为现场(就地)浇筑法和预制安装法。

(1)就地浇筑法

就地浇筑法是在桥位处搭设支架,在支架上浇筑桥体混凝土,达到强度后拆除模板、支架。就地浇筑法无须预制场地,而且不需要大型起吊、运输设备,梁体的主筋可不中断,桥梁整体性好。它的主要缺点是工期长,施工质量不容易控制;对预应力混凝土梁由于混凝土的收缩、徐变引起的应力损失比较大;施工中的支架、模板耗用量大,施工费用高;搭设支架影响排洪、通航,施工期间可能受到洪水和漂流物的威胁。

(2)预制安装法

在预制工厂或在运输方便的桥址附近设置预制场进行梁的预制工作,然后采用一定的架设方法进行安装。预制安装法施工一般是指钢筋混凝土或预应力混凝土简支梁的预制安装,分预制、运输和安装三部分。预制安装施工法的主要特点是:

1)由于是工场生产制作,构件质量好,有利于确保构件的质量和尺寸精度,并尽可能多的采用机械化施工。

2)上下部结构可以平行作业,因而可缩短现场工期。

3)能有效的利用劳动力,并由此而降低了工程造价。

4)由于施工速度快,可适用于紧急施工工程。

5)将构件预制后由于要存放一段时间,因此在安装时已有一定龄期,可减少混凝土收缩、徐变引起的变形。

6.桥面系以及附属工程施工技术

(1)桥梁支座安装

目前国内桥梁上使用较多的是橡胶支座,有板式橡胶支座、聚四氟乙烯板式橡胶支座和盆式橡胶支座三种,前两种用于反力较小的中、小跨径桥梁,后一种用于反力较大的大跨径桥梁。

1)板式橡胶支座的安装

①安装前应将墩、台支座支垫处和梁底面清洗干净,除去油垢,用水灰比不大于0.5的1∶3水泥砂浆仔细抹平,使其顶面标高符合设计要求。

②支座安装尽可能安排在接近年平均气温的季节里进行,以减小由于温差变化过大而引起的剪切变形。

③梁、板安放时,必须细致稳妥,使梁、板就位准确且与支座密贴,勿使支座产生剪切变形;就位不准时,必须吊起重放,不得用撬杠移动梁、板。

④当墩、台两端标高不同、顺桥向或横桥向有坡度时,支座安装必须严格按设计规定办理。

⑤支座周围应设排水坡,防止积水,并注意及时清除支座附近的尘土、油脂与污垢等。

2)盆式橡胶支座的安装

①安装前应将支座的各相对滑移面和其他部分用丙酮或酒精擦拭干净。

②支座的顶板和底板可用焊接或锚固螺栓拴接在梁体底面和墩、台顶面的预埋钢板上。采用焊接时,应防止烧坏混凝土。安装锚固螺栓时,其外露螺杆不得大于螺母的厚度。上、下支座安装顺序,宜先将上座板固定在大梁上,然后据其位置确定底盆在墩、台的位置,最后予以固定。

③安装支座的标高应符合设计要求,平面纵、横两个方向水平,支座承压5000 kN时,其四角高差不得大于1 mm;支座承压大于5000 kN时,不得大于2 mm。

④安装固定支座时，其上、下各个部件纵轴线必须对正；安装纵向活动支座时，上、下各部件纵轴线必须对正，横轴线应根据安装时的温度与年平均的最高、最底温差，由计算确定其错位的距离。支座上、下导向挡块必须平行，最大偏差的交叉角不得大于5°。

另外，桥梁施工期间，混凝土将由于预应力和温差引起弹性压缩、徐变和伸缩而产生位移量，因此，要在安装活动支座时，对上、下板预留偏移量，使桥梁建成后的支座位置能符合设计要求。

3)其他支座安设

对于跨径较小(10 m左右)的钢筋混凝土梁(板)桥，可采用油毡、石棉垫或铅板支座。安设这类支座时，应先检查墩、台支承面的平整度和横向坡度是否符合设计要求，否则应修凿平整并以水泥砂浆抹平，再铺垫油毡、石棉垫或铅板。梁(板)就位后梁(板)与支承间不得有空隙和翘动现象，否则将发生局部应力集中，使梁(板)受损，也不利于梁(板)的伸缩与滑动。考虑活动支座沿弧线方向移动的可能性。对于处在地震地区的梁桥，其支座构造尚应考虑桥梁防震和减震的设施。

(2)现浇湿接头、湿接缝施工

主要施工方法根据全桥体系转换的要求，湿接头、湿接缝施工流程如下：准备工作→绑扎钢筋→连接波纹管并穿钢绞线束→吊设模板→浇筑连续接头、中横梁及其两侧与顶板负弯矩束同长度范围内的湿接缝→养护→张拉负弯矩钢绞线束并压浆→浇筑剩余部分湿接缝混凝土→拆除一联内临时支座，完成体系转换。

(3)现浇调平层施工

现浇桥面的施工顺序：凿除浮渣、清洗桥面→精确放样→绑扎钢筋→安装模板→浇筑C40混凝土→精平并拉毛→混凝土养生。

(4)防撞护栏施工

边板(梁)预制时应在翼板上按设计位置预埋防撞护栏锚固钢筋，支设护栏模板时应先进行测量放样，确保位置准确。特别是位于曲线上的桥梁，应首先计算出护栏各控制点坐标，用全站仪逐点放样控制，使其满足曲线线形要求。绑扎钢筋时注意预埋防护钢管支撑钢板的固定螺栓，保证其牢固可靠。在有伸缩缝处，防撞护栏应断开，依据选用的伸缩缝形式，安装相应的伸缩装置。混凝土浇筑及养生与其他构件相同。

(5)人行道、栏杆施工

1)人行道施工

安装人行道应满足下列要求：

①悬臂式人行道构件必须与主梁横向联结或拱上建筑完成后才可安装。

②人行道梁必须安放在未凝固的M2稠水泥砂浆上，并以此来形成人行道顶面设计的横向排水坡。

③人行道板必须在人行道梁锚固后才可铺设，对设计无锚固的人行道梁、人行道板的铺设应按照由里向外的次序。

④在安装有锚固的人行道梁时，应对焊缝认真检查，必须注意施工安全。

2)栏杆施工

栏杆的形式很多，一般由立柱、扶手及横挡(或栏杆板)组成，扶手支撑于立柱上。栏杆块件必须在人行道板铺设完毕后才可安装，安装栏杆柱时，必须全桥对直、校平(弯桥、坡桥要求平顺),竖直后用水泥砂浆填缝固定。桥上灯柱应按设计位置安装,必须牢固、线条顺直、整齐美观。

(6)灯柱安装

城市及市郊行人和车辆较多的桥梁上需要设置照明设施,一般采用灯柱在桥面上照明设备,照明灯柱一般高出桥面 5 m 左右,灯柱的设计要经济合理,造型要与周围环境相协调。灯柱的位置可以设置在人行道上,也可以设置在栏杆立柱上。在人行道上的设置方式较为简单,在人行道下布埋管线,按设计位置预设灯柱基座,在基座上安装灯柱、灯饰,连接好线路即可。这种布设方法大方、美观、灯光效果好,适于人行道较宽(大于 1 m)时采用。但灯柱会减小人行道的宽度,影响行人通过,灯柱应布置稍高一些,不影响行车净空。在栏杆立柱上的设置方式稍复杂一些,电线预埋在人行道下,在立柱内布设线管至顶部,立柱承受的重量包括栏杆上传来的也包括灯柱的重量,因此带灯柱的立柱要特殊设计和制作。在立柱顶部还要预设灯柱基座,保证其连接牢固。这种布设方法只适用于安置单注灯柱,顶部可向桥面内侧弯曲延伸一部分,以保证照明效果,优点是灯柱不占人行道空间,桥面开阔,但施工较为困难。

## 习　题

**一、单选题**(每题的备选项中,只有 1 个正确选项)。

1. 下列不属于市政工程特点的是(　　)。
   A. 固定性　B. 投资大　C. 类型单一　D. 结构复杂
2. 地铁工程是指地下铁路工程。它主要包括进站口、出站口、地下站台、隧道、轨道以及(　　)等。
   A. 地铁车辆制造　B. 场站建设　C. 照明工程　D. 电力工程
3. 路基在水温变化时,其强度变化小,则称水温稳定性(　　)。
   A. 差　B. 好　C. 一般　D. 无关联
4. 路面按其组成的结构层次从下至上可分为垫层、基层和(　　)。
   A. 铺装　B. 路基　C. 面层　D. 沥青层
5. 二灰稳定碎石是由粉煤灰、(　　)和碎石按照一定比例拌和而成的一种筑路材料的简称。
   A. 沥青　B. 水泥　C. 石灰　D. 火山灰
6. 桥梁下部结构是指(　　)。
   A. 桥墩和桥台　B. 桥面和桥台　C. 桥底铺砌　D. 桥梁桩基础
7. 桥下净空高度是指(　　)或计算通航水位至桥跨结构最下缘之间的距离。
   A. 历史洪水位　B. 设计洪水位　C. 最大洪水位　D. 高峰洪水位
8. 桥梁支座安装前要对支座进行检查、验收,所有的橡胶支座必须有(　　)。
   A. 产品合格证书　B. 厂家证明　C. 第三方检测报告　D. 原材检测报告
9. 在桥梁工程的施中,明挖扩大基础的开挖作业方式以(　　)作业为主。
   A. 车辆运输　B. 畜力　C. 人工　D. 机械
10. 砂土基础又叫素土基础,是排水管道基础的一种。它包括弧形素土基础和(　　)。
    A. 黏土基础　B. 砂垫层基础　C. 砂土基础　D. 混凝土基础

**二、多选题**(每题的备选项中,有2个或2个以上符合题意)。

1. 按照市政工程建设的分类,下列属于市政工程建设的内容包括(　　)。
   A. 城(镇)市道路　B. 桥涵隧道　C. 给排水工程　D. 燃气与集中供热工程
   E. 自来水管道
2. 道路工程按照路面力学性质,可分为(　　)。
   A. 柔性路面　B. 刚性路面　C. 半刚性路面　D. 沥青路面
   E. 水泥混凝土路面
3. 道路按填挖形式可分为(　　)路基。
   A. 路堤　B. 路拱　C. 路堑　D. 半填半挖
   E. 不填不挖
4. 根据用户和污染源的不同,排水工程建设标准体系划分为(　　)。
   A. 城市排水工程　B. 工业排水工程
   C. 居民排水工程　D. 建筑排水工程
   E. 雨水排水工程
5. 路面工程是指在路基表面上用各种不同材料或混合料分层铺筑而成的一种层状结构物,路面应具有(　　)等性能。
   A. 足够的强度和刚度　B. 足够的稳定性
   C. 足够的耐久性　D. 足够的平整度
   E. 足够的抗滑性
6. 桥梁上部结构的施工方法总体上分为(　　)。
   A. 现场(就地)浇筑法　B. 预制安装法
   C. 后张法　D. 先张法
   E. 锚固
7. 二灰填筑基层一般按石灰与粉煤灰的重量比配合,可采用(　　)等方法拌和。
   A. 人工拌和　B. 拖拉机拌和
   C. 不进行拌和　D. 拌和机拌和
   E. 路拌
8. 桥梁组成的五大部件是(　　)。
   A. 桥跨结构、支座系统、桥墩、桥台、墩台基础
   B. 桥跨结构、桥面铺装、桥墩、桥台、墩台基础
   C. 桥跨结构、防水系统、桥墩、桥台、墩台基础
   D. 桥跨结构、防撞护栏、桥墩、桥台、墩台基础
   E. 桥跨结构、附属结构、桥面铺装、墩台、桩基础

**三、简 答 题**

1. 请简述市政工程的概念和分类。
2. 根据接口的弹性,市政排水管道的接口可以分为哪几类,分别具有什么特点?

# 第2章 市政工程造价与定额

## 2.1 基本建设程序与建设项目划分

### 2.1.1 基本建设程序

基本建设程序，是指基本建设项目从策划、选择、评估、决策、设计、施工到竣工验收、投入生产交付使用的整个过程中，各项工作必须遵循的先后工作顺序。

基本建设程序是工程建设过程客观规律的反映，涉及面广，内外协作配合环节多，完成一项建设工程需要进行多方面的工作。这些工作必须按照一定的次序，依次进行，才能达到预期的效果。

工程建设基本程序可以划分为以下几个阶段。

1. 项目建议书阶段

项目建议书是业主单位向国家提出的要求建设某一项目的建议文件，是对工程项目建设的轮廓性设想。项目建议书的主要作用是推荐一个拟建项目，论述其建设的必要性、建设条件的可行性和获利的可能性。

项目建议书按要求编制完成后，应根据建设规模和限额划分分别报送有关部门审批。项目建议书经批准后，可以进行详细的可行性研究工作。

2. 可行性研究阶段

项目建议书一经批准，即可着手开展项目可行性研究工作。可行性研究是对工程项目在技术上是否可行和经济上是否合理进行科学的分析和论证。

根据发展国民经济的设想，对建设项目进行可行性研究，减少项目决策的盲目性，使建设项目确定具有切实的科学性。这就需要确切的资源勘探，工程地质、水文地质勘察，地形测量，科学研究，工程工艺技术试验，地震、气象、环境保护资料的收集。在此基础上，论证建设项目在技术上、经济上和生产力布局上的可行性，并做多方案的比较，推荐最佳方案，作为设计任务书的依据。

可行性研究工作完成后，需要编写出反映其全部工作成果的“可行性研究报告”。就其内容来说，各类项目的可行性研究报告内容不尽相同，但一般应包括以下基本内容：

(1)项目提出的背景、投资的必要性和研究工作依据。

(2)需求预测及拟建规模、产品方案和发展方向的技术经济比较和分析。

(3)资源、原材料、燃料及公用设施情况。

(4)项目设计方案及协作配套工程。

(5)建厂条件与厂址方案。

(6)环境保护、防震、防洪等要求及其相应措施。

(7)企业组织、劳动定员和人员培训。

(8)建设工期和实施进度。

(9)投资估算和资金筹措方式。

(10)经济效益和社会效益。

可行性研究报告经过正式批准后，将作为初步设计的依据，不得随意修改和变更。如果在建设规模、产品方案、建设地点、主要协作关系等方面有变动以及突破原定投资控制数时，应报请原审批单位同意，并正式办理变更手续。可行性研究报告经批准，建设项目才算正式“立项”。

3. 设计工作阶段

设计是对拟建工程的实施在技术和经济上进行的全面而详尽的安排，是基本建设计划的具体化，同时是组织施工的依据。工程项目的设计工作一般划分为初步设计和施工图设计两个阶段。重大项目和技术复杂项目，可根据需要增加技术设计阶段。

(1)初步设计。初步设计是根据可行性研究报告的要求所做的具体实施方案，目的是为了阐明在指定的地点、时间和投资控制数额内，拟建项目在技术上的可能性和经济上的合理性，并通过对工程项目所做出的基本技术经济规定，编制项目总概算。

初步设计不得随意改变被批准可行性研究报告所确定的建设规模、产品方案、工程标准、建设地址和总投资等控制目标。如果初步设计提出的总概算超过了可行性研究报告总投资的10%以上或其他主要指标需要变更时，应说明原因和计算依据，并重新向原审批单位报批可行性研究报告。

(2)技术设计。应根据初步设计和更详细的调查研究资料编制，以进一步解决初步设计中的重大技术问题，例如工艺流程、建筑结构、设备选型及数量确定等，使工程建设项目的设计更具体、更完善，技术指标更好。

(3)施工图设计。根据初步设计或技术设计的要求，结合现场实际情况，完整地表现建筑物外形、内部空间分割、结构体系、构造状况以及建筑群的组成和周围环境的配合，它还包括各种运输、通信、管道系统、建筑设备的设计。在工艺方面应具体确定各种设备的型号、规格及各种非标准设备的制造加工图。

4. 建设准备阶段

项目在开工建设之前要切实做好各项准备工作，其主要内容包括：

(1)征地、拆迁和场地平整。

(2)完成施工用水、电、路等工作。

(3)组织设备、材料订货。

(4)准备必要的施工图纸。

(5)组织施工招标，择优选择施工单位。

按规定进行了建设准备和具备了开工条件以后，便应组织开工。一般项目在报批新开工前，必须由审计机关对项目的有关内容进行审计证明。审计机关主要是对项目的资金来源是否正当及落实情况，项目开工前的各项支出是否符合国家有关规定，资金是否存入规定的专业银行进行审计。新开工的项目还必须具备按施工顺序需要至少3个月以上的施工图纸，否则不能开工建设。

5. 施工阶段

工程项目经批准新开工建设，项目即进入了施工阶段。项目新开工时间，是指工程建设项目设计文件中规定的任何一项永久性工程第一次正式破土开槽施工的日期。

施工安装活动应按照工程设计要求、施工合同条款及施工组织设计，在保证工程质量、工期、成本、安全、环保等目标的前提下进行，达到竣工验收标准后，由施工单位移交给建设单位。

6.生产准备阶段

对于生产性工程建设项目而言，生产准备是项目投产前由建设单位进行的一项重要工作。它是衔接建设和生产的桥梁，是项目建设转入生产经营的必要条件。建设单位应适时组成专门班子或机构做好生产准备工作，确保项目建成后能及时投产。

生产准备工作的内容根据项目或企业的不同，其要求也各不相同，但一般应包括以下主要内容：

(1)招收和培训生产人员。招收项目运营过程中所需要的人员，并采用多种方式进行培训。特别要组织生产人员参加设备的安装、调试和工程验收工作，使其能够尽快掌握生产技术和工艺流程。

(2)组织准备，主要包括生产管理机构设置、管理制度和有关规定的制订，生产人员的配备等。

(3)技术准备，主要包括国内装置设计资料的汇总，有关国外技术资料的翻译、编辑，各种生产方案、岗位操作法的编制以及新技术的准备等。

(4)物资准备，主要包括落实原材料、协作产品、燃料、水、电、气等的来源和其他协作配合的条件，并组织工作服、器具、备品、备件等的制造或订货。

7.竣工验收阶段

当工程项目按照设计文件的规定内容和施工图纸的要求全部建完后，便可组织验收。竣工验收是工程建设过程的最后一环，是投资成果转入生产或使用的标志，也是全面考核基本建设成果、检验设计和工程质量的重要步骤。竣工验收对促进建设项目及时投产，发挥投资效益及总结建设经验，都有重要作用。通过竣工验收，可以检查建设项目实际形成生产能力或效益，也可避免项目建成后继续消耗建设费用。

工程项目全部建成，经过各单位工程的验收，符合设计要求，并具备竣工图、竣工决算、工程总结等必要的文件资料，有项目主管部门或建设单位向负责验收的单位提出竣工验收申请报告。竣工验收要根据工程项目规模及复杂程度组成验收委员会或验收组，对工程建设的各个环节进行审查，听取各有关单位的工作汇报。审阅工程档案、实地查验工程实体，对工程设计、施工和设备质量等做出全面评价。不合格的工程不予验收。对遗留问题要提出具体解决意见，限期落实完成。

8.后评价阶段

项目后评价阶段是工程项目竣工投产、生产运营一段时间后，再对项目的立项决策、设计施工、竣工投产、生产运营等全过程进行系统评价的一种技术经济活动，是固定资产投资管理的一项重要内容，也是固定资产投资管理的最后一个环节。通过建设项目后评价，可以达到肯定成绩、总结经验、研究问题、吸取教训、提出建议、改进工作、不断提高项目决策水平和投资效果的目的。

项目后评价的内容包括立项决策评价、设计施工评价、生产运营评价和建设效益评价。在实际工作中，可以根据建设项目的特点和工作需要而有所侧重。

### 2.1.2　建设项目的划分

基本建设项目的组成可划分为建设项目、单项工程、单位工程、分部工程和分项工程五个等级。

1. 建设项目

建设项目是指按照一个总体设计进行施工，经济上实行统一核算，行政上有独立的组织形式的基本建设单位，一般应以一个企业（或联合企业）、事业单位或大型综合独立工程作为一个建设项目。一个建设项目由一个或几个单项工程组成。例如，某城市的一条快速路就是一个建设项目。

2. 单项工程

单项工程是建设项目的组成部分，指在一个建设单位中，具有独立的设计文件，单独编制综合预算、竣工后可以独立发挥生产能力或使用效益的工程。一般指工业建设中能独立生产的车间、非工业建设中能发挥设计规定的主要效益的各个独立工程。例如，某城市快速路工程中，某个城区的立交桥工程、城市道路工程分别是一个单项工程。

3. 单位工程

单位工程是单项工程的组成部分，指具有单独设计的施工图纸和单独编制的施工图预算文件，可以独立施工及独立作为计算成本对象，但建成后不能独立发挥生产能力或使用效益的工程。例如，城市道路这个单项工程又可分为道路工程、排水工程、桥梁工程等单位工程。

4. 分部工程

分部工程是单位工程的组成部分。按照单位工程的各个部位、工程结构性质、使用材料、工程种类、设备的种类和型号等不同来划分。例如，桥梁工程这个单位工程又可以分为基础、下部结构、上部结构、桥面和附属结构等分部工程。

5. 分项工程

分项工程是分部工程的组成部分，是计算人工、材料、机械消耗的最基本要素，是概预算定额的编制对象。例如，桥梁下部结构这个分部工程又可以分为垫层、支撑梁、承台、（墩）台身、台帽等分项工程。

## 2.2　工程造价

### 2.2.1　工程造价的概念

从广义上讲，工程造价是指建设一项工程的预期开支和实际开支的全面固定资产投资费用，即从工程项目确定建设意向直至竣工验收为止的整个建设期间所支出的总费用。

从狭义上讲，工程造价是指工程建造价格，即建筑产品价格，也就是总投资中的建筑安装工程费用。

### 2.2.2　工程造价的含义

工程造价有两种含义。

1. 第一种含义

工程造价是指建设一项工程预期或实际开支的全部固定资产的投资费用。

这一含义是从投资者——业主的角度来定义的。投资者选定一个投资项目,为了获得预期的效益,需通过项目评估、决策、设计招标、施工招标、监理招标、工程施工监督管理,直至竣工验收等一系列的投资管理活动,在投资管理活动中所支付的全部费用就形成了固定资产和无形资产。

工程造价的第一种含义即建设项目总投资中的固定资产投资。

2.第二种含义

工程造价是指为建设一项工程,预计或实际在土地市场、设备市场、技术劳务市场、承包市场等交易活动中所形成的建筑安装工程总价格。

工程造价的第二种含义即建设项目总投资中的建筑安装工程费用。

### 2.2.3 工程造价与建设程序

工程建设程序可划分为若干个阶段,因建设周期长、规模大,为了保证工程造价计算的准确性和造价控制的有效性,工程造价的计算也需要在工程建设的不同阶段多次进行。各个建设阶段与工程造价的对应关系见表2-1。

**表2-1 建设阶段与工程造价对应关系**

| 建设阶段 | 决策阶段 | 初步/技术设计阶段 | 施工图设计阶段 | 招投标阶段 | 验收阶段 | 竣工结算阶段 |
|---|---|---|---|---|---|---|
| 工程造价 | 投资估算 | 概算/修正概算造价 | 预算造价 | 合同价 | 决算价 | 结算价 |

1.投资估算

投资估算是指在项目投资决策过程中,依据现有的资料和一定的方法,对建设项目的投资数额进行的估计,是决策、筹资和控制造价的主要依据。

2.概算造价

概算造价又称设计概算,是指在初步设计或扩大初步设计阶段,根据设计意图,通过编制工程概算文件预先测算和限定的工程造价。它是设计文件的组成部分。

3.修正概算造价

修正概算造价又称修正设计概算,是指在技术设计阶段,根据技术设计意图,通过编制工程修正概算文件预先测算和限定的工程造价。

4.预算造价

预算造价又称施工图预算或设计预算,是指在施工图设计阶段,以施工图为依据,根据预算定额、取费标准以及地区人工、材料、机械台班的预算价格进行编制的工程造价。

5.合同价

合同价是指在工程招投标阶段,通过签订总承包合同、建筑安装工程承包合同、设备采购合同、技术和咨询服务合同所确定的工程造价。

6.决算价

决算价是指在项目实施后,在竣工验收阶段,按合同调价范围、调价方法,对实际发生的工程量增减、设备和材料价差进行调整后计算确定的工程造价。

7.结算价

结算价是指在竣工结算阶段,发承包双方依据国家有关法律、法规和标准规定,按照合同约定最终确定的工程造价。

### 2.2.4　工程造价与建设项目的组成

基本建设项目的组成可划分为建设项目、单项工程、单位工程、分部工程和分项工程五个等级。

工程造价的计算过程是从分部分项工程造价逐级汇总计算得到建设项目总造价。即分部分项工程造价⟶单位工程造价⟶单项工程造价⟶建设项目总造价。

### 2.2.5　计价方法

工程计价是指按照规定的费用计算程序，根据相应的定额，结合人工、材料、机械市场价格，经计算预测或确定工程造价的活动。

根据《建筑工程施工发包与承包计价管理办法》的规定，发包与承包价的计价方法分为工料单价法和综合单价法两种。

1. 工料单价法

工料单价法是指分部分项工程项目及施工技术措施项目单价采用工料单价（直接工程费单价）的一种计价方法，施工组织措施项目费、企业管理费、利润、规费、税金按规定程序另行计算。

工料单价法是传统的建设工程计价方法。它要按规定的程序编制施工图预算，执行地区性的预算定额和费用定额。

工料单价（直接工程费单价）是指完成一个规定计量单位项目所需的人工费、材料费、施工机械使用费。

2. 综合单价法

综合单价法是指分部分项工程项目及施工技术措施项目单价采用综合单价（全费用单价）的一种计价方法，施工组织措施项目费、规费、税金按规定程序另行计算。

综合单价法即为工程量清单计价法，是按照国家标准《建设工程工程量清单计价规范》（GB 50500—2013）规定的计价办法。

综合单价（全费用单价）是指一个规定计量单位项目所需的除规费、税金以外的全部费用，包括人工费、材料费、施工机械使用费、企业管理费、利润，并考虑一定的风险费用。

## 2.3　市政工程费用的构成

根据住房城乡建设部、财政部关于印发《建筑安装工程费用项目组成》的通知（建标〔2013〕44号），建筑安装工程费用项目按费用构成要素组成划分为人工费、材料费、施工机具使用费、企业管理费、利润、规费和税金；建筑安装工程费用按工程造价形成顺序划分为分部分项工程费、措施项目费、其他项目费、规费和税金。这里的建筑安装工程费用是广义的建安费，包括市政工程费用，以下我们称市政工程费用。

### 2.3.1　按费用构成要素划分的市政工程费用

市政工程费按照费用构成要素划分：由人工费、材料（包含工程设备，下同）费、施工机具使用费、企业管理费、利润、规费和税金组成，如图2-1所示。

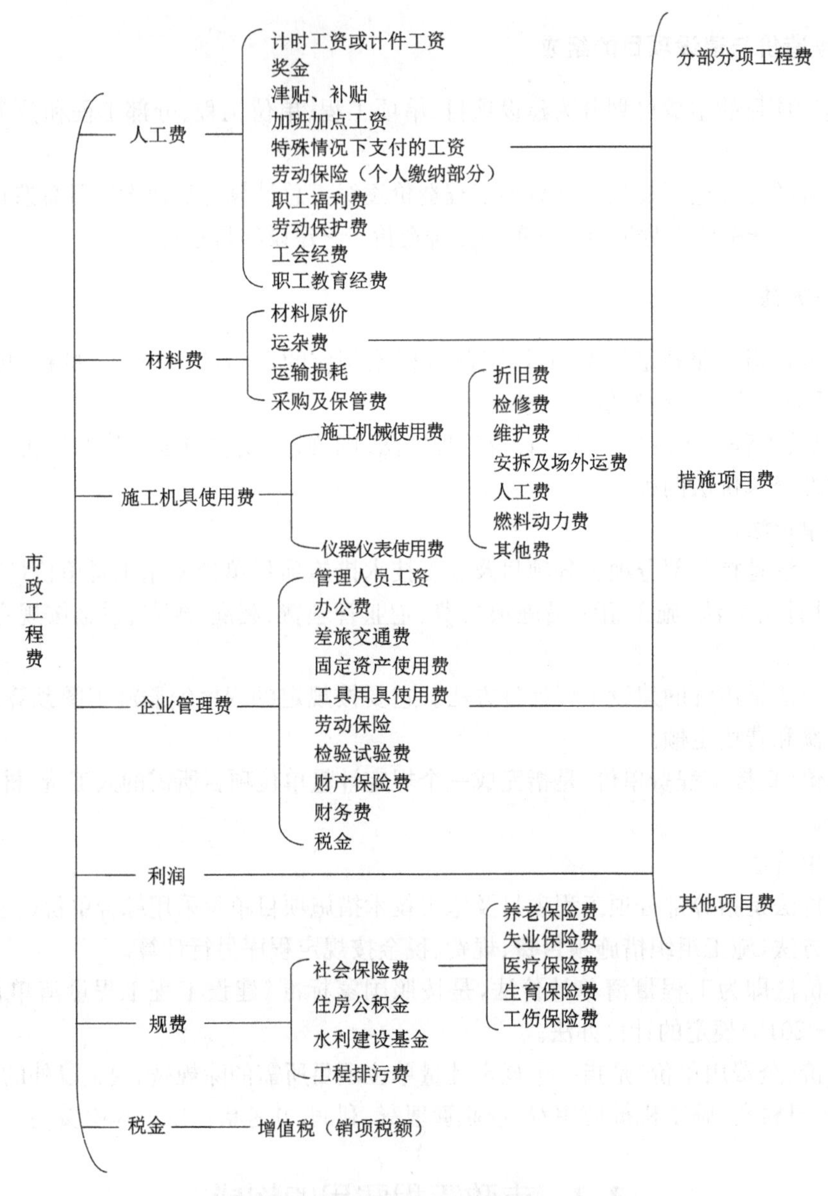


图 2-1　市政工程费用项目组成(按费用构成要素划分)

(1)人工费:是指按工资总额构成规定,支付给从事建筑安装工程施工的生产工人和附属生产单位工人的各项费用。内容包括:

1)计时工资或计件工资:是指按计时工资标准和工作时间或对已做工作按计件单价支付给个人的劳动报酬。

2)奖金:是指对超额劳动和增收节支支付给个人的劳动报酬。如节约奖、劳动竞赛奖等。

3)津贴补贴:是指为了补偿职工特殊或额外的劳动消耗和因其他特殊原因支付给个人的津贴,以及为了保证职工工资水平不受物价影响支付给个人的物价补贴。如流动施工津贴、特殊地区施工津贴、高温(寒)作业临时津贴、高空津贴等。

4)加班加点工资:是指按规定支付的在法定节假日工作的加班工资和在法定日工作时间

外延时工作的加点工资。

5)特殊情况下支付的工资:是指根据国家法律、法规和政策规定,因病、工伤、产假、计划生育假、婚丧假、事假、探亲假、定期休假、停工学习、执行国家或社会义务等原因按计时工资标准或计时工资标准的一定比例支付的工资。

(2)材料费:是指施工过程中耗费的原材料、辅助材料、构配件、零件、半成品或成品、工程设备的费用。内容包括:

1)材料原价:是指材料、工程设备的出厂价格或商家供应价格。

2)运杂费:是指材料、工程设备自来源地运至工地仓库或指定堆放地点所发生的全部费用。

3)运输损耗费:是指材料在运输装卸过程中不可避免的损耗。

4)采购及保管费:是指为组织采购、供应和保管材料、工程设备的过程中所需要的各项费用。包括采购费、仓储费、工地保管费、仓储损耗。

工程设备是指构成或计划构成永久工程一部分的机电设备、金属结构设备、仪器装置及其他类似的设备和装置。

(3)施工机具使用费:是指施工作业所发生的施工机械、仪器仪表使用费或其租赁费。

1)施工机械使用费:以施工机械台班耗用量乘以施工机械台班单价表示,施工机械台班单价应由下列七项费用组成:

①折旧费:指施工机械在规定的使用年限内,陆续收回其原值的费用。

②大修理费:指施工机械按规定的大修理间隔台班进行必要的大修理,以恢复其正常功能所需的费用。

③经常修理费:指施工机械除大修理以外的各级保养和临时故障排除所需的费用。包括为保障机械正常运转所需替换设备与随机配备工具附具的摊销和维护费用,机械运转中日常保养所需润滑与擦拭的材料费用及机械停滞期间的维护和保养费用等。

④安拆费及场外运费:安拆费指施工机械(大型机械除外)在现场进行安装与拆卸所需的人工、材料、机械和试运转费用以及机械辅助设施的折旧、搭设、拆除等费用;场外运费指施工机械整体或分体自停放地点运至施工现场或由一施工地点运至另一施工地点的运输、装卸、辅助材料及架线等费用。

⑤人工费:指机上司机(司炉)和其他操作人员的人工费。

⑥燃料动力费:指施工机械在运转作业中所消耗的各种燃料及水、电等。

⑦税费:指施工机械按照国家规定应缴纳的车船使用税、保险费及年检费等。

2)仪器仪表使用费:是指工程施工所需使用的仪器仪表的摊销及维修费用。

(4)企业管理费:是指建筑安装企业组织施工生产和经营管理所需的费用。内容包括:

1)管理人员工资:是指按规定支付给管理人员的计时工资、奖金、津贴补贴、加班加点工资及特殊情况下支付的工资等。

2)办公费:是指企业管理办公用的文具、纸张、账表、印刷、邮电、书报、办公软件、现场监控、会议、水电、烧水和集体取暖降温(包括现场临时宿舍取暖降温)等费用。

3)差旅交通费:是指职工因公出差、调动工作的差旅费、住勤补助费,市内交通费和误餐补助费,职工探亲路费,劳动力招募费,职工退休、退职一次性路费,工伤人员就医路费,工地转移费以及管理部门使用的交通工具的油料、燃料等费用。

4)固定资产使用费:是指管理和试验部门及附属生产单位使用的属于固定资产的房屋、设备、仪器等的折旧、大修、维修或租赁费。

5)工具用具使用费:是指企业施工生产和管理使用的不属于固定资产的工具、器具、家具、交通工具和检验、试验、测绘、消防用具等的购置、维修和摊销费。

6)劳动保险和职工福利费:是指由企业支付的职工退职金、按规定支付给离休干部的经费,集体福利费、夏季防暑降温、冬季取暖补贴、上下班交通补贴等。

7)劳动保护费:是企业按规定发放的劳动保护用品的支出。如工作服、手套、防暑降温饮料以及在有碍身体健康的环境中施工的保健费用等。

8)检验试验费:是指施工企业按照有关标准规定,对建筑以及材料、构件和建筑安装物进行一般鉴定、检查所发生的费用,包括自设试验室进行试验所耗用的材料等费用。不包括新结构、新材料的试验费,对构件做破坏性试验及其他特殊要求检验试验的费用和建设单位委托检测机构进行检测的费用,对此类检测发生的费用,由建设单位在工程建设其他费用中列支。但对施工企业提供的具有合格证明的材料进行检测不合格的,该检测费用由施工企业支付。

9)工会经费:是指企业按《工会法》规定的全部职工工资总额比例计提的工会经费。

10)职工教育经费:是指按职工工资总额的规定比例计提,企业为职工进行专业技术和职业技能培训,专业技术人员继续教育、职工职业技能鉴定、职业资格认定以及根据需要对职工进行各类文化教育所发生的费用。

11)财产保险费:是指施工管理用财产、车辆等的保险费用。

12)财务费:是指企业为施工生产筹集资金或提供预付款担保、履约担保、职工工资支付担保等所发生的各种费用。

13)税金:是指企业按规定缴纳的房产税、车船使用税、土地使用税、印花税等。

14)其他:包括技术转让费、技术开发费、投标费、业务招待费、绿化费、广告费、公证费、法律顾问费、审计费、咨询费、保险费等。

(5)利润:是指施工企业完成所承包工程获得的盈利。

(6)规费:是指按国家法律、法规规定,由省级政府和省级有关权力部门规定必须缴纳或计取的费用。包括:

1)社会保险费:

①养老保险费:是指企业按照规定标准为职工缴纳的基本养老保险费。

②失业保险费:是指企业按照规定标准为职工缴纳的失业保险费。

③医疗保险费:是指企业按照规定标准为职工缴纳的基本医疗保险费。

④工伤保险费:是指企业按照规定标准为职工缴纳的工伤保险费。

⑤生育保险费:是指企业按照规定标准为职工缴纳的生育保险费。

2)住房公积金:是指企业按规定标准为职工缴纳的住房公积金。

3)水利建设基金:水利建设基金是用于水利建设的专项资金。根据内蒙古自治区人民政府文件(内政发〔2007〕92 号)关于印发自治区水利建设基金筹集和使用管理实施细则规定的可计入企业成本的费用。

4)工程排污费:是指施工现场按规定缴纳的工程排污费。

其他应列而未列入的规费,按实际发生计取。

(7)税金:是指国家税法规定的应计入建设工程造价内的增值税(销项税额)。

一般纳税人为甲供工程提供的建筑服务,可以选择适用简易计税方法。(注:甲供工程是指全部或部分设备、材料、动力由工程发包方自行采购的建筑工程)

### 2.3.2　按造价形成划分的市政工程费用

市政工程费按照工程造价形成由分部分项工程费、措施项目费、其他项目费、规费、税金组成,分部分项工程费、措施项目费、其他项目费包含人工费、材料费、施工机具使用费、企业管理费和利润,如图 2-2 所示。

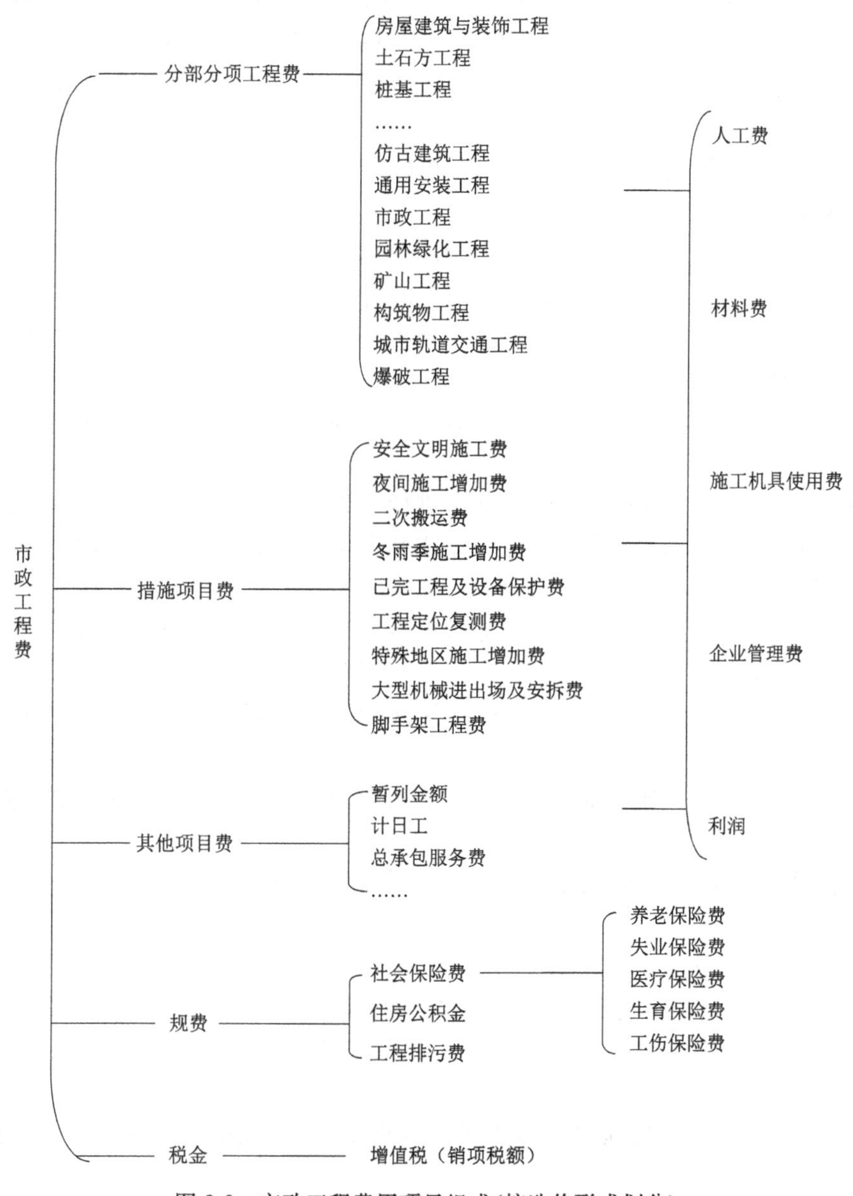

图 2-2　市政工程费用项目组成(按造价形成划分)

(1)分部分项工程费:是指市政工程的分部分项工程应予列支的各项费用。

分部分项工程:指按现行国家计量规范对各专业工程划分的项目。如市政道路工程划分的路基处理、道路基层、道路面层、人行道及其他、交通管理设施等。

各类专业工程的分部分项工程划分见现行国家或行业计量规范。

(2)措施项目费:是指为完成建设工程施工,发生于该工程施工前和施工过程中的技术、生活、安全、环境保护等方面的费用。措施项目费分为总价措施项目费和单价措施项目费。

1)安全文明施工费:

①环境保护费:是指施工现场为达到环保部门要求所需要的各项费用。

②文明施工费:是指施工现场文明施工所需要的各项费用(含扬尘治理增加费)。

③安全施工费:是指施工现场安全施工所需要的各项费用(含远程视频监控增加费)。

④临时设施费:是指施工企业为进行建设工程施工所必须搭设的生活和生产用的临时建筑物、构筑物和其他临时设施费用。包括临时设施的搭设、维修、拆除、清理费或摊销费等。

2)夜间施工增加费:是指因夜间施工所发生的夜班补助费、夜间施工降效、夜间施工照明设备摊销及照明用电等费用。

3)二次搬运费:是指因施工场地条件限制而发生的材料、构配件、半成品等一次运输不能到达堆放地点,必须进行二次或多次搬运所发生的费用。

4)冬雨季施工增加费:是指在冬季或雨季施工需增加的临时设施、防滑、排除雨雪,人工及施工机械效率降低等费用。

5)已完工程及设备保护费:是指竣工验收前,对已完工程及设备采取的必要保护措施所发生的费用。

6)工程定位复测费:是指工程施工过程中进行全部施工测量放线和复测工作的费用。

7)特殊地区施工增加费:是指工程在沙漠或其边缘地区、高海拔、高寒、原始森林等特殊地区施工增加的费用。

8)大型机械设备进出场及安拆费:是指机械整体或分体自停放场地运至施工现场或由一个施工地点运至另一个施工地点,所发生的机械进出场运输及转移费用及机械在施工现场进行安装、拆卸所需的人工费、材料费、机械费、试运转费和安装所需的辅助设施的费用。

9)脚手架工程费:是指施工需要的各种脚手架搭、拆、运输费用以及脚手架购置费的摊销(或租赁)费用。

措施项目及其包含的内容详见各类专业工程的现行国家或行业计量规范。

(3)其他项目费:

1)暂列金额:是指建设单位在工程量清单中暂定并包括在工程合同价款中的一笔款项。用于施工合同签订时尚未确定或者不可预见的所需材料、工程设备、服务的采购,施工中可能发生的工程变更、合同约定调整因素出现时的工程价款调整以及发生的索赔、现场签证确认等的费用。

2)计日工:是指在施工过程中,施工企业完成建设单位提出的施工图纸以外的零星项目或工作所需的费用。

3)总承包服务费:是指总承包人为配合、协调建设单位进行的专业工程发包,对建设单位自行采购的材料、工程设备等进行保管以及施工现场管理、竣工资料汇总整理等服务所需的费用。

(4)规费:同2.3.1内容。

(5)税金:同2.3.1内容。

## 2.4　市政工程费用的计算方法和程序

### 2.4.1　市政工程费用计算方法

按照2017版《内蒙古自治区建设工程计价依据》,市政工程费用按如下方法计算。

1.分部分项工程费

分部分项工程费按与“费用定额”配套颁发的各类专业工程定额及有关规定计算。

2.措施项目费

总价措施费中的安全文明施工费、夜间施工增加费、二次搬运费、冬雨季施工增加费、临时设施费、已完未完工程及设备保护费和工程定位复测费,按“总价措施项目费费率表”中费率计算,计算基础为人工费(不含机上人工)。

(1)安全文明施工费

除按“总价措施项目费费率表”计算安全文明施工费费用外,安全文明施工费的计算还应遵守下述规定:

1)实行工程总承包的,总承包单位按相应计算基础和计算方法计算安全文明施工费,并负责整个工程施工现场的安全文明设施的搭设、维护;总承包单位依法将建筑工程分包给其他分包单位的,其费用使用和责任划分由总、分包单位依据建设部《建设工程安全防护与文明施工措施费用及使用管理规定》在合同中约定。

2)安全文明施工费费率是以“关于发布《内蒙古自治区建筑施工标准化图集》的公告”(内建建〔2013〕426号)文件内容进行测算的基准费率。招标人有创建安全文明示范工地要求的建设项目:取得盟市级标准化工地的在基准费率基础上上浮15%,取得自治区级标准化示范工地的在基准费率基础上上浮20%。

3)建设单位依法将部分专业工程分包给专业队伍施工时,分包单位按分包专业工程及表中费率的40%计取,剩余部分费用由总包单位统一使用。

(2)夜间施工费

夜间施工增加费按表2-2计算。

**表2-2　夜间施工增加费费用标准**

| 费用内容 | 照明设施安拆、折旧、用电 | 工效降低补偿 | 夜餐补助 | 合计 |
|---|---|---|---|---|
| 费用标准[元/(人·班)] | 2.2 | 3.8 | 12 | 18 |

1)白天在地下室、无窗厂房、坑道、洞库内、工艺要求不间断施工的工程,可视为夜间施工,每工日按6元计夜间施工增加费;工日数按实际工作量所需定额工日数计算。

2)夜间施工增加费的计算有争议时,应由建设单位和施工单位签证确认。

(3)二次搬运费

二次搬运费按“总价措施项目费费率表”中的费率计算。

(4)冬雨季施工增加费

雨季施工增加费按表 2-3 中的费率计算。冬季施工增加费按下列规定计算:

1)需要冬季施工的工程,其措施费由施工单位编制冬季施工措施和冬季施工方案,连同增加费用一并报建设、监理单位批准后实施。

2)人工、机械降效费用按冬季施工工程人工费的 15%计取。

3)对于冬季停止施工的工程,施工单位可以按实际停工天数计算看护费用。费用计算标准 104 元/(人·天)计算,看护人数按实际签证看护人数计算。专业分包工程不计取看护费。看护费包括看护人员工资及其取暖、用水、用电费用。

4)冬季停止施工期间不得计算周转材料(脚手架、模板)及施工机械停滞费。

(5)已完工程及设备保护费

已完工程及设备保护费按表 2-3 中的费率计算。

(6)工程定位复测费

工程定位复测费按表 2-3 中的费率计算。

(7)特殊地区施工增加费

根据工程项目所在地区实际情况可按定额人工费的 1.5%计取,此项费用可作为计取管理费、利润的基数。

**表 2-3 总价措施项目费费率表**

| 序号 | 专业工程 | | 取费基础 | 分项费率(%) | | | | | |
|---|---|---|---|---|---|---|---|---|---|
| | | | | 安全文明施工费 | | 雨季施工增加费 | 已完工程及设备保护费 | 工程定位复测费 | 二次搬运费 |
| | | | | 安全文明施工与环境保护费 | 临时设施费 | | | | |
| 1 | 房屋建筑与装饰工程 | | 人工费 | 5.5 | 2 | 0.5 | 0.8 | 0.3 | 0.01 |
| 2 | 通用安装工程 | | | 2 | 1 | 0.5 | 0.8 | | 0.01 |
| 3 | 土石方工程 | | | 3 | 1 | 0.5 | | | 0.01 |
| 4 | 市政工程 | 道路 | | 5 | 1.5 | 0.5 | | 0.1 | 0.01 |
| | | 桥涵 | | 6 | 2 | 0.5 | 0.5 | 0.15 | 0.01 |
| | | 市政管网、水处理、生活垃圾处理、路灯 | | 2 | 1 | 0.5 | 0.5 | | 0.01 |
| 5 | 园林工程 | 绿化 | | 1 | 1 | 0.5 | | 0.1 | 0.01 |
| 6 | | 建筑 | | 2 | 2 | 0.5 | 0.6 | 0.1 | 0.01 |

注:人工费的占比为 25%,人工费中不含机上人工费。

3.企业管理费

企业管理费费率是综合测算的,其计算基础为人工费(不含机上人工费)。企业管理费属于竞争性费用,企业投标报价时,可视拟建工程规模、复杂程度、技术含量和企业管理水平进行浮动。企业管理费费率见表 2-4。

专业承包资质施工企业的管理费应在总承包企业管理费费率基础上乘以 0.8 系数。

对建筑设计造型新颖独特,具有民族风格特色的大型建设项目结算(单项工程建筑面积>15000 m²,且施工周期>18个月),管理费费率应在招标文件中明确按原费率上浮15%;考虑到幼儿园一般规模较小、设计繁杂且在我区多体现蒙元文化,管理费费率应在招标文件中明确按原费率上浮20%。

**表2-4 企业管理费费率表**

| 专业工程 | 房屋建筑与装饰工程 | 通用安装工程 | 土石方工程 | 市政道路工程 | 市政桥涵工程 | 市政管网、水处理、生活垃圾处理、路灯工程 | 园林建筑工程 | 园林绿化工程 | 园林养护工程 |
|---|---|---|---|---|---|---|---|---|---|
| 费率(%) | 20 | 20 | 10 | 45 | 25 | 20 | 20 | 18 | 8 |

4.利润

利润是按行业平均水平测算,其计算基础为人工费(不含机上人工费)。利润是竞争性费用,企业投标报价时,根据企业自身需求结合建筑市场实际情况自主确定。利润率见表2-5。

**表2-5 利润率表**

| 专业工程 | 房屋建筑与装饰工程 | 通用安装工程 | 土石方工程 | 市政道路工程 | 市政桥涵工程 | 市政管网、水处理、生活垃圾处理、路灯工程 | 园林建筑工程 | 园林绿化工程 | 园林养护工程 |
|---|---|---|---|---|---|---|---|---|---|
| 费率(%) | 16 | 16 | 8 | 45 | 20 | 16 | 16 | 12 | 6 |

5.规费

(1)社会保险费(养老保险、失业保险、医疗保险、工伤保险、生育保险)、住房公积金、水利建设基金按规费费率表中规定的费率计算。规费不参与投标报价竞争。规费的计算基础为人工费(不含机上人工费)。规费费率见表2-6。

**表2-6 规费费率表**

| 费用名称 | 养老失业保险 | 基本医疗保险 | 住房公积金 | 工伤保险 | 生育保险 | 水利建设基金 | 合 计 |
|---|---|---|---|---|---|---|---|
| 费率(%) | 12.5 | 3.7 | 3.7 | 0.4 | 0.3 | 0.4 | 21 |

(2)工程排污费

工程排污费按实际发生计算。

6.税金

税金是指国家税法规定的应计入建设工程造价内的增值税(销项税额),税率为11%。

一般纳税人为甲供工程提供的建筑服务,可以选择实用简易计税方法,征收率为3%。(注:甲供工程是指全部或部分设备、材料、动力由工程发包方自行采购的建筑工程)

### 2.4.2 市政工程费用计算程序

市政工程费用的计价方法不同,其费用的计取程序亦不同。下面介绍工料单价法和综合单价法(工程量清单计价法)费用的计取程序。

1.适用于工料单价计价法的取费程序

当施工图预算、招标控制价和投标报价采用工料单价法计价时,其费用按表2-7计取。

表 2-7 单位工程费用的计算程序

| 序号 | 费用项目 | 计算方法 |
| --- | --- | --- |
| 1 | 分部分项工程费 | 按预算定额和有关规定计算 |
| 2 | 措施项目费 | 按预算定额和费用定额计算 |
| 3 | 分部分项工程费和措施项目费中的人工费 | 按预算定额和费用定额计算 |
| 4 | 企业管理费、利润 | 3×费率 |
| 5 | 规费 | 3×费率 |
| 6 | 价差调整、总承包服务费 | 按合同约定或相关规定计算 |
| 7 | 税金 | (1+2+4+5+6)×税率 |
| 8 | 工程造价 | 1+2+4+5+6+7 |

2.适用于综合单价法(工程量清单计价法)的取费程序

当施工图预算、招标控制价和投标报价采用综合单价法计价时,其费用按表 2-8 计取。

表 2-8 单位工程费用的计算程序

| 序号 | 费用项目 | 计算方法 |
| --- | --- | --- |
| 1 | 分部分项工程量项目费 | Σ(分部分项工程量清单×综合单价) |
| 2 | 措施项目费 | Σ(措施项目清单×综合单价) |
| 3 | 其他项目清单费 | 按招标文件和清单计价要求计算 |
| 4 | 规费 | (分部分项工程费和措施项目费中的人工费)×费率 |
| 5 | 税金 | (1+2+3+4)×税率 |
| 6 | 工程造价 | 1+2+3+4+5 |

表 2-8 中综合单价的计算见表 2-9。

表 2-9 综合单价计算表

| 序号 | 费用项目 | 计算方法 |
| --- | --- | --- |
| 1 | 分部分项直接工程费或措施项目费 | 按预算定额和费用定额计算 |
| 2 | 分部分项工程或措施项目中的人工费 | 按预算定额和费用定额计算 |
| 3 | 管理费、利润 | 2×费率 |
| 4 | 风险费 | 按招标文件要求由投标人自定 |
| 5 | 综合单价 | 1+3+4 |

以上单位工程费用的计算程序表中,各项费用的具体计算方法将在后面的章节中详细讲解。

## 2.5　市政工程预算定额

### 2.5.1　定额的概念和分类

定额就是一种规定的额度，或称数量标准，是规定在产品生产过程中人力、物力或资金的标准数额。

工程建设定额就是国家颁发的用于规定完成某一建筑产品所需消耗的人力、物力和财力的数量标准。反映了在一定社会生产力发展水平条件下，完成建筑安装工程中的某项产品与各种生产耗费之间的特定的数量关系，体现在正常施工条件下人工、材料、机械等消耗的社会平均合理水平。

工程建设定额按照用途可以分为施工定额、预算定额、概算定额、概算指标、投资估算指标。

### 2.5.2　预算定额的概念与作用

预算定额是指在合理的施工组织设计、正常施工条件下，生产一个规定计量单位合格构件、分项工程所需的人工、材料、机械台班等的社会平均消耗量标准。

市政工程预算定额是完成规定计量单位市政分项工程计价所需的人工、材料、施工机械台班的消耗量标准。它是编制招标控制价、设计概算、施工图预算和调解、处理建设工程造价纠纷的依据；是计算投标报价、确定合同价款、拨付工程款、办理竣工结算和衡量投标报价合理性的基础。对于实行工程量清单计价的工程，市政工程预算定额是投标人的参考性依据。投标人可依据企业定额或企业自身的管理水平、机械装备情况对本计价依据进行适当的调整后执行。

市政工程预算定额分为由国家建设部组织编制颁发的“全国统一市政工程预算定额”和由省级建设行政管理部门编写颁发的地方市政工程预算定额。本节介绍的是2017版《内蒙古自治区市政工程预算定额》。

现行的《内蒙古自治区市政工程预算定额》是2017版内蒙古自治区建设工程计价依据之一，是在全国统一市政工程预算定额的基础上，根据《内蒙古自治区建设工程造价管理办法》（自治区政府令第187号），以及《建设工程工程量清单计价规范》（GB 50500—2013）、《市政工程消耗量定额》（TYA1—31—2015）、《建设工程施工机械台班费用编制规则》，结合内蒙古自治区实际，根据现行的市政工程设计规范、施工验收技术规范、质量评定标准、安全生产操作规程等资料编制的。2017版计价依据的消耗量为社会平均水平，计入定额基价的材料价格是呼和浩特地区2015届建设工程材料预算价格，定额执行过程中可根据工程所在盟市工程造价管理机构发布的工程造价动态信息调整材差。

### 2.5.3　市政工程预算定额的组成

1. 市政工程预算定额的分类

2017版《内蒙古自治区市政工程预算定额》是建设工程计价活动的地方性标准，适用于内蒙古自治区行政区域内城市基础设施工程的新建、扩建工程。是国有资金投资工程编制投资估算、设计概算、最高投标限价、施工图预算和调解、处理建设工程造价纠纷的依据，是编制投标报价、确定合同价款、拨付工程款、办理竣工结算和衡量投标报价合理性的基础。

《内蒙古自治区市政工程预算定额》共分七册：

第一册《通用项目》包括：土石方工程、拆除工程、钢筋工程、措施项目。适用于城镇管辖范围内市政新建、扩建工程，除另有说明外，适用于市政定额其他专业册。

第二册《道路工程》包括：路基处理、道路基层、道路面层、人行道及其他、交通管理设施，共五章。适用于城镇管辖范围内的新建、扩建、改建的市政道路工程。

第三册《桥涵工程》包括：桩基、基坑与边坡支护、现浇混凝土构件、预制混凝土构件、砌筑、立交箱涵、钢结构和其他，共八章。适用于城镇范围内的桥梁工程；单跨 5 m 以内的各种桥涵、拱涵工程(圆管涵执行第四册《市政管网工程》相关项目，其中管道铺设及基础项目人工、机械费乘以系数 1.25)；穿越城市道路及铁路的立交箱涵工程。

第四册《市政管网工程》包括：管网铺设、管件、阀门及附件安装、管道附属构筑物、混凝土模块井、取水工程、措施项目，共六章。适用于城镇范围内的新建、改建、扩建的市政给水、排水、燃气、集中供热、管道附属构筑物工程。

第五册《水处理工程》包括：水处理工程构筑物、设备安装、措施项目，共三章。适用于全国城乡范围内的新建、改建和扩建的净水工程的取水、净水厂、加压站；排水工程的污水处理厂、排水泵站工程及水处理设备安装工程。

第六册《生活垃圾处理工程》包括：生活垃圾卫生填埋、生活垃圾焚烧，共两章。适用于城镇范围内的新建、扩建和改建的生活垃圾设施工程。

第七册《路灯工程》包括：变配电设备工程、10 kV 以下架空线路、电缆工程、配管配线、照明器具安装工程、防雷接地装置安装工程，共六章。适用于新建、扩建的城镇道路、市政地下通道的照明工程，不适用于维修改造及庭院(园)内的照明工程。

2. 市政工程预算定额的组成

各册定额组成内容一般包括：颁发文件、总说明、册说明、目录、各章说明、工程量计算规则和定额子目表、附录。定额子目表是市政工程预算定额的核心内容，也称“基价表”。

### 2.5.4 定额子目表的表现形式

市政工程预算定额是按目前国内大多数施工企业采用的施工方法、机械化装备程度，合理的工期、施工工艺和劳动组织条件编制的。

1. 定额子目表的内容

定额子目表是市政工程预算的主要组成部分，它包括：定额编号，分项工程的名称，工作内容，工程量计量单位，各子目定额基价、人工费、材料费、机械费、管理费和利润，各子目定额的人工、材料、机械的名称、规格、单位、单价和数量，管理费、利润的费率等内容。见表 2-10，该表摘自《内蒙古自治区市政工程预算定额》第四册《市政管网工程》19 页，从表中可以看出，该分项工程项目为承插式混凝土管，工程量计量单位为“100 m”。

**表2-10　定额子目表的内容**

4.承插式混凝土管

工作内容：排管、下管、调直、找平、槽上搬运。　　单位：100 m

| 定额编号 | | | | 4-108 | 4-109 | 4-110 | 4-111 |
|---|---|---|---|---|---|---|---|
| 项目名称 | | | | 人机配合下管 | | | |
| | | | | 管径(mm以内) | | | |
| | | | | 1350 | 1500 | 1650 | 1800 |
| 基价(元) | | | | 6656.12 | 8125.43 | 10049.01 | 15019.70 |
| 其中 | 人工费(元) | | | 3318.62 | 4047.11 | 4702.49 | 5735.34 |
| | 材料费(元) | | | — | — | — | — |
| | 机械费(元) | | | 2142.80 | 2621.36 | 3653.62 | 7219.64 |
| | 管理费、利润(元) | | | 1194.70 | 1456.96 | 1692.90 | 2064.72 |
| 名称 | | 单位 | 单价(元) | 数量 | | | |
| 人工 | 综合工日 | 工日 | 107.51 | 30.868 | 37.644 | 43.740 | 53.347 |
| 材料 | 钢筋混凝土管 | m | — | (101.000) | (101.000) | (101.000) | (101.000) |
| 机械 | 汽车式起重机32 t | 台班 | 1231.72 | 1.641 | 2.008 | — | — |
| | 汽车式起重机40 t | 台班 | 1505.84 | — | — | 2.322 | — |
| | 汽车式起重机50 t | 台班 | 2463.98 | — | — | — | 2.839 |
| | 叉车起重机10 t | 台班 | 736.64 | 0.165 | 0.201 | — | — |
| | 载重汽车12 t | 台班 | 665.49 | — | — | 0.236 | — |
| | 载重汽车15 t | 台班 | 779.18 | — | — | — | 0.288 |
| 其他 | 管理费 | % | — | 20.000 | 20.000 | 20.000 | 20.000 |
| | 利润 | % | — | 16.000 | 16.000 | 16.000 | 16.000 |

2.定额单价的确定

(1)人工费

人工费是指按工资总额构成规定，支付给从事建筑安装工程施工的生产工人和附属生产单位工人的各项费用。内容包括计时工资或计件工资、奖金、津贴补贴、加班加点工资、特殊情况下支付的工资。即：

人工费＝综合工日消耗量标准×综合工日单价

1)综合工日消耗量标准：定额人工包括基本用工、辅助用工、超运距用工和人工幅度差等，不分工种和技术等级，一律以综合工日表现，每工日按8 h考虑。

2)综合工日单价：综合工日单价按国家、自治区有关政策、综合考虑内蒙古自治区建筑市场人工单价水平和典型市政工程中普工、技工、高级技工所占比例的基础上确定的，包括计时工资或计件工资、奖金、津贴补贴、加班加点工资、特殊情况下支付的工资、劳动保险(个人缴纳部分)、职工福利费、劳动保护费、工会经费、职工教育经费。

(2)材料费

材料费等于对应于定额子目的各种材料的消耗量标准乘以相应的材料预算价格的总和，即

材料费＝∑(材料消耗量标准×材料预算价格)

1)材料消耗量标准：定额中的材料消耗量包括施工中消耗的主要材料、辅助材料、周转材

料和其他材料，包括正常的操作损耗和场内运输损耗。

2)材料预算价格：材料预算价格(即预算定额材料单价)是指材料自采购地(或交货地)运达工地仓库(或施工现场存放处)后的出库价格。它由材料供应价、市内运杂费和采购保管费等费用组成。定额子目表中所采用的材料单价是按照2015届呼和浩特地区建设工程材料预算价格取定的，其中材料单价均不含增值税，执行过程中各盟市工程造价管理机构可根据工程施工期不同调整材料价差。

(3)机械费

机械费等于定额台班消耗量标准乘以相应的台班单价的总和，即：

$$机械费=\sum(台班消耗量标准\times台班单价)$$

1)台班消耗量标准：台班消耗量是指完成单位分项工程所需的各种施工机械台班使用量。它是按常用机械、合理机械配备和大多数施工企业的机械化装备程度，并结合工程实际综合确定，并按机械正常施工工效并考虑机械幅度差综合取定的。

2)台班单价：台班单价是指施工机械在一个台班正常运转中所分摊和支出的各项费用之和。台班单价也叫台班基价或台班费用。它是按2017版《内蒙古自治区施工机械台班费用定额》计算，其中机械台班单价均不含增值税。

施工机械台班费用包括：折旧费、大修理费、经常修理费、安拆费及场外运费、人工费、燃料动力费、养路费及其他费用等。

(4)定额基价

预算定额基价就是一定计量单位的分项工程的价格标准，是该分项工程的综合单价，即人工费、材料费、机械费、企业管理费、利润的总和。即：

$$基价=人工费+材料费+机械费+企业管理费+利润$$

公式中的人工费、材料费、机械费、企业管理费和利润仅是预算定额中规定的分项工程费用标准。

**【例2.1】**现以表2-10的4-109子目为例来说明定额子目表所表现的内容。

**解**：4-109是管径为1500 mm的承插式混凝土管(人机配合下管)的定额子目，其内容为：

①定额编号：4-109。

其中4——表示市政定额第四册；

109——表示分册定额各子目的顺序号。

②项目名称：DN1500承插式混凝土管(人机配合下管)铺设。

③定额基价=人工费+材料费+机械费+企业管理费+利润=8125.43元/100 m。其中人工费4047.11元，材料费0元，机械费2621.36元，管理费、利润1456.96元。

④人工费：4047.11元。

定额消耗的综合工日是37.644工日，综合工日单价为107.51元/工日，则：

基价中人工费=37.644工日×107.51元/工日=4047.11元。

⑤材料费：0元。

该子目无材料费，也没有给出主要材料DN1500的承插式混凝土管材料的单价，因此DN1500承插式混凝土管为该子目的未计价主材，它的表现方式是在材料消耗量标准上用括号标注。

⑥安装DN1500的承插式混凝土管100 m的机械台班为32 t汽车式起重机2.008台班，单价为1231.72元/台班；10 t叉车起重机0.201台班，单价为736.64元/台班；则：

基价中机械费=2.008台班×1231.72元/台+0.201台班×736.64元/台班=2621.36元。

### 2.5.5　未计价主材费的确定

1. 未计价主材的含义

未计价主材是指预算定额中只给定了某主要材料的消耗量标准，并未注明单价，基价中不包括其价格，必须另行确定材料预算价格后再进入预算的费用。由甲方自行采购提供的材料设备，且不计入拨付施工单位工程款的，就不再进入预算。

含有未计价主材的项目，其材料消耗量一般加括号表示。表2-10中的“钢筋混凝土管”属于未计价主材，单价栏中未注明这种材料的单价，所列基价中不包括这种主材的价格。

2. 未计价主材费的确定

未计价主材费等于主材的定额消耗量乘以主材的预算价格，即：

未计价主材费＝主材的定额消耗量×主材的预算价格

材料消耗量＝材料净用量＋材料损耗量

损耗率＝材料损耗量/材料净用量×100%

工程量是根据施工图纸计算的分项工程净值，即工程量即为净用量。

于是，主材的定额消耗量等于主材的工程量与损耗量之和，即：

主材的定额消耗量＝主材的工程量＋损耗量

＝主材的工程量×(1＋损耗率)

式中：主材损耗量＝主材净用量×损耗率＝主材的工程量×损耗率

损耗率可查定额子目对应的材料消耗量得到，主材的预算价格可查阅当地当时的建设工程造价信息。下面举例说明未计价主材费的确定。

**【例2.2】**某市政排水工程中需铺设D1800的钢筋混凝土管的3000 m，查询当时当地的建设工程造价信息，D1800的钢筋混凝土管预算价为1200元/m，试求该未计价钢筋混凝土管的材料费。

解：由表2-10查得钢筋混凝土管的损耗率为1%

钢筋混凝土管的定额消耗量＝主材的工程量×(1＋损耗率)

＝3000 m×(1＋1%)

＝3030 m

钢筋混凝土管的材料费＝主材的定额消耗量×主材的预算价格

＝3030 m×1200元/m

＝3636000元

## 习　　题

**一、单选题**(每题的备选项中，只有1个正确选项)。

1. 人工费是指按工资总额构成规定，支付给从事建筑安装工程施工的(　　)的各项费用。

A. 施工现场人员　　B. 管理人员

C. 生产工人和附属生产单位工人　　D. 现场管理人员

2. 定额人工工日不分列工种和技术等级，一律以(　　)表示。

A. 普工工日　　B. 技工工日　　C. 综合工日　　D. 高级工工日

3. 按照 2017 版内蒙古计价依据，规费的取费基数是(　　)。

A. 人工费+材料费+机械费　　B. 人工费+机械费

C. 人工费　　D. 人工费+材料费+机械费+管理费+利润

4. 在基本建设项目组成中，可以单独设计、单独施工、独立编制施工图预算，但不能独立发挥使用效益的工程是(　　)。

A. 单项工程　　B. 建设项目　　C. 单位工程　　D. 分部工程

5. 根据《建筑工程施工发包与承包计价管理办法》的规定，发包与承包价的计价方法分为工料单价法和(　　)两种。

A. 费率计价法　　B. 系数计价法　　C. 实物计价法　　D. 综合单价法

6. (　　)是指按国家法律、法规规定，由省级政府和省级有关权力部门规定必须缴纳或计取的费用。

A. 企业管理费　　B. 材料费　　C. 规费　　D. 利润

7. (　　)是指施工企业完成所承包工程获得的盈利。

A. 企业管理费　　B. 税金　　C. 规费　　D. 利润

8. 根据 2017 版内蒙古计价依据，总价措施项目费的取费基础为(　　)。

A. 人工费+机械费　　B. 材料费

C. 人工费　　D. 人工费+材料费+机械费

**二、多选题**(每题的备选项中，有 2 个或 2 个以上符合题意)。

1. 基本建设项目的组成可划分为建设项目、(　　)和分项工程五个等级。

A. 单项工程　　B. 建筑工程　　C. 单位工程　　D. 市政工程

E. 分部工程

2. 按费用构成要素划分的市政工程费用由人工费、材料费、(　　)组成。

A. 施工机具使用费　　B. 企业管理费　　C. 利润　　D. 规费

E. 税金

3. 按造价形成划分的市政工程费用由(　　)、规费、税金组成。

A. 分部分项工程费　　B. 企业管理费　　C. 措施项目费　　D. 利润

E. 其他项目费

4. 按照 2017 版内蒙古计价依据，预算定额基价就是一定计量单位的分项工程的价格标准，是该分项工程的综合单价，即(　　)的总和。

A. 人工费　　B. 材料费　　C. 机械费　　D. 企业管理费

E. 利润

5. 综合单价(全费用单价)是指一个规定计量单位项目所需的除规费、税金以外的全部费用，包括人工费、(　　)利润，并考虑一定的风险费用。

A. 材料费　　B. 分部分项费　　C. 企业管理费　　D. 施工机械使用费

E. 措施项目费

## 三、简 答 题

1. 简述基本建设程序。
2. 简述工程造价的概念及含义。

## 四、计 算 题

给表2-11中横线填上适当的数字，补全“法兰阀门安装”定额子目表，并说明该子目表各项表示的意义。

**表2-11　法兰阀门安装**

工作内容：制加垫、紧螺栓等操作过程。　　　　单位：个

| 定额编号 | | | | 4-1583 | 4-1584 | 4-1585 | 4-1586 |
|---|---|---|---|---|---|---|---|
| 项目名称 | | | | 公称直径(mm以内) | | | |
| | | | | 50 | 65 | 80 | 100 |
| 基价(元) | | | | 21.36 | ______ | 38.73 | 56.68 |
| 其中 | 人工费(元) | | | 15.37 | 27.20 | 27.85 | ______ |
| | 材料费(元) | | | ______ | 0.59 | ______ | 1.12 |
| | 机械费(元) | | | — | — | — | — |
| | 管理费、利润(元) | | | ______ | 9.79 | 10.02 | ______ |
| 名称 | | 单位 | 单价(元) | 数量 | | | |
| 人工 | 综合工日 | 工日 | 107.51 | 0.143 | 0.253 | 0.259 | 0.380 |
| 材料 | 法兰阀门 | 个 | — | (1.000) | (1.000) | (1.000) | (1.000) |
| | 石棉橡胶板　中压δ0.8～6 | kg | 6.52 | 0.070 | 0.090 | 0.130 | 0.170 |
| | 其他材料费 | 元 | — | 0.005 | 0.006 | 0.009 | 0.011 |
| 其他 | 管理费 | % | — | 20.000 | 20.000 | 20.000 | 20.000 |
| | 利润 | % | — | 16.000 | 16.000 | 16.000 | 16.000 |

# 第3章　工程量清单计价基础知识

## 3.1 《建设工程工程量清单计价规范》概述

### 3.1.1 《建设工程工程量清单计价规范》简介

为了适应我国建设工程管理体制改革以及建设市场发展的需要，规范建设工程各方的计价行为，进一步深化工程造价管理模式的改革，2003年2月17日，原建设部以第119号公告发布了国家标准《建设工程工程量清单计价规范》(GB 50500—2003)。2006年开始，原建设部标准定额司组织有关单位对“03规范”进行修订，2008年7月9日，住房城乡建设部以第63号公告，发布了《建设工程工程量清单计价规范》(GB 50500—2008)。2009年6月，标准定额司组织有关单位对“08规范”进行修订，为了方便管理和使用，此次修订，将“计价规范”与“计量规范”分列。经过两年多的时间，于2012年6月完成了国家标准《建设工程工程量清单计价规范》(GB 50500—2013)(以下简称“计价规范”)和《市政工程工程量计算规范》(GB 50857—2013)(以下简称“计量规范”)等九本计量规范。2012年12月25日，全部10本规范获得了批准，从2013年7月1日起实施。

《建设工程工程量清单计价规范》是规范建设工程施工发承包计价行为，统一建设工程工程量清单的编制和计价方法的规范文件。

《建设工程工程量清单计价规范》(GB 50500—2013)适用于建设工程施工发承包计价活动。该规范规定，全部使用国有资金投资或国有资金投资为主的建设工程施工发承包，必须采用工程量清单计价。非国有资金投资的建设工程，宜采用工程量清单计价。

### 3.1.2 计价规范和计量规范的特点与内容

1.计价规范和计量规范的特点

(1)强制性

主要表现在，一是由建设主管部门按照强制性国家标准的要求批准颁布，规定全部使用国有资金或国有资金投资为主的建设工程施工发承包，必须采用工程量清单计价；二是明确招标工程量清单是招标文件的组成部分，并规定了招标人在编制工程量清单时必须遵守的规则，做到五统一，即统一项目编码，统一项目名称，统一项目特征，统一计量单位，统一工程量计算规则。

(2)实用性

九本计量规范中实体项目工程量清单的项目名称明确清晰，工程量计算规则简洁明了，特别还列有项目特征和工程内容，易于编制工程量清单时确定具体项目名称和招投标价格。

(3)竞争性

一是措施项目清单为可调整清单。招标人提出的措施项目清单是依据计量规范按一般情况确定的。而不同投标人拥有的施工装备、技术水平和采用的施工方法有所差异，所以投标人对招标文件中所列项目,可根据企业自身特点、拟建工程施工组织设计及施工方案作适当的调整,是企业竞争项目,留给企业竞争的空间;二是《建设工程工程量清单计价规范》规定,投标企业可以根据企业定额和市场价格信息,也可以根据建设行政主管部门发布的社会平均消耗量定额进行报价,除安全文明费、规费、税金外,其他费用均为可竞争费用,《建设工程工程量清单计价规范》将报价权交给了企业。

(4)通用性

采用工程量清单计价是与国际惯例接轨的要求,符合工程量计算方法标准化、工程量计算规则统一化、工程造价确定市场化的要求。

2. 计价规范和计量规范的内容简介

《建设工程工程量清单计价规范》(GB 50500—2013)共十五章,分别是总则、术语、一般规定、招标工程量清单、招标控制价、投标报价、合同价款约定、工程计量、合同价款调整、合同价款中期支付、竣工结算与支付、合同解除的价款结算与支付、合同价款争议的解决、工程计价资料与档案、工程计价表格,最后是本规范用词说明和条文说明。

《市政工程工程量计算规范》(GB 50857—2013)包括正文、附录、规范用词说明和条文说明。正文分五章,包括总则、术语、一般规定、分部分项工程、措施项目,分别就该计量规范的适用范围、遵循的原则、编制工程量清单应遵循的规则等作了明确规定。附录 A 为土石方工程、附录 B 为道路工程、附录 C 为桥涵工程、附录 D 为隧道工程、附录 E 为管网工程、附录 F 为水处理工程、附录 G 为生活垃圾处理工程、附录 H 为路灯工程、附录 J 为钢筋工程、附录 K 为拆除工程、附录 L 为措施项目,适用于市政工程施工发承包计价活动中的工程量清单编制和工程量计算。附录中包括项目编码、项目名称、项目特征、计量单位、工程量计算规则和工程内容,其中项目编码、项目名称、项目特征、计量单位、工程量计算规则作为五统一的内容,要求招标人在编制工程量清单时必须执行。

### 3.1.3 实行工程量清单计价的意义

实行工程量清单计价有利于市场竞争机制的形成,符合社会主义市场经济条件下工程价格由市场形成的原则,是我国工程造价管理制度与国际惯例接轨的需要。

(1)满足竞争的需要。招投标过程本身就是一个竞争的过程,招标人提供工程量清单,投标人自主报价,这时候就体现出了企业技术、管理水平的重要,形成了企业整体实力的竞争。

(2)提供了一个平等的竞争条件。采用施工图预算来投标报价,由于设计图纸的缺陷,不同投标企业的人员理解不一,计算出的工程量也不同,报价相去甚远,容易产生纠纷。而工程清单报价就是为投标者提供一个平等竞争的条件,相同的工程量,由企业根据自身的实力填写单价,符合商品交换的一般性原则。

(3)有利于工程款的拨付和工程造价的最终确定。中标后,业主要与中标施工企业签订施工合同,工程量清单报价基础上的中标价就成了合同价的基础,投标清单上的单价也成了拨付工程款的依据。业主根据施工企业完成的工程量,可以很容易地确定工程款的拨付额。工程竣工后,再根据设计变更、工程量的增减乘以相应单价,业主也很容易确定工程的最终报价。

(4)有利于实现风险的合理分担。采用工程量清单报价方式后,投标单位只对自己所报的成本、单价等负责,而对工程量的变更或计算错误等不负责任;相应的,对于这一部分风险则应由业主承担，这种格局符合风险合理分担与责权利关系对等的一般原则。

(5)有利于业主对投资的控制。采用施工图预算形式，业主对因设计变更、工程量的增减所引起的工程造价的变化不敏感，往往等竣工结算时才知道这些对项目投资的影响有多大，但此时往往是为时已晚，而采用工程量清单计价的方式则一目了然，在要进行设计变更时，能马上知道它对工程造价的影响，这样业主就能根据投资情况来决定是否变更或进行方案比较，以决定最恰当的处理方法。

## 3.2 工程量清单的编制

### 3.2.1 工程量清单的概念

工程量清单是建设工程的分部分项工程项目、措施项目、其他项目、规费项目和税金项目的名称和相应数量等的明细清单。

招标工程量清单是指招标人依据国家标准、招标文件、设计文件以及施工现场实际情况编制的，随招标文件发布供投标报价的工程量清单。

已标价工程量清单是指构成合同文件组成部分的投标文件中已标明价格，经算术性错误修正(如有)且承包人已确认的工程量清单，包括对其的说明和表格。

在理解工程量清单的概念时，应注意以下几个问题，首先，招标工程量清单是一份由招标人提供的文件，编制人是招标人或其委托的工程造价咨询人、招标代理人。其次，在性质上说，招标工程量清单是招标文件的组成部分，一经中标且签订合同，投标人根据招标工程量清单编制的已标价工程量清单即成为合同的组成部分。因此，无论招标人还是投标人都应该慎重对待。再次，工程量清单的描述对象是拟建工程，其内容涉及清单项目的性质、数量等，并以表格为主要表现形式。

### 3.2.2 工程量清单的格式与内容

工程量清单采用统一格式，具体见《建设工程工程量清单计价规范》(GB 50500—2013)，一般应由下列内容组成：

1.封面

2.总说明

3.分部分项工程量清单

4.措施项目清单

5.其他项目清单

6.规费、税金项目清单

### 3.2.3 工程量清单的编制依据

招标工程量清单是工程量清单计价的基础，应作为编制招标控制价、投标报价、计算工程量、工程索赔等的依据之一。

招标工程量清单应由具有编制能力的招标人或受其委托，具有相应资质的工程造价咨询人或招标代理人编制。

工程量清单编制的依据：

1.《建设工程工程量清单计价规范》(GB 50500—2013)和相关工程的国家计量规范
2. 国家或省级、行业建设主管部门颁发的计价依据和办法
3. 建设工程设计文件
4. 与建设工程有关的标准、规范、技术资料
5. 拟定的招标文件
6. 施工现场情况、工程特点及常规施工方案
7. 其他相关资料

### 3.2.4　工程量清单的编制程序

编制工程量清单按图 3-1 所示步骤进行。

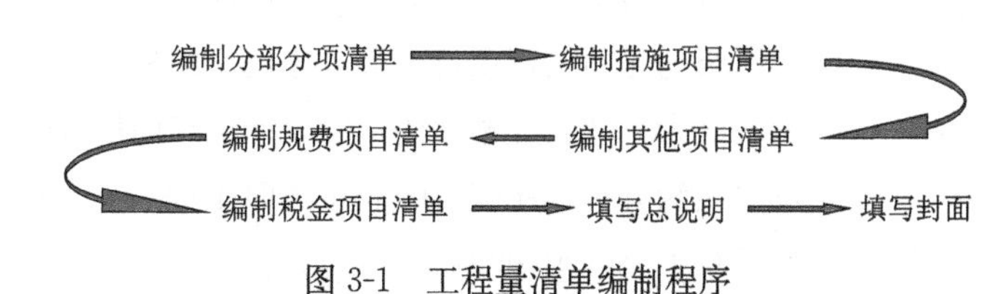


图 3-1　工程量清单编制程序

1. 分部分项工程量清单的编制

分部分项工程量清单是招标人按照招标要求和施工设计图纸要求编制，反映拟建招标工程的全部项目和内容的分部分项工程数量的表格。

分部分项工程量清单见表 3-1，应包括项目编码、项目名称、项目特征、计量单位和工程量，应根据《市政工程工程量计算规范》等九本计量规范附录中规定的项目编码、项目名称、项目特征、计量单位和工程量计算规则进行编制。

**表 3-1　分部分项工程量清单与计价表**

工程名称：　　　　　　　　　　　　标段：　　　　　　　　　　　　第　页共　页

| 序号 | 项目编码 | 项目名称 | 项目特征描述 | 计量单位 | 工程量 | 金　额(元) | | |
|---|---|---|---|---|---|---|---|---|
| | | | | | | 综合单价 | 合价 | 其中：暂估价 |
| | | | | | | | | |
| | | | | | | | | |
| | | | | | | | | |
| 本页小计 | | | | | | | | |
| 合　计 | | | | | | | | |

注：为计取规费等的使用，可在表中增设其中："定额人工费"。

(1)项目编码

分部分项工程量清单的项目编码以 5 级编码设置，用 12 位阿拉伯数字表示。1、2、3、4 级编码应按附录的规定设置，全国统一编码，第 5 级清单项目名称顺序码由工程量清单编制人针对本工程项目自 001 顺序编制。同一招标工程的项目编码不得有重码。各级编码代表的含义如下：

1)第一级表示专业工程代码(分二位)：房屋建筑与装饰工程为 01、仿古建筑工程为 02、通

用安装工程为03、市政工程为04、园林绿化工程为05、矿山工程为06、构筑物工程为07、城市轨道交通工程为08、爆破工程为09；

2)第二级表示分类顺序码(分二位)；

3)第三级表示分部工程顺序码(分二位)；

4)第四级表示分项工程项目名称顺序码(分三位)；

5)第五级表示清单项目名称顺序码(分三位)。

项目编码结构如下：

04—02—03—006—***

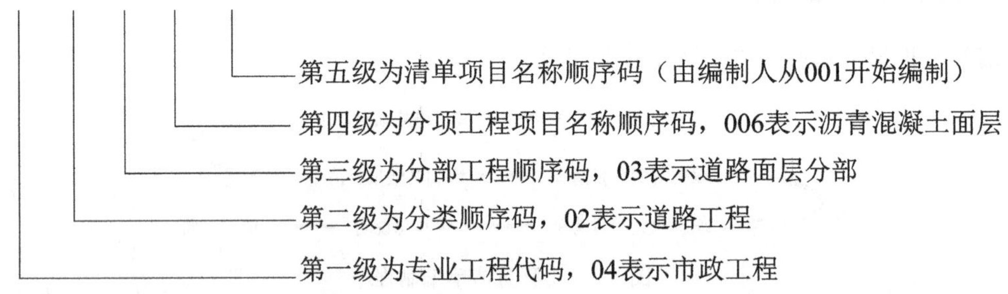


(2)项目名称

与现行的“预算定额”项目一样，每一个分部分项工程量清单项目都有一个项目名称，其设置应考虑三个因素：一是计量规范附录中的项目名称，二是计量规范中的项目特征，三是拟建工程的实际情况。工程量清单编制时，考虑该项目的规格、型号、材质等特征要求，结合拟建工程的实际情况，使其工程量清单项目名称具体化、细化、能够反映影响工程造价的主要因素。如市政管网工程计量规范附录中的项目名称“混凝土管”，可以根据项目的规格、接口方式、输送的介质等具体情况写成“D200 排水混凝土承插管道”。

(3)项目特征

分部分项工程量清单的项目特征是对项目的准确描述，是设置具体清单项目的依据，是影响价格的因素，是确定一个清单项目综合单价不可缺少的重要依据。准确地描述工程量清单的项目特征对于准确地确定工程量清单项目的综合单价具有决定性的作用。项目特征应按计量规范附录中规定的项目特征，结合不同的工程部位、施工工艺或材料品种、规格等实际情况分别列项。凡计量规范中的项目特征未描述到的其他独有特征，由清单编制人视项目具体情况确定，以准确描述清单项目为准。即使是同一规格、同一材质，如果施工工艺或施工位置不同时，原则上应分别设置清单项目，做到具有不同特征的项目分别列项。只有描述清单清晰、准确，才能使投标人全面、准确地理解招标人的工程内容和要求，做到正确报价。招标人编制工程量清单时，对项目特征的描述，是一项关键的内容。为达到规范、简洁、准确、全面描述项目特征的要求，在描述工程量清单项目特征时应按以下原则进行。

1)项目特征描述的内容应按计量规范附录中的规定，结合拟建工程的实际，能满足确定综合单价的需要。

2)若采用标准图集或施工图纸能够全部或部分满足项目特征描述的要求，项目特征描述可直接采用详见××图集或××图号的方式。对不能满足项目特征描述要求的部分，仍应用文字描述。计量规范也明示了对施工图设计标注做法“详见标准图集”时，在项目特征描述时，应注明标准图集的编号、页号、节点大样。

(4)计量单位

分部分项工程量清单的计量单位采用基本单位，应按计量规范附录中规定的计量单位确定。附录中有两个或两个以上计量单位的，应结合拟建工程项目的实际情况，选择其中一个确定。

计量单位应采用基本单位，除各专业另有特殊规定外，一般按以下单位计量：

1)以重量计算的项目，单位为“t”或”kg”；

2)以体积计算的项目，单位为“$m^3$”；

3)以面积计算的项目，单位为“$m^2$”；

4)以长度计算的项目，单位为“m”；

5)以自然计量单位计算的项目，单位为个、套、块、樘、组、台……；

6)没有具体数量的项目，单位为系统、项……。

(5)工程量的计算

分部分项工程量清单中所列工程量应按计量规范附录中规定的工程量计算规则计算。

工程计量时每一项目汇总的有效位数应遵守下列规定：

1)以“t”为单位，应保留小数点后三位数字，第四位小数四舍五入；

2)以“m、$m^2$、$m^3$、kg”为单位，应保留小数点后两位数字，第三位小数四舍五入；

3)以“台、个、件、套、根、组、系统”为单位，应取整数。

编制工程量清单出现计量规范附录中未包括的项目，编制人应作补充，并报省级或行业工程造价管理机构备案，省级或行业工程造价管理机构应汇总报住房和城乡建设部标准定额研究所。

补充项目的项目编码应由计量规范的专业代码与B和三位阿拉伯数字组成，并应从×B001起顺序编制，同一招标工程的项目不得重码。如市政工程，则从04B001开始编制补充项目。工程量清单中需附有补充项目的名称、项目特征、计量单位、工程量计算规则、工程内容。

2.措施项目清单的编制

措施项目清单是指为完成工程项目施工，发生于该工程施工准备和施工过程中的技术、生活、安全、环境保护等方面的非工程实体项目的名称及数量明细。

措施项目清单应根据计量规范的规定，并根据拟建工程的实际情况列项。首先应参考拟建工程的施工组织设计，以确定安全文明施工、临时设施、二次搬运等项目。其次参阅工程施工技术方案，以确定夜间施工，大型机械进出场及安拆，脚手架，混凝土模板与支架，施工排水、降水等项目。另外，还可参阅相关的施工规范及施工验收规范，以确定施工技术方案没有表述，但为了达到施工规范及施工验收规范要求而必须发生的技术措施。措施项目还包括招标文件中提出的某些必须通过一定的技术措施才能实现的要求，设计文件中不足以提出的某些必须通过一定的技术措施才能实现的内容。

在计量规范中的仅列出项目编码、项目名称、工作内容及包含范围，未列出项目特征、计量单位和工程量计算规则的措施项目，采用表3-2的格式进行编制，应按计量规范附录规定的项目编码、项目名称确定清单项目，不必描述项目特征，如文明施工和安全防护、临时设施、二次搬运等；在计量规范中列出了项目编码、项目名称、项目特征、计量单位、工程量计算规则的措施项目，编制方法同分部分项工程量清单，应列出项目编码、项目名称，描述项目特征，填写计量单位，计算工程量，采用表3-3的格式。

**表 3-2 总价措施项目清单与计价表**

工程名称： 标段： 第 页共 页

| 序号 | 项目编码 | 项目名称 | 计算基础 | 费 率(%) | 金 额(元) |
|---|---|---|---|---|---|
| | | | | | |
| | | | | | |
| 合 计 | | | | | |

**表 3-3 单价措施项目清单与计价表**

工程名称： 标段： 第 页共 页

| 序号 | 项目编码 | 项目名称 | 项目特征描述 | 计量单位 | 工程量 | 金 额(元) | |
|---|---|---|---|---|---|---|---|
| | | | | | | 综合单价 | 合价 |
| | | | | | | | |
| | | | | | | | |
| | | | | | | | |
| 本页小计 | | | | | | | |
| 合 计 | | | | | | | |

在编制措施项目清单时，因工程情况不同，若出现计量规范未列的项目，可根据工程实际情况补充。编码规则同分部分项工程量清单。

3.其他项目清单的编制

其他项目清单见表 3-4，应按照下列内容列项：暂列金额、暂估价、计日工、总承包服务费、检验试验费。

**表 3-4 其他项目清单与计价汇总表**

工程名称： 标段： 第 页共 页

| 序号 | 项目名称 | 计量单位 | 金额(元) | 备 注 |
|---|---|---|---|---|
| 1 | 暂列金额 | | | |
| 2 | 暂估价 | | | |
| 2.1 | 材料(工程设备)暂估价 | | | |
| 2.2 | 专业工程暂估价 | | | |
| 3 | 计日工 | | | |
| 4 | 总承包服务费 | | | |
| 5 | 检验试验费 | | | |
| | | | | |
| 合 计 | | | | |

注：材料(工程设备)暂估单价进入清单项目综合单价，此处不汇总。

(1)暂列金额

暂列金额采用暂列金额明细表进行列项，见表 3-5。暂列金额是招标人在工程量清单中暂定并包括在合同价款中的一笔款项。用于施工合同签订时尚未确定或者不可预见的所需材料、设备、服务的采购，施工中可能发生的工程变更、合同约定调整因素出现时的工程价款调整以及发生的索赔、现场签证确认等的费用。

暂列金额列入合同价格不等于就属于承包人所有了，即使是总价包干合同，也不等于列入合同价格的所有金额就属于承包人，是否属于承包人应得金额取决于具体的合同约定，只有按照合同约定程序实际发生后，才能成为承包人的应得金额，纳入合同结算价款中。扣除实际发生金额后的暂列金额的余额仍属于发包人所有。

暂列金额可根据工程的复杂程度、设计深度、工程环境条件(包括地质、水文、气候条件等)进行估算，一般可按分部分项工程费和措施项目费的 10%～15%作为参考。

**表 3-5　暂列金额明细表**

工程名称：　　　　　　　　　　标段：　　　　　　　　　　第　页共　页

| 序号 | 项目名称 | 计量单位 | 暂定金额(元) | 备　注 |
|---|---|---|---|---|
| | | | | |
| | | | | |
| | | | | |

注：此表由招标人填写，如不能详列，也可只列暂定金额总额，投标人应将上述暂列金额计入投标总价中。

(2)暂估价

暂估价包括材料暂估单价、工程设备暂估单价和专业工程暂估价，是指招标阶段直至签订合同协议时，招标人在招标文件中提供的用于支付必然要发生但暂时不能确定价格的材料以及需另行发包的专业工程金额。材料暂估单价采用表 3-6 编制，专业工程暂估价采用表 3-7 进行编制。

**表 3-6　材料(工程设备)暂估单价表**

工程名称：　　　　　　　　　　标段：　　　　　　　　　　第　页共　页

| 序号 | 材料(工程设备)名称、规格、型号 | 计量单位 | 单价(元) | 备　注 |
|---|---|---|---|---|
| | | | | |
| | | | | |
| | | | | |

注：1. 此表由招标人填写，并在备注栏说明暂估价的材料拟用在那些清单项目上，投标人应将上述材料暂估单价计入工程量清单综合单价报价中。
2. 材料包括原材料、燃料、构配件以及按规定应计入建筑安装工程造价的设备。

**表 3-7　专业工程暂估价表**

工程名称：　　　　　　　　　　标段：　　　　　　　　　　第　页共　页

| 序号 | 工程名称 | 工程内容 | 金额(元) | 备　注 |
|---|---|---|---|---|
| | | | | |
| | | | | |
| | | | | |

注：此表由招标人填写，投标人应将上述专业工程暂估价计入投标总价中。

总承包招标时，专业工程设计深度往往是不够的，后续一般需要交由专业设计人设计。所以在总承包招标时，往往需要对专业工程的价格进行暂估。

暂估价中的材料、工程设备暂估价应根据工程造价信息或参照市场价格估算；专业工程暂估价应分不同专业，按有关计价规定估算，一般应是综合暂估价，应当包括除规费和税金以外的管理费、利润等取费。

(3)计日工

在施工过程中,承包人完成发包人提出的施工图纸以外的零星项目或工作,按合同中约定的综合单价计价的一种方式。计日工应由招标人考虑工程实际情况列出项目名称、计量单位和暂估数量,见表3-8。

**表3-8　计日工表**

工程名称：　　　　　　　　　　　　标段：　　　　　　　　　　　　第　页共　页

| 编号 | 项目名称 | 单位 | 暂定数量 | 综合单价 | 合价 |
|---|---|---|---|---|---|
| 一 | 人工 | | | | |
| 1 | | | | | |
| 2 | | | | | |
| …… | | | | | |
| 人工小计 | | | | | |
| 二 | 材料 | | | | |
| 1 | | | | | |
| 2 | | | | | |
| …… | | | | | |
| 材料小计 | | | | | |
| 三 | 施工机械 | | | | |
| 1 | | | | | |
| 2 | | | | | |
| …… | | | | | |
| 施工机械小计 | | | | | |
| 总　计 | | | | | |

注:此表项目名称、数量由招标人填写,编制招标控制价时,单价由招标人按有关计价规定确定;投标时,单价由投标人自主报价,计入投标总价中。

(4)总承包服务费

总承包服务费是总承包人为配合协调发包人进行的专业工程分包,对发包人自行采购的设备、材料等进行保管以及施工现场管理、竣工资料汇总整理等服务所需的费用。

总承包服务费应列出服务项目及其内容等,见表3-9。

**表3-9　总承包服务费计价表**

工程名称：　　　　　　　　　　　　标段：　　　　　　　　　　　　第　页共　页

| 序号 | 项目名称 | 项目价值(元) | 服务内容 | 费率(%) | 金额(元) |
|---|---|---|---|---|---|
| 1 | 发包人发包专业工程 | | | | |
| 2 | 发包人供应材料 | | | | |
| …… | | | | | |
| | | | | | |
| 合　计 | | | | | |

(5)检验试验费

检验试验费是指对新结构、新材料的试验费,对构件做破坏性试验及其他特殊要求检验试验的费用和建设单位委托检测机构进行检测的费用。

出现计量规范未列的项目,可根据工程实际情况补充。

4.规费项目清单的编制

规费清单是根据国家法律、法规规定,由省级政府和省级有关权力部门规定必须缴纳或计取的,应计入建筑安装工程造价的费用项目明细。

根据《建筑安装工程费用项目组成》(建标〔2013〕44号),规费项目包括:社会保险费(养老保险费、失业保险费、医疗保险费、工伤保险费、生育保险费)、住房公积金、水利建设基金、工程排污费。

5.税金项目清单的编制

税金清单是国家税法规定的应计入建设工程造价内的增值税(销项税额)项目明细。

一般纳税人为甲供工程提供的建筑服务,可以选择适用简易计税方法。(注:甲供工程是指全部或部分设备、材料、动力由工程发包方自行采购的建筑工程)

规费、税金项目清单见表3-10。

**表3-10　规费、税金项目清单与计价表**

工程名称:　　　　标段:　　　　第　页共　页

| 序号 | 项目名称 | 计算基础 | 费率(%) | 金额(元) |
|---|---|---|---|---|
| 1 | 规费 | 人工费 | | |
| 1.1 | | | | |
| 1.2 | | | | |
| …… | | | | |
| | | | | |
| 2 | 税金 | 分部分项工程费+措施项目费+规费 | | |
| 合　计 | | | | |

6.填写总说明

总说明表3-11应按下列内容填写。

(1)工程概况:建设规模、工程特征、计划工期、施工现场实际情况、自然地理条件、环境保护要求等。

(2)工程招标和分包范围。

(3)工程量清单编制依据。

(4)工程质量、材料、施工等的特殊要求。

(5)其他需要说明的问题。

**表3-11　总说明**

总说明

工程名称:　　　　第　页共　页

| |
|---|
| |

7.填写扉页和封面

扉页填写见表3-12,封面填写见表3-13。招标人或其委托的造价咨询人编制工程量清单时,编制人是造价工程师的,由其签字盖执业专用章;编制人是造价员的,在编制人栏签字盖专用章,应由造价工程师复核,在复核人栏签字盖执业专用章。

**表3-12 招标工程量清单扉页**

____________________工程

招标工程量清单

招 标 人:______________ 造价咨询人:______________

(单位盖章) (单位资质专用章)

法定代表人 法定代表人

或其授权人:______________ 或其授权人:______________

(签字或盖章) (签字或盖章)

编 制 人:______________ 复 核 人:______________

(造价人员签字盖专用章) (造价工程师签字盖专用章)

编制时间: 年 月 日 复核时间: 年 月 日

**表3-13 招标工程量清单封面**

____________________工程

招标工程量清单

招 标 人:__________________________

(单位盖章)

造价咨询人:__________________________

(单位资质专用章)

年 月 日

### 3.2.5 工程量清单的装订顺序

招标工程量清单按如下顺序装订:

1.封面

2.扉页

3.总说明

4.分部分项工程量清单

5.措施项目清单

6.其他项目清单

7.规费、税金项目清单

## 3.3　工程量清单计价的编制

### 3.3.1　工程量清单计价的概念

工程量清单计价其价款应包括按招标文件规定，完成工程量清单所列项目的全部费用。通常由分部分项工程费、措施项目费、其他项目费、规费和税金组成。

招标投标实行工程量清单计价，是指招标人公开提供工程量清单，投标人自主报价或招标人编制招标控制价及双方签订合同价款、工程竣工结算等活动。

《建设工程工程量清单计价规范》规定，国有资金投资的工程建设项目必须实行工程量清单招标，招标人应编制招标控制价。

招标控制价是指招标人根据国家或省级、行业建设主管部门颁发的有关计价依据和办法，以及拟定的招标文件和招标工程量清单，编制的招标工程的最高限价。招标控制价应由具有编制能力的招标人或受其委托具有相应资质的工程造价咨询人编制和复核。

投标报价是投标人投标时报出的工程造价，是投标人投标时响应招标文件要求所报出的对已标价工程量清单汇总后标明的总价。

投标报价应根据招标文件中的工程量清单和有关要求、施工现场实际情况及拟定的施工方案或施工组织设计，应依据企业定额，国家或省级、行业建设主管部门颁发的计价定额和市场价格信息进行编制。投标价应由投标人或受其委托具有相应资质的工程造价咨询人编制。

### 3.3.2　工程量清单计价的格式与内容

工程量清单计价应采用《建设工程工程量清单计价规范》(GB 50500—2013)提供的统一格式，由下列内容组成。

(1)招标控制价/投标总价/竣工结算总价封面；

(2)总说明；

(3)工程项目招标控制价/投标报价/竣工结算汇总表；

(4)单项工程招标控制价/投标报价/竣工结算汇总表；

(5)单位工程招标控制价/投标报价/竣工结算汇总表；

(6)分部分项工程量清单与计价表；

(7)工程量清单综合单价分析表；

(8)措施项目清单与计价表；

(9)其他项目清单与计价汇总表；

(10)规费、税金项目清单与计价表。

### 3.3.3　工程量清单计价的编制依据

工程量清单计价，是指招标人公开提供工程量清单，拟建工程的各方计算完成工程量清单所列项目的全部费用的过程，也就是确定工程造价的活动。投标人自主报价或招标人编制招标控制价及双方签订合同价款、工程竣工结算等活动，都属于工程量清单计价的范畴。

工程量清单计价费用包括分部分项工程费、措施项目费、其他项目费、规费和税金。

下面我们以投标报价为例介绍工程量清单计价的编制。

投标报价应根据下列依据编制和复核：

(1)《建设工程工程量清单计价规范》(GB 50500—2013)；

(2)国家或省级、行业建设主管部门颁发的计价办法；

(3)企业定额，国家或省级、行业建设主管部门颁发的计价定额；

(4)招标文件、工程量清单及其补充通知、答疑纪要；

(5)建设工程设计文件及相关资料；

(6)施工现场情况、工程特点及拟定的投标施工组织设计或施工方案；

(7)与建设项目相关的标准、规范等技术资料；

(8)市场价格信息或工程造价管理机构发布的工程造价信息；

(9)其他的相关资料。

### 3.3.4 投标报价的编制程序及步骤

投标报价的编制及工程计价表格的填写按照以下步骤进行。

1.分部分项工程量清单与计价表的填写

分部分项工程量清单与计价表是用来计算分部分项工程费的表格，和工程量清单采用同一表样，其表现形式见表3-1。分部分项工程费是指完成分部分项工程量所需的实体项目费用。

(1)表中的序号、项目编码、项目名称、项目特征描述、计量单位、工程量必须与招标工程量清单一致，报价人不允许自行改变。

(2)综合单价的分析计算。

分部分项工程费采用综合单价计价。综合单价是完成一个规定计量单位的分部分项工程或措施清单项目所需的人工费、材料和工程设备费、施工机具使用费和企业管理费、利润以及一定范围内的风险费用。

综合单价应依据招标文件及其招标工程量清单中分部分项工程量清单项目的特征描述计算确定，并应符合下列规定：

1)综合单价中应考虑招标文件中要求投标人承担的风险费用。

2)招标工程量清单中提供了暂估单价的材料和工程设备，按暂估的单价计入综合单价。

招标人在招标文件中提供的清单工程量作为统一各投标人工程报价的口径，这是十分重要的，也是十分必要的。但是投标人不能根据清单工程量直接进行报价。首先，分部分项工程量清单中所列工程量是按计量规范附录中规定的工程量计算规则计算的，是该清单项目的主项工程量，从某些清单的项目特征描述和计量规范附录中这些清单项目的工程内容可以看出，完成这些项目，除了主项工程内容还包括了若干附项工程内容；其次清单量自身不能产生任何费用，必须依托定额才能计算出完成清单工作内容所发生的费用，用于报价的定额工程量计算规则和清单工程量计算规则又有所区别，同一清单项目的清单量和定额量可能不同。所以在投标报价时，各投标人必然要根据报价所用的定额计算用于报价的实际工程量。我们就将用于报价的实际工程量称为计价工程量。计价工程量的计算内容一般要多于清单工程量，这是因为，某些计价工程量不但要计算每个清单项目的主项工程量，而且还要计算所包含的附项工程量。

例如，在清单编号为040203007的“水泥混凝土道路面层”这个项目中，综合了模板、伸缝、缩缝、锯缝、嵌缝、路面养护的工程量。而清单中的工程量只列出主项的工程量，也就是水泥混凝土道路面层的工程量，而附项的工程量是不列出的，这就要求投标人投标报价时计算计价工程量，在单价中考虑施工中的各种损耗和清单中未列出的工程量。

计价工程量是根据所采用的定额相对应的工程量计算规则计算的。计价工程量的具体计算方法，见其他各章。

综合单价的计算过程及步骤如下：

a. 根据施工图纸、施工规范、报价所采用的计价依据(定额等)计算计价工程量。

b. 根据计价工程量及所采用的定额和市场价格信息，计算出完成清单项目工程量的所有工作内容的人工费、材料费、机械使用费、企业管理费和利润。

即　　　清单项目工程量的人工费＝∑计价工程量人工费

清单项目工程量的材料费＝∑计价工程量材料费

清单项目工程量的机械费＝∑计价工程量机械费

清单项目工程量的企业管理费＝∑计价工程量企业管理费

清单项目工程量的利润＝∑计价工程量利润

c. 计算一个规定计量单位的清单工程量的人工费、材料费、机械费、管理费及利润。即

一个规定计量单位的清单工程量的人工费＝清单项目工程量的人工费/清单工程量

一个规定计量单位的清单工程量的材料费＝清单项目工程量的材料费/清单工程量

一个规定计量单位的清单工程量的机械费＝清单项目工程量的机械费/清单工程量

一个规定计量单位的清单工程量的管理费＝清单项目工程量的管理费/清单工程量

一个规定计量单位的清单工程量的利润＝清单项目工程量的利润/清单工程量

d. 将一个规定计量单位的清单工程量的人工费、材料费、机械费、管理费及利润合计得出清单项目综合单价。

综合单价＝人工费＋材料费＋施工机械使用费＋企业管理费＋利润

在计算综合单价的过程中，要考虑一定范围内的风险费用。

**【例 3.1】**某街道供热管道工程的一个清单项目，见表 3-14，试分析其综合单价。

**表 3-14　分部分项工程量清单**

工程名称：×××街道供热管道工程

| 序号 | 项目编码 | 项目名称 | 项目特征描述 | 计量单位 | 工程量 | 金额(元) | | |
|---|---|---|---|---|---|---|---|---|
| | | | | | | 综合单价 | 合价 | 其中：暂估价 |
| 4 | 040501005004 | 直埋式预制保温管DN400 | 1. 管道材质：60 mm 后聚氨酯保温管<br>2. 外护管：高密度聚乙烯外护管<br>3. 规格：DN400<br>4. 接口方式：焊接<br>5. 铺设深度：1.8 m<br>6. 接口保温材料：聚氨酯<br>7. 压力试验及吹、洗设计要求：空气吹扫、水压试验<br>8. 管件安装 | m | 990.28 | | | |

**解**：由表3-14可以看出，清单中给出的990.28 m的DN400直埋式预制保温管只是主项工程量，要完成该项目所包括的工程内容，除了要安装保温管以外，还需要安装保温管件、进行管道吹扫、进行水压试验。由此，工程量清单计价的编制人还要根据施工图纸及所用定额的工程量计算规则计算出保温管件、管道吹扫、水压试验等的附项工程量。经计算该990.28 m直埋式预制保温管中有直埋式预制高密度聚乙烯保护壳管件DN400×90°弯头4个、DN400×DN250三通2个、DN400×DN350变径2个，DN400管道强度试验(水压)990.28 m，DN400管道吹扫990.28 m。

所以敷设990.28 m的DN400直埋式预制保温管的计价工程量为：

主项工程量：敷设DN400直埋式预制保温管990.28 m

附项工程量：直埋式预制高密度聚乙烯保护壳管件

DN400×90°弯头4个

DN400×DN250三通2个

DN400×DN350变径2个

DN400管道水压试验990.28 m

DN400管道吹扫990.28 m

根据2017版《内蒙古自治区市政工程预算定额》，综合单价计算见表3-15。

表中清单的项目编码、项目名称、单位、数量取自工程量清单。

**表3-15 分部分项工程量清单费用组成分析表**

工程名称：×××街道供热管道工程

| 项目编码 | 项目名称 | 单位 | 工程量 | 费用组成(元) | | | | 价格(元) | |
|---|---|---|---|---|---|---|---|---|---|
| | | | | 人工费 | 材料费 | 机械使用费 | 管理费利润 | 综合单价 | 合价 |
| 040501005004 | 直埋式预制保温管DN400 | m | 990.28 | 44.24 | 1578.19 | 14.11 | 15.93 | 1652.47 | 1636408 |
| s4-422 | 直埋式高密度聚乙烯保护壳管(电弧焊)安装 公称直径(400 mm以内) | 100 m | 9.90 | 3305.07 | 156264.41 | 1311.77 | 1189.83 | | |
| s4-1498 | 直埋式预制高密度聚乙烯保护壳管件(电弧焊) DN400×90°弯头 公称直径(400 mm) | 个 | 4 | 434.66 | 1670.25 | 81.28 | 156.48 | | |
| s4-1498 | 直埋式预制高密度聚乙烯保护壳管件(电弧焊) DN400×DN250三通公称直径(400 mm) | 个 | 2 | 434.66 | 1670.25 | 81.28 | 156.48 | | |
| s4-1498 | 直埋式预制高密度聚乙烯保护壳管件(电弧焊) DN400×DN350变径公称直径(400 mm) | 个 | 2 | 434.66 | 1670.25 | 81.28 | 156.48 | | |
| s4-858 | 管道试压(水压试验) 公称直径(400 mm) | 100 m | 9.90 | 432.3 | 118.82 | 11.45 | 155.63 | | |
| s4-930 | 管道吹扫 公称直径(400 mm) | 100 m | 9.90 | 336.51 | 130.23 | 22.56 | 121.14 | | |

根据计价工程量的项目及工程数量，参照2017版内蒙古市政定额第四册《市政管网工程》及材料市场价格信息，将相应费用填入表3-15，并计算如下：

完成990.28 m DN400直埋式预制保温管清单项目所有的工作内容的费用：

人工费　3305.07×9.90＋434.66×4＋434.66×2＋434.66×2＋432.3×9.90＋336.51×9.90＝43808.69(元)

材料费　156264.41×9.90＋1670.25×4＋1670.25×2＋1670.25×2＋118.82×9.90＋130.23×9.90＝1562845.25(元)

机械费　1311.77×9.90＋81.28×4＋81.28×2＋81.28×2＋11.45×9.90＋22.56×9.90＝13973.46(元)

管理费及利润　1189.83×9.90＋156.48×4＋156.48×2＋156.48×2＋155.63×9.90＋121.14×9.90＝15771.18(元)

完成1 m DN400直埋式预制保温管的清单费用：

清单人工费　43808.69÷990.28＝44.24(元/m)

清单材料费　1562845.25÷990.28＝1578.19(元/m)

清单机械费　13973.46÷990.28＝14.11(元/m)

清单管理费利润　15771.18÷990.28＝15.93(元/m)

综合单价　44.24＋1578.19＋14.11＋15.93＝1652.47(元/m)

合价　1652.47×990.28＝1636408(元)

将计算出的1 m DN400直埋式预制保温管的清单人工费、材料费、机械费、管理费和利润，综合单价填入表3-15，综合单价乘以数量得出合价。

(3)合价的填写

表3-1中合价等于综合单价乘以工程量。

表中的合计金额即为分部分项工程费。即

$$分部分项工程费=\sum(分部分项工程量\times 综合单价)$$

2.措施项目清单与计价表的填写

措施项目费是指分部分项工程费以外，为完成该工程项目施工，发生于该工程施工前和施工过程中技术、生活、安全等方面的非工程实体项目所需的费用。

措施项目清单为可调整清单。招标人提出的措施项目清单是根据一般情况确定的，而不同投标人拥有的施工装备、技术水平和采用的施工方法有所差异，所以投标人对招标文件中所列项目，可根据企业自身特点、拟建工程施工组织设计及施工方案作适当的调整。

措施项目费的计算方法一般有以下几种：

(1)系数计算法

系数计算法适用于总价措施项目，采用表3-2进行计算。

系数计算法是采用与措施项目有直接关系的分部分项清单项目费为计算基础，乘以措施项目费系数加上管理费和利润，求得措施项目费。例如，根据2017版《内蒙古自治区建设工程计价依据》，总价措施项目费按分部分项工程费中的人工费乘以措施项目费费率并加上相应的管理费和利润求得。

**【例3.2】**某桥涵工程分部分项工程费为4478822元，其中人工费为581239元，材料费为3459565元，机械费为438018元，求该工程的雨季施工增加措施项目费。

**解**:措施项目清单计价表中的序号、项目编码、项目名称按照招标工程量清单填写。计算基础、费率、金额按照计价所采用的定额填写并计算。

根据2017版《内蒙古自治区建设工程费用定额》,桥涵工程的雨季施工增加费的费率为0.5%,企业管理费费率为25%,利润率为20%;总价措施项目的计算基础为分部分项工程费中的人工费(不含机上人工),企业管理费、利润的计算基础为人工费(不含机上人工费),计算见表3-16。

**表3-16 总价措施项目清单与计价表**

工程名称:×××桥涵工程　　　　标段:　　　　第　页共　页

| 序号 | 项目编码 | 项目名称 | 计算基础 | 费　率(%) | 金　额(元) |
| --- | --- | --- | --- | --- | --- |
| 2 | 041101004001 | 雨季施工增加费 | 人工费 | 0.5 | 3233.15 |
| | | | | | |
| | | | | | |
| 合　计 | | | | | |

雨季施工增加费的计算过程如下:

雨季施工增加费(人工+材料+机械)581239×0.5%=2906.20(元)

据内蒙古费用定额,雨季施工增加费中人工费占25%,不含机上人工

则雨季施工增加费中的人工费　2906.20×25%=726.55(元)

雨季施工增加费产生的管理费　726.55×25%=181.64(元)

雨季施工增加费产生的利润　726.55×20%=145.31(元)

故雨季施工增加措施项目费　2906.20+181.64+145.31=3233.15(元)

(2)定额分析法

单价措施项目可以套用定额,适用于以综合单价形式计价,采用表3-3的格式。

表中综合单价分析通过工程量清单综合单价分析表进行分析计算,方法同分部分项工程。

投标人对拟建工程可能发生的措施项目和措施费用作通盘考虑,清单计价一经报出,即被认为是包括了所有应该发生的措施项目的全部费用。如果报出的清单中没有列项,且施工中又必须发生的项目,业主有权认为,其已经综合在分部分项工程量清单的综合单价中。将来措施项目发生时投标人不得以任何借口提出索赔与调整。

3.其他项目清单与计价汇总表的填写

其他项目费是指分部分项工程费和措施项目费以外,该工程项目施工中可能发生的其他费用。其他项目费包括暂列金额、材料(工程设备)暂估价、专业工程暂估价、计日工、总承包服务费、检验试验费,其他项目清单与计价汇总表的格式同其他项目清单的格式,见表3-4。

各项项目费应按下列规定填写:

(1)暂列金额:应按招标工程量清单中列出的金额填写。

(2)暂估价:材料、工程设备暂估价应按招标工程量清单中列出的单价计入综合单价;专业工程暂估价应按招标工程量清单中列出的金额填写。

(3)计日工:计日工应按招标工程量清单中列出的项目和数量,自主确定综合单价并计算计日工总额。

(4)总承包服务费:应根据招标工程量清单中列出的内容和提出的要求自主确定。

2017版《内蒙古自治区建设工程费用定额》对总承包服务费有如下规定：

1)当招标人仅要求对分包的专业工程进行总承包管理和协调时，按发包的专业工程估算造价的1.5%计算。

2)当招标人要求对分包的专业工程进行总承包管理和协调，并同时要求提供配合服务时，根据招标文件中列出的配合服务内容和提出的要求，按发包的专业工程估算造价的3%计算。

3)招标人自行供应材料的，按招标人供应材料价值的1%计算。

4)发包人要求总承包人为专业分包工程提供水电源并且支付水电费的，水电费的计算应进行事先约定，也可向发包人按分部分项工程费的1.2%计取。发包人支付的水电费应由发包人从专业分包工程价款中扣回。

(5)检验试验费：根据2017版《内蒙古自治区建设工程费用定额》，按分部分项工程费中人工费的1.5%计取。

(6)表中合计金额＝暂列金额＋专业工程暂估价＋计日工＋总承包服务费＋检验试验费。材料暂估单价进入清单项目综合单价，此处不汇总。

4.规费、税金项目清单与计价表的填写

规费、税金项目清单与计价表的格式同规费、税金项目清单，见表3-10。

规费和税金应按国家或省级、行业建设主管部门的规定计算，不得作为竞争性费用。

按照2017版《内蒙古自治区建设工程计价依据》规费的计算基础为人工费(不含机上人工费)，规费费率为21%；税金的计算基础为税前造价，税率为11%，如采用简易计税方法，税率为3%。

规费＝人工费(不含机上人工费)×规费费率

税金＝(分部分项工程费＋措施项目费＋其他项目费＋规费)×税率

5.单位工程投标报价汇总表的填写

单位工程投标报价汇总表的格式见表3-17。

表中的分部分项工程金额按照分部分项工程量清单与计价表3-1的合计金额填写。措施项目费金额按照总价措施项目清单与计价表3-2、单价措施项目清单与计价表3-3中合计金额的总额填写，其他项目按照其他项目清单与计价汇总表3-4的各项正确填写，规费和税金按照规费、税金项目清单与计价表3-10填写。

单位工程投标报价＝分部分项工程费＋措施项目费＋其他项目费＋规费＋税金

**表3-17　单位工程招标控制价/投标报价汇总表**

工程名称：　　　　　　　　　　　　标段：　　　　　　　　　　　　第　页共　页

| 序号 | 汇　总　内　容 | 金额(元) | 其中：暂估价(元) |
|---|---|---|---|
| 1 | 分部分项工程 | | |
| 1.1 | | | |
| 1.2 | | | |
| | | | |
| 2 | 措施项目 | | — |
| 2.1 | 其中：安全文明施工费 | | — |

续上表

| 序号 | 汇 总 内 容 | 金额(元) | 其中:暂估价(元) |
|---|---|---|---|
| 3 | 其他项目 | | — |
| 3.1 | 其中:暂列金额 | | — |
| 3.2 | 其中:专业工程暂估价 | | — |
| 3.3 | 其中:计日工 | | — |
| 3.4 | 其中:总承包服务费 | | — |
| 3.5 | 其中:检验试验费 | | — |
| 4 | 规费 | | — |
| 5 | 税金 | | — |
| 招标控制价/投标报价合计=1+2+3+4+5 | | | |

6.单项工程投标报价汇总表的填写

单项工程投标报价汇总表的格式见表3-18。

将各单位工程投标报价汇总至单项工程投标报价汇总表中,表中合计金额为单项工程造价。

**表3-18 单项工程招标控制价(投标报价)汇总表**

工程名称: 第 页共 页

| 序号 | 单位工程名称 | 金额(元) | 其 中(元) | | |
|---|---|---|---|---|---|
| | | | 暂估价 | 安全文明施工费 | 规费 |
| | | | | | |
| | | | | | |
| | | | | | |
| | | | | | |
| 合 计 | | | | | |

7.工程项目投标报价汇总表的填写

工程项目投标报价汇总表的格式见表3-19。

各单项工程投标报价汇总后形成工程项目造价,表中合计金额即为投标总价。

**表3-19 工程项目招标控制价(投标报价)汇总表**

工程名称: 第 页共 页

| 序号 | 单项工程名称 | 金额(元) | 其 中(元) | | |
|---|---|---|---|---|---|
| | | | 暂估价 | 安全文明施工费 | 规费 |
| | | | | | |
| | | | | | |
| | | | | | |
| | | | | | |
| 合 计 | | | | | |

8.填写总说明

总说明同工程量清单总说明采用同样格式,见表3-11,应按下列内容填写:

(1)工程概况:建设规模、工程特征、计划工期、合同工期、实际工期、施工现场及变化情况、施工组织设计的特点、自然地理条件、环境保护要求等。

(2)编制依据等。

9. 填写封面

见表3-20,封面应按规定的内容填写、签字、盖章,除承包人自行编制的投标报价外,受委托编制的投标报价若为造价员编制的,应有负责审核的造价工程师签字、盖章以及工程造价咨询人盖章。

**表3-20　投标总价封面**

投　标　总　价

招　标　人:____________________

工 程 名 称:____________________

投 标 总 价(小写):____________________

(大写):____________________

投　标　人:____________________

(单位盖章)

法定代表人

或其授权人:____________________

(签字或盖章)

编　制　人:____________________

(造价人员签字盖专用章)

时　间:　　年　月　日

值得注意的是,工程量清单计价模式下的投标报价是在工程量统一的基础上采用企业定额,或采用国家或省级、行业建设主管部门颁发的计价定额自主报价的。根据《建设工程工程量清单计价规范》(GB 50500—2013)及2017版《内蒙古自治区建设工程计价依据》,除安全文明费、规费和税金为不可竞争费用外,市政工程造价中的其他费用都为可竞争费用。

### 3.3.5　投标报价的装订顺序

投标报价按如下顺序装订:

1. 投标总价封面
2. 总说明
3. 工程项目投标报价汇总表
4. 单项工程投标报价汇总表
5. 单位工程投标报价汇总表
6. 分部分项工程量清单与计价表
7. 措施项目清单与计价表
8. 其他项目清单与计价表
9. 规费、税金项目清单与计价表
10. 综合单价分析表

# 习 题

**一、单选题**(每题的备选项中,只有 1 个正确选项)。

1. 编制工程量清单时,项目编码以五级编码设置,12 位阿拉伯数字表示,其中前(　　)位数字为全国统一编码。

   A. 6　　B. 7　　C. 8　　D. 9

2. 工程量清单中下列(　　)是投标报价时影响价格的因素,是确定综合单价的重要依据。

   A. 项目名称　　B. 项目编码

   C. 项目特征　　D. 计量单位

3. (　　)是招标人在工程量清单中暂定并包括在合同价款中的一笔款项,用于施工过程中工程变更、工程价款调整、索赔和现场签证确认等的费用。

   A. 材料(工程设备)暂估价　　B. 专业工程暂估价

   C. 暂列金额　　D. 计日工

4. 下列说法错误的是(　　)。

   A. 招标工程量清单是招标文件的组成部分

   B. 招标工程量清单的编制人是招标人,不可以委托其他机构编制

   C. 招标工程量清单描述的是拟建工程

   D. 清单中的工程量是根据计量规范附录中的工程量计算规则计算的

5. (　　)是指为完成工程项目施工,发生于该工程施工准备和施工过程中的技术、生活、安全、环境保护等方面的非工程实体项目的名称及数量明细。

   A. 税金项目清单　　B. 其他项目清单

   C. 分部分项工程量清单　　D. 措施项目清单

6. 《建设工程工程量清单计价规范》规定,全部使用(　　)的工程建设项目,必须采用工程量清单计价。

   A. 私有资金　　B. 国有资金　　C. 自有资金　　D. 融资资金

7. 分部分项工程量清单的计量单位应按计量规范附录中规定的计量单位确定,采用(　　)。

   A. 扩大单位　　B. 定额单位　　C. 基本单位　　D. 数学单位

8. 下列项目(　　)为可调工程量清单,投标人对招标文件中所列项目,可根据企业自身特点、拟建工程施工组织设计及施工方案作适当的调整。

   A. 规费和税金项目清单　　B. 分部分项工程量清单

   C. 其他项目清单　　D. 措施项目清单

**二、多选题**(每题的备选项中,有 2 个或 2 个以上符合题意)。

1. 工程量清单是指拟建工程的(　　)规费项目和税金项目的名称和相应数量等的明细清单。

   A. 分部分项工程项目　　B. 利润项目

   C. 措施项目　　D. 其他项目

   E. 管理费项目

2. 下列选项属于市政工程投标报价编制依据的有（　　）。

A.《建设工程工程量清单计价规范》　　B.《市政工程工程量计算规范》
C. 常规施工方案　　D. 投标单位编制的拟建工程的施工组织设计
E. 企业定额

3. 下列选项属于招标工程量清单编制依据的有（　　）。

A.《建设工程工程量清单计价规范》　　B.《市政工程工程量计算规范》
C. 常规施工方案　　D. 投标单位编制的拟建工程的施工组织设计
E. 招标文件

4. 在编制投标报价时，下列（　　）为不可竞争费用。

A. 安全文明费　　B. 材料费　　C. 规费　　D. 企业管理费
E. 税金

5. 编制工程量清单时应遵循的五个统一为：统一（　　）、工程量计算规则。

A. 项目特征　　B. 计量单位　　C. 项目序号　　D. 项目编码
E. 项目名称

## 三、简 答 题

1. 简述工程量清单的编制程序。
2. 什么是工程量清单计价？
3. 什么是招标控制价，对其编制人有什么要求？
4. 什么是计价工程量？
5. 工程量清单中的材料暂估单价是什么？编制投标报价时，对材料暂估单价如何处理？

## 四、计 算 题

某城市道路工程项目，按照常规施工方案及呼和浩特城乡建设委员会颁发的造价信息进行计算，试按照 2017 版《内蒙古自治区建设工程计价依据》在表 3-21 中编制该项目招标控制价。

**表 3-21　单位工程招标控制价**

工程名称：某城市道路工程　　标段：　　第　页共　页

| 序号 | 费用项目 | 计算方法 | 费率(%) | 金额(元) |
|---|---|---|---|---|
| 一 | 分部分项工程费 | | | 210723 |
| | 其中：人工费 | | | 46182 |
| 二 | 措施项目费 | | | |
| (一) | 总价措施项目费 | | | |
| | 其中：人工费 | | | |
| 1 | 安全文明施工与环境保护费 | | | |
| 2 | 临时设施费 | | | |
| 3 | 雨季施工增加费 | | | 0 |
| 4 | 已完工程及设备保护费 | | | |

续上表

| 序号 | 费用项目 | 计算方法 | 费率(%) | 金额(元) |
| --- | --- | --- | --- | --- |
| 5 | 工程定位复测费 | | | |
| 6 | 二次搬运费 | | | |
| (二) | 单价措施项目费 | | | 20507 |
| | 其中:人工费 | | | 6661 |
| 三 | 其他项目费 | | | 0 |
| 四 | 规费 | | | |
| 1 | 养老失业保险 | | | |
| 2 | 基本医疗保险 | | | |
| 3 | 住房公积金 | | | |
| 4 | 工伤保险 | | | |
| 5 | 生育保险 | | | |
| 6 | 水利建设基金 | | | |
| 五 | 税金 | | | |
| 招标控制价 | | | | |

# 第 4 章　土石方工程计量与计价

## 4.1　土石方工程清单的编制

这里的土石方工程是指城镇管辖范围内的市政道路、桥梁、管网工程中的土石方工程。

### 4.1.1　土石方工程清单项目设置及适用范围

1. 项目设置

《市政工程工程量计算规范》(GB 50857—2013)附录 A 中，设置 3 个小节共 10 个清单项目。分别为：挖一般土方，挖沟槽土方，挖基坑土方，暗挖土方，挖淤泥、流砂；挖一般石方，挖沟槽石方，挖基坑石方；回填方，余方弃置。各清单项目编码、项目名称、项目特征、计量单位、工程量计算规则、工作内容的组成以及各相关问题的说明详见本书附录。

2. 适用范围

(1)挖沟槽、基坑、一般土石方清单项目的适用范围如下所述：

1)底宽≤7 m 且底长>3 倍底宽的按挖沟槽土石方项目列项并计算。

2)底长≤3 倍底宽且底面积≤150 $m^2$ 的按挖基坑土石方项目列项并计算。

3)超出上述范围的则按一般土石方项目列项并计算。

(2)暗挖土方清单项目适用于在土质隧道、地铁中除用盾构掘进外的其他方法挖洞内土方。

(3)回填方清单项目适用于各种不同的填筑材料的回填。

### 4.1.2　土石方工程清单工程量计算规则及工作内容

1. 工程量计算规则

(1)挖一般土石方

按设计图示尺寸以体积计算；土方体积应按挖掘前的天然密实体积计算。

(2)挖沟槽土石方

按设计图示尺寸以基础垫层底面积乘以挖土深度(原地面平均标高至沟槽底平均标高的高度)以体积计算。

(3)挖基坑土石方

按设计图示尺寸以基础垫层底面积乘以挖土深度(原地面平均标高至基坑底平均标高的高度)以体积计算。

(4)回填方

对于沟槽、基坑等开挖后再进行回填方的清单项目，其工程量按挖方清单项目工程量加原地面线至设计要求标高间的体积，减基础、构筑物等埋入体积计算。场地填方等按设计图示尺寸以体积计算。

(5)余方弃置

按挖方清单项目工程量减利用回填方体积(正数)计算。

2.工程量计算方法

(1)挖一般土石方

常见的市政道路、大面积场地的挖方通常属于挖一般土石方。道路工程挖一般土石方工程量可采用横截面法进行计算,大面积场地挖方工程量可采用方格网法进行计算。

1)横截面法

①计算道路土石方的横截面面积

常用横截面计算公式见表4-1。

**表4-1 常用横截面计算公式**

| 图示 | 面积计算公式 |
| --- | --- |
| 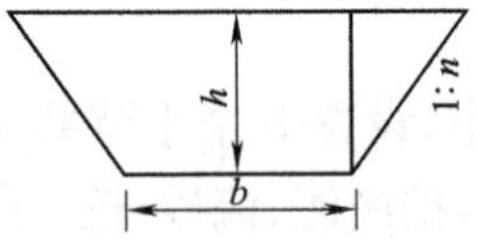 | $F=h(b+nh)$ |
| 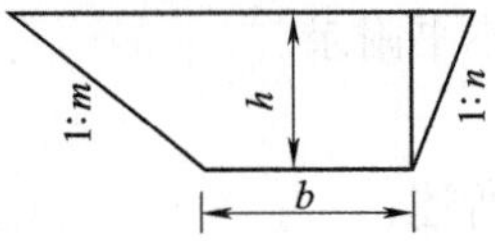 | $F=h\left[b+\frac{h(m+n)}{2}\right]$ |
| 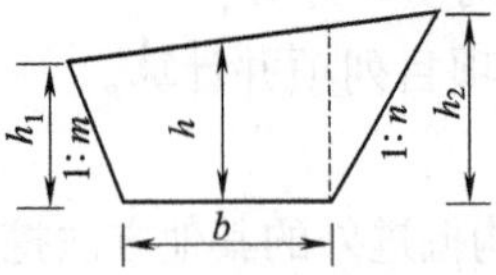 | $F=b\frac{h_1+h_2}{2}+nh_1h_2$ |
| 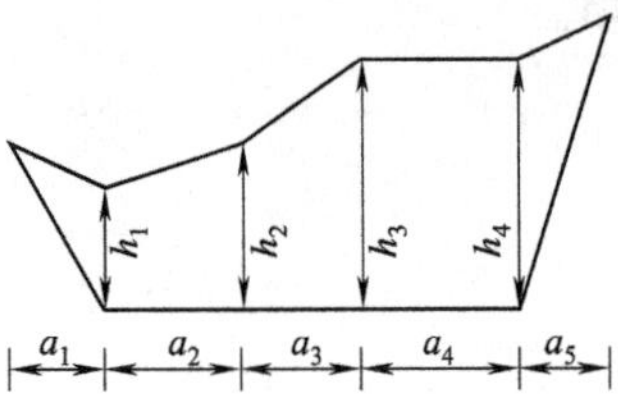 | $F=h_1\frac{a_1+a_2}{2}+h_2\frac{a_2+a_3}{2}+h_3\frac{a_3+a_4}{2}+h_4\frac{a_4+a_5}{2}$ |
| 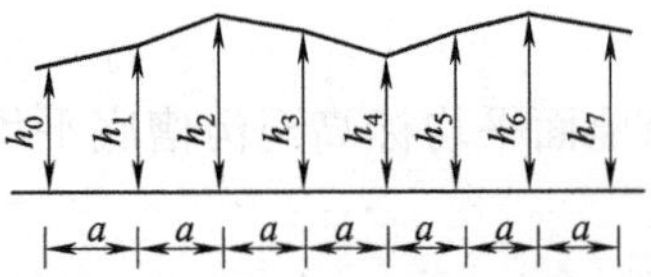 | $F=\frac{1}{2}a(h_0+2h+h_n)$<br>$h=h_1+h_2+h_3+\cdots+h_{n-1}$ |

②计算土石方量

根据横截面面积计算土石方量,计算公式为:

$$V=\frac{1}{2}(F_1+F_2)L$$

式中 $V$——相邻两截面间的土方量,$m^3$;

$F_1$、$F_2$——相邻两截面的挖(填)方截面积,$m^2$;

$L$——相邻两截面间的间距,m。

横截面法又称积距法。在计算时，通常可利用道路工程逐桩横断面图或土方计算表进行土石方工程量的计算。

**【例4.1】**已知某道路工程，其各桩的挖、填方断面积见表4-2，试计算该段道路的土方量。

**表4-2　道路断面面积**

| 桩号 | 断面积($m^2$) | | 桩号 | 断面积($m^2$) | |
|---|---|---|---|---|---|
| | 挖方 | 填方 | | 挖方 | 填方 |
| 0+000 | 0 | 3.00 | 0+250 | 4.60 | 4.40 |
| 0+050 | 3.00 | 3.40 | 0+300 | 4.20 | 8.00 |
| 0+100 | 3.00 | 4.60 | 0+350 | 5.00 | 5.20 |
| 0+150 | 3.80 | 4.40 | 0+400 | 5.20 | 11.00 |
| 0+200 | 3.40 | 6.00 | | | |

**解：**采用横截面法计算道路土方量，计算过程见表4-3。

**表4-3　土方工程量计算表**

| 桩号 | 距离(m) | 挖　方 | | | 填　方 | | |
|---|---|---|---|---|---|---|---|
| | | 断面积($m^2$) | 平均断面积($m^2$) | 体积($m^3$) | 断面积($m^2$) | 平均断面积($m^2$) | 体积($m^3$) |
| 0+000 | | 0 | | | 3.00 | | |
| | 50 | | 1.5 | 75 | | 3.2 | 160 |
| 0+050 | | 3.00 | | | 3.40 | | |
| | 50 | | 3.0 | 150 | | 4.0 | 200 |
| 0+100 | | 3.00 | | | 4.60 | | |
| | 50 | | 3.4 | 170 | | 4.5 | 225 |
| 0+150 | | 3.80 | | | 4.40 | | |
| | 50 | | 3.6 | 180 | | 5.2 | 260 |
| 0+200 | | 3.40 | | | 6.00 | | |
| | 50 | | 4.0 | 200 | | 5.2 | 260 |
| 0+250 | | 4.60 | | | 4.40 | | |
| | 50 | | 4.4 | 220 | | 6.2 | 310 |
| 0+300 | | 4.20 | | | 8.00 | | |
| | 50 | | 4.6 | 230 | | 6.6 | 330 |
| 0+350 | | 5.00 | | | 5.20 | | |
| | 50 | | 5.1 | 255 | | 8.1 | 405 |
| 0+400 | | 5.20 | | | 11.00 | | |
| 合　计 | | | | 1480 | | | 2150 |

即该段道路的挖方体积为1480 $m^3$，填方体积为2150 $m^3$。

2)方格网法

方格网法是根据地形图，将场地划分为边长为10～50 m的正方形方格网，通常以20 m

居多。再将场地设计标高和自然地面标高分别标注在方格角上，场地设计标高与自然地面标高的差值即为各角点的施工高程(挖或填)，习惯以“－”号表示填方，“＋”表示挖方。将施工高程标注于角点上，然后分别计算每一方格填挖土方量，将挖方区(或填方区)所有方格计算的土方量汇总，即得场地挖方量和填方量的总土方量。

为了解整个场地的挖填区域分布状态，计算前应先确定“零线”的位置。零线即挖方区与填方区的分界线，在该线上的施工高程为零，即零点。将各相邻的零点连接起来即为零线。零线确定后，便可进行土方量计算。

①常用方格网点计算公式见表 4-4。

**表 4-4　常用方格网点计算公式**

| 项　目 | 图　示 | 计算公式 |
| --- | --- | --- |
| 一点填方或挖方(三角形) | 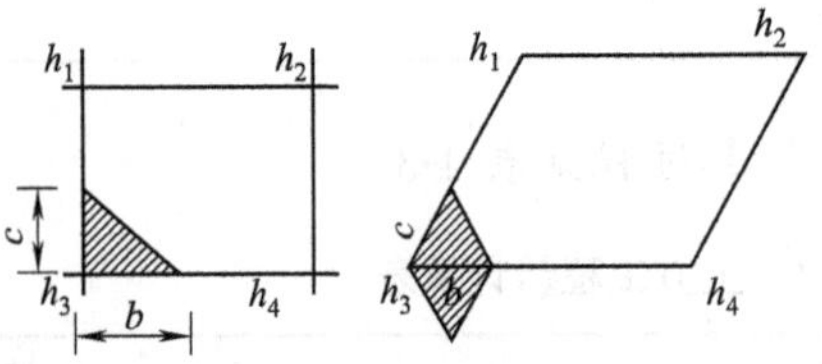 | $V=\frac{1}{2}bc\frac{\sum h}{3}=\frac{bch_3}{6}$<br>当 $b=c=a$ 时，$V=\frac{a^2h_3}{6}$ |
| 二点填方或挖方(梯形) | 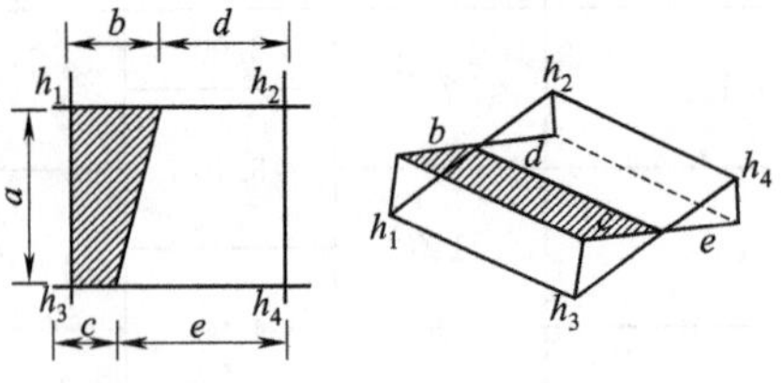 | $V_-=\frac{b+c}{2}a\frac{\sum h}{4}=\frac{a}{8}(b+c)(h_1+h_3)$<br>$V_+=\frac{d+e}{2}a\frac{\sum h}{4}=\frac{a}{8}(d+e)(h_2+h_4)$ |
| 三点填方或挖方(五角形) | 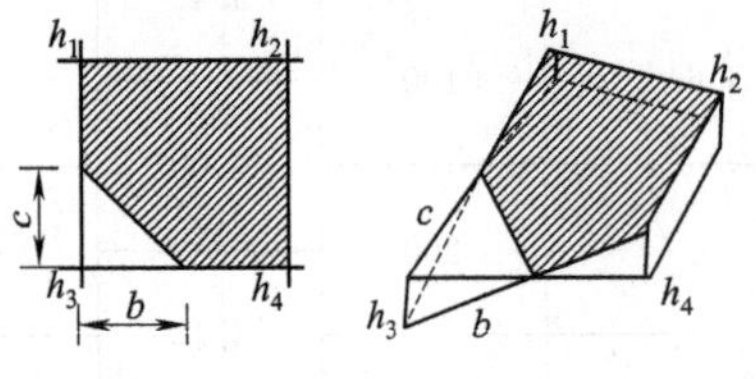 | $V=\left(a^2-\frac{bc}{2}\right)\frac{\sum h}{5}$<br>$=\left(a^2-\frac{bc}{2}\right)\frac{h_1+h_2+h_4}{5}$ |
| 四点填方或挖方(正方形) | 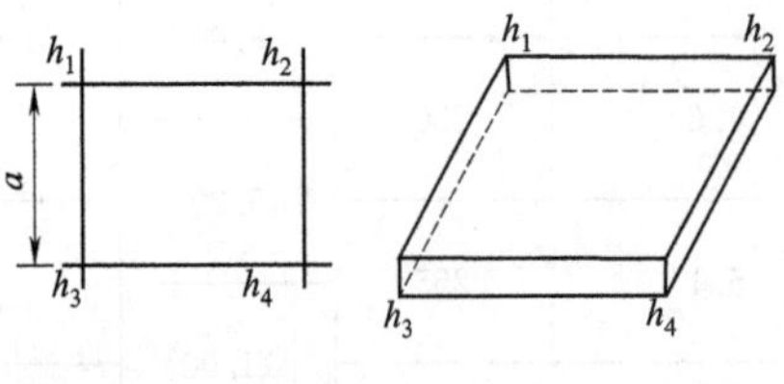 | $V=\frac{a^2}{4}\sum h=\frac{a^2}{4}(h_1+h_2+h_3+h_4)$ |

注：　$a$——方格网的边长，m；

$b$、$c$——零点到一角的边长，m；

$h_1,h_2,h_3,h_4$——方格网四角点的施工高程，m，用绝对值表示；

$\sum h$——填方或挖方施工高程的总和，m，用绝对值表示；

$V$——挖方或填方的体积，$m^3$。

②零点位置计算公式

$$x=\frac{ah_1}{h_1+h_2}$$

式中　$x$——角点至零点的中距离；

$h_1$、$h_2$——相邻两角点的高程，m，均用绝对值；

$a$——方格网的边长，m。

③土方量汇总

分别将挖方区和填方区所有方格计算的土方量汇总，即得该场地挖方区和填方区的总土方量。

【例 4.2】某场地方格网如图 4-1 所示，方格边长＝50 m，试计算其土方量。

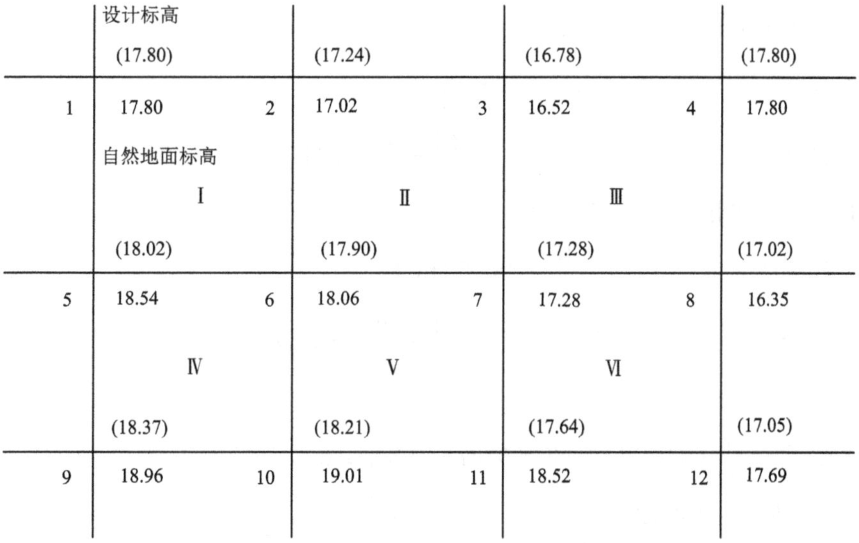

| | | | | |
|---|---|---|---|---|
| | 设计标高<br>(17.80) | (17.24) | (16.78) | (17.80) |
| 1 | 17.80 | 2　17.02 | 3　16.52 | 4　17.80 |
| | 自然地面标高<br>Ⅰ | Ⅱ | Ⅲ | |
| | (18.02) | (17.90) | (17.28) | (17.02) |
| 5 | 18.54 | 6　18.06 | 7　17.28 | 8　16.35 |
| | Ⅳ | Ⅴ | Ⅵ | |
| | (18.37) | (18.21) | (17.64) | (17.05) |
| 9 | 18.96 | 10　19.01 | 11　18.52 | 12　17.69 |

图 4-1　场地方格网坐标图(单位：m)

解：a. 计算施工高程(图 4-2)。施工高程＝自然地面标高－设计标高

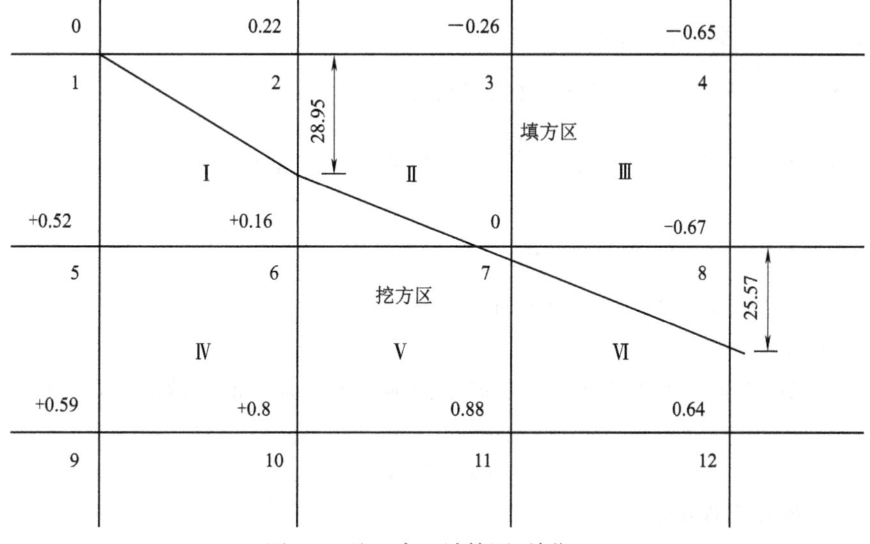


图 4-2　施工高程计算图(单位：m)

b. 确定零线，计算零点边长（图 4-2）：

方格Ⅰ中：$h_1=0.22$ m　　$h_2=0.16$ m　　$a=50$ m

代入公式 $x=\dfrac{50\times0.22}{0.22+0.16}=28.95$(m)

$$a-x=50-28.95=21.05\text{(m)}$$

方格Ⅵ中：$h_1=0.67$ m　　$h_2=0.64$ m　　$a=50$ m

代入公式 $x=\dfrac{50\times0.67}{0.67+0.64}=25.57$(m)

$$a-x=50-25.57=24.43\text{(m)}$$

c. 计算土方量

方格Ⅰ为三角形填方、五边形挖方

填方工程量$=\dfrac{28.95\times50}{2}\times\dfrac{0.22}{3}=53.08(\text{m}^3)$

挖方工程量$=\left(50^2-\dfrac{28.95\times50}{2}\right)\times\dfrac{0.52+0.16}{5}=241.57(\text{m}^3)$

方格Ⅱ为三角形挖方、五边形填方

挖方工程量$=\dfrac{21.05\times50}{2}\times\dfrac{0.16}{3}=28.07(\text{m}^3)$

填方工程量$=\left(50^2-\dfrac{21.05\times50}{2}\right)\times\dfrac{0.22+0.26}{5}=189.48(\text{m}^3)$

方格Ⅲ为四边形填方

填方工程量$=\dfrac{50^2}{4}\times(0.26+0.65+0.67)=987.5(\text{m}^3)$

方格Ⅳ、Ⅴ为四边形挖方

方格Ⅳ挖方工程量$=\dfrac{50^2}{4}\times(0.52+0.16+0.59+0.80)=1293.75(\text{m}^3)$

方格Ⅴ挖方工程量$=\dfrac{50^2}{4}\times(0.16+0.8+0.88)=1150(\text{m}^3)$

方格Ⅵ为三角形填方、梯形挖方

填方工程量$=\dfrac{25.57\times50}{2}\times\dfrac{0.67}{3}=142.77(\text{m}^3)$

挖方工程量$=\dfrac{24.43+50}{2}\times50\times\dfrac{0.88+0.64}{4}=707.09(\text{m}^3)$

d. 土方汇总

$\sum$挖方$=241.57+28.07+1293.75+1150+707.09=3420.48(\text{m}^3)$

$\sum$填方$=53.08+189.48+987.5+142.77=1372.83(\text{m}^3)$

(2)挖沟槽土石方

常见的市政排水管道工程的挖方一般属于挖沟槽土石方。挖沟槽土石方工程量计算公式如下：

$$V_{挖}=S_{断}L$$

式中　$V_{挖}$——挖方工程量，$\text{m}^3$；

$S_{断}$——沟槽断面面积，$\text{m}^2$；

$L$——沟槽长度，m。

挖沟槽因工作面和放坡增加的工程量，是否并入清单工程量中应在招标文件中明确。

如不并入：挖沟槽土石方量＝基础垫层底面积×挖土石深度（原地面平均标高至基坑底平均标高的高度）

如并入则按下述公式计算各相应土方项目清单工程量。

沟槽断面有如下形式：

1）基础有垫层

①两面放坡沟槽断面形式如图 4-3 所示，其断面面积：

$$S_{断}=[(b+2c)+mh]h+(b'+2\times0.1)h'$$

②不放坡无挡土板沟槽断面形式如图 4-4 所示，其断面面积：

$$S_{断}=(b+2c)h+(b'+2\times0.1)h'$$

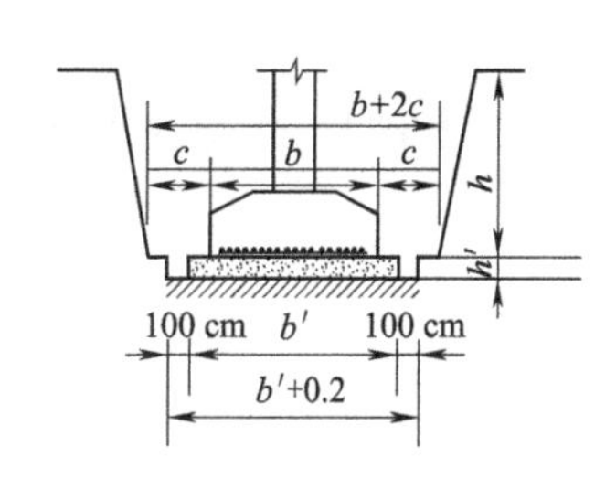


图 4-3　两面放坡

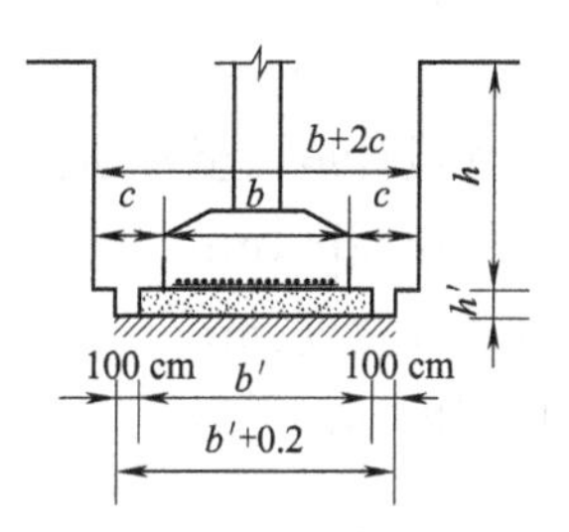


图 4-4　不放坡无挡土板

③不放坡加两面挡土板沟槽断面形式如图 4-5 所示，其断面面积：

$$S_{断}=(b+2c+2\times0.1)h+(b'+2\times0.1)h'$$

④一面放坡一面挡土板沟槽断面形式如图 4-6 所示，其断面面积：

$$S_{断}=(b+2c+0.1\times0.5mh)h+(b'+2\times0.1)h'$$

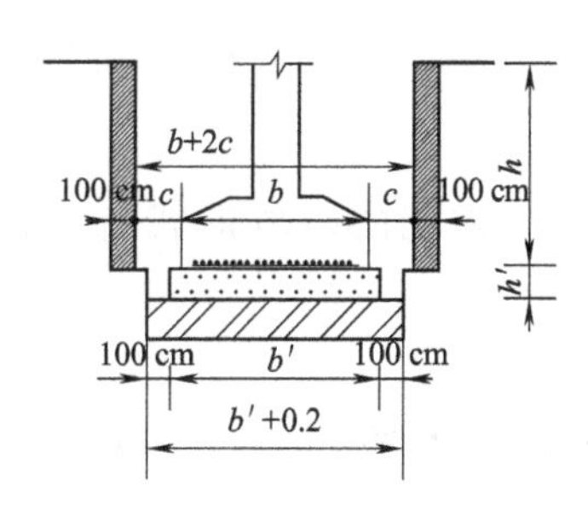


图 4-5　不放坡加两面挡土板

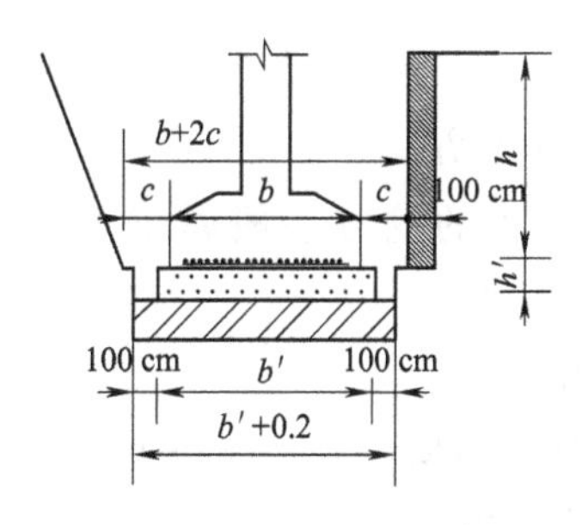


图 4-6　一面放坡一面挡土板

2）基础无垫层

①两面放坡沟槽断面形式如图 4-7 所示，其断面面积：

$$S_{断}=[(b+2c)+mh]h$$

②不放坡无挡土板沟槽断面形式如图 4-8 所示，其断面面积：

$$S_{断}=(b+2c)h$$

③不放坡加两面挡土板沟槽断面形式如图 4-9 所示，其断面面积：

$$S_{断}=(b+2c+2\times0.1)h$$

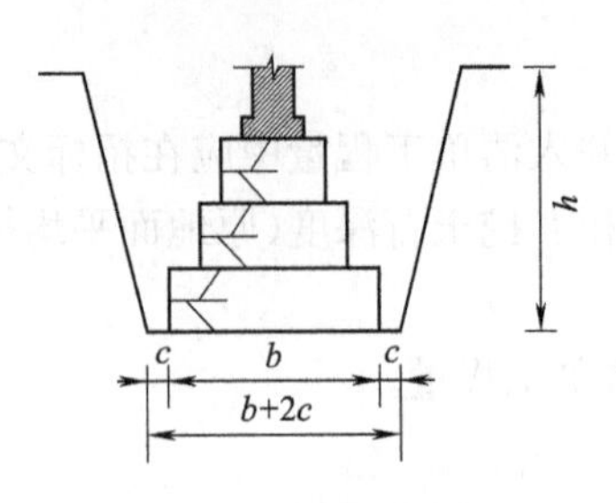


图 4-7 两面放坡

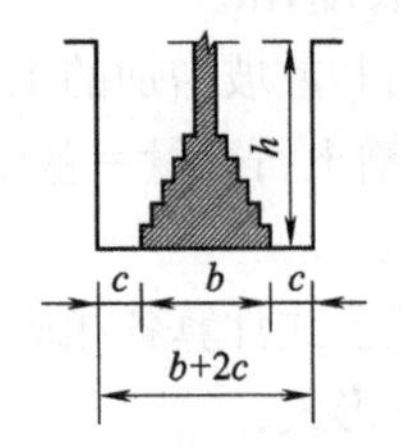


图 4-8 不放坡无挡土板

④一面放坡一面挡土板沟槽断面形式如图 4-10 所示，其断面面积：

$$S_{断}=(b+2c+0.1+0.5mh)h$$

式中 $S_{断}$——沟槽断面面积，$m^2$；

$m$——放坡系数；

$c$——工作面宽度，m；

$h$——从室外设计地面至基础底深度，即垫层上基槽开挖深度，m；

$h'$——基础垫层高度，m；

$b$——基础底面宽度，m；

$b'$——垫层宽度，m。

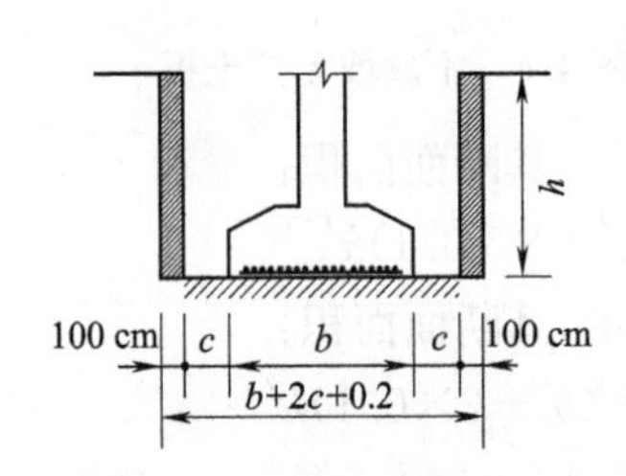


图 4-9 不放坡加两面挡土板

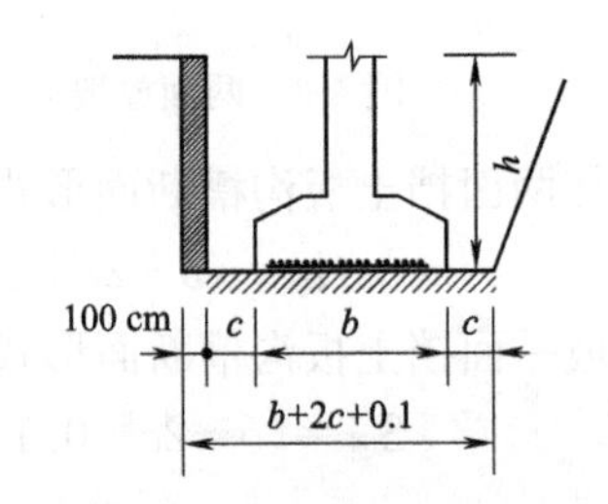


图 4-10 一面放坡一面挡土板

(3)挖基坑土石方

市政桥梁工程的挖方一般属于挖基坑土石方，常见的基坑形式有方形基坑和圆形基坑。

1)方形基坑

若方形基坑不需要放坡时，挖成的形状为立方体，若需要放坡时，挖成的形状为倒置的棱台体，如图 4-11 所示。

放坡的方形基坑的挖方工程量计算公式为：

$$V_{挖}=(a+2c+kH)\times(b+2c+kH)\times H+\frac{1}{3}k^2H^3$$

式中 $a$——基础底长，m；

$b$——基础底宽，m；

$c$——工作面宽度，m；

$k$——放坡系数；

$H$——基坑深度，m。

2)圆形基坑

若圆形基坑不需要放坡时，挖成的形状为圆柱体，若需要放坡时，挖成的形状为倒置的圆台体，如图4-12所示。

放坡的圆形基坑的挖方工程量计算公式为：

$$V_{挖}=\frac{1}{3}\pi H(R_1^2+R_2^2+R_1R_2)$$

式中　$R_1$——坑底半径，m；

$R_2$——坑上口半径，m。

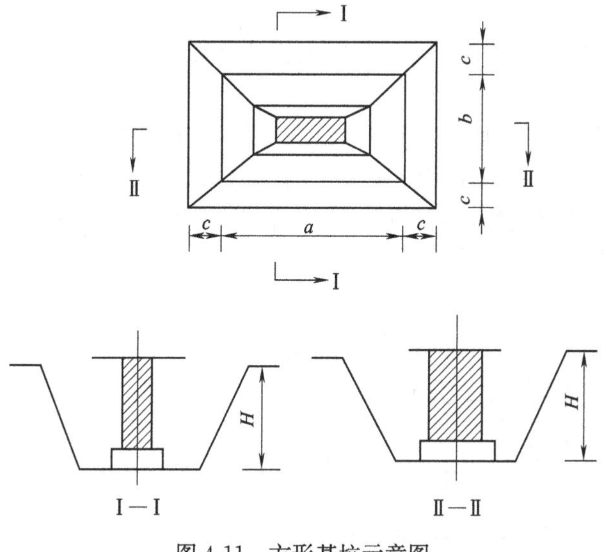


图4-11　方形基坑示意图

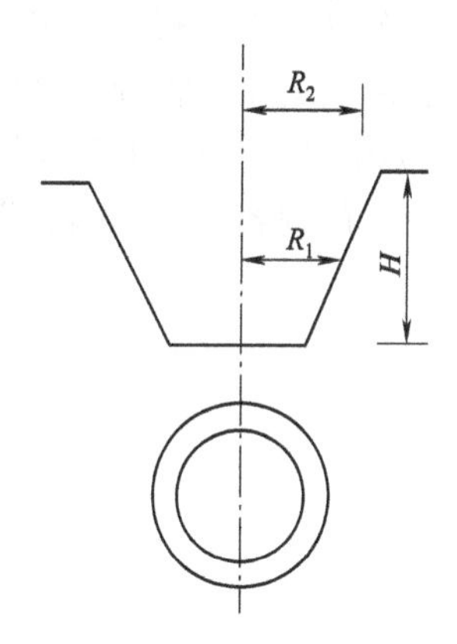


图4-12　圆形基坑示意图

(4)回填方

回填方量＝挖方量－基础、构筑物体积

(5)余方弃置

余土量＝挖方量－回填方量

3.清单工作内容

挖一般土方、挖沟槽土方、挖基坑土方的基本工作内容包括：排地表水；土方开挖；围护(挡土板)及拆除；基底钎探；场内运输。

暗挖土方的基本工作内容包括：排地表水；土方开挖；场内运输。

挖淤泥、流砂的基本工作内容包括：开挖、运输。

挖一般石方、挖沟槽石方、挖基坑石方的基本工作内容包括：排地表水；石方开凿；修整底边；场内运输。

回填方的基本工作内容包括：运输；回填；压实。

余方弃置的基本工作内容包括：余方点装料运输至弃置点。

### 4.1.3　土石方工程工程量清单的编制

土石方工程工程量清单是市政工程(道路、桥涵、隧道、管网)的土石方分部分项工程项目、措施项目、其他项目、规费和税金项目的名称和相应数量的明细清单。土石方工程工程量清单按照《建设工程工程量清单计价规范》(GB 50500—2013)规定的工程量清单统一格式进行编制，具体表样详见本教材第3章。

1.编制准备

编制工程量清单前，要准备并熟悉相关编制依据。

熟悉《建设工程工程量清单计价规范》(GB 50500—2013)；《市政工程工程量计算规范》(GB 50857—2013)；国家或省级、行业建设主管部门颁发的计价依据和办法；熟悉施工设计文件、认真识读施工图纸，准备与拟建工程有关的标准、规范、技术资料；了解常规施工方案。

2.分部分项清单的编制

分部分项工程量清单是在招投标期间由招标人或受其委托的工程造价咨询人编制的拟建招标工程的全部项目和内容的分部分项工程数量的表格。

分部分项工程量清单见表3-1，应包括项目编码、项目名称、项目特征、计量单位和工程量。编制道路工程分部分项工程量清单时必须遵循《市政工程工程量计算规范》(GB 50857—2013)附录A"土石方工程"中的项目编码、项目名称、项目特征、计量单位、工程量计算规则五个统一的内容。具体编制步骤如图4-13所示。

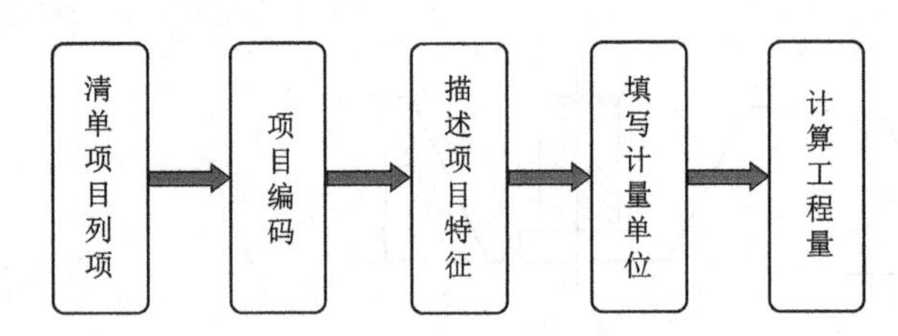


图4-13　分部分项工程量清单的编制

(1)清单项目列项

依据《市政工程工程量计算规范》(GB 50857—2013)附录A"土石方工程"中的项目名称，根据拟建工程设计文件，拟定的招标文件，结合施工现场情况、工程特点及常规施工方案列出清单项目，并编写具体项目名称。

编制分部分项工程量清单，必须认真阅读全套施工图样，了解工程的总体情况，结合工程施工方法，按照工程的施工顺序，逐个列出清单项目。

编制土石方工程量清单时，考虑该项目的土质类别、挖填深度、开挖方式等特征要求，结合拟建工程的实际情况，使其工程量清单项目名称具体化、细化、能够反映影响工程造价的主要因素。如土石方工程中"回填方"项目，可根据回填的方式和土质的类别写成"人工回填砂砾"。

(2)项目编码

分部分项工程量清单的项目编码以5级编码设置，用12位阿拉伯数字表示。土石方工程的分部分项工程量清单的项目编码前4级按照《市政工程工程量计算规范》(GB 50857—2013)附录A"土石方工程"的规定设置，全国统一编码，从040101001到040103002。第5级清单项目名称顺序码由工程量清单编制人针对本工程项目自001顺序编制。同一招标工程的项目编码不得有重码。

前3级分别由两位阿拉伯数字表示。第一级是专业工程代码，04为市政工程；第二级是分类顺序码,01 为土石方工程;第三级是分部工程顺序码,01 表示土方工程,02 表示石方工程,03 表示回填方及土石方运输;第四级是分项工程项目名称顺序码,由三位阿拉伯数字表示。第三级中的每个分部又分别分为多个分项,比如土方工程分部分项为 001 挖一般土方、002 挖沟槽土方、003 挖基坑土方、004 暗挖土方、005 挖淤泥、流砂共 5 个分项工程。

例如:040101001001 表示市政土石方工程土方工程挖一般土方,其中前 4 级 9 位阿拉伯数字按照计量规范附录统一编码,第 5 级 3 位阿拉伯数字由清单编制人自 001 顺序编制。

**【例 4.3】**某道路挖一般土方,土质类别为:一、二类 0.5 m 深,三类土 1 m 深,试给该道路土方工程编制项目编码。

**解:**根据《市政工程工程量计算规范》(GB 50857—2013)附录 A“土石方工程”及该工程实际,项目编码设置为:

挖一般土方(一、二类土)　040101001001

挖一般土方(三类土)　040101001002

(3)描述项目特征

项目特征应按《市政工程工程量计算规范》(GB 50857—2013)附录 A“土石方工程”中规定的项目特征,结合不同的土质类别、挖土深度、土方运距等实际情况分别列项。每条清单项目的特征描述应尽量详尽,经便于投标人准确计算综合单价。

(4)填写计量单位

分部分项工程量清单的计量单位采用基本单位,应按《市政工程工程量计算规范》(GB 50857—2013)附录中规定的计量单位确定。

(5)计算工程量

根据施工图纸,按照清单项目的工程量计算规则、计算方法计算清单项目的工程量。

2. 措施项目清单的编制

措施项目清单的编制应根据工程招标文件、施工设计图纸、常规施工方案、现场实际情况确定施工措施项目,包括总价措施项目和单价措施项目,按照《建设工程工程量清单计价规范》(GB 50500—2013)规定的统一格式进行编制,具体编制方法见本教材第 3 章。

3. 其他项目清单的编制

见本教材第 3 章。

4. 规费税金项目清单的编制

见本教材第 3 章。

5. 填写编制说明及封面

见本教材第 3 章。

## 4.2　土石方工程工程量清单编制实例

**【例 4.4】**某市政道路整修工程,全长为 600 m,路面修筑宽度为 14 m,路肩各宽 1 m,土质为四类土,余方运至 5 km 处弃置点,填方要求密实度达到 95%。该道路工程各桩的挖、填方断面积见表 4-5,试编制该道路土方工程招标工程量清单。

表 4-5　道路断面面积

| 桩号 | 断面积($m^2$) | | 桩号 | 断面积($m^2$) | |
|---|---|---|---|---|---|
| | 挖方 | 填方 | | 挖方 | 填方 |
| 0+000 | 0 | 3.00 | 0+350 | 5.00 | 5.20 |
| 0+050 | 3.00 | 3.40 | 0+400 | 5.20 | 11.00 |
| 0+100 | 3.00 | 4.60 | 0+450 | 6.80 | 0 |
| 0+150 | 3.80 | 4.40 | 0+500 | 2.80 | 0 |
| 0+200 | 3.40 | 6.00 | 0+550 | 2.00 | 0 |
| 0+250 | 4.60 | 4.40 | 0+600 | 11.60 | 0 |
| 0+300 | 4.20 | 8.00 | | | |

**解**:1. 编制分部分项工程量清单

分部分项工程量清单见表 4-6,表中的各项按照下述方法填写：

(1)根据《市政工程工程量计算规范》(GB 50857—2013)、该工程施工图纸、常规的施工方案确定项目名称。

(2)根据项目名称对照“计量规范”附录 A 的相应项目确定其项目编码。

(3)依据“计量规范”并考虑工程实际情况准确描述项目特征。

(4)根据《市政工程工程量计算规范》(GB 50857—2013)附录 A 的计算规则计算清单工程量。见表 4-7。

表 4-6　分部分项工程量清单与计价表

工程名称:×××市道路土方工程　　　标段:K0+000～K0+600　　　第　页共　页

| 序号 | 项目编码 | 项目名称 | 项目特征描述 | 计量单位 | 工程量 | 金额(元) | | |
|---|---|---|---|---|---|---|---|---|
| | | | | | | 综合单价 | 合价 | 其中:暂估价 |
| 1 | 040101001001 | 挖一般土方 | 1. 土质类别:四类土<br>2. 挖土深度:1 m 以内 | $m^3$ | 2480 | | | |
| 2 | 040103001001 | 填方 | 1. 密实度 95%<br>2. 原土回填 | $m^3$ | 2150 | | | |
| 3 | 040103002001 | 余方弃置 | 运距:5 km | $m^3$ | 330 | | | |
| 本页小计 | | | | | | | | |
| 合　计 | | | | | | | | |

根据已知的道路断面面积,采用横截面法计算该道路土方工程清单工程量,通过土方工程量计算表,我们可以看到该道路土方挖方量为 2480 $m^3$,填方量为 2150 $m^3$,土方平衡后有 330 $m^3$ 需要余土弃置。

**表 4-7　道路土方工程量计算表**

工程名称：×××市道路土方工程　　　　标段：K0+000～K0+600　　　　第　页共　页

| 桩号 | 距离（m） | 挖土 | | | 填土 | | |
|---|---|---|---|---|---|---|---|
| | | 断面积（$m^2$） | 平均断面积（$m^2$） | 体积（$m^3$） | 断面积（$m^2$） | 平均断面积（$m^2$） | 体积（$m^3$） |
| 0+000 | | 0 | | | 3.00 | | |
| | 50 | | 1.5 | 75 | | 3.2 | 160 |
| 0+050 | | 3.00 | | | 3.40 | | |
| | 50 | | 3.0 | 150 | | 4.0 | 200 |
| 0+100 | | 3.00 | | | 4.60 | | |
| | 50 | | 3.4 | 170 | | 4.5 | 225 |
| 0+150 | | 3.80 | | | 4.40 | | |
| | 50 | | 3.6 | 180 | | 5.2 | 260 |
| 0+200 | | 3.40 | | | 6.00 | | |
| | 50 | | 4.0 | 200 | | 5.2 | 260 |
| 0+250 | | 4.60 | | | 4.40 | | |
| | 50 | | 4.4 | 220 | | 6.2 | 310 |
| 0+300 | | 4.20 | | | 8.00 | | |
| | 50 | | 4.6 | 230 | | 6.6 | 330 |
| 0+350 | | 5.00 | | | 5.20 | | |
| | 50 | | 5.1 | 255 | | 8.1 | 405 |
| 0+400 | | 5.20 | | | 11.00 | | |
| | 50 | | 6.0 | 300 | | | |
| 0+450 | | 6.80 | | | | | |
| | 50 | | 4.8 | 240 | | | |
| 0+500 | | 2.80 | | | | | |
| | 50 | | 2.4 | 120 | | | |
| 0+550 | | 2.00 | | | | | |
| | 50 | | 6.8 | 340 | | | |
| 0+600 | | 11.60 | | | | | |
| 合　计 | | | | 2480 | | | 2150 |

2. 编制措施项目清单

措施项目清单根据《市政工程工程量计算规范》(GB 50857—2013)附录 L、2017 版《内蒙古自治区建设工程费用定额》、道路土方工程的施工图纸和拟建工程的实际情况进行编制。

安全文明、二次搬运、雨季施工在“计量规范”附录中仅列出项目编码、项目名称，未列出项目特征、计量单位和工程量计算规则，所以采用总价措施项目清单与计价表的格式编制，按“计量规范”附录措施项目规定的项目编码、项目名称确定清单项目，见表 4-8。大型机械设备进出场及安拆可以计算综合单价，所以采用单价措施项目清单与计价表的格式进行编制，见表 4-9。

**表 4-8　总价措施项目清单与计价表**

工程名称：×××市道路土方工程　　标段：K0＋000～K0＋600　　第　页共　页

| 序号 | 项目编码 | 项目名称 | 计算基础 | 费率(%) | 金额(元) |
|---|---|---|---|---|---|
| 1 | 041109001001 | 安全文明施工费 | | | |
| 2 | 041109004001 | 雨季施工增加费 | | | |
| 3 | 041109003001 | 二次搬运费 | | | |
| 合　计 | | | | | |

**表 4-9　单价措施项目清单与计价表**

工程名称：×××市道路土方工程　　标段：K0＋000～K0＋600　　第　页共　页

| 序号 | 项目编码 | 项目名称 | 项目特征描述 | 计量单位 | 工程量 | 金额(元) | | |
|---|---|---|---|---|---|---|---|---|
| | | | | | | 综合单价 | 合价 | 其中：暂估价 |
| 1 | 041106001001 | 大型机械设备进出场及安拆 | 履带式单斗液挖掘机 1 $m^3$ | 台次 | 1 | | | |
| 2 | 041106001002 | 大型机械设备进出场及安拆 | 振动压路机 | 台次 | 1 | | | |
| 本页小计 | | | | | | | | |
| 合　计 | | | | | | | | |

3. 其他项目清单

本工程不考虑暂列金额、暂估价、总承包服务费、计日工等。

4. 编制规费、税金项目清单

规费、税金项目清单根据 2017 版《内蒙古自治区建设工程费用定额》和国家或省级、行业建设主管部门的规定编制，见表 4-10。

**表 4-10　规费、税金项目清单**

工程名称：×××市道路土方工程　　标段：K0＋000～K0＋600　　第　页共　页

| 序号 | 项目名称 | 计算基础 | 费率(%) | 金额(元) |
|---|---|---|---|---|
| 1 | 规　费 | | | |
| 1.1 | 社会保险费 | | | |
| (1) | 养老失业保险 | | | |
| (2) | 基本医疗保险 | | | |
| (3) | 工伤保险 | | | |
| (4) | 生育保险 | | | |
| 1.2 | 住房公积金 | | | |
| 1.3 | 水利建设基金 | | | |
| 2 | 税金 | | | |

5. 填写总说明表

工程量清单总说明应按下列内容填写：

(1)工程概况：建设规模、工程特征、计划工期、施工现场实际情况、自然地理条件、环境保护要求等。

(2)工程招标和分包范围。

(3)工程量清单编制依据。

(4)工程质量、材料、施工等的特殊要求。

(5)其他需要说明的问题。

本例的工程量清单总说明见表4-11。

**表4-11　总说明**

工程名称：×××市道路土方工程

1)工程概况：某市政道路整修工程，全长为600 m，路面修筑宽度为14 m，路肩各宽1 m，土质为四类土，余方运至5 km处弃置点，填方要求密度达到95%。

2)本次工程招标范围为某市政道路整修工程。

3)工程量清单的编制依据：

a.《建设工程工程量清单计价规范》(GB 50500—2013)和《市政工程工程量计算规范》(GB 50857—2013)；

b. 2017版《内蒙古自治区建设工程计价依据》；

c. 该道路工程施工图纸；

d.《城市道路设计规范》及《市政道路及验收规范》；

e. 道路工程招标文件；

f. 施工现场情况、工程特点及常规施工方案；

g. 其他相关资料。

6. 填写工程量清单封面

工程量清单封面见表4-12。

**表4-12　工程量清单封面**

×××市道路土方工程　工程

招标工程量清单

招　标　人：＿＿＿＿＿＿＿＿　　造价咨询人：＿＿＿＿＿＿＿＿

(单位盖章)　　(单位资质专用章)

法定代表人<br>或其授权人：＿＿＿＿＿＿＿＿　　法定代表人<br>或其授权人：＿＿＿＿＿＿＿＿

(签字或盖章)　　(签字或盖章)

编　制　人：＿＿＿＿＿＿＿＿　　复　核　人：＿＿＿＿＿＿＿＿

(造价人员签字盖专用章)　　(造价工程师签字盖专用章)

编制时间：　年　月　日　　复核时间：　年　月　日

## 4.3 土石方工程清单计价的编制

分部分项工程量清单中所列工程量是按“计量规范”附录中规定的工程量计算规则计算的,是该清单项目的主项工程量,从某些清单的项目特征描述和“计量规范”附录中这些清单项目的工程内容可以看出,完成这些项目,除了主项工程内容还包括了若干附项工程内容。所以在投标报价时,各投标人必然要计算用于报价的实际工程量。我们就将用于报价的实际工程量称为计价工程量。计价工程量是根据所采用的定额和相对应的工程量计算规则计算的。2017 版《内蒙古自治区市政工程预算定额》第一册《通用工程》关于计价工程量的计算说明和计算规则介绍如下。

### 4.3.1 计价工程量的计算

1. 土石方工程量计算总说明

(1)沟槽、基坑、平整场地和一般土石方的划分:底宽 7 m 以内,底长大于底宽 3 倍以上按沟槽计算;底长小于底宽 3 倍以内且基坑底面积在 150 $m^2$ 以内按基坑计算;厚度在 30 cm 以内就地挖、填土按平整场地计算;超过上述范围的土、石方按一般土方和一般石方计算。

(2)土石方运距应以挖方重心至填方重心或弃方重心最近距离计算,挖方重心、填方重心、弃方重心按施工组织设计确定。如遇下列情况应增加运距:

1)人力及人力车运土、石方上坡坡度在 15%以上,推土机、铲运机重车上坡坡度大于 5%,斜道运距按斜道长度乘以表 4-13 的系数计算。

**表 4-13 斜道运距系数表**

| 项目 | 推土机、铲运机 | | | | 人力及人力车 |
|---|---|---|---|---|---|
| 坡度(%) | 5~10 | 15 以内 | 20 以内 | 25 以内 | 15 以上 |
| 系数 | 1.75 | 2 | 2.25 | 2.5 | 5 |

2)采用人力垂直运输土石方、淤泥、流砂,垂直深度每米折合水平运距 7 m 计算。

(3)自行式铲运机增加 45 m 转向距离。

(4)坑、槽底加宽应按设计文件的数据或图纸尺寸计算,设计文件未明确的按施工组织设计的数据或图纸尺寸计算,设计文件未明确也无施工组织设计的可按表 4-14 计算。

**表 4-14 坑、槽底部每侧工作面宽度表**(单位:cm)

<table>
<tr><th rowspan="2">管道结构宽度</th><th colspan="2">混凝土管道</th><th rowspan="2">金属<br>管道</th><th colspan="2">构筑物</th></tr>
<tr><th>基础 90°</th><th>基础>90°</th><th>无防潮层</th><th>有防潮层</th></tr>
<tr><td>50 以内</td><td>40</td><td>40</td><td>30</td><td rowspan="4">40</td><td rowspan="4">60</td></tr>
<tr><td>100 以内</td><td>50</td><td>50</td><td>40</td></tr>
<tr><td>250 以内</td><td>60</td><td>50</td><td>40</td></tr>
<tr><td>250 以上</td><td>70</td><td>60</td><td>50</td></tr>
</table>

管道结构宽度:无管座按管道外径计算,有管座按管道基础外缘计算,构筑物按基础外缘计算,如设挡土板则每侧增加 15 cm。

(5)管道接口作业坑和沿线各种井室所需增加开挖的土石方工程量按沟槽全部土石方量的2.5%计算。管沟回填土应扣除管径≥200 mm 的管道、基础、垫层和各种构筑物所占的体积。

2. 土方工程工程量计算说明

(1)土方工程包括人工挖一般土方、沟槽土方、基坑土方、淤泥流砂、推土机推土、铲运机铲运土方、挖掘机挖土、自卸汽车运土、填土碾压或夯实等项目。

(2)土壤分类详见表 4-15。

**表 4-15　土壤分类表**

| 土壤分类 | 土壤名称 | 开挖方法 |
| --- | --- | --- |
| 一、二类土 | 粉土、砂土(粉砂、细砂、中砂、粗砂、砾砂)、粉质黏土、弱中盐渍土、软土(淤泥质土、泥炭、泥炭质土)、软塑红黏土、冲填土 | 用锹、少许用镐、条锄开挖。机械能全部直接铲挖满载者 |
| 三类土 | 黏土、碎石土(圆砾、角砾)、混合土、可塑红黏土、硬塑红黏土、强盐渍土、素填土、压实填土 | 主要用镐、条锄,少许用锹开挖。机械需部分刨松方能铲挖满载者或可直接铲挖但不能满载者 |
| 四类土 | 碎石土(卵石、碎石、漂石、块石)、坚硬红黏土、超盐渍土、杂填土 | 全部用镐、条锄挖掘,少许用撬棍挖掘。机械需普遍刨松方能铲挖满载者 |

注:本表土的名称及其含义按现行国家标准《岩土工程勘察规范》(GB 50021—2001)(2009 年局部修订版)定义。

(3)干、湿土、淤泥的划分:首先以地质勘察资料为准,含水率≥25%、不超过液限的为湿土;或以地下常水位为准,常水位以上为干土,以下为湿土;含水率超过液限的为淤泥。除大型支撑基坑土方开挖定额子目外,挖湿土时,人工和机械挖土子目乘以系数 1.18,干、湿土工程量分别计算。采用井点降水的土方应按干土计算。

(4)人工夯实土堤、机械夯实土堤执行定额人工填土夯实平地、机械填土夯实平地项目。

(5)挖土机在垫板上作业,人工和机械乘以系数 1.25,搭拆垫板的费用另行计算。

(6)推土机推土的平均土层厚度小于 30 cm 时,推土机台班乘以系数 1.25。

(7)除大型支撑基坑土方开挖定额子目外,在支撑下挖土,按实挖体积,人工挖土子目乘以系数 1.43、机械挖土子目乘以系数 1.20。先开挖后支撑的不属于支撑下挖土。

(8)挖密实的钢碴,按挖四类土,人工子目乘以系数 2.50、机械子目乘以系数 1.50。

(9)人工挖土中遇碎、砾石含量在 31%～50%的密实黏土或黄土时按四类土乘以系数 1.43,碎、砾石含量超过 50%时另行处理。

(10)四类土壤的土方二次翻挖按降低一级类别套用相应定额。淤泥翻挖,执行相应挖淤泥子目。

(11)大型支撑基坑土方开挖定额适用于地下连续墙、混凝土板桩、钢板桩等围护的跨度大于 8 m 的深基坑开挖。定额中已包括湿土排水,若需采用井点降水,其费用另行计算。

大型支撑基坑土方开挖由于场地狭小只能单面施工时,挖土机械按表 4-16 调整。

**表 4-16　挖土机械调整表**

| 宽度 | 两边停机施工 | 单边停机施工 |
| --- | --- | --- |
| 基坑宽 15 m 内 | 15 t | 25 t |
| 基坑宽 15 m 外 | 25 t | 40 t |

(12)填土夯实项目按现场就地取土计算,若外购土方应另行计算。

(13)建筑生活垃圾装运工程量,以自然堆积方乘以系数0.8计算。

3.土方工程工程量计算规则

(1)土方的挖、推、铲、装、运等体积均以天然密实体积计算,填方按设计的回填体积计算。不同状态的土方体积,按表4-17中相关系数换算。

**表4-17 土方体积换算表**

| 虚方体积 | 天然密实体积 | 压实后体积 | 松填体积 |
|---|---|---|---|
| 1.00 | 0.77 | 0.67 | 0.83 |
| 1.30 | 1.00 | 0.87 | 1.08 |
| 1.50 | 1.15 | 1.00 | 1.25 |
| 1.20 | 0.92 | 0.80 | 1.00 |

(2)土方工程量按图纸尺寸计算。修建机械上下坡便道的土方量以及为保证路基边缘的压实度而设计的加宽填筑土方量并入土方工程量内。

(3)夯实土堤按设计面积计算。清理土堤基础按设计规定以水平投影面积计算。

(4)人工挖土堤台阶工程量,按挖前的堤坡斜面积计算,运土应另行计算。

(5)挖土放坡应按设计文件的数据或图纸尺寸计算,设计文件未明确的按施工组织设计的数据或图纸尺寸计算,设计文件未明确也无施工组织设计的可按表4-18计算。

**表4-18 放坡系数表**

| 土壤类别 | 放坡起点深度(m) | 人工开挖 | 机械开挖 | | |
|---|---|---|---|---|---|
| | | | 沟槽、坑内作业 | 沟槽、坑边作业 | 顺沟槽方向坑上作业 |
| 一、二类土 | 1.20 | 1∶0.50 | 1∶0.33 | 1∶0.75 | 1∶0.50 |
| 三类土 | 1.50 | 1∶0.33 | 1∶0.25 | 1∶0.67 | 1∶0.33 |
| 四类土 | 2.00 | 1∶0.25 | 1∶0.10 | 1∶0.33 | 1∶0.25 |

挖土交叉处产生的重复工程量不扣除。基础土方放坡,自基础(含垫层)底标高算起;如在同一断面内遇有数类土壤,其放坡系数可按各类土占全部深度的百分比加权计算。

**【例4.5】** 某挖沟槽土方工程,挖土断面如图4-14所示,采用机械开挖、坑边作业,试确定其放坡系数。

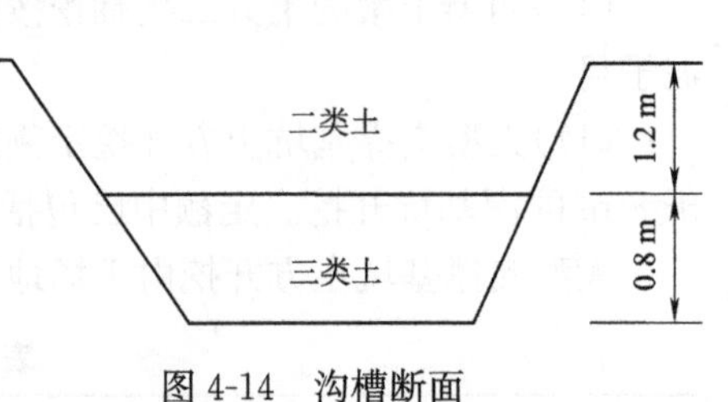

图4-14 沟槽断面

**解:** 放坡系数 $=\frac{1.2}{2.0}\times 0.75+\frac{0.8}{2.0}\times 0.67=0.51$

(6)机械挖土方中已包含人工辅助开挖(包括切边、修整底边和修整沟槽底坡度)。

(7)平整场地工程量按施工组织设计尺寸以面积计算。

(8)大型支撑基坑土方开挖工程量按设计图示尺寸以体积计算。

4. 石方工程工程量计算说明

(1)石方工程包括人工凿石、切割机切割石方、液压岩石破碎机破碎岩石、明挖石渣运输、推土机推石渣、挖掘机挖石渣、自卸汽车运石渣等项目。

(2)岩石分类详见表4-19。

**表4-19　岩石分类表**

| 岩石分类 | | 代表性岩石 | 开挖方法 | 单轴饱和抗压强度(MPa) |
|---|---|---|---|---|
| 极软岩 | | 1. 全风化的各种岩石<br>2. 各种半成岩 | 部分用手凿工具、部分用爆破法开挖 | ＜5 |
| 软质岩 | 软岩 | 1. 强风化的坚硬岩或较硬岩<br>2. 中等风化—强风化的较软岩<br>3. 未风化—微风化的页岩、泥岩、泥质砂岩等 | 用风镐和爆破法开挖 | 5～15 |
| | 较软岩 | 1. 中等风化—强风化的坚硬岩或较硬岩<br>2. 未风化—微风化的凝灰岩、千枚岩、泥灰岩、砂质泥岩等 | 用爆破法开挖 | 15～30 |
| 硬质岩 | 较硬岩 | 1. 微风化的坚硬岩<br>2. 未风化—微风化的大理岩、板岩、石灰岩、白云岩、钙质砂岩等 | | 30～60 |
| | 坚硬岩 | 未风化—微风化的花岗岩、闪长岩、辉绿岩、玄武岩、安山岩、片麻岩、石英岩、石英砂岩、硅质砾岩、硅质石灰岩等 | | ＞60 |

注：本表依据现行国家标准《工程岩体分级标准》(GB 50218—94)和《岩土工程勘察规范》(GB 50021—2001)(2009年局部修订版)整理。

5. 石方工程工程量计算规则

(1)石方的凿、挖、推、装、运、破碎等体积均以天然密实体积计算。不同状态的石方体积，按表4-20相关系数换算。

**表4-20　石方体积换算表**

| 名称 | 天然密实体积 | 虚方体积 | 松填体积 | 夯实后体积 |
|---|---|---|---|---|
| 石方 | 1.00 | 1.54 | 1.31 | (码方)1.67 |
| 块石 | 1.00 | 1.75 | 1.43 | |
| 砂夹石 | 1.00 | 1.07 | 0.94 | |

(2)石方工程量按图纸尺寸加允许超挖量计算，开挖坡面每侧允许超挖量：极软岩、软岩20 cm，较软岩、硬质岩15 cm。

6. 计价工程量计算实例

在清单编号为040101002的“挖沟槽土方”这个项目中，综合了排地表水、土方开挖、围护、基础钎探、场内运输的工程内容，而清单中的工程量只列出主项的工程量，也就是挖沟槽土方工程量且是净量，不含因放坡和留工作面而增加的土方量。编制投标报价或招标控制价时必须计算用于报价的实际工程量，也就是计价工程量。下面我们举例说明清单项目计价工程量的计算方法。

**【例 4.6】** 某排水管道土方工程，采用钢筋混凝土承插管，管径 ϕ600。管道长度 1000 m，土方开挖平均深度为 3 m，土质类别为三类土，采用机械开挖，场内运输 1 km(图 4-15)。按照"计量规范"计算规则，该挖沟槽清单项目的主项工程量为(0.9＋0.1×2)×3×1000＝3300($m^3$)，根据定额计算规则计算挖沟槽土方清单项目的计价工程量。

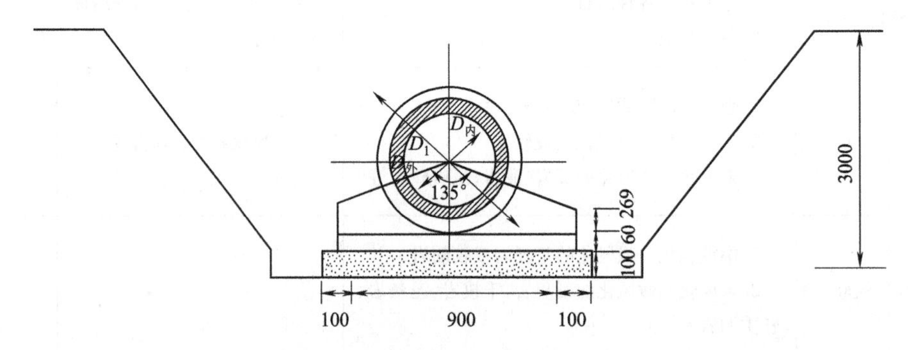


图 4-15 沟槽土方示意图(单位：mm)

**解：**(1)已知该管道土方类别为三类土，平均开挖深度为 3 m，采用机械开挖，顺沟槽方向坑上作业，通过查看定额计算规则可知放坡系数为 1∶0.33，放坡起点自垫层上表面算起。

(2)该管道结构宽为管座基础外缘，即 0.9 m。

(3)工作面宽度：该管道结构宽(0.9 m)在 100 cm 以内，混凝土管道基础(135°)大于 90°，通过查看定额可知工作面宽度为 50 cm。

排地表水、场内运输工作内容已综合在挖土方定额子目内，不需要单独计算工程量。

则该挖沟槽土方清单项目的计价工程量为：

[(0.9＋0.5×2＋2.9×0.33)×2.9＋(0.9＋0.1×2)×0.1]×1 000×(1＋2.5%)＝8605.2($m^3$)

### 4.3.2 土石方工程量清单计价(投标报价)的编制

1.分部分项工程量清单计价

(1)确定施工方案

投标报价是投标人按照招标文件的要求，根据工程特点并结合自身的施工技术、装备和管理水平，根据拟定的施工组织设计或施工方案和有关计价依据自主确定的工程造价。同样的工程采用不同的施工方案，产生的费用就会不同。

分部分项工程量清单与计价表是用来计算分部分项工程费的表格，和工程量清单采用同一表样，其表现形式见表 3-1。分部分项工程费是指完成分部分项工程量所需的实体项目费用。

(2)计算综合单价

综合单价的计算过程及步骤如下：

1)根据施工方案、施工图纸、施工规范、报价所采用的计价依据计算计价工程量;

2)根据计价工程量及所采用的定额和市场价格信息,计算出完成清单项目工程量的所有工作内容的人工费、材料费、机械使用费、企业管理费和利润。

**【例4.7】** 以某排水管道土方工程中一个清单项目,见表4-21,试分析其综合单价。

**表4-21　分部分项工程量清单与计价表**

工程名称:×××排水管道土方工程　　　　标段:　　　　第　页共　页

| 序号 | 项目编码 | 项目名称 | 项目特征描述 | 计量单位 | 工程量 | 金额(元) | | |
|---|---|---|---|---|---|---|---|---|
| | | | | | | 综合单价 | 合价 | 其中:暂估价 |
| 3 | 040103002001 | 余方弃置 | 1. 三类土<br>2. 运距5 km | $m^3$ | 744.15 | | | |
| 合　计 | | | | | | | | |

**解:** 由表4-21可以看出,清单中给出的744.15 $m^3$余土弃置只是主项工程量,要完成该项目所包括的工程内容,除了运土还包括装土。假设该工程采用装载机装土,自卸汽车运土。则该清单项目的计价工程量为:

主项工程量:自卸汽车运土744.15 $m^3$

附项工程量:装载机装土:744.15 $m^3$

根据2017版《内蒙古自治区市政工程预算定额》第一册《通用工程》及《内蒙古自治区建设工程费用定额》,综合单价计算见表4-22。

**表4-22　分部分项工程量清单费用组成分析表**

工程名称:×××排水管道土方工程

| 项目编码 | 项目名称 | 单位 | 工程量 | 费用组成(元) | | | | 价格(元) | |
|---|---|---|---|---|---|---|---|---|---|
| | | | | 人工费 | 材料费 | 机械使用费 | 管理费利润 | 综合单价 | 合价 |
| 040103002001 | 余方弃置 | $m^3$ | 744.15 | 0.53 | 0.06 | 11.25 | 0.09 | 11.93 | 8877.71 |
| 1-178 | 装载机装松散土 | 1000 $m^3$ | 0.74 | 529.31 | | 1373.93 | 95.28 | | |
| 1-204 | 自卸汽车运土 | 1000 $m^3$ | 0.74 | | 63.24 | 9939.74 | | | |

完成1 $m^3$余方弃置的清单费用:

清单人工费　529.31×0.74/744.15=0.53(元/$m^3$)

清单材料费　63.24×0.74/744.15=0.06(元/$m^3$)

清单机械费　(1373.93×0.74+9939.74×0.74)/744.15=11.25(元/$m^3$)

清单管理费及利润　95.28×0.74/744.15=0.09(元/$m^3$)

综合单价为　0.53+0.06+11.25+0.09=11.93(元/$m^3$)

(3)合价的填写

见表4-23,合价等于综合单价乘以工程量。

表 4-23 分部分项工程量清单与计价表

工程名称：×××排水管道土方工程 标段： 第 页共 页

| 序号 | 项目编码 | 项目名称 | 项目特征描述 | 计量单位 | 工程量 | 金额（元） | | |
|---|---|---|---|---|---|---|---|---|
| | | | | | | 综合单价 | 合价 | 其中：暂估价 |
| 3 | 040103002001 | 余方弃置 | 1. 三类土<br>2. 运距 5 km | $m^3$ | 744.15 | 11.93 | 8877.71 | |
| | | | | | | | | |
| | | | | | | | | |
| 本页小计 | | | | | | | 8877.71 | |
| 合　计 | | | | | | | 8877.71 | |

表中的合计金额即为分部分项工程费，即分部分项工程费＝∑（分部分项工程量×综合单价）。

2. 措施项目清单与计价表、其他项目清单与计价表、单位工程投标报价汇总表、单项工程投标报价汇总表的填写见本教材第 3 章。

## 4.4 土石方工程清单计量与计价实例

某施工单位对第 4.2 节的道路整修工程的土方部分进行投标，工程量清单详见第 4.2 节。试编制投标报价。

### 4.4.1 确定施工方案

（1）采用挖掘机挖土。

（2）土方平衡部分场内运输考虑用手推车运土，运距 200 m 以内。

（3）路基填土压实拟采用振动压路机碾压。

（4）余方弃置拟采用人工装车，自卸汽车运输。

### 4.4.2 计算分部分项工程费

1. 计算计价工程量

根据工程量清单中的项目特征，以及《市政工程工程量计算规范》（GB 50857—2013）中相应清单的工作内容，根据 2017 版《内蒙古自治区市政工程预算定额》第一册《通用工程》计算规则计算清单项目的计价工程量。

机械挖土方 2480 $m^3$

双轮车运土方 2480 $m^3$

填土方 2150 $m^3$

自卸汽车运土方 330 $m^3$

人工装汽车土方 330 $m^3$

2. 计算综合单价

根据计算的计价工程量、2017 版《内蒙古自治区建设工程计价依据》和呼和浩特地区材料信息价或市场材料价格进行综合单价分析计算。

例如，项目编码为 040103002001 余方弃置的清单项目，计价工程量包括人工装车和土方外运（运距 5 km），其综合单价的计算过程如下：

查 2017 版《内蒙古自治区市政工程预算定额》第一册《通用工程》分册：定额编号为 1-53，100 $m^3$人工装汽车土方的定额基价为 1275.19 元，人工费为 1080.67 元，无材料费，无机械费，管理费和利润为 194.52 元。定额编号为 1-204，1000 $m^3$自卸汽车运土的定额基价为10002.98元，无人工费，材料费为 63.24 元，机械费为 9939.74 元，无管理费和利润。

完成 1 $m^3$余方弃置清单所的清单费用：

清单人工费　1080.67×3.3/330＝10.81（元/$m^3$）

清单材料费　63.24×0.33/330＝0.06（元/$m^3$）

清单机械费　9939.74×0.33/330＝9.94（元/$m^3$）

清单管理费及利润　194.52×3.3/330＝1.95（元/$m^3$）

该清单项目的综合单价　10.81＋0.06＋9.94＋1.95＝22.76（元/$m^3$）

同理可以计算其他清单项目的综合单价，见表 4-24。

**表 4-24　分部分项工程量清单费用组成分析表**

工程名称：×××市道路土方工程　　　标段：K0＋000～K0＋600　　　第　页共　页

| 项目编码 | 项目名称 | 单位 | 工程量 | 费用组成（元） | | | | 价格（元） | |
|---|---|---|---|---|---|---|---|---|---|
| | | | | 人工费 | 材料费 | 机械使用费 | 管理费利润 | 综合单价 | 合价 |
| 040101001001 | 挖一般土方 | $m^3$ | 2480 | 20.38 | | 5.22 | 3.67 | 29.27 | 72589.6 |
| 1-139 | 挖掘机挖四类土（不装车） | 1000 $m^3$ | 2.48 | 529.31 | | 5220.07 | 95.28 | | |
| 1-49 | 双轮车运土（50 m 以内） | 100 $m^3$ | 24.8 | 1208.88 | | | 217.6 | | |
| 1-50 | 双轮车运土（运距增加 150 m） | 100 $m^3$ | 24.8 | 258.77×3 | | | 46.58×3 | | |
| 040103001001 | 填方 | $m^3$ | 2150 | 0.53 | 0.08 | 5.05 | 0.10 | 5.76 | 12377.21 |
| 1-232 | 填土碾压（振动压路机） | 1000 $m^3$ | 2.15 | 529.31 | 79.05 | 5053.20 | 95.28 | | |
| 040103002001 | 余方弃置 | $m^3$ | 330 | 10.81 | 0.06 | 9.94 | 1.95 | 22.76 | 7510.8 |
| 1-53 | 人工装汽车土方 | 100 $m^3$ | 3.3 | 1080.67 | | | 194.52 | | |
| 1-204 | 自卸汽车运土 | 1000 $m^3$ | 0.33 | | 63.24 | 9939.74 | | | |

3. 填写分部分项工程清单与计价表

（1）表中的序号、项目编码、项目名称、项目特征描述、计量单位、工程量按照招标工程量清单填写。

(2)综合单价取自分部分项工程量清单费用组成分析表中的相应清单项目。

(3)表中合价等于综合单价乘以工程量,例如项目编码为 040101001001 的挖一般土方清单项目合价=29.27×2480=72589.6(元)。

(4)表中的合计金额即为分部分项工程费,即分部分项工程费=∑(分部分项工程量×综合单价)=92477.61 元,见表 4-25。

**表 4-25 分部分项工程清单与计价表**

工程名称:×××市道路土方工程　　标段:K0+000～K0+600　　第 页共 页

| 序号 | 项目编码 | 项目名称 | 项目特征描述 | 计量单位 | 工程量 | 金额(元) | | |
|---|---|---|---|---|---|---|---|---|
| | | | | | | 综合单价 | 合价 | 其中:暂估价 |
| 1 | 040101001001 | 挖一般土方 | 四类土<br>挖深 1 m 以内 | $m^3$ | 2480 | 29.27 | 72589.6 | |
| 2 | 040103001001 | 填方 | 密实度 95% | $m^3$ | 2150 | 5.76 | 12377.21 | |
| 3 | 040103002001 | 余方弃置 | 运距:5 km | $m^3$ | 330 | 22.76 | 7510.8 | |
| 本页小计 | | | | | | | 92477.61 | |
| 合 计 | | | | | | | 92477.61 | |

### 4.4.3 计算措施项目费

1.总价措施费

根据 2017 版《内蒙古自治区建设工程计价依据》,以“项”为单位的措施项目费按分部分项工程费中的人工费乘以措施项目费费率并加上相应的管理费和利润求得。

市政土石方工程的安全文明施工费费率为 3%,雨季施工增加费费率为 0.5%,二次搬运费费率为 0.01%;企业管理费费率为 10%,利润率为 8%;措施项目费中人工费所占比例为 25%,管理费和利润的计算基础为措施项目费中的人工费。

以项目编码为 041109001001 的安全文明费为例说明以“项”为单位的措施项目费的计算方法:

通过分部分项工程量清单费用组成分析表计算该道路工程实体项目人工费为 55249.2 元,见表 4-26。则:

安全文明施工费中的人工费　55249.2×3%×25%=414.37(元)

安全文明施工费产生的管理费　414.37×10%=41.44(元)

安全文明施工费产生的利润　414.37×8%=33.15(元)

安全文明施工措施项目费　55249.2×3%+41.44+33.15=1732.07(元)

同理可计算出其他措施项目费。

2.单价措施项目费

大型机械设备进出场及安拆费的计算方法同分部分项工程。

措施项目费见表 4-27～表 4-30。

**表 4-26　分部分项工程量清单费用组成分析表(核算实体人工费)**

工程名称:×××市道路土方工程　　标段:K0+000~K0+600　　第　页共　页

| 项目编码 | 项目名称 | 单位 | 工程量 | 费用组成(元) | | | | 价格(元) | | |
|---|---|---|---|---|---|---|---|---|---|---|
| | | | | 人工费 | 材料费 | 机械使用费 | 管理费利润 | 综合单价 | 合价 | 人工费合计 |
| 040101001001 | 挖一般土方 | m³ | 2480 | 20.38 | | 5.22 | 3.67 | 29.27 | 72589.6 | 50542.4 |
| 040103001001 | 填方 | m³ | 2150 | 0.53 | 0.08 | 5.05 | 0.10 | 5.76 | 12377.21 | 1139.5 |
| 040103002001 | 余方弃置 | m³ | 330 | 10.81 | 0.06 | 9.94 | 1.95 | 22.76 | 7510.8 | 3567.3 |
| 合　计 | | | | | | | | | | 55249.2 |

**表 4-27　总价措施项目清单与计价表**

工程名称:×××市道路土方工程　　标段:K0+000~K0+600　　第　页共　页

| 序号 | 项目编码 | 项目名称 | 计算基础 | 费率(%) | 金额(元) |
|---|---|---|---|---|---|
| 1 | 041109001001 | 安全文明施工费 | 人工费 | 3 | 1732.07 |
| 2 | 041109004001 | 雨季施工增加费 | 人工费 | 0.5 | 288.67 |
| 3 | 041109003001 | 二次搬运费 | 人工费 | 0.01 | 5.77 |
| 合　计 | | | | | 2026.51 |

**表 4-28　总价措施项目费用组成分析表**

工程名称:×××市道路土方工程　　标段:K0+000~K0+600　　第　页共　页

| 项目编码 | 项目名称 | 单位 | 工程量 | 费用组成(元) | | | | 合计 |
|---|---|---|---|---|---|---|---|---|
| | | | | 人工费 | 材料费 | 机械使用费 | 管理费利润 | |
| 041109001001 | 安全文明施工费 | 项 | 1 | 414.37 | 1243.11 | | 74.59 | 1732.07 |
| 041109004001 | 雨季施工增加费 | 项 | 1 | 69.06 | 207.18 | | 12.43 | 288.67 |
| 041109003001 | 二次搬运费 | 项 | 1 | 1.38 | 4.14 | | 0.25 | 5.77 |
| 合　计 | | | | 484.81 | 1454.43 | | 87.27 | 2026.51 |

**表 4-29　单价措施项目清单与计价表**

工程名称:×××市道路土方工程　　标段:K0+000~K0+600　　第　页共　页

| 序号 | 项目编码 | 项目名称 | 项目特征描述 | 计量单位 | 工程量 | 金额(元) | |
|---|---|---|---|---|---|---|---|
| | | | | | | 综合单价 | 合价 |
| 1 | 041106001001 | 履带式挖掘机进出场及安拆 | 履带式单斗液挖掘机 1 m³ | 台次 | 1 | 4445.53 | 4445.53 |
| 2 | 041106001001 | 压路机进出场及安拆 | 振动压路机 | 台次 | 1 | 2969.77 | 2969.77 |
| | | | | | | | |
| 本页小计 | | | | | | | |
| 合　计 | | | | | | | 7415.3 |

表 4-30 单价措施项目费用组成分析表

工程名称：×××市道路土方工程　　　　标段：K0＋000～K0＋600　　　　第　页共　页

| 项目编码 | 项目名称 | 单位 | 工程量 | 费用组成(元) | | | | 价格(元) | | |
|---|---|---|---|---|---|---|---|---|---|---|
| | | | | 人工费 | 材料费 | 机械使用费 | 管理费利润 | 综合单价 | 合价 | 人工费合计 |
| 041106001001 | 大型机械设备进出场及安拆 | 台次 | 1 | 1348.2 | 137.12 | 2474.86 | 485.35 | 4445.53 | 4445.53 | 1348.2 |
| 17-367 | 履带式挖掘机进出场费 1 m³以内 | 台次 | 1 | 1348.2 | 137.12 | 2474.86 | 485.35 | | | |
| 041106001002 | 大型机械设备进出场及安拆 | 台次 | 1 | 561.75 | 126.83 | 2078.96 | 202.23 | 2969.77 | 2969.77 | 561.75 |
| 17-376 | 压路机进出场费 | 台次 | 1 | 561.75 | 126.83 | 2078.96 | 202.23 | 2969.77 | | |
| 合　计 | | | | | | | | | | 1909.95 |

### 4.4.4 计算规费、税金

规费和税金应按国家或省级、行业建设主管部门的规定计算，不得作为竞争性费用。

按照 2017 版《内蒙古自治区建设工程计价依据》规费的计算基础为人工费(不含机上人工费)，规费费率为 21%；税金的计算基础为税前造价，税率为 11%，如采用简易计税方法，税率为 3%，具体见表 4-31。

规费＝(分部分项工程费和措施项目中的人工费)×规费费率

如养老失业保险　(55249.2＋2394.76)×12.5%＝7205.50(元)

同理可计算出其他规费。

税金＝(分部分项工程费＋措施项目费＋其他项目费＋规费)×税率

　　＝(92477.61＋9441.81＋12105.23)×11%＝12542.71(元)

表 4-31 规费、税金项目计价表

工程名称：×××市道路土方工程　　　　标段：K0＋000～K0＋600　　　　第　页　共　页

| 序号 | 项目名称 | 计算基础 | 费率(%) | 金额(元) |
|---|---|---|---|---|
| 1 | 规费 | 分部分项工程费和措施项目中的人工费 | 21 | 12105.23 |
| 1.1 | 社会保险费 | 分部分项工程费和措施项目中的人工费 | | 9741.83 |
| (1) | 养老失业保险 | 分部分项工程费和措施项目中的人工费 | 12.5 | 7205.49 |
| (2) | 基本医疗保险 | 分部分项工程费和措施项目中的人工费 | 3.7 | 2132.83 |
| (3) | 工伤保险 | 分部分项工程费和措施项目中的人工费 | 0.4 | 230.58 |
| (4) | 生育保险 | 分部分项工程费和措施项目中的人工费 | 0.3 | 172.93 |
| 1.2 | 住房公积金 | 分部分项工程费和措施项目中的人工费 | 3.7 | 2132.83 |
| 1.3 | 水利建设基金 | 分部分项工程费和措施项目中的人工费 | 0.4 | 230.57 |
| 2 | 税金 | 分部分项工程费＋措施项目费＋其他项目费＋规费 | 11 | 12542.71 |

### 4.4.5　计算投标报价

见表4-32，表中的分部分项工程金额按照分部分项工程量清单与计价表4-25的合计金额92477.61填写。措施项目费金额按照总价措施项目清单与计价表4-27和单价措施项目清单与计价表4-29中合计金额的总额填写，本招标工程清单未提供其他项目，即无其他项目费，规费和税金按照规费、税金项目清单与计价表4-22中的金额填写。

该市道路工程土石方单位工程投标报价

=分部分项工程费+措施项目费+规费+税金

=92477.61+9441.81+12105.23+12542.71=126567.36(元)

**表4-32　单位工程投标报价汇总表**

工程名称：×××市道路土方工程　　　　标段：K0+000～K0+600　　　　第　页共　页

| 序号 | 汇总内容 | 金额 | 其中：暂估价 |
| --- | --- | --- | --- |
| 1 | 分部分项工程 | 92477.61 | |
| 2 | 措施项目 | 9441.81 | |
| 2.1 | 其中：安全文明施工费 | 1732.07 | |
| 3 | 其他项目 | 无 | |
| 3.1 | 其中：暂列金额 | | |
| 3.2 | 其中：专业工程暂估价 | | |
| 3.3 | 其中：计日工 | | |
| 3.4 | 其中：总承包服务费 | | |
| 4 | 规　费 | 12105.23 | |
| 5 | 税　金 | 12542.71 | |
| 投标报价合价=1+2+3+4+5 | | 126567 | |

### 4.4.6　填写总说明

总说明表4-33按下列内容填写。

(1)工程概况：建设规模、工程特征、计划工期、施工现场实际情况、自然地理条件、环境保护要求等。

(2)工程招标和分包范围。

(3)工程量清单编制依据。

(4)工程质量、材料、施工等的特殊要求。

(5)其他需要说明的问题。

表 4-33　总说明

工程名称：×××市道路土方工程　　　　标段：K0＋000～K0＋600　　　　第　页共　页

1）工程概况：某市道路土方工程，全长为 600 m，路面修筑宽度为 14 m，路肩各宽 1 m，土质为四类土，余方运至 5 km 处弃置点，填方要求密度达到 95%。

2）投标报价的编制依据：

a.《建设工程工程量清单计价规范》(GB 50500—2013)和《市政工程工程量计算规范》(GB 50857—2013)；

b. 2017 版《内蒙古自治区建设工程计价依据》；

c. 该道路土方工程施工图纸；

d.《城市道路设计规范》及《市政道路及验收规范》；

e. 该道路土方工程招标文件、招标工程量清单及其补充通知、答疑纪要；

f. 施工现场情况、工程特点及拟定的投标施工组织设计或施工方案；

g. 呼和浩特地区的市场价格信息；

h. 其他相关资料。

### 4.4.7　填写封面

见表 4-34，封面应按规定的内容填写、签字、盖章，除承包人自行编制的投标报价外，受委托编制的投标报价若为造价员编制的，应有负责审核的造价工程师签字、盖章以及工程造价咨询人盖章。

表 4-34　投标总价封面

投标总价

招　标　人：××单位

工 程 名 称：×××　市道路土方工程

投 标 总 价(小写)：126567 元

(大写)：壹拾贰万陆仟伍佰陆拾柒元整

投 标 人：××建筑公司

(单位盖章)

法定代表人

或其授权人：×××

(签字或盖章)

编　制　人：×××

(造价人员签字盖专用章)

时　间：××年　×　月　×日

## 习　题

**一、单选题**(每题的备选项中，只有 1 个正确选项)。

1. 底长小于 3 倍底宽，且底面积在 150 m² 以内，按(　　)列项并计算。

A. 一般土石方　　B. 沟槽土石方

C. 基坑土石方　　D. 一般道路土方

2. 某项目土方开挖尺寸为：长度 28.5 m，宽度 8 m，深度 2.5 m，采用人工开挖，则定额套用时应套用（　　）。

A. 人工挖土方　　B. 人工挖沟槽土方

C. 人工挖基坑土方　　D. 人工配合土方开挖

3. 含水率大于（　　）的土或地下常水位以下的土称为湿土。

A. 20%　　B. 25%　　C. 30%　　D. 40%

4. 采用人力垂直运输土石方、淤泥、流砂，垂直深度每米折合水平运距（　　）m 计算。

A. 5　　B. 6　　C. 7　　D. 8

5. 土石方运距应以挖土重心至填土重心或弃土重心（　　）距离计算。

A. 最近　　B. 加权平均　　C. 算术平均　　D. 最远

6. 推土机推土的平均土层厚度小于（　　）cm 时，推土机台班乘以系数 1.25。

A. 20　　B. 25　　C. 30　　D. 35

7. 人工沟槽开挖，深度为 1.5 m，三类土，放坡系数为（　　）。

A. 0.15　　B. 0.25　　C. 0.33　　D. 0.5

8. 道路沿线各种井室、管道接口作业坑，按土石方挖沟槽全部土石方量的（　　）计算。

A. 2%　　B. 2.5%　　C. 3%　　D. 4%

9. 某沟槽土方工程，土方开挖工程量 13 000 $m^3$，采用现场土方平衡，回填至原地面标高。其中管道、基础、垫层及各类井室所占体积 458 $m^3$，则土方回填工程量为（　　）$m^3$。

A. 12 542　　B. 12 473.3　　C. 469.45　　D. 526.7

10. 石方工程开挖坡面每侧允许超挖量，极软岩、软岩为（　　），较软岩、硬质岩（　　）。

A. 25 cm、20 cm　　B. 18 cm、15 cm

C. 20 cm、15 cm　　D. 30 cm、25 cm

**二、多选题**（每题的备选项中，有 2 个或 2 个以上符合题意）。

1. 清单工程量计算规则中，按设计图示尺寸按基础垫层底面积乘以挖土深度以体积计算工程量的有（　　）。

A. 挖一般土方　　B. 挖沟槽土方

C. 挖基坑土方　　D. 暗挖土方

E. 场地平整

2. 道路工程中，常用的土方工程量计算方法有（　　）。

A. 横截面法　　B. 积距法

C. 方格网法　　D. 断面法

E. 公式法

3. 沟槽断面形式有（　　）。

A. 两面放坡　　B. 不放坡无挡土板

C. 不放坡加两面挡土板　　D. 一面放坡一面挡土板

E. 两面放坡加两面挡土板

4. 管沟回填土应扣除(　　)所占的体积。

A. 管径≥200 mm 的管道　　B. 管径≥250 mm 的管道

C. 垫层　　D. 基础

E. 构筑物

5. 土方放坡系数表中,机械开挖的形式有(　　)。

A. 沟槽、坑内作业　　B. 沟槽、坑边作业

C. 顺沟槽方向坑上作业　　D. 顺沟槽方向坑内作业

E. 基坑、坑内作业

## 三、简 答 题

1.《市政工程工程量计算规范》(GB 50857—2013)附录 A 中,设置了哪些清单项目?

2. 清单项目中的挖一般土方、挖沟槽土方、挖基坑土方如何区分?

3. 挖一般土方、挖沟槽土方、挖基坑土方清单项目的工作内容包括什么?

## 四、计 算 题

1. 已知某道路土方量采用横截面法计算,见表 4-35。

**表 4-35　道路土方量计算表**

| 桩号 | 距离(m) | 挖方 | | |
|---|---|---|---|---|
| | | 断面积($m^2$) | 平均断面积($m^2$) | 体积($m^3$) |
| 0+000 | | 0 | | |
| | 40 | | | |
| 0+040 | | 4.00 | | |
| | 40 | | | |
| 0+080 | | 4.2 | | |
| | 40 | | | |
| 0+120 | | 3.80 | | |
| | 40 | | | |
| 0+160 | | 4.10 | | |
| | 40 | | | |
| 0+200 | | 3.60 | | |
| | 40 | | | |
| 0+240 | | 4.20 | | |
| | 40 | | | |
| 0+280 | | 5.00 | | |
| | 40 | | | |
| 0+320 | | 5.20 | | |
| 合计 | | | | |

问题:(1)计算该道路的挖土方量(填表计算)。

(2)已知该道路挖方清单项目,见表 4-36,试计算该清单项目的综合单价。

表 4-36　分部分项工程量清单与计价表

工程名称：×××道路土方工程　　　　　标段：K0+000～K0+600　　　　　第　页共　页

| 序号 | 项目编码 | 项目名称 | 项目特征描述 | 计量单位 | 工程量 | 金额(元) | | |
|---|---|---|---|---|---|---|---|---|
| | | | | | | 综合单价 | 合价 | 其中：暂估价 |
| 1 | 040101001001 | 挖一般土方 | 1. 二类土，挖深 1 m 以内<br>2. 挖掘机挖土装车<br>3. 自卸汽车(载重 6 t)运土运距 5 km | $m^3$ | | | | |

2. 某雨水管道，采用钢筋混凝土承插管，管径为 DN600，管道长度 100 m，采用混凝土条形基础，基础结构如图 4-16 所示。该管道沟槽采用大开挖施工，土方放坡系数为 1∶0.25。已知原地面标高为 4.00 m，构槽底标高为 1.5 m，试计算该挖沟槽土方的清单工程量和计价工程量。

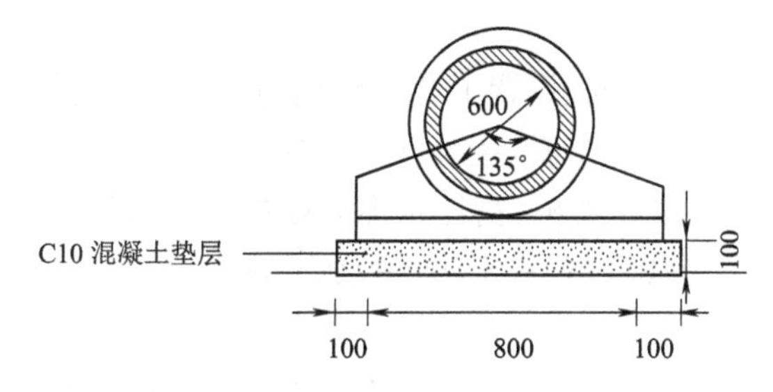


图 4-16　沟槽土方示意图(单位：mm)

# 第5章 道路工程计量与计价

## 5.1 道路工程工程量清单的编制

这里的道路工程指城镇管辖范围内的道路新建、扩建、改建工程。

### 5.1.1 道路工程清单项目设置

《市政工程工程量计算规范》(GB 50857—2013)附录B中，设置5个小节共80个清单项目。节的设置基本是按照道路施工的先后顺序编制。

1.B.1路基处理

本节按照路基处理方式的不同，设置了23个清单项目：预压地基，强夯地基，振冲密实(不填料)，掺石灰，掺干灰，掺石，抛石挤淤，袋装砂井，塑料排水板，振冲桩(填料)，砂石桩，水泥粉煤灰碎石桩，深层水泥搅拌桩，粉喷桩，高压水泥旋喷桩，石灰桩，灰土(土)挤密桩，柱锤冲扩桩，地基注浆，褥垫层，土工合成材料，排水沟、截水沟，盲沟。

2.B.2道路基层

本节主要按照基层材料的不同，设置了16个清单项目：路床(槽)整形，石灰稳定土，水泥稳定土，石灰、粉煤灰、土石灰、碎石、土，石灰、粉煤灰、碎(砾)石，粉煤灰，矿渣，砂砾石，卵石，碎石，块石，山皮石，粉煤灰三渣，水泥稳定碎(砾)石，沥青稳定碎石。

3.B.3道路面层

本节主要按照道路面层材料的不同，设置了9个清单项目：沥青表面处治，沥青贯入式，透层、黏层，封层，黑色碎石，沥青混凝土，水泥混凝土，块料面层，弹性面层。

4.B.4人行道及其他

本节主要按照不同的道路附属构筑物设置了8个清单项目：人行道整形碾压，人行道块料铺设，现浇混凝土人行道及进口坡，安砌侧(平、缘)石，现浇侧(平、缘)石，检查井升降，树池砌筑，预制电缆沟铺设。

5.B.5交通管理设施

本节主要按照不同的交通管理设施设置了24个清单项目。

以上小节各清单项目的项目编码、项目名称、项目特征、计量单位、工程量计算规则、工作内容详见本书附录。

### 5.1.2 道路工程清单工程量计算规则及工作内容

1.工程量计算规则

(1)路基处理

路基处理方法不同，清单项目工程量计算规则及工程量计量单位不同。

预压地基、强夯地基、振冲密实(不填料),按设计图示尺寸以加固面积计算,计量单位为 $m^2$。

掺石灰、掺干灰、掺石、抛石挤淤按设计图示尺寸以体积计算,计量单位为 $m^3$。

袋装砂井、塑料排水板按设计图示尺寸以长度计算,计量单位为 m。

振冲桩(填料)以米计量时,按设计图示尺寸以桩长计算;以 $m^3$ 计量时,按设计桩截面乘以桩长以体积计算。

砂石桩以米计量时,按设计图示尺寸以桩长(包括桩尖)计算;以 $m^3$ 计量时,按设计桩截面乘以桩长(包括桩尖)以体积计算。

水泥粉煤灰碎石桩、石灰桩、灰土(土)挤密桩按设计图示尺寸以桩长(包括桩尖)计算,计量单位为 m。

深层水泥搅拌桩、粉喷桩、高压水泥旋喷桩、柱锤冲扩桩按设计图示尺寸以桩长计算,计量单位为 m。

地基注浆以米计量时,按设计图示尺寸以铺设面积计算;以 $m^3$ 计量时,按设计图示尺寸以铺设体积计算。

褥垫层以平方米计量时,按设计图示尺寸以铺设面积计算;以 $m^3$ 计量时,按设计图示尺寸以铺设体积计算。

土工合成材料按设计图示尺寸以面积计算,计量单位为 $m^2$。

排水沟、截水沟、盲沟按设计图示以长度计算,计量单位为 m。

(2)道路基层

不同材料的道路基层,工程量计算规则相同,均按设计图示尺寸以面积计算,不扣除各类井所占面积,计量单位为 $m^2$。基层设计截面如为梯形时,应按其截面平均宽度计算面积,并在项目特征中对截面参数加以描述。

路床(槽)整形按设计道路底基层图示尺寸以面积计算,不扣除各类井所占面积,计量单位为 $m^2$。

(3)道路面层

不同材料的道路面层,工程量计算规则相同,均按设计图示尺寸以面积计算,不扣除各种井所占面积,带平石的面层应扣除平石所占面积,计量单位为 $m^2$。

(4)人行道及其他

人行道块料铺设、现浇混凝土人行道及进口坡按设计图示尺寸以面积计算,不扣除各类井所占面积,但应扣除侧石、树池所占面积,计量单位为 $m^2$。

安砌侧(平、缘)石、现浇侧(平、缘)石按设计图示中心线长度计算,计量单位为 m。

树池砌筑按设计图示数量计算,计量单位为个。

2. 工程量计算方法

本教材只介绍道路基层、道路面层以及人行道的工程量计算方法。

(1)道路基层

$$基层面积=基层宽度\times道路中心线长度$$

**【例 5.1】**某道路工程 K0+000～K0+200 采用沥青混凝土路面,路面宽度为 14 m,道路平面图、横断面图如图 5-1、图 5-2 所示。试计算该道路路基清单工程量。

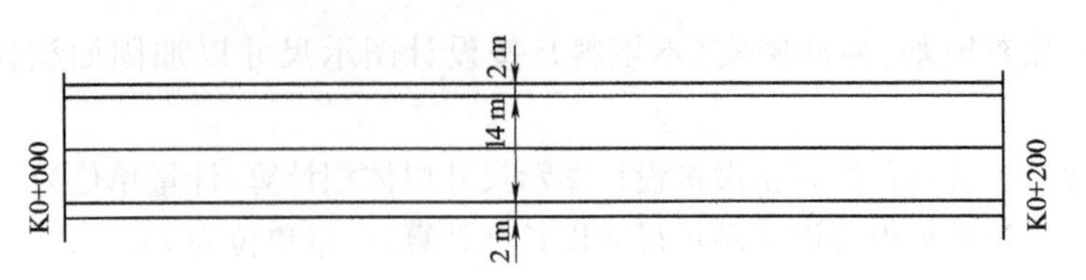

图 5-1 道路平面图

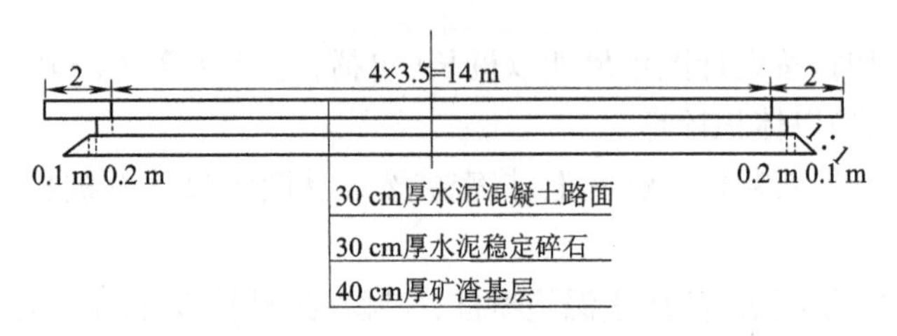

图 5-2 道路横断面图

**解**：该道路有两层基层，基层材料、厚度不同，需分别计算其工程量。

30 cm 厚水泥碎石稳定基层：

基层宽度＝14＋2×0.2＝14.4(m)

基层长度＝200 m

基层面积＝14.4×200＝2880($m^2$)

40 cm 厚矿渣基层：

矿渣基层摊铺边坡为 1∶1，基层的截面是梯形，按其平均宽度计算。

基层宽度＝[(14＋2×0.2＋2×0.1)＋(14＋2×0.2＋2×0.1＋2×0.4)]/2＝15(m)

基层长度＝200 m

基层面积＝15×200＝3000($m^2$)

(2)道路面层

面层宽度按设计图纸计算；面层长度等于道路中线长度，按道路平面图中的桩号计算。

1)无交叉口路段

道路面层面积＝道路面层设计宽度×道路中线长度

路面带有平石，计算时应扣除平石所占面积。

2)有交叉口路段

有交叉口路段道路面积除直线段路面面积外，还应包括转角处增加的面积。即：

有交叉口路段路面面积＝直线段路面面积＋转角处增加的面积

直线段路面面积计算方法同无交叉口路段。转角处增加的面积按下式计算：

道路直交时，每个转角处增加面积＝$R^2-\frac{\pi}{4}R^2=0.2146R^2$

道路斜交时，每个转角处增加面积＝$R^2\times\left(\tan\frac{\alpha}{2}-0.00873\alpha\right)$

其中：$R$＝路口曲线半径；$\alpha$＝两路交叉角度。两路交叉角度就是两条路的交角，即两条路的夹角。

**【例 5.2】**某道路工程，设计路段桩号为 K0＋100～K0＋240，在桩号 0＋180 处有一丁字路口(斜交)。该道路主路设计断面路幅宽度为 29 m，其中车行道为 18 m，两侧人行道宽度各为

5.5 m。斜交道路设计横断面路幅宽度为 27 m，其中车行道为 16 m，两侧人行道宽度同主路，人行道采用 6 cm 厚彩色异形人行道板。平面图如图 5-3 所示，试计算该道路面层清单工程量。

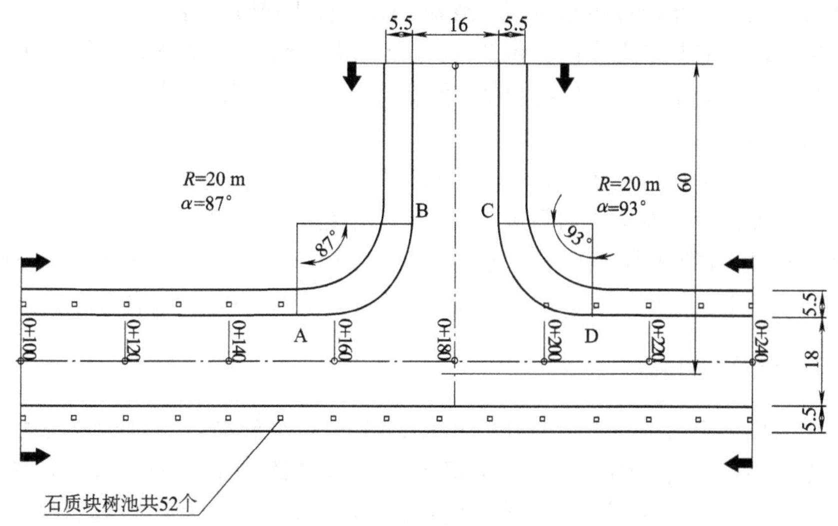


图 5-3　路面平面图(单位:m)

**解:**

直线段路面面积为$(240-100)\times18+(60-9/\sin87°)\times16=3335.80(m^2)$

转角处增加面积为$20^2\times\left(\tan\frac{87°}{2}-0.00873\times87°\right)+20^2\times\left(\tan\frac{93°}{2}-0.00873\times93°\right)=172.54(m^2)$

该道路面层面积为$3335.8+172.54=3508.34(m^2)$

3)人行道及其他

人行道铺设面积=设计长度×(人行道设计宽度－侧石宽度)

交叉口处人行道设计长度应按人行道内、外两侧半径的平均值计算：

设计长度=(人行道内侧半径+人行道外侧半径)/2×转弯圆心角度/180°×π

=(人行道内侧半径+人行道外侧半径)/2×转弯圆心角弧度

按照【例 5.2】，图 5-3 所示，人行道宽 5.5 m，侧石宽 12 cm。试计算该路段人行道面积。

**解:**

直线段人行道设计长度为$240-100+\left(60-\frac{9}{\sin87°}\right)=190.99(m)$

直线段人行道设计宽度为$5.5-0.12=5.38(m)$

直线段人行道面积为$190.99\times5.38=1027.53(m^2)$

交叉口转弯处人行道外侧半径=20 m，人行道内侧半径=20－5.5=14.5 m。

人行道设计长度$=\frac{(20+14.5)}{2}\times\frac{87°}{180°}\pi+\frac{(20+14.5)}{2}\times\frac{93°}{180°}\pi=54.18(m)$

人行道设计宽度为$=5.5-0.12=5.38(m)$

转弯处人行道面积$=54.18\times5.38=291.49(m^2)$

该道路人行道面积$=1027.53+291.49=1319.02(m^2)$

侧平石工程量计算方法同人行道。

3.清单工作内容

我们这里只介绍常见的部分道路基层、道路面层、人行道的工作内容。

道路基层的基本工作内容包括:拌和;运输;铺筑;找平;碾压;养护。

沥青混凝土面层的基本工作内容包括:清理下承面;拌和、运输;摊铺、整形;压实。

水泥混凝土面层的基本工作内容包括:模板制作、安拆;混凝土拌和、运输、浇筑;拉毛;压痕或刻防滑槽;伸缝;锯缝、嵌缝;路面养护。

块料面层的基本工作内容包括:铺筑垫层;铺砌块料;嵌缝、勾缝。

人行道块料铺设的基本工作内容包括:基础、垫层铺筑;块料铺设。

安砌侧(平、缘)石的基本工作内容包括:开槽;基础、垫层铺筑;侧(平)缘石安砌。

树池砌筑的基本工作内容包括:基础、垫层铺筑;树池砌筑;盖面材料运输、安装。

### 5.1.3 道路工程清单的编制

道路工程清单是市政道路工程的分部分项工程项目、措施项目、其他项目、规费项目和税金项目的名称和相应数量的明细清单。道路工程清单按照《建设工程工程量清单计价规范》(GB 50500—2013)规定的工程量清单统一格式进行编制,具体表样详见本教材第3章。

1.编制准备

编制工程量清单前,要准备并熟悉相关编制依据。

熟悉《建设工程工程量清单计价规范》(GB 50500—2013);《市政工程工程量计算规范》(GB 50857—2013);国家或省级、行业建设主管部门颁发的计价依据和办法;熟悉施工设计文件、认真识读施工图纸,准备与拟建工程有关的标准、规范、技术资料;了解常规施工方案。

2.分部分项清单的编制

分部分项工程量清单是在招投标期间由招标人或受其委托的工程造价咨询人编制的拟建招标工程的全部项目和内容的分部分项工程数量的表格。

分部分项工程量清单见表3-1,应包括项目编码、项目名称、项目特征、计量单位和工程量。编制道路工程分部分项工程量清单时必须遵循《市政工程工程量计算规范》(GB 50857—2013)附录B"道路工程"中的项目编码、项目名称、项目特征、计量单位、工程量计算规则五个统一的内容。具体编制步骤如图4-13所示。

(1)清单项目列项

依据《市政工程工程量计算规范》(GB 50857—2013)附录B"道路工程"中的项目名称,根据拟建工程设计文件,拟定的招标文件,结合施工现场情况、工程特点及常规施工方案列出清单项目,并编写具体项目名称。

编制分部分项工程量清单,必须认真阅读全套施工图样,了解工程的总体情况,明确各部分的工程构造,并结合工程施工方法,按照工程的施工顺序,逐个列出清单项目。

工程量清单编制时,考虑该项目的规格、型号、材质、功能等特征要求,结合拟建工程的实际情况,使其工程量清单项目名称具体化、细化、能够反映影响工程造价的主要因素。如道路工程中"安砌侧(平、缘)石"项目,可根据材料的品种、规格、垫层种类等具体情况写成"安砌混凝土侧石(50 cm×20 cm×10 cm)"。

(2)项目编码

分部分项工程量清单的项目编码以5级编码设置,用12位阿拉伯数字表示。道路工程的分部分项工程量清单的项目编码前4级按照《市政工程工程量计算规范》(GB 50857—2013)附录B“道路工程”的规定设置，全国统一编码，从040203001到040205024。第5级清单项目名称顺序码由工程量清单编制人针对本工程项目自001顺序编制。同一招标工程的项目编码不得有重码。

前3级分别由两位阿拉伯数字表示。第一级是专业工程代码，04为市政工程；第二级是分类顺序码，02为道路工程；第三级是分部工程顺序码，01表示路处理，02表示道路基层，03表示道路面层，04表示人行道及其他；第四级是分项工程项目名称顺序码，由三位阿拉伯数字表示。第三级中的每个分部又分别分为多个分项，比如道路基层分部分项为001路床(槽)整形、002石灰稳定土、003水泥稳定土……016沥青稳定碎石等16个分项工程。

例如：040202001001表示市政道路路床(槽)整形，其中前4级9位阿拉伯数字按照“计量规范”附录统一编码，第5级3位阿拉伯数字由清单编制人自001顺序编制。

**【例5.3】**某市政道路工程，道路面层采用4 cm厚粗粒式沥青混凝土和2 cm细粒式沥青混凝土，试给该道路面层编制项目编码。

**解**：根据《市政工程工程量计算规范》(GB 50857—2013)附录B“道路工程”及该工程实际，项目编码设置为：

4 cm厚粗粒式沥青混凝土 040203006001

2 cm厚细粒式沥青混凝土 040203006002

(3)描述项目特征

项目特征应按《市政工程工程量计算规范》(GB 50857—2013)附录B“道路工程”中规定的项目特征，结合不同的施工工艺或材料品种、规格等实际情况分别列项。

(4)填写计量单位

分部分项工程量清单的计量单位采用基本单位，应按《市政工程工程量计算规范》(GB 50857—2013)附录中规定的计量单位确定。

(5)计算工程量

根据施工图纸，按照清单项目的工程量计算规则、计算方法计算清单项目的工程量。

2.措施项目清单的编制

措施项目清单的编制应根据工程招标文件、施工设计图纸、常规施工方案、现场实际情况确定施工措施项目，包括总价措施项目和单价措施项目，按照《市政工程工程量清单计价规范》(GB 50500—2013)规定的统一格式进行编制，见表3-2和表3-3。

道路工程的安全文明施工(含环境保护、文明施工、安全施工、临时设施)，二次搬运，冬雨季施工等措施项目，在《市政工程工程量计算规范》(GB 50857—2013)中仅列出项目编码、项目名称，未列出项目特征、计量单位和工程量计算规则，编制工程量清单时采用表3-2“总价措施项目清单与计价表”的形式，按“计量规范”附录措施项目规定的项目编码、项目名称确定清单项目，不必描述项目特征和确定计量单位。其他措施项目如：大型机械设备进出场及安拆在“计量规范”附录中列出了项目编码、项目名称、项目特征、计量单位、工程量计算规则，编制工程量清单时采用表3-3“单价措施项目清单与计价表”的形式，具体编制方法同分部分项工程清单。在编制措施项目清单时，因工程情况不同，若出现“计量规范”未列的项目，可根据工程实际情况补充。编码规则同分部分项工程量清单。

3. 其他项目清单的编制

见本教材第 3 章。

4. 规费税金项目清单的编制

见本教材第 3 章。

5. 填写编制说明及封面

见本教材第 3 章。

## 5.2 道路工程工程量清单编制实例

**【例 5.4】** 某道路工程，设计路段桩号为 K0＋100～K0＋240，该道路主路设计断面路幅宽度为 30 m，其中车行道为 18 m，两侧人行道宽度各为 6 m。在人行道两侧共有 18 个 1 m×1 m的石质块料树池。道路路面结构层依次为：20 cm 厚水泥混凝土面层（抗折强度 4.0 MPa）、18 cm 厚 5％水泥砂浆稳定碎石基层、20 cm 厚矿渣底层，人行道采用异形水泥花砖，具体如图 5-4、图 5-5 所示，试编制该道路工程招标工程量清单。

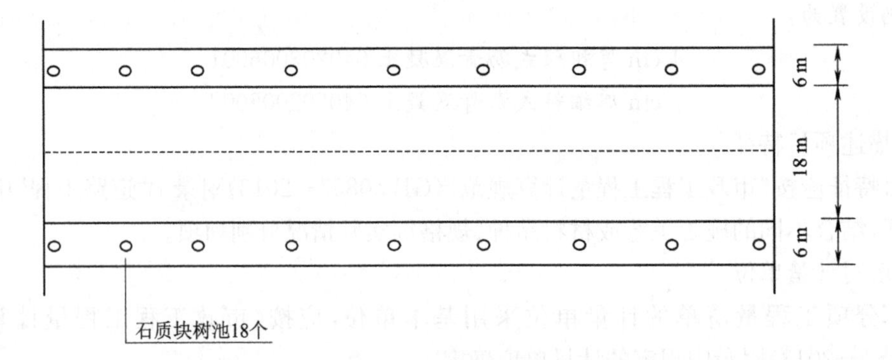


图 5-4　路面平面图

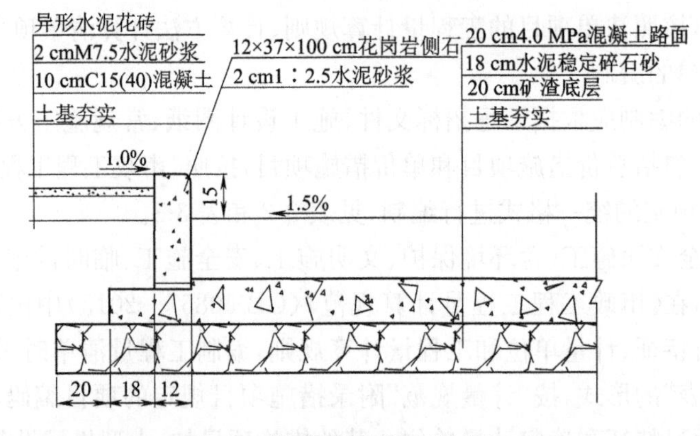


图 5-5　道路横断面图(单位：cm)

**解：**1. 编制分部分项工程量清单

分部分项工程量清单见表 5-1，表中的各项按照下述方法填写：

(1)根据《市政工程工程量计算规范》(GB 50857—2013)、该道路工程施工图纸、常规施工方案等确定项目名称。

(2)根据项目名称对照"计量规范"附录B的相应项目确定其项目编码。

(3)依据"计量规范"并考虑工程实际情况准确描述项目特征。

(4)根据"计量规范"附录的工程量计算规则计算清单工程量。清单工程量见表5-2。

**表5-1 分部分项工程量清单与计价表**

工程名称:×××道路工程　　标段:　　第 页共 页

| 序号 | 项目编码 | 项目名称 | 项目特征描述 | 计量单位 | 工程量 | 金额(元) | | |
|---|---|---|---|---|---|---|---|---|
| | | | | | | 综合单价 | 合价 | 其中:暂估价 |
| 1 | 040202001001 | 路床槽整形 | 部位:车行道 | $m^2$ | 2660 | | | |
| 2 | 040202008001 | 车行道矿渣底层 | 厚度:20 cm | $m^2$ | 2660 | | | |
| 3 | 040202015001 | 车行道水泥稳定碎石基层 | 1. 水泥含量:5%<br>2. 厚度:18 cm | $m^2$ | 2604 | | | |
| 4 | 040203007001 | 车行道水泥混凝土面层 | 1. 厚度:20 cm<br>2. 抗折强度:4.0 MPa<br>3. 嵌缝材料:沥青玛蹄脂 | $m^2$ | 2520 | | | |
| 5 | 040204001001 | 人行道整形碾压 | 人行道宽度6 m | $m^2$ | 1680 | | | |
| 6 | 040204002001 | 人行道异形砖铺砌 | 1. 材料品种:异形水泥花砖<br>2. 垫层:10 cm厚C15水泥混凝土<br>3. 结合层:2 cm水泥砂浆 | $m^2$ | 1628.4 | | | |
| 7 | 040204004001 | 花岗岩侧石 | 1. 材料品种、规格:花岗岩12×37×100 cm<br>2. 垫层:1∶3水泥砂浆结合层<br>3. 垫层厚度:2 cm | $m^2$ | 280 | | | |
| 8 | 040204007001 | 树池砌筑 | 1. 材料品种:石质条石<br>2. 规格:1 m×1 m | m | 72 | | | |
| 本页小计 | | | | | | | | |
| 合　计 | | | | | | | | |

**表 5-2　道路工程清单工程量计算表**

| 序号 | 项目名称 | 单位 | 工程量计算公式 | 数量 |
| --- | --- | --- | --- | --- |
| 1 | 路床槽整形 | $m^2$ | [18+(0.12+0.18+0.2)×2]×140 | 2660 |
| 2 | 车行道矿渣底层 | $m^2$ | [18+(0.12+0.18+0.2)×2]×140 | 2660 |
| 3 | 车行道水泥稳定碎石基层 | $m^2$ | [18+(0.12+0.18)×2]×140 | 2604 |
| 4 | 车行道水泥混凝土面层 | $m^2$ | 18×140 | 2520 |
| 5 | 人行道整形碾压 | $m^2$ | 6×140×2 | 1680 |
| 6 | 人行道异形砖铺砌 | $m^2$ | (6−0.12)×140×2−1×1×18 | 1628.4 |
| 7 | 花岗岩侧石 | m | 140×2 | 280 |
| 8 | 树池砌筑 | m | 1×4×18 | 72 |

2.编制措施项目清单

措施项目清单根据《市政工程工程量计算规范》(GB 50857—2013)附录L、2017版《内蒙古自治区建设工程费用定额》、道路工程的施工图纸和拟建工程的实际情况进行编制。

安全文明、二次搬运、雨季施工在"计量规范"附录中仅列出项目编码、项目名称，未列出项目特征、计量单位和工程量计算规则，所以采用总价措施项目清单与计价表的格式编制，按"计量规范"附录措施项目规定的项目编码、项目名称确定清单项目，并补充工程定位复测费，见表5-3。

**表 5-3　总价措施项目清单与计价表**

工程名称：×××道路工程　　　　标段：　　　　第　页共　页

| 序号 | 项目编码 | 项目名称 | 计算基础 | 费率(%) | 金额(元) |
| --- | --- | --- | --- | --- | --- |
| 1 | 041109001001 | 安全文明 | | | |
| 2 | 041109003001 | 二次搬运费 | | | |
| 3 | 041109004001 | 雨季施工 | | | |
| 4 | 04B001 | 工程定位复测费 | | | |
| | | | | | |
| 合　计 | | | | | |

3.本工程不考虑其他项目费。

4.编制规费、税金项目清单

规费、税金项目清单根据2017版《内蒙古自治区建设工程费用定额》和国家或省级、行业建设主管部门的规定编制，见表5-4。

**表 5-4　规费、税金项目清单**

工程名称：×××道路工程　　　　标段：　　　　第　页共　页

| 序号 | 项目名称 | 计算基础 | 费率(%) | 金额(元) |
| --- | --- | --- | --- | --- |
| 1 | 规费 | | | |

续上表

| 序号 | 项目名称 | 计算基础 | 费率(%) | 金额(元) |
|---|---|---|---|---|
| 1.1 | 社会保险费 | | | |
| (1) | 养老失业保险 | | | |
| (2) | 基本医疗保险 | | | |
| (3) | 工伤保险 | | | |
| (4) | 生育保险 | | | |
| 1.2 | 住房公积金 | | | |
| 1.3 | 水利建设基金 | | | |
| 2 | 税金 | | | |

5.填写总说明表

工程量清单总说明应按下列内容填写：

(1)工程概况：建设规模、工程特征、计划工期、施工现场实际情况、自然地理条件、环境保护要求等。

(2)工程招标和分包范围。

(3)工程量清单编制依据。

(4)工程质量、材料、施工等的特殊要求。

(5)其他需要说明的问题。

本例的工程量清单总说明见表5-5。

**表5-5　总说明**

工程名称：×××道路工程

1)工程概况：某道路工程，设计路段桩号为K0+100～K0+240，该道路主路设计断面路幅宽度为30 m，其中车行道为18 m，两侧人行道宽度各为6 m。在人行道两侧共有18个1 m×1 m的石质块料树池。道路路面结构层依次为：20 cm厚水泥混凝土面层(抗折强度4.0 MPa)、18 cm厚5%水泥砂浆稳定碎石基层、20 cm厚块石底层，人行道采用异形水泥花砖。

2)本次工程招标范围为道路工程，路段桩号为K0+100～K0+240。

3)工程量清单的编制依据：

a.《建设工程工程量清单计价规范》(GB 50500—2013)和《市政工程工程量计算规范》(GB 50857—2013)；

b.2017版《内蒙古自治区建设工程计价依据》；

c.该道路工程施工图纸；

d.《城市道路设计规范》及《市政道路及验收规范》；

e.道路工程招标文件；

f.施工现场情况、工程特点及常规施工方案；

g.其他相关资料。

6.填写工程量清单封面

工程量清单封面见表5-6。

**表 5-6　工程量清单封面**

___×××道路___工程

招标工程量清单

招　标　人：____________________　　　　造价咨询人：____________________

（单位盖章）　　　　　　　　　　　　　　（单位资质专用章）

法定代表人　　　　　　　　　　　　　　　法定代表人

或其授权人：____________________　　　　或其授权人：____________________

（签字或盖章）　　　　　　　　　　　　　（签字或盖章）

编　制　人：____________________　　　　复　核　人：____________________

（造价人员签字盖专用章）　　　　　　　　（造价工程师签字盖专用章）

编 制 时 间：　　年　月　日　　　　　　复 核 时 间：　　年　月　日

## 5.3　道路工程清单计价的编制

### 5.3.1　计价工程量的计算

用于报价的实际工程量称为计价工程量。计价工程量是根据所采用的定额和相对应的工程量计算规则计算的。2017 版《内蒙古自治区市政工程预算定额》第二册《道路工程》关于计价工程量的计算说明和计算规则介绍如下。

1. 路基处理

(1)工程量计算说明

1)定额包括预压地基、强夯地基、掺石灰、掺砂石、抛石挤淤等项目。

2)堆载预压工作内容中包括了堆载四面的放坡和修筑坡道,未包括堆载材料的运输,发生时费用另行计算。

3)真空预压砂垫层厚度按 70 cm 考虑,当设计材料厚度不同时,可以调整。

4)袋装砂井直径按 7 cm 编制,当设计砂井直径不同时,按砂井截面积的比例关系调整中(粗)砂的用量,其他消耗量不作调整。袋装砂井及塑料排水板处理软弱地基,工程量为设计深度,定额材料消耗中已包括砂袋或塑料排水板的预留长度。

5)振冲桩(填料)定额中不包括泥浆排放处理的费用,需要时另行计算。

6)水泥搅拌桩分为深层搅拌法(简称湿法)和粉体喷搅法(简称干法),空搅部分按相应项目的人工及搅拌机械乘以系数 0.5。

7)水泥搅拌桩中深层搅拌法的单(双)头搅拌桩、三轴水泥搅拌桩定额按二搅二喷施工工艺考虑,设计不同时,每增(减)一搅一喷按相应项目的人工、机械乘以系数 0.4 进行增(减)。SMW 工法桩(型钢水泥土搅拌墙)项目执行第三册《桥涵工程预算定额》相应项目。

8)单、双头深层搅拌桩、三轴搅拌桩水泥掺量分别按加固土重(1800 $kg/m^3$)的 13%和

15%考虑，当设计与定额取定不同时，执行相应项目。

9)水泥粉煤灰碎石桩(CFG)土方场外运输执行第一册“土石方工程”相应项目。

10)高压旋喷桩设计水泥用量与定额不同时，根据设计有关规定进行调整。

11)石灰桩是按桩径500 mm编制的，设计桩径每增加50 mm，人工、机械乘以系数1.05。当设计与定额取定的石灰用量不同时，可以换算。

12)分层注浆加固的扩散半径为80 cm，压密注浆加固半径为75 cm。当设计与定额取定的水泥用量不同时，可以换算。

13)混凝土滤管盲沟定额中不含滤管外滤层材料。

(2)工程量计算规则

1)堆载预压、真空预压按设计图示尺寸以加固面积计算。

2)强夯分满夯、点夯，区分不同夯击能量，按设计图示尺寸的夯击范围以面积计算。设计无规定时，按每边超过基础外缘的宽度3 m计算。

3)掺石灰、改换炉渣、改换片石，均按设计图示尺寸以体积计算。

4)掺砂石按设计图示尺寸以面积计算。

5)抛石挤淤按设计图示尺寸以体积计算。

6)袋装砂井、塑料排水板，按设计图示尺寸以长度计算。

7)振冲桩(填料)按设计图示尺寸以体积计算。

8)振动砂石桩按设计桩截面乘以桩长(包括桩尖)以体积计算。

9)水泥粉煤灰碎石桩(CFG)按设计图示尺寸以桩长(包括桩尖)计算。取土外运按成孔体积计算。

10)水泥搅拌桩(含深层水泥搅拌法和粉体喷搅法)工程量按桩长乘以桩径截面积以体积计算，桩长按设计桩顶标高至桩底长度另增加500 mm；若设计桩顶标高已达打桩前的自然地坪标高小于0.5 m或已达打桩前的自然地坪标高时，另增加长度应按实际长度计算或不计。

11)高压旋喷桩工程量，钻孔按原地面至设计桩底的距离以长度计算，喷浆按设计加固桩截面面积乘以设计桩长以体积计算。

12)石灰桩按设计桩长(包括桩尖)以长度计算。

13)地基注浆加固以孔为单位的项目，按全区域加固编制，当加固深度与定额不同时可内插计算；当采取局部区域加固，则人工和钻机台班不变，材料(注浆阀管除外)和其他机械台班按加固深度与定额深度同比例调减。

14)注浆加固以体积为单位的项目，已按各种深度综合取定，工程量按加固土体以体积计算。

15)褥垫层、土工合成材料按设计图示尺寸以面积计算。

16)排(截)水沟按设计图示尺寸以体积计算。

17)盲沟按设计图示尺寸以体积计算。

2.道路基层

(1)工程量计算说明

1)定额包括路床整形、石灰稳定土摊铺、水泥稳定土摊铺、石灰、粉煤灰、土摊铺等项目。

2)路床整形已包括平均厚度10 cm以内的人工挖高填低，路床整平达到设计要求的纵、横坡度。

3)边沟成型已综合了边沟挖土不同土壤类别,考虑边沟两侧边坡培整面积所需的挖土、培土、修整边坡及余土抛出沟外的全过程所需人工。边坡所出余土应弃运路基 50 m 以外。

4)多合土基层中各种材料是按常用的配合比编制的,当设计与定额取定的材料不同时,可以换算,人工、机械不调整。

5)水泥稳定碎(砾)石基层按集中拌制考虑,其他基层混合料拌和均按现场机械拌和。

6)定额中设有“每减 1 cm”的子目适用于压实厚度 20 cm 以内的结构层铺筑。压实厚度 20 cm 以上的按照两层结构层铺筑,以此类推。

7)混合料多层次铺筑时,其基础各层需进行养生,养生期按 7 d 考虑,其用水量以综合在多合土养生项目内,使用时不得重复计算用水量。

8)本章定额凡使用石灰的项目,均未包括消解石灰的工作内容,编制预算时先计算出石灰总用量,再执行消解石灰项目。

9)消解石灰、集中拌和执行集中消解石灰项目,原槽拌和执行小堆沿线消解石灰项目。

10)多合土实际养生时,没有使用塑料薄膜,应扣除材料,人工、机械不变。

(2)工程量计算规则

1)道路路床碾压按设计道路路基边缘图示尺寸以面积计算,不扣除各类井所占面积。在设计中明确加宽值,按设计规定计算。设计中未明确加宽值时,按设计车行道宽度每侧加宽 30 cm 计算。

**【例 5.5】** 某道路工程 K0+000~K0+200 采用沥青混凝土路面,路面宽度为 14 m,试计算该道路路床碾压面积。

**解:** 路床碾压面积=(14+2×0.3)×200=2920($m^2$)

2)土边沟成形按设计图示尺寸以体积计算。

3)道路基层、养生工程量均按设计摊铺层的面积之和计算,不扣除各种井位所占的面积;设计道路基层横断面是梯形时,应按其截面平均宽度计算面积。

3. 道路面层

(1)工程量计算说明

1)定额包括沥青表面处治、沥青贯入式路面、透层、黏层、封层等项目。

2)水泥混凝土路面按预拌混凝土考虑。

3)水泥混凝土路面按平口考虑,当设计为企口时,按相应项目执行,其中人工乘以系数 1.01,模板摊销量乘以系数 1.05。

4)水泥混凝土路面的钢筋项目执行第一册“钢筋工程”相应项目。

5)喷洒沥青油料中,透层、黏层、封层分别列有石油沥青和乳化沥青两种油料,其中透层适用于无结合料粒料基层和半刚性基层,黏层适用于新建沥青层、旧沥青路面和水泥混凝土。当设计与定额取定的喷油量不同时,可以调整,人工、机械不调整。

(2)工程量计算规则

1)道路工程沥青混凝土、水泥混凝土及其他类型路面工程量以设计图示面积计算,不扣除各类井所占面积,但扣除路面相连的平石、侧石、缘石所占的面积。

2)伸缝嵌缝按设计缝长乘以设计缝深以面积计算。

3)锯缝机切缩缝、填灌缝按设计图示尺寸以长度计算。

4)土工布贴缝按混凝土路面缝长乘以设计宽度以面积计算(纵横相交处面积不扣除)。

4.人行道及其他

(1)工程量计算说明

1)定额包括人行道整形碾压、人行道板安砌、人行道块料铺设、混凝土人行道等项目。

2)定额采用的人行道板、人行道块料、广场砖与设计材料规格或型号不同时,可以调整,人工、机械不调整。

3)人行道整形已包括平均厚度10 cm以内的人工挖高填低、整平、碾压。

4)侧平石安砌包括直线、弧线,综合考虑编制。

5)小型构件运输指单件体积在0.1 $m^3$以内的构件。场内运混凝土(熟料)指混凝土(熟料)场内转运。

6)检查井、雨水进水井升高均不包含更换井盖等工作内容。发生升高并更换井盖时,执行"更换铸铁盖"相应项目。

7)人行道块料铺设实际垫层厚度与定额不同时,垫层厚度可以调整,其他不变。

(2)工程量计算规则

1)人行道整形碾压面积按设计人行道图示尺寸以面积计算,不扣除树池和各类井所占面积。

2)人行道板安砌、人行道块料铺设、混凝土人行道铺设按设计图示尺寸以面积计算,不扣除各类井所占面积,但应扣除侧石、缘石、树池所占面积。

3)花岗岩人行道板伸缩缝按图示尺寸以长度计算。

4)侧(平、缘)石垫层区分不同材质,以体积计算。

5)侧平石、缘石按设计图示中心线长度计算。

6)现浇混凝土侧(平、缘)石模板按混凝土与模板接触面的面积计算。

7)检查井升降以数量计算。

8)砌筑树池侧石按设计外围尺寸以长度计算。

9)基层料运输按体积计算。

### 5.3.2 道路工程量清单计价(投标报价)的编制

1.分部分项工程量清单计价

(1)确定施工方案

投标报价是投标人按照招标文件的要求,根据工程特点并结合自身的施工技术、装备和管理水平,依据有关计价规定自主确定的工程造价。作为投标报价计算的必要条件,应预先确定施工方案,以施工方案、技术措施等作为投标报价计算的基本条件。

(2)计算综合单价

综合单价的计算过程及步骤如下:

1)根据施工图纸、施工规范、报价所采用的计价依据计算计价工程量;

2)根据计价工程量及所采用的定额和市场价格信息,计算出完成清单项目工程量的所有工作内容的人工费、材料费、机械使用费、企业管理费和利润。

**【例5.6】**以某道路工程中一个清单项目,见表5-7,试分析其综合单价。

**表 5-7　分部分项工程量清单与计价表**

工程名称:×××道路工程　　　　　　　　　标段:　　　　　　　　　第　页共　页

| 序号 | 项目编码 | 项目名称 | 项目特征描述 | 计量单位 | 工程量 | 金额(元) | | |
|---|---|---|---|---|---|---|---|---|
| | | | | | | 综合单价 | 合价 | 其中:暂估价 |
| 3 | 040203007001 | 水泥混凝土道路面层 | 1.种类:细粒式<br>2.厚度:2 cm<br>3.塑料薄膜养护<br>4.沥青玛蹄脂嵌缝 | $m^2$ | 100 | | | |
| 合　计 | | | | | | | | |

**解:**由表 5-7 可以看出,水泥混凝土道路面层这个项目中,综合了模板、伸缝、缩缝、锯缝、嵌缝、路面养护的工程量。而清单中的工程量只列出主项的工程量,也就是水泥混凝土道路面层的工程量,而附项的工程量是不列出的,需要投标人在报价时计算附项程量,则该清单项目的计价工程量为(模板内容已包含在水泥混凝土路面浇筑子目中,不需另计;该项目不考虑锯缝):

主项工程量:水泥混凝土路面 100 $m^2$

附项工程量:塑料薄膜养护 100 $m^2$

　　　　　　沥青玛蹄脂嵌缝 10 $m^2$

根据 2017 版《内蒙古自治区市政工程预算定额》第二册《道路工程》及《内蒙古自治区建设工程费用定额》,该表单项目综合单价计算见表 5-8。

**表 5-8　分部分项工程量清单费用组成分析表**

工程名称:×××道路工程　　　　　　　　　标段:　　　　　　　　　第　页共　页

| 项目编码 | 项目名称 | 单位 | 工程量 | 费用组成(元) | | | | 价格(元) | |
|---|---|---|---|---|---|---|---|---|---|
| | | | | 人工费 | 材料费 | 机械使用费 | 管理费利润 | 综合单价 | 合价 |
| 040203007001 | 水泥混凝土道路面层 | $m^2$ | 100 | 16.39 | 81.28 | 0.01 | 14.75 | 112.43 | 11243 |
| 2-195 | 水泥混凝土路面 | 100 $m^2$ | 1 | 1181.54 | 7288.6 | | 1063.38 | | |
| 2-201 | 塑料薄膜养护 | 100 $m^2$ | 1 | 102.67 | 106.61 | | 92.4 | | |
| 2-204 | 沥青玛蹄脂嵌缝 | 10 $m^2$ | 1 | 355 | 733.14 | 0.95 | 319.5 | | |

完成 1 $m^2$ 水泥混凝土道路面层的清单费用:

清单人工费　(1181.54×1+102.67×1+355×1)/100=16.39(元/$m^2$)

清单材料费　(7288.6×1+106.61×1+733.14×1)/100=81.28(元/$m^2$)

清单机械费　0.95×1/100=0.01(元/$m^2$)

清单管理费及利润　(1063.38×1+92.4×1+319.5×1)/100=14.75(元/$m^2$)

该清单项目的综合单价为　16.39+81.28+0.01+14.75=112.43(元/$m^2$)

(3)合价的填写

见表 5-9,合价等于综合单价乘以工程量。

表 5-9　分部分项工程量清单与计价表

工程名称：×××道路工程　　　　标段：　　　　第　页共　页

| 序号 | 项目编码 | 项目名称 | 项目特征描述 | 计量单位 | 工程量 | 金额(元) | | |
|---|---|---|---|---|---|---|---|---|
| | | | | | | 综合单价 | 合价 | 其中：暂估价 |
| 3 | 040203007001 | 水泥混凝土道路面层 | 1. 种类：细粒式<br>2. 厚度：2 cm<br>3. 塑料薄膜养护<br>4. 沥青玛蹄脂嵌缝 | $m^2$ | 100 | 112.43 | 11243 | |
| 本页小计 | | | | | | | 11243 | |
| 合　计 | | | | | | | 11243 | |

表中的合计金额即为分部分项工程费，即分部分项工程费＝∑(分部分项工程量×综合单价)。

2. 措施项目清单与计价表、其他项目清单与计价汇总表、单位工程投标报价汇总表、单项工程投标报价汇总表的填写见本教材第3章。

## 5.4　道路工程清单计价实例

某单位对第5.2节道路工程项目进行投标，工程量清单见第5.2节，试编制投标报价。

### 5.4.1　确定施工方案

(1)水泥混凝土采用预拌混凝土，水泥稳定碎石采用现场集中拌制，场内平均距7 km，采用自卸汽车运输。

(2)混凝土路面考虑塑料薄膜养护，嵌缝材料为沥青玛蹄脂(嵌缝面积为25 $m^2$)。

(3)水泥稳定碎石基层中水泥含为5%、矿渣底层人机配合施工。

(4)异形水泥花砖、石质块料树池、花岗岩侧石均按成品考虑，具体材料取定价：彩色人行道板25元/$m^2$、石质块料树池20元/m、花岗岩侧石80元/m。

### 5.4.2　计算分部分项工程费

1. 计算计价工程量

根据分部分项工程量清单的项目特征，以及《市政工程工程量计算规范》(GB 50857—2013)中相应清单的工作内容，依据2017版《内蒙古自治区市政工程预算定额》第二册《道路工程》计算规则计算清单项目的计价工程量，见表5-10。

表 5-10　道路工程计价工程量计算表

| 序号 | 项目名称 | 单位 | 工程量计算公式 | 数量 |
|---|---|---|---|---|
| 1 | 路床槽整形 | $m^2$ | [18+(0.12+0.18+0.2+0.3)×2]×140 | 2744 |
| 2 | 车行道矿渣底层 | $m^2$ | [18+(0.12+0.18+0.2)×2]×140 | 2660 |

续上表

| 序号 | 项目名称 | 单位 | 工程量计算公式 | 数量 |
|---|---|---|---|---|
| 3 | (1)车行道水泥稳定碎石基层 | $m^2$ | [18+(0.12+0.18)×2]×140 | 2604 |
|  | (2)基层料运输 | $m^3$ | 2604×0.02 | 52.08 |
| 4 | (1)车行道水泥混凝土面层 | $m^2$ | 18×140 | 2520 |
|  | (2)塑料薄膜养护 | $m^2$ | 18×140 | 2520 |
|  | (3)沥青玛蹄脂嵌缝 | $m^2$ | 已知条件 | 25 |
| 5 | 人行道整形碾压 | $m^2$ | 6×140×2 | 1680 |
| 6 | (1)人行道异形砖铺砌 | $m^2$ | (6−0.12)×140×2−1×1×18 | 1628.4 |
|  | (2)C15 预拌水泥混凝土垫层 | $m^3$ | 1680×0.01 | 16.8 |
| 7 | 花岗岩侧石 | m | 140×2 | 280 |
| 8 | 树池砌筑 | m | 1×4×18 | 72 |

2.计算综合单价

根据计算的计价工程量、2017 版《内蒙古自治区建设工程计价依据》和呼和浩特地区材料信息价或材料市场价格进行综合单价分析计算。

例如,项目编码为 040203007001 的车行道水泥混凝土面层的清单项目,计价工程量包括浇筑水泥混凝土面层、塑料薄膜养护和路面嵌缝,其综合单价的计算过程如下:

查 2017 版《内蒙古自治区市政工程预算定额》第二册《道路工程》。

定额编号为 2-195,100 $m^2$ 水泥混凝土路面的定额基价为 9533.52 元,人工费为 1181.54 元,材料费为 7288.60 元,无机械费,管理费和利润为 1063.38 元。

定额编号为 2-201,100 $m^2$ 塑料薄膜养护的定额基价为 301.68 元,人工费为 102.67 元,材料费为 106.61 元,无机械费,管理费和利润为 92.40 元。

定额编号为 2-204,10 $m^2$ 沥青玛蹄脂的定额基价为 1408.59 元,人工费为 355.00 元,材料费为 733.14 元,机械费为 0.95 元,管理费和利润为 319.50 元。

完成 1 $m^2$ 车行道水泥混凝土面层清单费用:

清单人工费　(1181.54×25.2+102.67×25.2+355.00×2.5)/2520=13.19(元/$m^2$)

清单材料费　(7288.6×25.2+106.61×25.2+733.14×2.5)/2520=74.68(元/$m^2$)

清单机械费　0.95×2.5/2520=0(元/$m^2$)

清单管理费及利润　(1063.38×25.2+92.4×25.2+319.6×2.5)/2520=11.87(元/$m^2$)

综合单价为　13.19+74.68+11.87=99.74(元/$m^2$)

同理可以计算其他清单项目的综合单价,见表 5-11 分部分项工程量清单费用组成分析表。

3.填写分部分项工程量清单与计价表

(1)表中的序号、项目编码、项目名称、项目特征描述、计量单位、工程量按照招标工程量清单填写。

表5-11　分部分项工程量清单费用组成分析表

工程名称:×××道路工程　　　　标段:　　　　第　页共　页

| 项目编码 | 项目名称 | 单位 | 工程量 | 费用组成(元) | | | | 价格(元) | |
|---|---|---|---|---|---|---|---|---|---|
| | | | | 人工费 | 材料费 | 机械使用费 | 管理费利润 | 综合单价 | 合价 |
| 40202001001 | 路床槽整形 | m² | 2660 | 0.30 | | 1.34 | 0.27 | 1.91 | 5083.53 |
| 2-99 | 路床碾压检验 | 100 m² | 27.44 | 29.24 | | 129.7 | 26.32 | | |
| 40202008001 | 车行道矿渣底层 | m² | 2660 | 1.2428 | 11.2987 | 2.2075 | 1.1185 | 15.87 | 42207.55 |
| 2-120 | 矿渣摊铺厚度20 cm | 100 m² | 26.6 | 124.28 | 1129.87 | 220.75 | 111.85 | | |
| 40202015001 | 车行道水泥稳定碎石基层 | m² | 2604.00 | 1.69 | 21.05 | 4.82 | 1.52 | 29.08 | 75719.47 |
| 2-134 | 水泥稳定碎石摊铺 | 100 m² | 26.04 | 176.53 | 2338.78 | 491.35 | 158.88 | | |
| 2-135×2 | 每减1 cm | 100 m² | 26.04 | −7.74 | −233.72 | −29.48 | −6.96 | | |
| 2-276 | 基层料运输 | 10 m³ | 5.21 | | | 100.83 | | | |
| 40203007001 | 车行道水泥混凝土面层 | m² | 2520 | 13.19 | 74.68 | | 11.87 | 99.74 | 251344.8 |
| 2-195 | 水泥混凝土路面 | 100 m² | 25.2 | 1181.54 | 7288.6 | | 1063.38 | | |
| 2-201 | 塑料薄膜养护 | 100 m² | 25.2 | 102.67 | 106.61 | | 92.4 | | |
| 2-204 | 沥青玛蹄脂嵌缝 | 10 m² | 2.5 | 355 | 733.14 | 0.95 | 319.5 | | |
| 40204001001 | 人行道整形碾压 | m² | 1680 | 1.7653 | | 0.1388 | 1.5888 | 3.49 | 5868.07 |
| 2-214 | 人行道整形碾压 | 100 m² | 16.8 | 176.53 | | 13.88 | 158.88 | | |
| 40204002001 | 人行道异形砖铺砌 | m² | 1628.4 | 13.42 | 43.86 | 0.18 | 12.08 | 69.54 | 113237.11 |
| 2-333 | 异形砖(水泥砂浆) | 100 m² | 16.28 | 1305.28 | 4124.3 | 17.57 | 1174.75 | | |
| 2-250 | C15预拌混凝土垫层 | 10 m³ | 1.68 | 361.99 | 2545.9 | | 325.79 | | |
| 40204004001 | 花岗岩侧石 | m | 280 | 6.9032 | 77.0674 | 0.0047 | 6.2129 | 90.19 | 25252.70 |
| 2-253 | 石质侧石 | 100 m | 2.8 | 690.32 | 7706.74 | 0.47 | 621.29 | | |
| 40204007001 | 树池砌筑 | m | 72 | 2093.76 | 2851.25 | 0.23 | 1884.38 | 6829.62 | 491732.64 |
| 2-273 | 石质条石 | m | 72 | 2093.76 | 2851.25 | 0.23 | 1884.38 | | |

(2)综合单价取自分部分项工程量清单费用组成分析表中的相应清单项目。

(3)表中合价等于综合单价乘以工程量,例如项目编码为040203007001的车行道水泥混凝土面层清单项目合价＝239.23×2520＝602859.6元。

(4)表中的合计金额即为分部分项工程费，即分部分项工程费＝∑(分部分项工程量×综合单价)＝1289665.79元，见表5-12。

**表5-12　分部分项工程量清单与计价表**

工程名称：×××道路工程　　　　标段：　　　　第　页共　页

| 序号 | 项目编码 | 项目名称 | 项目特征描述 | 计量单位 | 工程量 | 金额(元) | | |
|---|---|---|---|---|---|---|---|---|
| | | | | | | 综合单价 | 合价 | 其中：暂估价 |
| 1 | 040202001001 | 路床槽整形 | 部位：车行道 | $m^2$ | 2660 | 1.91 | 5083.53 | |
| 2 | 040202008001 | 车行道矿渣底层 | 厚度：20 cm | $m^2$ | 2520 | 15.87 | 42207.55 | |
| 3 | 040202015001 | 车行道水泥稳定碎石基层 | 1.水泥含量：5%<br>2.厚度：18 cm | $m^2$ | 2520 | 29.08 | 29.08 | |
| 4 | 040203007001 | 车行道水泥混凝土面层 | 1.厚度：20 cm<br>2.抗折强度：4.0 MPa<br>3.嵌缝材料：沥青玛蹄脂 | $m^2$ | 2520 | 99.74 | 251344.8 | |
| 5 | 040204001001 | 人行道整形碾压 | 人行道宽度6 m | $m^2$ | 1680 | 3.49 | 5868.07 | |
| 6 | 040204002001 | 人行道异形砖铺砌 | 1.材料品种：异形水泥花砖<br>2.垫层：10 cm厚C15水泥混凝土<br>3.结合层：2 cm水泥砂浆 | $m^2$ | 1680 | 69.54 | 113237.11 | |
| 7 | 040204004001 | 花岗岩侧石 | 1.材料品种、规格：花岗岩12×37×100 cm<br>2.垫层：1∶3水泥砂浆结合层<br>3.垫层厚度：2 cm | $m^2$ | 280 | 90.19 | 25252.70 | |
| 8 | 040204007001 | 树池砌筑 | 1.材料品种：石质条石<br>2.规格：1 m×1 m | m | 72 | 6829.62 | 491732.64 | |
| | | | | | | | | |
| 本页小计 | | | | | | | 1010445.88 | |
| 合　计 | | | | | | | 1010445.88 | |

## 5.4.3　计算措施项目费

根据2017版《内蒙古自治区建设工程计价依据》，以“项”为单位的措施项目费按分部分项工程费中的人工费乘以措施项目费费率并加上相应的管理费和利润求得。

市政道路工程的安全文明施工费费率为 4%，雨季施工增加费费率为 0.5%，二次搬运费费率为 0.01%，工程定位复测费费率为 0.1%；企业管理费费率为 45%，利润率为 45%；措施项目费中人工费所占比例为 25%，管理费和利润的计算基础为措施项目费中的人工费。

以项目编码为 041109001001 的安全文明费为例说明以项为单位的措施项目费的计算方如下：

通过分部分项工程量清单费用组成分析表计算该道路工程实体项目人工费为 219249.71 元，见表 5-13。则：

安全文明施工费　(人工＋材料＋机械)219249.71×4%＝8769.99(元)

安全文明施工费中的人工费　8769.99×25%＝2192.50(元)

安全文明施工费产生的管理费　2192.50×45%＝986.63(元)

安全文明施工费产生的利润　2192.50×45%＝986.63(元)

安全文明施工措施项目费　8769.99＋986.63＋986.63＝10743.24(元)

同理可计算出其他措施项目费，见表 5-14、表 5-15。

**表 5-13　分部分项工程量清单费用组成分析表**(核算实体人工费)

| 项目编码 | 项目名称 | 单位 | 工程量 | 费用组成(元) | | | | 价格(元) | | |
|---|---|---|---|---|---|---|---|---|---|---|
| | | | | 人工费 | 材料费 | 机械使用费 | 管理费利润 | 综合单价 | 合价 | 人工费合计 |
| 40202001001 | 路床槽整形 | $m^2$ | 2660 | 0.30 | | 1.34 | 0.27 | 1.91 | 5083.53 | 802.35 |
| 40202008001 | 车行道矿渣底层 | $m^2$ | 2660 | 1.24 | 11.30 | 2.21 | 1.12 | 15.87 | 42207.55 | 3305.85 |
| 40202015001 | 车行道水泥稳定碎石基层 | $m^2$ | 2604 | 1.69 | 21.05 | 4.82 | 1.52 | 29.08 | 75719.47 | 4395.29 |
| 40203007001 | 车行道水泥混凝土面层 | $m^2$ | 2520 | 13.19 | 74.68 | | 11.87 | 99.74 | 251344.8 | 33238.8 |
| 40204001001 | 人行道整形碾压 | $m^2$ | 1680 | 1.77 | | 0.14 | 1.59 | 3.49 | 5868.07 | 2965.70 |
| 40204002001 | 人行道异形砖铺砌 | $m^2$ | 1680 | 13.41 | 43.79 | 0.18 | 12.07 | 69.45 | 116680.50 | 21858.1 |
| 40204004001 | 花岗岩侧石 | m | 280 | 6.90 | 77.07 | | 6.21 | 90.19 | 25252.70 | 1932.90 |
| 40204007001 | 树池砌筑 | m | 72 | 2093.76 | 2851.25 | 0.23 | 1884.38 | 6829.62 | 491732.64 | 150750.7 |
| 合　计 | | | | | | | | | | 219249.71 |

**表 5-14　总价措施项目清单与计价表**

工程名称：×××道路工程　　　　标段：　　　　第　页共　页

| 序号 | 项目编码 | 项目名称 | 计算基础 | 费率(%) | 金额(元) |
|---|---|---|---|---|---|
| 1 | 041109001001 | 安全文明 | 人工费 | 4 | 10743.24 |
| 2 | 041109003001 | 二次搬运费 | 人工费 | 0.01 | 26.86 |
| 3 | 041109004001 | 雨季施工 | 人工费 | 0.5 | 1342.90 |
| 4 | 04B001 | 工程定位复测费 | 人工费 | 0.1 | 268.58 |
| 合　计 | | | | | 12381.58 |

表 5-15 总价措施项目费用组成分析表

工程名称：×××道路工程　　　　标段：　　　　第　页共　页

| 项目编码 | 项目名称 | 单位 | 工程量 | 费用组成(元) | | | | 合计 |
|---|---|---|---|---|---|---|---|---|
| | | | | 人工费 | 材料费 | 机械使用费 | 管理费利润 | |
| 041109001001 | 安全文明 | 项 | 1 | 2192.50 | | | 1973.25 | 10743.24 |
| 041109003001 | 二次搬运费 | 项 | 1 | 5.48 | | | 4.93 | 26.86 |
| 041109004001 | 雨季施工 | 项 | 1 | 274.06 | | | 246.66 | 1342.90 |
| 04B001 | 工程定位复测费 | 项 | 1 | 54.81 | | | 49.33 | 268.58 |
| | 合　计 | | | 2526.85 | | | 2274.17 | 12381.58 |

### 5.4.4 计算规费、税金

规费和税金应按国家或省级、行业建设主管部门的规定计算，不得作为竞争性费用。

按照2017版《内蒙古自治区建设工程计价依据》规费的计算基础为人工费(不含机上人工费)，规费费率为21%；税金的计算基础为税前造价，税率为11%，如采用简易计税方法，税率为3%。

规费＝(分部分项工程费和措施项目中的人工费)×规费费率

如养老失业保险＝(219249.71＋2526.85)×12.5%＝27722.07(元)

同理可计算出其他规费。

税金＝(分部分项工程费＋措施项目费＋其他项目费＋规费)×税率

＝(1010445.88＋12381.58＋46573.08)×11%＝117634.06(元)

具体见表5-16。

表 5-16 规费、税金项目清单

工程名称：×××道路工程　　　　标段：　　　　第　页共　页

| 序号 | 项目名称 | 计算基础 | 费率(%) | 金额(元) |
|---|---|---|---|---|
| 1 | 规费 | 分部分项工程费和措施项目中的人工费 | 21 | 46573.08 |
| 1.1 | 社会保险费 | 分部分项工程费和措施项目中的人工费 | | 0.00 |
| (1) | 养老失业保险 | 分部分项工程费和措施项目中的人工费 | 12.5 | 27722.07 |
| (2) | 基本医疗保险 | 分部分项工程费和措施项目中的人工费 | 3.7 | 8205.73 |
| (3) | 工伤保险 | 分部分项工程费和措施项目中的人工费 | 0.4 | 887.11 |
| (4) | 生育保险 | 分部分项工程费和措施项目中的人工费 | 0.3 | 665.33 |
| 1.2 | 住房公积金 | 分部分项工程费和措施项目中的人工费 | 3.7 | 8205.73 |
| 1.3 | 水利建设基金 | 分部分项工程费和措施项目中的人工费 | 0.4 | 887.11 |
| 2 | 税金 | 分部分项工程费＋措施项目费＋其他项目费＋规费 | 11 | 117634.06 |

### 5.4.5 计算投标报价

见表5-17，表中的分部分项工程金额按照分部分项工程量清单与计价表5-12的合计金额1010445.88元填写。措施项目费金额按照通用措施项目计价表5-14的合计金额12381.58元填写，本招标工程清单未提供其他项目，即无其他项目费，规费和税金按照规费、税金项目清单与计价表 5-16 填写。

该道路单位工程投标报价＝分部分项工程费＋措施项目费＋其他项目费＋规费＋税金＝1010445.88＋12381.58＋46573.08＋117634.06＝1187034.6(元)。

**表 5-17　单位工程投标报价汇总表**

工程名称：×××道路工程　　　　标段：　　　　第　页共　页

| 序号 | 汇总内容 | 金额(元) | 其中：暂估价(元) |
|---|---|---|---|
| 1 | 分部分项工程 | 1010445.88 | |
| 2 | 措施项目 | 12381.58 | — |
| 2.1 | 其中：安全文明施工费 | 10743.24 | — |
| 3 | 其他项目 | | — |
| 3.1 | 其中：暂列金额 | | — |
| 3.2 | 其中：专业工程暂估价 | | — |
| 3.3 | 其中：计日工 | | — |
| 3.4 | 其中：总承包服务费 | | — |
| 3.5 | 其中：检验试验费 | | — |
| 4 | 规费 | 46573.08 | — |
| 5 | 税金 | 117634.06 | — |
| 该道路工程投标报价合计＝1＋2＋3＋4＋5 | | 1187034.6 | |

### 5.4.6　填写总说明

总说明见表 5-18，应按下列内容填写。

1)工程概况：建设规模、工程特征、计划工期、合同工期、实际工期、施工现场及变化情况、施工组织设计的特点、自然地理条件、环境保护要求等。

2)编制依据等。

**表 5-18　总说明**

工程名称：×××道路工程

1)工程概况：×××道路工程，设计路段桩号为 K0＋100～K0＋240，该道路主路设计断面路幅宽度为 30 m，其中车行道为 18 m，两侧人行道宽度各为 6 m。在人行道两侧共有 18 个 1 m×1 m 的石质块料树池。道路路面结构层依次为：20 cm 厚水泥混凝土面层(抗折强度 4.0 MPa)、18 cm 厚 5%水泥砂浆稳定碎石基层、20 cm 厚矿渣底层，人行道采用异形水泥花砖。

2)投标报价的编制依据：

a.《建设工程工程量清单计价规范》(GB 50500—2013)和《市政工程工程量计算规范》(GB 50857—2013)；

b. 2017 版《内蒙古自治区建设工程计价依据》；

c. 该道路工程施工图纸；

d.《城市道路设计规范》及《市政道路及验收规范》；

e. 道路工程招标文件、招标工程量清单及其补充通知、答疑纪要；

f. 施工现场情况、工程特点及拟定的投标施工组织设计或施工方案；

g. 呼和浩特地区的市场价格信息；

h. 其他相关资料。

### 5.4.7 填写投标报价封面

封面应按规定的内容填写、签字、盖章，除承包人自行编制的投标报价外，受委托编制的投标报价若为造价员编制的应有负责审核的造价工程师签字、盖章以及工程造价咨询人盖章。该道路工程投标总价为表5-17单位工程费汇总表中的含税工程造价金额1187034.6元，见表5-19。

**表5-19 投标总价**

招 标 人：________________

工程名称：×××道路工程

投标总价(小写)：¥1187034.6元

(大写)：壹佰壹拾捌万柒仟零叁拾肆元陆角

投 标 人：________________

(单位盖章)

法定代表人

或其授权人：________________

(签字或盖章)

编 制 人：________________

(造价人员签字盖专用章)

时间： 年 月 日

## 习 题

**一、单选题**(每题的备选项中，只有1个正确选项)。

1. 清单工程量计算规则中，道路基层设计截面如为梯形时，应按其(  )计算面积。

A. 上底宽度　　B. 下底宽度
C. 截面平均宽度　　D. 截面最大宽度

2. 清单工程量计算规则中，计算人行道块料铺设面积时，不应扣除(  )所占面积。

A. 井、侧石　　B. 侧石、树池　　C. 井、树池　　D. 井

3. 定额计算规则中，道路路床碾压设计中未明确加宽值时，按设计车行道宽度每侧加宽(  )cm计算。

A. 20　　B. 25　　C. 30　　D. 35

4. 定额中设有“每减1 cm”的子目适用于压实厚度(  )cm以内的结构层铺筑。

A. 15　　B. 20　　C. 25　　D. 30

5. 水泥混凝土道路，设计厚度20 cm，宽度16 m，长度100 m，填缝料深4 cm，道路设有一道横向伸缝，伸缝填缝的工程量等于(  )$m^2$。

A. 4　　B. 3. 2　　C. 0. 64　　D. 20

6. 某道路宽 8 m，桩号为 K0＋000～K0＋800，则路床整形的工程量为(　　)$m^2$。

A. 6400　　B. 6880　　C. 6800　　D. 6960

7. 侧石砌筑树池时，侧石是按(　　)计算。

A. 外围长度　　B. 中心线长度　　C. 内侧长度　　D. 块

8. 花岗岩人行道板伸缩缝按(　　)。

A. 设计缝长乘以设计缝深以面积计算　　B. 设计图示尺寸以长度计算

C. 设计图示尺寸以深度计算　　D. 设计图示尺寸以体积计算

9. 侧缘石安砌以(　　)计算。

A. 长度　　B. 面积　　C. 体积　　D. 块

10. 水泥混凝土路面按平口考虑，当设计为企口时，相应项目人工乘以系数(　　)。

A. 1. 01　　B. 1. 10　　C. 1. 05　　D. 1. 20

**二、多选题**(每题的备选项中，有 2 个或 2 个以上符合题意)。

1. 清单工程量计算规则中，按设计图示尺寸以加固面积计算的有(　　)。

A. 预压地基　　B. 强夯地基

C. 振冲密实(不填料)　　D. 抛石挤淤

E. 袋装砂井

2. 清单工程量计算规则中，既能以体积计算又能以长度计算的桩有(　　)。

A. 振冲桩　　B. 砂石桩

C. 水泥粉煤灰碎石桩　　D. 水泥搅拌桩

E. 粉喷桩

3. 清单工程量计算规则中，道路面层按设计图示尺寸以面积计算，(　　)。

A. 应扣除井所占面积　　B. 不扣除井、平石所占面积

C. 应扣除平石所占面积　　D. 应扣除井但不扣除平石所占面积

E. 不扣除井但应扣除平石所占面积

4. 工程量以面积计算的有(　　)。

A. 道路基层　　B. 道路面层　　C. 伸缝填缝　　D. 树池砌筑

E. 路床整形

5. 喷洒沥青油料中，透层适用于(　　)。

A. 无结合料粒料基层　　B. 半刚性基层

C. 新建沥青层　　D. 旧沥青路面

E. 刚性基层

**三、简 答 题**

1. 根据道路工程“计量规范”，道路工程包括哪几部分内容？

2. “040203007001 水泥混凝路面”清单项目中的五级编码分别代表什么？

3. 水泥混凝土面层清单项目的基本工作内容包括什么？

## 四、计 算 题

1. 某市新建道路工程，设计路段桩号为 K0＋000～K0＋350，车行道宽度为 16 m，铺沥青混凝土路面，两侧人行道宽度为 5.5 m，铺人行道板，该道路平面如图 5-6 所示。试计算该道路车行道路床整形、铺沥青混凝土路面、铺人行道板的工程量。

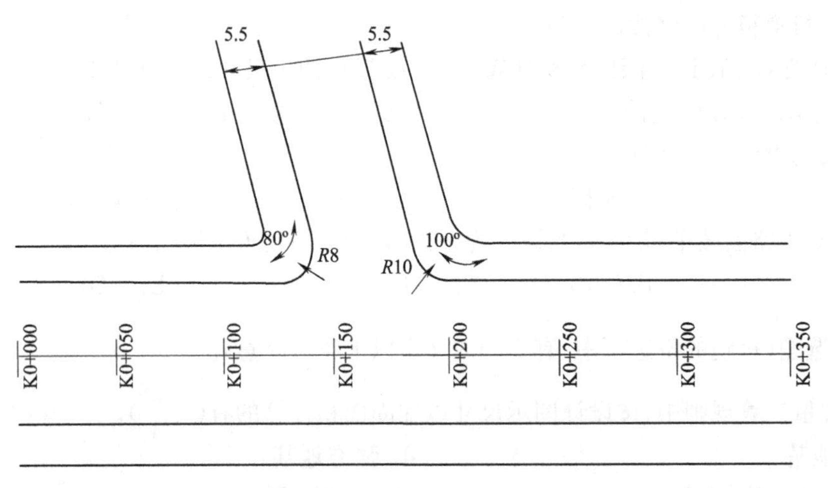


图 5-6 道路平面图(单位:m)

2. 某道路 K0＋000～K0＋800，道路两边铺侧缘石，路面宽度为 15 m，且路基两侧分别加宽 0.5 m。道路沿线有雨水井、检查井，分别为 35 座、25 座，道路结构如图 5-7 所示，试计算该道路清单工程量，并编制分部分项工程量清单。

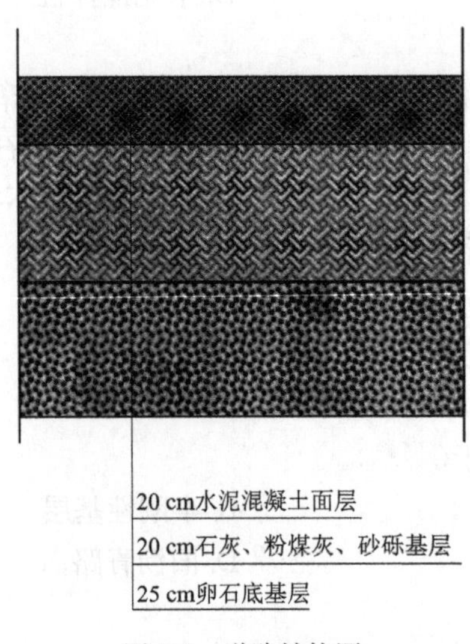


图 5-7 道路结构图

# 第6章　管网工程计量与计价

## 6.1　管网工程清单的编制

这里的管网工程是指城市管辖范围内的给水管道、排水管道、燃气管道、集中供热管道及管道附属构筑物工程。

### 6.1.1　管网工程清单项目设置

《市政工程工程量计算规范》(GB 50857—2013)附录E管网工程包括了管道铺设,管件、阀门及附件安装,支架制作及安装,管道附属构筑物等内容。

1. E.1管道铺设

管道铺设分部根据施工工艺不同,材质不同,设置了20个分项工程清单项目:混凝土管,钢管,铸铁管,塑料管,直埋式预制保温管,管道架空跨越,隧道(沟、管)内管道,水平导向钻进,夯管,顶(夯)管工作坑,预制混凝土工作坑,顶管,土壤加固,新旧管连接,临时放水管线,砌筑方沟,混凝土方沟,砌筑渠道,混凝土渠道,警示(示踪)带铺设。

2. E.2管件、阀门及附件

管件、阀门及附件安装分部根据材质不同、作用不同设置了18个分项工程清单项目:铸铁管管件,钢管管件制作、安装,塑料管管件,转换件,阀门,法兰,盲堵板制作、安装,套管制作、安装,水表,消火栓,补偿器(波纹管),除污器组成、安装,凝水缸,调压器,过滤器,分离器,安全水封,检漏(水)管。

3. E.3支架制作及安装

支架制作及安装分部根据支架支墩的形式、材质及施工工艺设置了4个分项工程清单项目:砌筑支墩,混凝土支墩,金属支架制作、安装,金属吊架制作、安装。

4. E.4管道附属构筑物

管道附属构筑物分部根据构筑物的形式设置了9个分项工程清单项目:砌筑井,混凝土井,塑料检查井,砖砌井筒,预制混凝土井筒,砖砌出水口,混凝土出水口,整体化粪池,雨水口。

### 6.1.2　管网工程清单工程量计算规则及工作内容

1. 工程量计算规则

(1)管道铺设

管道铺设、管道架空跨越按设计图示中心线长度以延长米计算。不扣除附属构筑物、管件及阀门等所占长度。

隧道(沟、管)内管道按设计图示中心线长度以延长米计算。不扣除附属构筑物、管件及阀门等所占长度。

顶管工程中,水平导向钻进、夯管、顶管按设计图示长度以延长米计算,扣除附属构筑物

(检查井)所占长度;土壤加固按设计图示加固段长度以延长米或按设计图示加固段体积以立方米计算;顶(夯)管工作坑、预制混凝土工作坑按工作坑数量以座计算。

新旧管连接按设计图示数量以处计算。

临时放水管线按放水管线长度以延长米计算,不扣除管件、阀门所占长度。

砌筑方沟、混凝土方沟、砌筑渠道、混凝土渠道按设计图示尺寸以延长米计算。

警示(示踪)带铺设按管道铺设长度以延长米计算。

(2)管件、阀门及附件安装

按设计图示数量以个、套或组计算。

(3)支架制作及安装

砌筑支墩、混凝土支墩按设计图示尺寸以体积计算;金属支吊架制作、安装按设计图示质量计算,单位为 t。

(4)管道附属构筑物

砌筑井、混凝土井、塑料检查井、砖砌出水口、混凝土出水口、整体化粪池、雨水口按设计图示数量以座计算。

砖砌井筒、预制混凝土井筒按设计图示尺寸以延长米计算。

2. 计算方法

(1)管道铺设

管道铺设清单工程量=设计图示井中至井中的距离

渠道铺设清单工程量=设计图示渠道长度

顶管(水平导向钻进)清单工程量=设计图示长度-检查井所占长度

(2)管件、阀门及附件安装

根据图纸所示图例符号及设计说明,将不同种类、不同连接方式、不同公称直径的阀门、管件及附件的个数或套数分别统计出来。

(3)支架制作及安装

1)砌筑支墩、混凝土支墩

立方体支墩的体积=支墩长×宽×高

2)金属支架

①支架个数

按照设计图示或管道支架设置相关规范统计支架个数。

②每个支架的重量计算

应按现行有关支架制作标准图或支架设计构造图所给出的型钢规格、长度分析计算。如果设计文件给出支架制作的标准图号,单个支架的重量查标准图集得到;如果设计文件中给出支架设计构造图,单个支架的重量按所给出的型钢规格、型钢长度或面积分析计算。

单个支架重量=∑(型钢长度×每米该种型钢重量+钢板面积×每平方米该厚度钢板重量)

③管道支架制作安装总重量

管道支架制作安装的总重量=∑(某种支架个数×该种支架单个重量)

(4)管道附属构筑物

按照井的材质、形式、井径不同分别统计座数。

各种井的工程量=井的数量

井筒按照材质不同以延长米计。

混凝土井筒或砖砌井筒工程量＝井筒长度

3. 清单工作内容

我们这里只介绍管道铺设、渠道铺设、砌筑井、砌筑井筒、雨水口的工作内容。

管道铺设的基本工作内容包括：垫层、基础铺筑及养护；模板制作、安装、拆除；混凝土拌和、运输、浇筑、养护；管道铺设；管道检验及试验。除基本工作内容外，混凝土管还包括管道接口预制管枕；金属管道还包括集中防腐运输；直埋式预制保温管还包括接口处保温。

顶管工作内容包括：管道顶进；管道接口；中继间、工具管及附属设备安装拆除；管内挖、运土及土方提升；机械顶管设备调向；纠偏、监测；触变泥浆制作、注浆；洞口止水；管道检测及试验；集中防腐运输；泥浆、土方外运。

砌筑渠道的工作内容包括：模板制作、安装、拆除；混凝土拌和、运输、浇筑、养护；渠道砌筑；勾缝、抹面；防水、止水。

混凝土渠道的工作内容包括：模板制作、安装、拆除；混凝土拌和、运输、浇筑、养护；防水、止水；混凝土构件运输。

砌筑井的工作内容包括：垫层铺筑；模板制作、安装、拆除；混凝土拌和、运输、浇筑、养护；砌筑、勾缝、抹面；井圈、井盖安装；盖板安装；踏步安装；防水、止水。

砖砌井筒的工作内容包括：砌筑、勾缝、抹面；踏步安装。

雨水口的工作内容包括：垫层铺筑；模板制作、安装、拆除；混凝土拌和、运输、浇筑、养护；砌筑、勾缝、抹面；雨水篦子安装。

其他清单的工作内容详见本书附录《市政工程工程量计算规范》(GB 50857—2013)节选部分。

### 6.1.3　管网工程清单的编制

市政管网工程清单是市政给排水管网工程、市政热力管网工程或市政燃气管网工程的分部分项工程项目、措施项目、其他项目、规费项目和税金项目的名称和相应数量等的明细清单。管网工程清单按照《建设工程工程量清单计价规范》(GB 50500—2013)规定的工程量清单统一格式进行编制，具体表样见本教材第 3 章。

1. 编制准备

编制工程量清单前，要准备并熟悉相关编制依据。

熟悉《建设工程工程量清单计价规范》(GB 50500—2013)；《市政工程工程量计算规范》(GB 50857—2013)；国家或省级、行业建设主管部门颁发的计价依据和办法；熟悉施工设计文件、认真识读施工图纸，准备与拟建工程有关的标准、规范、技术资料；了解常规施工方案。

2. 分部分项工程量清单的编制

分部分项工程量清单是在招投标期间由招标人或受其委托的工程造价咨询人编制的拟建招标工程的全部项目和内容的分部分项工程数量的表格。

分部分项工程量清单见表 3-1，应包括项目编码、项目名称、项目特征、计量单位和工程量。编制管网工程分部分项工程量清单时必须遵循《市政工程工程量计算规范》(GB 50857—2013)附录 E“管网工程”中的项目编码、项目名称、项目特征、计量单位、工程量计算规则五个统一的内容，具体编制步骤如下。

(1)清单项目列项

依据《市政工程工程量计算规范》(GB 50857—2013)附录 E“管网工程”中的项目名称，根据拟建工程设计文件，拟定的招标文件，结合施工现场情况、工程特点及常规施工方案列出清单项目，并编写具体项目名称。

编制分部分项工程量清单，必须认真阅读全套施工图样，了解工程的总体情况，明确各部分的工程构造，并结合工程施工方法，按照工程的施工顺序，逐个列出清单项目，结合计量规范和工程实际情况写出清单项目名称，使其尽量具体化、细化。如市政管网工程计量规范附录中的项目名称“砌筑井”，可以根据井的功能，井径，输送的介质等具体情况写成“D1500 雨水跌水砌筑井”。

(2)项目编码

分部分项工程量清单的项目编码以 5 级编码设置，用 12 位阿拉伯数字表示。管网工程的分部分项工程量清单的项目编码前 4 级按照《市政工程工程量计算规范》(GB 50857—2013)附录 E“管网工程”的规定设置，全国统一编码，从 040501001 到 040504009。第 5 级清单项目名称顺序码由工程量清单编制人针对本工程项目自 001 顺序编制。同一招标工程的项目编码不得有重码。

前 3 级分别由两位阿拉伯数字表示。第一级是专业工程代码，04 为市政工程；第二级是分类顺序码，05 为管网工程；第三级是分部工程顺序码，01 表示管道铺设，02 表示管件、阀门及附件安装，03 表示支架制作及安装，04 表示管道附属构筑物；第四级是分项工程项目名称顺序码，由三位阿拉伯数字表示。第三级中的每个分部又分别分为多个分项，比如管道铺设分部分为 001 混凝土管、002 钢管、003 铸铁管……020 警示(示踪)带铺设等 20 个分项工程。

例如：040503002001 表示市政管网工程的金属支架制作安装，其中前 4 级 9 位阿拉伯数字按照计量规范附录统一编码，第 5 级 3 位阿拉伯数字由清单编制人自 001 顺序编制。

**【例 6.1】**某市政燃气管道工程，管材采用无缝钢管，焊接连接，管道工程量为 $\phi273\times8$ mm 350 m，$\phi377\times10$ mm 200 m，$\phi428\times10$ mm 550 m，试给该管道工程编制项目编码。

**解：**根据《市政工程工程量计算规范》(GB 50857—2013)附录 E“管网工程”，9 位项目编码 040501002 为“钢管”，于是结合该工程实际，项目编码设置为：

$\phi273\times8$ mm 无缝钢管　　040501002001

$\phi377\times10$ mm 无缝钢管　　040501002002

$\phi428\times10$ mm 无缝钢管　　040501002003

(3)描述项目特征

项目特征应按《市政工程工程量计算规范》(GB 50857—2013)附录 E“管网工程”中规定的项目特征，结合不同的工程部位、施工工艺或材料品种、规格等实际情况分别列项。

(4)填写计量单位

分部分项工程量清单的计量单位采用基本单位，应按《市政工程工程量计算规范》(GB 50857—2013)附录中规定的计量单位确定。

(5)计算工程量

根据施工图纸，按照清单项目的工程量计算规则、计算方法计算清单项目的工程量。

2. 措施项目清单的编制

措施项目清单的编制应根据工程招标文件、施工设计图纸、常规施工方案、现场实际情况确定施工措施项目，具体编制方法见本教材第 3 章。

3. 其他项目清单的编制

见本教材第 3 章。

4. 规费税金项目清单的编制

见本教材第 3 章。

5. 填写编制说明及封面

见本教材第 3 章。

## 6.2　管网工程工程量清单编制实例

某建设单位拟对某道路新建污水管道工程 K0＋040～K0＋280 段进行招标，工程概况如下：采用钢筋混凝土平口管道，钢丝网水泥砂浆抹带接口，采用标号为 C15 的 120°混凝土管道基础，$\phi$1 250 砖砌圆形定型污水检查井。干管为 D700×2 000 mm，支管为 D600×2 000 mm，管道基础尺寸见表 6-1。施工平面图、纵断面图、基础断面图如图 6-1、图 6-2、图 6-3 所示。本次招标范围为：D700 干管和 D600 支管及干管的 7 座 $\phi$1 250 的砖砌污水检查井。

试编制该污水管道工程的招标工程量清单。

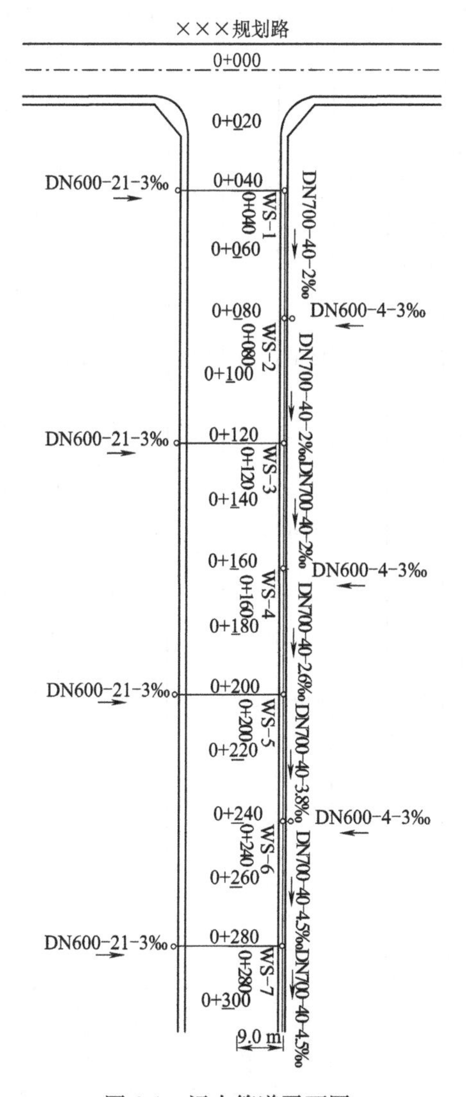


图 6-1　污水管道平面图

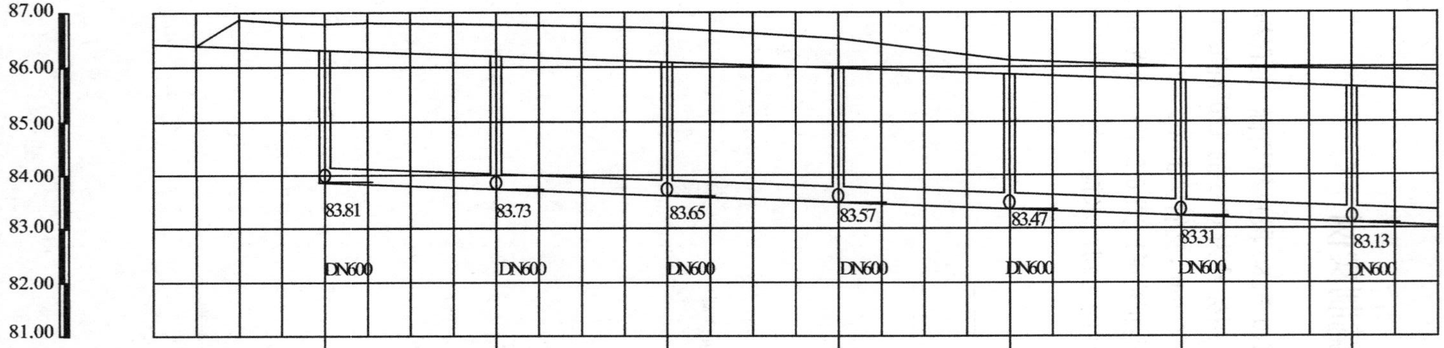

| 道路桩号 | 0+040 | 0+080 | 0+120 | 0+160 | 0+200 | 0+240 | 0+280 |
| --- | --- | --- | --- | --- | --- | --- | --- |
| 自然地面标高(m) | 86.73 | 86.71 | 86.66 | 86.46 | 86.16 | 85.94 | 85.86 |
| 设计路面标高(m) | 86.21 | 86.13 | 86.05 | 85.97 | 85.87 | 85.71 | 85.54 |
| 设计管内底标高(m) | 83.71 | 83.63 | 83.55 | 83.47 | 83.37 | 83.21 | 83.03 |
| 管底埋深(m) | 2.50 | 2.50 | 2.50 | 2.50 | 2.50 | 2.50 | 2.50 |
| 管径（mm）及坡度 | DN700 2‰ | | | DN700 2.6‰ | DN700 3.8‰ | DN700 4‰ | |
| 平面距离(m) | 40 | 40 | 40 | 40 | 40 | 40 | 40 |
| 井编号 | WS-1 | WS-2 | WS-3 | WS-4 | WS-5 | WS-6 | WS-7 |
| 井规格(mm) | $\phi$1 250 | $\phi$1 250 | $\phi$1 250 | $\phi$1 250 | $\phi$1 250 | $\phi$1 250 | $\phi$1 250 |



图 6-2 污水管道施工纵断面图

**表 6-1　钢筋混凝土管 120°混凝土基础尺寸表**

| 管内径 $D$(mm) | 管壁厚 $t$(mm) | 管基尺寸(mm) | | | |
|---|---|---|---|---|---|
| | | $a$ | $B$ | $C_1$ | $C_2$ |
| 600 | 55 | 100 | 910 | 100 | 178 |
| 700 | 60 | 100 | 1020 | 100 | 205 |

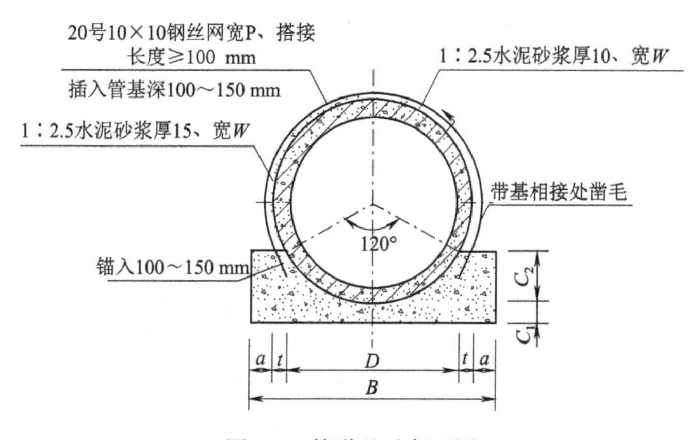


图 6-3　管道基础断面图

### 6.2.1　分部分项工程量清单

根据《建设工程工程量清单计价规范》(GB 50500—2013)、《市政工程工程量计算规范》(GB 50857—2013)、该招标污水管道工程施工图纸、常规施工方案等编制分部分项工程量清单，见表 6-2。

**表 6-2　分部分项工程量清单与计价表**

工程名称：×××道路 K0+040～K0+280 段污水管道工程

| 序号 | 项目编码 | 项目名称 | 项目特征描述 | 计量单位 | 工程量 | 金额(元) | | |
|---|---|---|---|---|---|---|---|---|
| | | | | | | 综合单价 | 合价 | 其中：暂估价 |
| 1 | 040101002001 | 挖干管沟槽土方 | 1. 土壤类别：一、二类土<br>2. 挖土深度：3. 10 m | $m^3$ | 758. 88 | | | |
| 2 | 040101002002 | 挖支管沟槽土方 | 1. 土壤类别：一、二类土<br>2. 挖土深度：2. 96 m | $m^3$ | 258. 59 | | | |
| 3 | 040103001001 | 回填方 | 1. 密实度要求：≥87%<br>2. 填方来源、运距：就地 | $m^3$ | 596. 99 | | | |
| 4 | 040103002001 | 余方弃置 | 1. 废弃料品种：余土外运<br>2. 运距：10 km | $m^3$ | 420. 48 | | | |
| 5 | 040501001001 | D700 钢筋混凝土管 | 1. 基础(平基)材质及厚度：C15 混凝土基础，100 mm<br>2. 管座材质：C15 混凝土管座，205 mm<br>3. 规格：D700<br>4. 接口方式：钢丝网水泥砂浆抹带接口<br>5. 铺设深度：2. 5 m<br>6. 混凝土管截断<br>7. 管道检验及试验要求：水压试验 | m | 240. 00 | | | |

续上表

| 序号 | 项目编码 | 项目名称 | 项目特征描述 | 计量单位 | 工程量 | 金额(元) | | |
|---|---|---|---|---|---|---|---|---|
| | | | | | | 综合单价 | 合价 | 其中：暂估价 |
| 6 | 040501001002 | D600 钢筋混凝土管 | 1. 基础(平基)材质及厚度：C15 混凝土基础，100 mm<br>2. 管座材质：C15 混凝土管座，178 mm<br>3. 规格：D600<br>4. 接口方式：钢丝网水泥砂浆抹带接口<br>5. 铺设深度：2.4 m<br>6. 混凝土管截断<br>7. 管道检验及试验要求：水压试验 | m | 96.00 | | | |
| 7 | 040504001001 | ϕ1 250砖砌圆形定型污水检查井 | 做法见 06MS201《市政排水管道工程及附属设施》06MS201-3《排水检查井》24 页 | 座 | 7 | | | |

1. 首先根据计量规范和施工图纸进行列项，设置项目名称。

2. 根据计量规范附录对清单项目进行编码，用 12 位阿拉伯数字表示，前 9 位依据规范进行统一编码，后 3 位从 001 开始顺序编码。比如，040101002 是计量规范中"挖沟槽土方"的 9 位编码，本工程设置两个清单项目，分别为"挖干管沟槽土方"和"挖支管沟槽土方"，编码后三位分别设置为 001 和 002，于是清单第一项和第二项就设置为"040101002001 挖干管沟槽土方"和"040101002002 挖支管沟槽土方"，见表 6-2。

3. 描述项目特征，不同项目特征设置不同的清单项目。

4. 根据《市政工程工程量计算规范》(GB 50857—2013)附录 A"土石方工程"和附录 E"管网工程"中的工程量计算规则计算工程量。

(1)挖沟槽土方

工程量计算规则为：按设计图示尺寸以基础垫层底面积乘以挖土深度计算。

挖干管沟槽土方计算见表 6-3，挖支管沟槽土方计算见表 6-4。

**表 6-3 挖干管沟槽土方**

| 桩　号 | K0+040 | K0+080 | K0+120 | K0+160 | K0+200 | K0+240 | K0+280 |
|---|---|---|---|---|---|---|---|
| 自然地面标高 $h_1$(m) | 86.73 | 86.71 | 86.66 | 86.46 | 86.16 | 85.94 | 85.86 |
| 设计管内底标高 $h_2$(m) | 83.71 | 83.63 | 83.55 | 83.47 | 83.37 | 83.21 | 83.03 |
| 挖深$=h_1-h_2+c_1+t$(m) | 3.18 | 3.24 | 3.27 | 3.15 | 2.95 | 2.89 | 2.99 |
| 平均挖深 $h$(m) | (3.18+3.24+3.27+3.15+2.95+2.89+2.99)/7=3.10 | | | | | | |
| 挖方(m³) | $B\times h\times L=1.02\times3.10\times(280-40)=758.88$ | | | | | | |

**表 6-4 挖支管沟槽土方**

| 桩　号 | K0+040 | K0+080 | K0+120 | K0+160 | K0+200 | K0+240 | K0+280 |
|---|---|---|---|---|---|---|---|
| 管长 $L_i$(m) | 21 | 4 | 21 | 4 | 21 | 4 | 21 |
| 自然地面标高 $h_1$(m) | 86.73 | 86.71 | 86.66 | 86.46 | 86.16 | 85.94 | 85.86 |

续上表

| 桩　　号 | K0+040 | K0+080 | K0+120 | K0+160 | K0+200 | K0+240 | K0+280 |
|---|---|---|---|---|---|---|---|
| 与干管交接处的支管管内底标高 $h_3$(m) | 83.81 | 83.73 | 83.65 | 83.57 | 83.47 | 83.31 | 83.13 |
| 支管平均管内底标高 $h_4=h_3+1/2\times3‰\times L_i$(m) | 83.84 | 83.74 | 83.68 | 83.58 | 83.50 | 83.32 | 83.16 |
| 基础底标高 $h_5=h_4-c_1-t$(m) | 83.69 | 83.59 | 83.53 | 83.43 | 83.35 | 83.17 | 83.01 |
| 挖深 $h_1-h_5$(m) | 3.04 | 3.12 | 3.13 | 3.03 | 2.81 | 2.77 | 2.85 |
| 平均挖深 $h$(m) | 3.04×21/96+3.12×4/96+3.13×21/96+3.03×4/96+2.81×21/96+2.77×4/96+2.85×21/96=2.96 | | | | | | |
| 挖方($m^3$) | $B\times h\times L=0.91\times2.96\times(21\times4+4\times3)=258.59$ | | | | | | |

表中标高取自图 6-2 污水管道纵断面图，干管、支管的管基宽度 $B$，平基厚度 $c_1$，管壁厚度 $t$ 取自表 6-1 钢筋混凝土管 120°混凝土基础尺寸表。

(2)回填方

回填方工程量计算规则为：按挖方清单项目工程量加原地面线至设计要求标高间的体积，减基础、构筑物等埋入体积计算。当原地面线高于设计地面要求标高时，其体积为负值；当原地面线低于于设计地面要求标高时，其体积为正值。回填方的计算见表 6-5。

表中数据说明如下：

干管外半径 $R_{外}=D/2+t=0.7/2+0.06=0.41$(m)

支管外半径 $R_{外}=D/2+t=0.6/2+0.55=0.355$(m)

检查井井深指井盖顶面到井基础顶面的距离。由图 6-2 可知，管道埋深为 2.5 m；由检查井图 6-4、图 6-5 可知，检查井井深为管道埋深加管壁厚度，即 2.5+0.06=2.56(m)。

**表 6-5　回填方**

| | |
|---|---|
| 干管体积($m^3$) | $\pi\times0.41^2\times240=126.68$ |
| 支管体积($m^3$) | $\pi\times0.355^2\times96=37.99$ |
| 干管基础断面积($m^2$) | $S_1=1.02\times(0.1+0.205)+1/2\times0.41\times\sin30°\times0.41\times\cos30°\times2-1/3\times\pi\times0.41^2=0.208$ |
| 干管基础体积($m^3$) | $V_1=S_1\times L_1=0.208\times240=49.92$ |
| 支管基础断面积($m^2$) | $S_2=0.91\times(0.1+0.178)+1/2\times0.355\times\sin30°\times0.355\times\cos30°\times2-1/3\times\pi\times0.355^2=0.1757$ |
| 支管基础体积($m^3$) | $V_2=S_2\times L_2=0.1757\times96=16.87$ |
| 检查井体积($m^3$) | $[\pi\times(1.25/2+0.24)^2\times(2.5+0.06)+\pi\times(1/2\times1.83)^2\times0.20]\times7=45.78$ |
| 平均自然地面标高(m) | (86.73+86.71+86.66+86.46+86.16+85.94+85.86)/7=86.36 |
| 平均设计地面标高(m) | (86.21+86.13+86.05+85.97+85.87+85.71+85.54)/7=85.93 |
| 干管原地面线至设计地面的平均深度(m) | 86.36−85.93=0.43 |
| 干管原地面线至设计要求标高间的体积($m^3$) | 1.02×0.43×240=105.26 |

续上表

| | |
|---|---|
| 支管原地面线至设计地面的平均深度(m) | (86.73－86.21)×21/96＋(86.71－86.13)×4/96＋(86.66－86.05)×21/96＋(86.46－85.97)×4/96＋(86.16－85.87)×21/96＋(85.94－85.71)×4/96＋(85.86－85.54)×21/96＝0.4348 |
| 支管原地面线至设计要求标高间的体积($m^3$) | 0.91×0.434 8×96＝37.98 |
| 回填土($m^3$) | (758.88＋258.59)－105.26－37.98－(126.68＋37.99＋49.92＋16.87＋45.78)＝596.99 |

(3)余方弃置

余方弃置工程量计算规则为:按挖方清单项目工程量减利用回填方体积(正数)计算。

$$(758.88+258.59)-596.99=420.48(m^3)$$

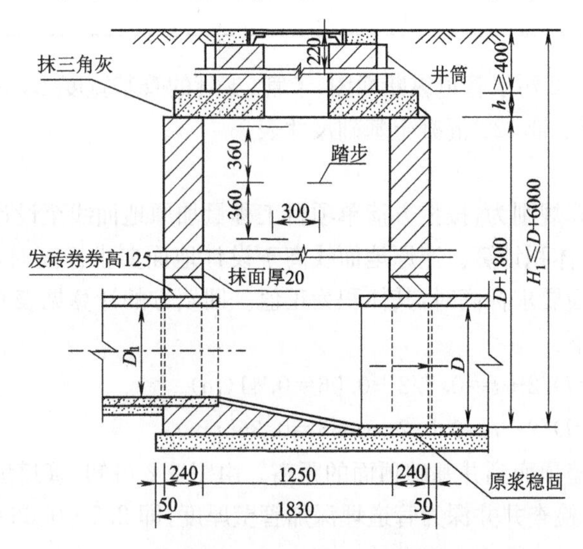


图 6-4 $\phi$1250 圆形砖砌污水检查井剖面 1(单位:mm)

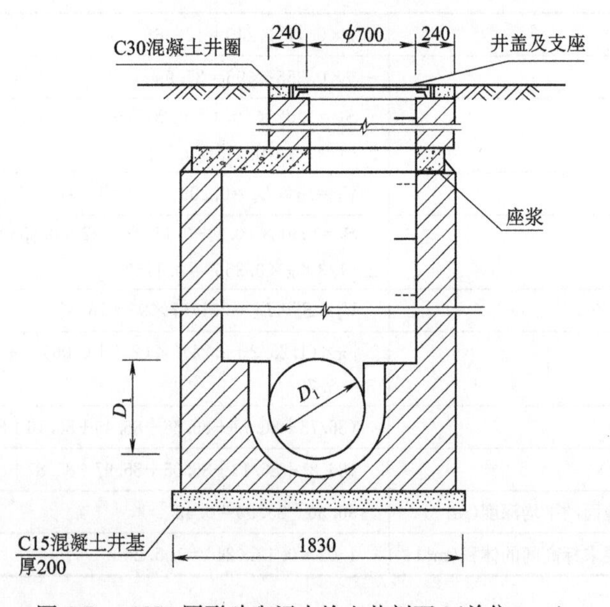


图 6-5 $\phi$1250 圆形砖砌污水检查井剖面 2(单位:mm)

(4)钢筋混凝土管

管道铺设的工程量计算规则为:按设计图示中心线长度以延长米计算。不扣除附属构筑物、管件及阀门等所占长度。

D700 钢筋混凝土管:280－40＝240(m)

D600 钢筋混凝土管:21×4＋4×3＝96(m)

(5)$\phi$1 250 砖砌圆形定型污水检查井

工程量计算规则为:按设计图示数量计算。

根据图 6-1、图 6-2 及招标范围,本工程 $\phi$1 250 砖砌圆形定型污水检查井工程量为 7 座。

### 6.2.2　措施项目清单

措施项目清单根据《市政工程工程量计算规范》(GB 50857—2013)附录 L、2017 版《内蒙古自治区建设工程计价依据》、该市政污水管道工程的施工图纸和拟建工程的实际情况进行编制。

安全文明施工与环境保护费、临时设施费、雨季施工增加费、已完工程及设备保护费、二次搬运费是总价措施项目,在计量规范附录中仅列出项目编码、项目名称,未列出项目特征、计量单位和工程量计算规则,采用总价措施项目清单与计价表编制,按计量规范附录措施项目规定的项目编码、项目名称确定清单项目,见表 6-6。井字架、模板在计量规范附录中列出了项目编码、项目名称、项目特征、计量单位、工程量计算规则,采用单价措施项目清单与计价表进行编制,见表 6-7。

**表 6-6　总价措施项目清单与计价表**

工程名称:×××道路 K0＋040～K0＋280 段污水管道工程　　　标段:　　　第　页共　页

| 序号 | 项目编码 | 项 目 名 称 | 计算基础 | 费率(%) | 金额(元) |
|---|---|---|---|---|---|
| 1 | 041109001001 | 安全文明施工与环境保护费 | | | |
| 2 | 041109001002 | 临时设施费 | | | |
| 3 | 041109004001 | 雨季施工增加费 | | | |
| 4 | 041109007001 | 已完工程及设备保护费 | | | |
| 5 | 041109003001 | 二次搬运费 | | | |
| 合　计 | | | | | |

**表 6-7　单价措施项目清单与计价表**

工程名称:×××道路 K0＋040～K0＋280 段污水管道工程　　　标段:　　　第　页共　页

| 序号 | 项目编码 | 项目名称 | 项目特征描述 | 计量单位 | 工程量 | 金额(元) | |
|---|---|---|---|---|---|---|---|
| | | | | | | 综合单价 | 合价 |
| 1 | 041101005001 | 井字架 | 井深:2.56 m | 座 | 7 | | |
| 2 | 041102031001 | 管道平基模板 | 构件类型:管道平基 | $m^2$ | 67.20 | | |
| 3 | 041102032001 | 管道管座模板 | 构件类型:管道管座 | $m^2$ | 132.58 | | |
| 本页小计 | | | | | | | |
| 合　计 | | | | | | | |

措施项目清单中的项目编码、项目名称、项目特征描述方法同分部分项工程量清单。

井字架工程量计算规则为：按设计图示数量计算；模板工程量计算规则为：按混凝土与模板接触面积计算。工程量计算如下：

井字架工程量＝检查井工程量＝7 座

管道平基模板：$S=0.1\times(240+96)\times2=67.20(\mathrm{m}^2)$

管道管座模板：$S=0.178\times96\times2+0.205\times240\times2=132.58(\mathrm{m}^2)$

### 6.2.3 其他项目清单

其他项目清单见表 6-8，本工程不涉及暂估价、计日工和总承包服务费。

暂列金额按照招标控制价（招标控制价在这里不列出）中分部分项工程费和措施项目费之和的 10%计入。

**表 6-8 其他项目清单与计价汇总表**

工程名称：×××道路 K0＋040～K0＋280 段污水管道工程　　标段：　　第 页共 页

| 序号 | 项目名称 | 计量单位 | 金额(元) | 备 注 |
|---|---|---|---|---|
| 1 | 暂列金额 | 元 | 42 134 | |
| 2 | 检验试验费 | | | |
| | | | | |
| 合 计 | | | | — |

### 6.2.4 规费、税金项目清单

根据《建筑安装工程费用项目组成》(建标〔2013〕44 号)，规费项目包括：社会保险费（养老保险费、失业保险费、医疗保险费、工伤保险、生育保险）、住房公积金、水利建设基金、工程排污费。计入建筑安装工程费的税金为增值税。规费、税金项目清单与计价表见表 6-9。

**表 6-9 规费、税金项目清单与计价表**

工程名称：×××道路 K0＋040～K0＋280 段污水管道工程　　标段：　　第 页共 页

| 序号 | 项目名称 | 计算基础 | 费率(%) | 金额(元) |
|---|---|---|---|---|
| 1 | 规费 | 定额人工费 | | |
| 1.1 | 社会保险费 | 定额人工费 | | |
| (1) | 养老失业保险 | 定额人工费 | | |
| (2) | 基本医疗保险 | 定额人工费 | | |
| (3) | 工伤保险 | 定额人工费 | | |
| (4) | 生育保险 | 定额人工费 | | |
| 1.2 | 住房公积金 | 定额人工费 | | |
| 1.3 | 水利建设基金 | 定额人工费 | | |
| 2 | 税金 | 分部分项工程费＋措施项目费＋其他项目费＋规费 | | |
| 合 计 | | | | |

### 6.2.5　总说明

总说明见表 6-10。

**表 6-10　总说明**

工程名称：×××道路 K0＋040～K0＋280 段污水管道工程　　　　第　页共　页

| |
|---|
| (1)工程概况：某道路 K0＋040～K0＋280 段污水管道工程，采用钢筋混凝土平口管道，钢丝网水泥砂浆抹带接口，采用标号为 C15 的 120°混凝土管道基础，$\phi$1250砖砌圆形定型污水检查井。干管为D700×2000 mm，支管为 D 600×2000 mm。<br>(2)本次招标范围为：D700 干管和 D600 支管及干管的 7 座 $\phi$1250 的砖砌污水检查井。<br>(3)工程量清单的编制依据：<br>1)《建设工程工程量清单计价规范》(GB 50500—2013)和《市政工程工程量计算规范》(GB 50857—2013)；<br>2)2017 版《内蒙古自治区建设工程计价依据》；<br>3)该污水管道工程施工图纸；<br>4)《市政排水管道工程及附属设施》(06MS201)及《给水排水管道工程施工及验收规范》(GB 50268—2008)；<br>5)该市政污水管道工程招标文件；<br>6)施工现场情况、工程特点及常规施工方案；<br>7)其他相关资料。 |

### 6.2.6　工程量清单扉页

工程量清单扉页见表 6-11。

**表 6-11　工程量清单扉页**

______×××道路 K0＋040～K0＋280 段污水管道______工程

工程量清单

招　标　人：________________________　　　工程造价<br>咨询人：________________________

（单位盖章）　　　　（单位资质专用章）

法定代表人<br>或其授权人：________________________　　　法定代表人<br>或其授权人：________________________

（签字或盖章）　　　　（签字或盖章）

编　制　人：________________________　　　复　核　人：________________________

（造价人员签字盖专用章）　　　　（造价工程师签字盖专用章）

编制时间：　年　月　日　　　　复核时间：　年　月　日

### 6.2.7　工程量清单封面

工程量清单封面见表 6-12。

**表 6-12 招标工程量清单封面**

<u>×××道路 K0+040～K0+280 段污水管道</u>工程

招标工程量清单

招 标 人：________________________________

（单位盖章）

造价咨询人：________________________________

（单位资质专用章）

年 月 日

# 6.3 管网工程量清单计价的编制

我们将工程量清单计价中用于报价的实际工程量称为计价工程量。计价工程量是完成清单所有工作内容的工程量。清单量自身不能产生任何费用，必须通过计价工程量依托定额才能计算出完成清单工作内容所发生的费用。

计价工程量是根据所采用的定额和相对应的工程量计算规则计算的。本教材按照 2017 版《内蒙古自治区建设工程计价依据》计算计价工程量。

2017 版《内蒙古自治区市政工程预算定额》第四册《市政管网工程》适用于城镇范围内的新建、改建、扩建的市政给水、排水、燃气、集中供热、管道附属构筑物工程。

## 6.3.1 管网工程计价工程量的计算

1. 排水管网工程

(1)工程量计算项目

根据市政排水管网工程的构造及施工工艺，依据 2017 版《市政管网工程》的定额项目设置，一般排水管网工程需要计算的项目有以下几项：

1)排水管道铺设

2)排水管道垫层

3)排水管道基础

4)混凝土排水管道接口

5)混凝土管道截断

6)塑料管与检查井的连接

7)排水管道构筑物

①检查井、跌水井等各种井

②井筒

③雨水口

④木质保温井盖

⑤防水套管

⑥管道出水口

8)排水渠道(方沟)

9)闭水试验

10)其他项目

上述计算项目是一般市政排水管网工程常有的,实际计算时可按照实际工程设计进行调整。

(2)工程量计算规则

1)排水管道铺设

排水管道铺设工程量,按设计井中至井中的中心线长度扣除井的长度,以延长米计算。每座检查井的扣除长度按表6-13计算。

**表6-13　每座井扣除长度表**

| 检查井规格(mm) | 扣除长度(m) | 检查井规格 | 扣除长度(m) |
| --- | --- | --- | --- |
| $\phi$700 | 0.40 | 各种矩形井 | 1.00 |
| $\phi$1000 | 0.70 | 各种交汇井 | 1.20 |
| $\phi$1250 | 0.95 | 各种扇形井 | 1.00 |
| $\phi$1500 | 1.20 | 圆形跌水井 | 1.60 |
| $\phi$2000 | 1.70 | 矩形跌水井 | 1.70 |
| $\phi$2500 | 2.20 | 阶梯式跌水井 | 按实扣 |

2)排水管道垫层、基础

管道(渠)垫层和基础按设计图示尺寸以体积计算,定额单位为“10 $m^3$”。

3)混凝土排水管道接口

混凝土排水管道接口区分管径和做法,以实际接口个数计算。

4)混凝土管道截断

混凝土管道截断按截断次数以根计算,定额单位为“10根”。

5)塑料管与检查井的连接

塑料管与检查井的连接按砂浆或混凝土的成品体积计算,定额单位为“$m^3$”。

6)排水管道构筑物

各类定型井按《市政排水管道工程及附属设施》(06MS201)编制,设计要求不同时,砌筑井执行本章砌筑非定型井相应项目,混凝土井执行第六册《水处理工程》构筑物相应项目。

①定型井

各类定型井按井的材质、形式、井径、井深不同以设计图示数量计算,定额单位为“座”。各类井的井深是指井盖顶面到井基础或混凝土底板顶面的距离,没有基础的到井垫层顶面。

②砌筑非定型井

a. 非定型井垫层、井底流槽按照实际铺筑以体积计算,定额单位为“10 $m^3$”;

b. 砌筑按实际砌筑体积计算,扣除管道所占体积,定额单位为“10 $m^3$”;

c. 非定型井抹灰、勾缝区分不同材质按面积计算,扣除管道所占面积,定额单位为“100 $m^2$”;

d. 井壁(墙)凿洞按照材质不同以实际凿洞面积计算;

e. 非定型井井盖、井圈(箅)制作、安装;

钢筋混凝土井盖、井圈(箅)制作按照井盖、井圈、井箅、小型构件的体积计算,定额单位为“10 m³”;

井盖、井座、井箅、小型构件的安装区分不同材质按套数计算,定额单位为“10 套”。

③塑料检查井按设计图示数量计算,定额单位为“10 套”

④井筒

检查井筒砌筑适用于井深不同的调整和方沟井筒的砌筑,定额区分不同筒高分别设置子目。井深及井筒调增按实际发生数量计算,高度与定额不同时采用每增减 0.2 m 调整,定额单位为“座”。

⑤雨水口

砖砌雨水进水井区分不同形式以设计图示数量计算,定额单位为“座”。

⑥木质保温井盖

木质保温井盖按设计以个数计算。

⑦防水套管

防水套管的制作、安装区分不同的公称直径分别以“个”为计量单位计算。

⑧管道出水口

管道出水口区分不同的形式、材质及管径,以“处”为计量单位计算。

7)排水渠道(方沟)

①排水渠道(方沟)区分不同部位、材质分别以砌筑或浇筑体积计算,定额单位为“10 m³”。

②排水渠道(方沟)抹灰、勾缝区分不同部位、不同材质分别以面积计算,定额单位为“10 m²”。

③渠道沉降缝应区分材质不同按设计图示尺寸以沉降缝的断面积或铺设长度计算。沥青油毡填缝,单位为“10 m²”,油浸麻丝、建筑油膏等材料填缝,单位为“100 m”。

④钢筋混凝土盖板、过梁的预制和安装按设计图示尺寸以体积计算,定额单位为“10 m²”。

8)闭水试验

①方沟闭水试验的工程量,按实际闭水试验用水量以体积计算,定额单位为“100 m³”。

②管道闭水试验,以实际闭水长度计算,不扣除各种井所占长度。

③井、池渗漏试验,按井、池容量以体积计算。

(3)工程量计算方法

1)排水管道铺设

长度 $L$=设计终端井桩号－设计始端井桩号－检查井所占长度

检查井所占长度=∑某规格检查井座数×该规格每座检查井扣除长度

**【例 6.2】**如图 6-6 所示为某污水管道工程中的一部分管段,试求该污水管段长度。

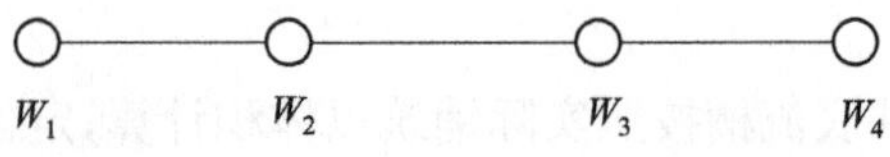

$W_1$ $W_2$ $W_3$ $W_4$

| 检查井编号 | $W_1$ | $W_2$ | $W_3$ | $W_4$ |
|---|---|---|---|---|
| 井径 | $\phi$700 | $\phi$1000 | $\phi$1000 | $\phi$1000 |
| 桩号 | $K_1$+200 | $K_1$+235 | $K_1$+275.7 | $K_1$+300 |

图 6-6 某污水管道工程图

**解**：设计桩号为检查井中心桩号，始端检查井和终端检查井各扣除一半的检查井扣除长度。查表6-13，$\phi$700检查井每座扣除长度为0.4 m，$\phi$1000检查井每座扣除长度为0.7 m。

该污水管段长度　$L=1300-1200-(0.5\times0.4+2\times0.7+0.5\times0.7)=98.05(\text{m})$

2)排水管道垫层、基础

$$垫层或基础体积V=垫层或基础断面积S\times排水管道长度L$$

**【例6.3】**某工程钢筋混凝土排水管道800 m，90°砂石基础如图6-7所示，管内径为D400，壁厚$t$为50 mm，放坡系数$m$为0.5，工作面$a$为400 mm，$c_1$为100 mm，$c_2$为73 mm。试求该管道砂石基础工程量。

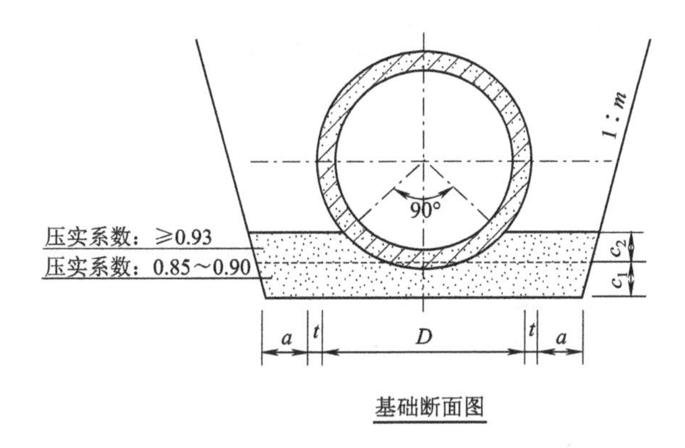


图6-7　某排水管道90°砂石基础图

**解**：砂石基础断面积

$R_{外}=1/2\times D+t=1/2\times0.4+0.05=0.25(\text{m})$

$S=[(D+t\times2+a\times2)+m\times(c_1+c_2)]\times(c_1+c_2)-[1/4\times\pi\times R_{外}^2-1/2\times R_{外}^2]$

$=[(0.4+0.05\times2+0.4\times2)+0.5\times(0.1+0.073)]\times(0.1+0.073)-[1/4\times\pi\times0.25^2-1/2\times0.25^2]=0.222(\text{m}^2)$

砂石基础体积

$V=S\times L$

$=0.222\times800$

$=177.6(\text{m}^3)$

3)混凝土排水管道接口

混凝土排水管道接口应该根据相邻两检查井之间的管道净长和每节管道的长度进行排管确定。

用相邻两检查井之间的管道净长除以每节管道长度，如果能够整除，则管道接口个数为该商数减1；如果不能整除，商的整数部分即为管道接口个数。

相邻两检查井之间的管道净长＝相邻两检查井间距－0.5×该两座检查井扣除长度和

4)混凝土管道截断

在排管时，如果需要安装一段小于单节管道长度的管段时，需要将混凝土管道截断。

用相邻两检查井之间的管道净长除以每节管道长度，如果不能整除，则余数是需要安装的不足一节管道的长度，这时需要将管道进行截断。

$$混凝土管道截断的根数＝需要截断的次数$$

**【例 6.4】** 题干如【例 6.2】所示，管道规格为 D500×2000 mm，试求

1)该段管道接口工程量

2)管道截断的工程量。

**解:**1)$W_1-W_2$:管道净长[(1235−1200)−0.5×(0.4+0.7)]=34.45(m)

34.45÷2=17.23

$W_1-W_2$ 之间的管道需要接口有 17 个

$W_2-W_3$:管道净长[(1275.7−1235)−(0.5×0.7+0.5×0.7)]=40(m)

40÷2=20

$W_2-W_3$ 之间的管道接口有 20−1=19 个

$W_3-W_4$:管道净长[(1300−1275.7)−(0.5×0.7+0.5×0.7)]=23.6(m)

23.6÷2=11.8

$W_3-W_4$ 之间的管道接口有 11 个

所以该管段管道接口工程量为　17+19+11=47 个

2)$W_1-W_2$:需要 17 根混凝土管+0.45 m，需要截断 1 根管

$W_2-W_3$:需要 20 根混凝土管

$W_3-W_4$:需要 11 根混凝土管+1.6 m，需要截断 1 根管

所以该管段管道截断的工程量为　1+1=2 根

5)塑料管与检查井的连接

塑料管与检查井的连接工程量=所用砂浆或混凝土的成品体积

6)排水管道构筑物

定型井、雨水口、井筒和出水口按设计图示计算座数或处数；

非定型井各部位分别按设计图纸进行计算；

木质保温井盖个数等于需要保温的井座数；

防水套管个数等于管道穿构筑物次数。

7)排水渠道(方沟)

排水渠道(方沟)按设计图纸计算各部位工程量。

8)闭水试验

方沟闭水试验的工程量=方沟断面积×实际闭水长度

管道闭水试验工程量=闭水终端井桩号−闭水始端井桩号+0.5×始端井径+0.5×终端井径

井、池渗漏试验工程量=井、池容体积

2. 给水、供热、燃气管网工程

(1)工程量计算项目

根据给水、供热、燃气管网的构造及施工工艺，依据 2017 版《市政管网工程》的定额项目设置，一般给水、供热、燃气管网工程需要计算的项目由以下几项：

1)管道铺设

2)管道垫层

3)管道基础

4)管件安装

5)套管的制作安装

6)法兰、阀门安装

7)补偿器安装

8)水表、分水栓、马鞍卡子安装

9)新旧管线连接

10)管道附属构筑物

11)管道压力试验、管道吹扫、气密性试验

12)给水管道消毒冲洗

13)警示带

14)管道支墩(挡墩)

15)其他项目

上述计算项目是一般市政管网工程常有的,实际计算时可按照实际工程设计进行调整。

(2)工程量计算规则

1)管道铺设

①给水管道

给水管道铺设工程量按设计管道中心线长度计算,不扣除管件、阀门、法兰所占的长度。支管长度从主管中心开始计算到支管末端交接处的中心。

②燃气与集中供热管道

燃气与集中供热管道铺设工程量按设计管道中心线长度计算,不扣除管件、阀门、法兰、煤气调长器所占的长度。

③顶管

各种材质管道的顶管工程量,按设计顶进长度计算;

顶管接口应区分接口材质分别以实际接口的个数或断面积计算。

2)管道垫层

同排水管道工程。

3)管道基础

同排水管道工程。

4)管件安装

管件制作、安装按管件的材质、形式以设计图示数量计算,定额单位为"个"。

预制钢套钢复合保温管管径为内管公称直径,外套管接口制作安装为外套管公称直径。预制钢套钢复合保温管外套管接口制作安装按接口数量计算。

异径管安装以大口径一侧规格为准选用定额项目。

三通安装以主管规格为准选用定额项目。

挖眼接管以支管管径为准,按接管数量计算。

5)套管的制作安装

套管的制作安装以制作套管的焊接钢管的重量计算,定额单位为"t"。

6)法兰、阀门安装

法兰安装按设计图示数量计算,定额单位为"副";

阀门安装按设计图示数量计算,定额单位为"个";

阀门水压试验按实际发生数量计算,定额单位为"个"。

7)补偿器安装

补偿器按照形式、公称直径不同按设计图示数量计算，定额单位为“个”。

8)水表、分水栓、马鞍卡子安装

法兰水表安装参照《市政给水管道工程及附属设施》(07MS101)编制，按图示设计数量计算“组”数，定额包括了标准图包括的一整套内容。不带旁通管的水表包括了表前闸阀；带旁通管的水表包括了旁通管及表前、表后、旁通管上闸阀、止回阀、过滤器及补偿器的安装。计算工程量时切忌重复计算。

分水栓、马鞍卡子安装按设计图示数量以“个”为单位计算。

9)新旧管线连接

新旧管线连接区分材质、公称直径按处数计算。

10)管道附属构筑物

同排水管网工程。

11)管道压力试验、管道吹扫、气密性试验

各种管道试验、吹扫的工程量均按设计管道中心线长度计算，不扣除管件、阀门、法兰、煤气调长器等所占的长度。

12)给水管道消毒冲洗

给水管道消毒冲洗工程量按设计管道中心线长度计算，不扣除管件、阀门等所占的长度。

13)警示带

警示(示踪)带按铺设长度计算。

14)管道支墩(挡墩)

管道支墩(挡墩)按设计图示尺寸以体积计算。

其他未尽事宜见2017版《内蒙古自治区市政工程预算定额》第四册《市政管网工程》。

### 6.3.2 管网工程量清单计价(投标报价)的编制

1. 分部分项工程量清单计价

(1)确定施工方案

投标报价是投标人按照招标文件的要求，根据工程特点并结合自身的施工技术、装备和管理水平，根据拟定的投标施工组织设计或施工方案和有关计价依据自主确定的工程造价。同样的工程采用不同的施工方案，产生的费用就会不同。比如某市政给水管网工程中，有一段管道需要横穿某条道路，拟施工方案可以采取封锁道路大开挖的施工方法或不破坏路面顶管的施工方法，两种施工方案施工工艺不同，工序不同，导致工程造价不同。所以在编制投标文件时，编制商务部分(投标报价)时需要根据投标文件的技术部分(施工组织设计)进行编制。

(2)计算综合单价

根据施工方案、计价定额、材料价格信息等计算计价工程量，确定综合单价。

(3)填写合价

(4)汇总得到分部分项工程费

2. 措施项目清单与计价表、其他项目清单与计价汇总表、单位工程投标报价汇总表、单项工程投标报价汇总表的填写见本教材第3章。

# 6.4　管网工程量清单计价实例

某施工单位对第 6.2 节道路污水管道工程项目进行投标，工程量清单见第 6.2 节。试编制投标报价。

## 6.4.1　确定施工方案

根据地勘资料，土质为一、二类土。根据现场条件，采用开槽施工，反铲挖掘机挖土，坑边作业，槽底留 20 cm 人工清底。干管沟槽平均挖深 3.1 m(具体计算过程见表 6-3)，放坡开挖，边坡采用 1∶0.75，人机配合下管，砌筑检查井，闭水试验合格后回填，余土由装载机装车，自卸汽车外运至 10 km 处弃土场。

施工程序如图 6-8 所示。现浇混凝土平基、管座采用复合木模，砌筑检查井采用钢管井字架。

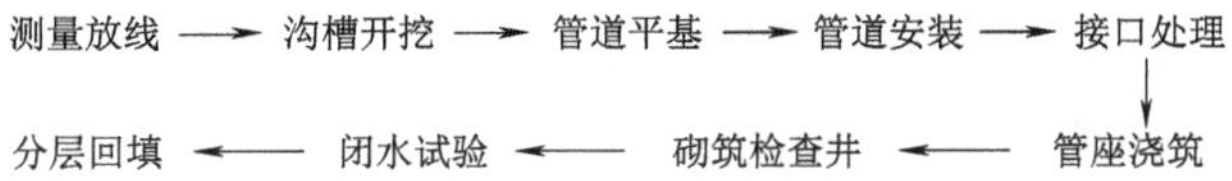

测量放线 → 沟槽开挖 → 管道平基 → 管道安装 → 接口处理

分层回填 ← 闭水试验 ← 砌筑检查井 ← 管座浇筑

图 6-8　污水管道施工程序

## 6.4.2　计算分部分项工程费

1. 计算计价工程量

根据表 6-2 污水管道工程分部分项工程量清单中的项目特征，以及《市政工程工程量计算规范》(GB 50857—2013)中相应清单的工程内容，依据 2017 版《内蒙古自治区市政工程预算定额》第一册《通用工程》和第四册《市政管网工程》的定额工程量计算规则、污水管道施工图纸，计算完成各清单项目工作内容的计价工程量。

(1)040101002001 挖干管沟槽土方

管沟断面如图 6-9 所示。

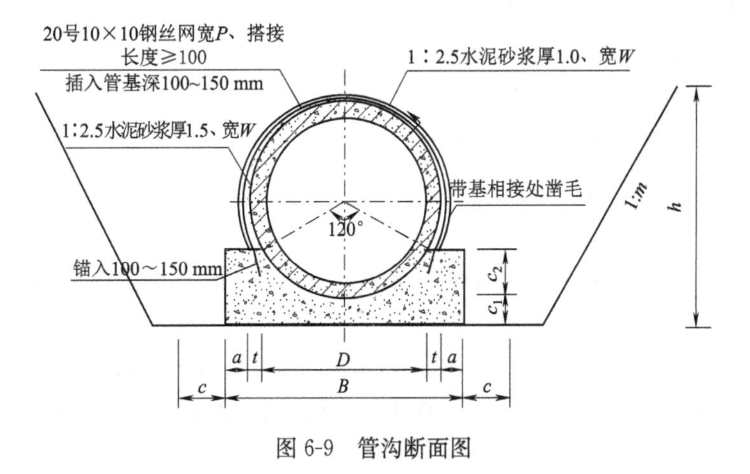


图 6-9　管沟断面图

根据表 6-1，D700 钢筋混凝土管道基础宽度 $B$ 为 1.02 m，查表 4-14，两侧工作面 $c$ 为 50 cm。管道接口作业坑和沿线各种井室所需增加开挖的土方工程量按沟槽全部土方量的 2.5%计算。根据施工方案，计价工程量计算如下：

挖沟槽土方：$V=(B+2c+mh)\times h\times L\times(1+2.5\%)$

$=(1.02+2\times0.5+0.75\times3.1)\times3.1\times(280-240)\times(1+2.5\%)$

$=3313.50(m^3)$

(2)040101002002 挖支管沟槽土方

根据表 6-1，D600 钢筋混凝土管道基础宽度 $B$ 为 0.91 m，查表 4-14，两侧工作面 $c$ 为 50 cm。支管沟槽的平均挖深为 2.96 m，具体计算过程见表 6-4。管道接口作业坑和沿线各种井室所需增加开挖的土方工程量按沟槽全部土方量的 2.5%计算。根据施工方案，计价工程量计算如下：

挖沟槽土方：$V=(B+2c+mh)\times h\times L\times(1+2.5\%)$

$=(0.91+2\times0.5+0.75\times2.96)\times2.96\times(21\times4+4\times3)\times(1+2.5\%)$

$=1202.92(m^3)$

(3)040103001001 回填方

根据定额工程量计算规则，管沟回填土应扣除管径≥200 mm 的管道、基础、垫层和各种构筑物所占的体积。挖方减去管道、基础、构筑物所占体积，再减去自然地面到设计地面之间的土方量即为回填方。

根据定额工程量计算规则，干管长度为 234.30 m，支管长度为 92.68 m(计算方法见下)。

1)管道所占体积

干管体积 $V=\pi\times0.41^2\times234.30=123.67(m^3)$

支管体积 $V=\pi\times0.355^2\times92.68=36.68(m^3)$

2)基础所占体积

查表 6-5，干管基础断面积为 0.208 $m^2$，支管基础断面积为 0.1757 $m^2$，则

干管基础体积 $V=0.208\times234.30=48.73(m^3)$

支管基础体积 $V=0.1757\times92.68=16.28(m^3)$

3)检查井所占体积

查表 6-5，检查井体积为 45.78 $m^3$。

4)自然地面到设计地面之间的土方量

计算示意如图 6-10 所示。

①干管

查表 6-5 干管自然地面到设计地面之间深度为 0.43 m，开挖至设计地面沟槽的宽度 $D$ 值为

$$D=(1.02+2\times0.5)+2\times0.75\times(3.1-0.43)=6.025(m)$$

$$V=(6.025+0.75\times0.43)\times0.43\times240\times(1+2.5\%)=671.44(m^3)$$

②支管

查表 6-5 支管自然地面到设计地面之间深度为 0.4348 m，开挖至设计地面沟槽的宽度 $D$

值为

$$D=(0.91+2\times0.5)+2\times0.75\times(2.96-0.4348)=5.698(\mathrm{m})$$

$$V=(5.698+0.75\times0.4348)\times0.4348\times96\times(1+2.5\%)=257.74(\mathrm{m}^3)$$

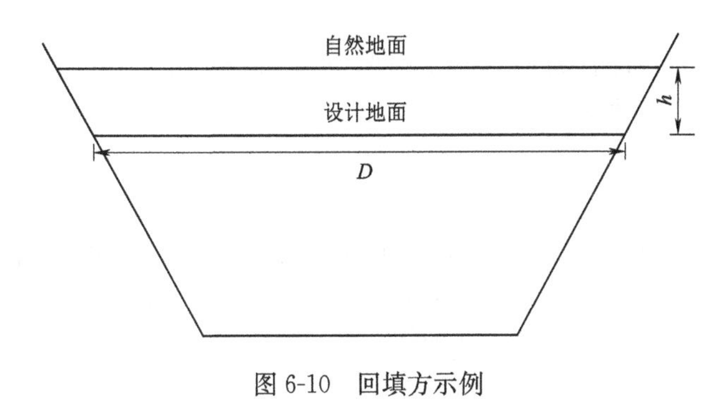


图6-10　回填方示例

5)回填方

$$V_{填}=(3313.50+1202.92)-(123.67+36.68+48.73+16.28+45.78+671.44+257.74)=3316.10(\mathrm{m}^3)$$

(4)040103002001 余方弃置

根据表6-2该清单项目特征及计量规范该清单包含的工作内容可知，该清单包括装土和外运两项工作。用挖方减去回填方即为装载机装土和自卸汽车外运土的工程量。

$$V_{运}=(3313.50+1202.92)-3316.10=1200.32(\mathrm{m}^3)$$

(5)040501001001 D700钢筋混凝土管

分析清单项目特征及计量规范工作内容，可知该清单包括基础浇筑、管道铺设、管道接口、管道截断、闭水试验等工作内容。

1)管道铺设

定额工程量计算规则为：排水管道铺设工程量，按设计井中至井中的中心线长度扣除井的长度计算。$\phi$1250检查井扣除长度为0.95 m/座，见表6-13。

$$长度\ L=(280-40)-0.95\times6=234.30(\mathrm{m})$$

K0+040和K0+280分别为WS-1和WS-7井中桩号，计算管道长度时，这两座检查井扣除长度为一半，即1/2×0.95 m。

2)基础浇筑

a. 平基

$$V=1.02\times0.1\times234.30=23.90(\mathrm{m}^3)$$

b. 管座

$$V=[1.02\times0.205+1/2\times0.41\times\sin30^\circ\times0.41\times\cos30^\circ\times2-1/3\times\pi\times0.41^2]\times234.3=24.82(\mathrm{m}^3)$$

其中：0.41为干管外半径，0.41=1/2×0.7+0.06。

3)钢丝网水泥砂浆抹带接口

两检查井之间的间距为40 m，管道净长为40−0.95=39.05(m)

$$39.05\div2=19.53$$

两检查井之间的管段需要19个接口

$$接口总数为\ 19\times6=114(个)$$

4)管道截断

两检查井之间的管段净长为39.05 m,需要19根混凝土管+1.05 m,需要截断1根管

所以管道截断的工程量为

$$1\times6=6\ 根$$

5)闭水试验

定额工程量计算规则:管道闭水试验,以实际闭水长度计算,不扣除各种井所占长度。

$$L=280-40+0.5\times1.25\times2=241.25(\mathrm{m})$$

(6)040501001002 D600钢筋混凝土管

工作内容同D700干管清单。

1)管道铺设

$$长度\ L=96-1/2\times0.95\times7=92.68(\mathrm{m})$$

2)基础浇筑

a. 平基

$$V=0.91\times0.1\times92.68=8.43(\mathrm{m}^3)$$

b. 管座

$$V=[0.91\times0.178+1/2\times0.355\times\sin30^\circ\times0.355\times\cos30^\circ\times2-1/3\times\pi\times0.355^2]\times92.68$$
$$=7.84(\mathrm{m}^3)$$

其中:0.355为支管外半径,0.355=1/2×0.6+0.055。

3)钢丝网水泥砂浆抹带接口

管道净长 $21-0.95/2=20.53(\mathrm{m})$

$4-0.95/2=3.53(\mathrm{m})$

净长除以单节管长 $20.53\div2=10.27$

$3.53\div2=1.77$

$$接口总数为\ 10\times4+1\times3=43(个)$$

4)管道截断

管段净长为20.53 m的管段,需要10根混凝土管+0.53 m,需要截断1根管

管段净长为3.53 m的管段,需要1根混凝土管+1.53 m,需要截断1根管

所以管道截断的工程量为

$$1\times4+1\times3=7(根)$$

5)闭水试验

$$L=96+0.5\times1.25\times7=100.38(\mathrm{m})$$

(7)040504001001 $\phi$1250砖砌圆形定型污水检查井7座

2. 计算综合单价

根据计价工程量,参照2017版《内蒙古自治区市政工程预算定额》及市场价格信息,计算综合单价,见表6-14。

**表 6-14 分部分项工程量清单费用组成分析表**

工程名称：×××道路 K0＋040～K0＋280 段污水管道工程

| 项目编码 | 项 目 名 称 | 单位 | 工程量 | 费用组成(元) | | | | 价格(元) | |
|---|---|---|---|---|---|---|---|---|---|
| | | | | 人工费 | 材料费 | 机械使用费 | 管理费利润 | 综合单价 | 合价 |
| 040101002001 | 挖干管沟槽土方 | $m^3$ | 758.88 | 2.31 | | 16.77 | 0.42 | 19.50 | 14798 |
| s1-137 | 挖掘机挖一、二类土 | 1000 $m^3$ | 3.31 | 529.31 | | 3845.72 | 95.28 | | |
| 040101002002 | 挖支管沟槽土方 | $m^3$ | 258.59 | 2.46 | | 17.85 | 0.44 | 20.75 | 5366 |
| s1-137 | 挖掘机挖一、二类土 | 1000 $m^3$ | 1.20 | 529.31 | | 3845.72 | 95.28 | | |
| 040103001001 | 回填方 | $m^3$ | 596.99 | 54.77 | | 9.58 | 9.86 | 74.21 | 44303 |
| s1-236 | 填土夯实(槽、坑) | 100 $m^3$ | 33.16 | 986.08 | | 172.47 | 177.49 | | |
| 040103002001 | 余方弃置 | $m^3$ | 420.48 | 1.51 | 0.18 | 53.43 | 0.27 | 55.39 | 23290 |
| s1-179 | 装载机装松散土(3 $m^3$) | 1000 $m^3$ | 1.20 | 529.31 | | 1732.97 | 95.28 | | |
| s1-206 | 自卸汽车运土 运距10 km | 1000 $m^3$ | 1.20 | | 63.24 | 16988.87 | | | |
| 040501001001 | D700 钢筋混凝土管 | m | 240 | 65.67 | 849.32 | 5.76 | 23.64 | 944.39 | 226654 |
| s4-19 | 混凝土平基 | 10 $m^3$ | 2.39 | 1035.86 | 2571.73 | | 372.91 | | |
| s4-26 | 混凝土管座 | 10 $m^3$ | 2.48 | 1618.03 | 2657.15 | | 582.49 | | |
| s4-51 | 人机配合下管 700(mm以内) | 100 m | 2.34 | 1651.46 | 80800.00 | 585.22 | 594.53 | | |
| s4-690 | 钢丝网水泥砂浆抹带接口(120°混凝土基础)700(mm以内) | 10个口 | 11.4 | 351.67 | 82.71 | 0.94 | 126.6 | | |
| s4-979 | 混凝土管截断 有筋 800(mm以内) | 10根 | 0.6 | 564.54 | | | 203.23 | | |
| s4-842 | 管道闭水试验 800(mm以内) | 100 m | 2.41 | 440.36 | 450.85 | 1.17 | 158.53 | | |
| 040501001002 | D600 钢筋混凝土管 | m | 96 | 54.92 | 686.20 | 5.06 | 19.77 | 765.95 | 73531 |
| s4-19 | 混凝土平基 | 10 $m^3$ | 0.84 | 1035.86 | 2571.73 | | 372.91 | | |
| s4-26 | 混凝土管座 | 10 $m^3$ | 0.78 | 1618.03 | 2657.15 | | 582.49 | | |
| s4-50 | 人机配合下管 600(mm以内) | 100 m | 0.93 | 1381.83 | 65650.00 | 518.26 | 497.46 | | |
| s4-689 | 钢丝网水泥砂浆抹带接口(120°混凝土基础) 600(mm以内) | 10个口 | 4.3 | 298.13 | 71.28 | 0.7 | 107.33 | | |
| s4-978 | 混凝土管截断 有筋600(mm以内) | 10根 | 0.7 | 375.86 | | | 135.31 | | |
| s4-841 | 管道闭水试验 600(mm以内) | 100 m | 1.00 | 310.06 | 281.21 | 0.7 | 111.62 | | |
| 040504001001 | $\phi$1250 砖砌圆形定型污水检查井 | 座 | 7 | 1363.55 | 1710.52 | 33.61 | 490.88 | 3598.56 | 25190 |
| s4-2047 | $\phi$1250 砖砌盖板式圆形污水检查井 | 座 | 7 | 1363.55 | 1710.52 | 33.61 | 490.88 | | |

表中数据计算过程如下：

(1)040101002001 挖干管沟槽土方

完成1 $m^3$“挖干管沟槽土方”清单工作内容的人工费：

$$(529.31\times3.31)/758.88=2.31(元/m^3)$$

完成1 $m^3$“挖干管沟槽土方”清单工作内容的机械使用费：

$$(3845.72\times3.31)/758.88=16.77(元/m^3)$$

完成1 $m^3$“挖干管沟槽土方”清单工作内容的管理费利润：

$$(95.28\times3.31)/758.88=0.42(元/m^3)$$

完成1 $m^3$“挖干管沟槽土方”清单工作内容的综合单价：

$$2.31+16.77+0.42=19.50(元/m^3)$$

(2)040101002002 挖支管沟槽土方

完成1 $m^3$“挖支管沟槽土方”清单工作内容的人工费：

$$(529.31\times1.20)/258.59=2.46(元/m^3)$$

完成1 $m^3$“挖支管沟槽土方”清单工作内容的机械使用费：

$$(3845.72\times1.20)/258.59=17.85(元/m^3)$$

完成1 $m^3$“挖支管沟槽土方”清单工作内容的管理费利润：

$$(95.28\times1.20)/258.59=0.44(元/m^3)$$

完成1 $m^3$“挖支管沟槽土方”清单工作内容的综合单价：

$$2.46+17.85+0.44=20.75(元/m^3)$$

(3)040103001001 回填方

完成1 $m^3$“回填方”清单工作内容的人工费：

$$(986.08\times33.16)/596.99=54.77(元/m^3)$$

完成1 $m^3$“回填方”清单工作内容的机械使用费：

$$(172.47\times33.16)/596.99=9.58(元/m^3)$$

完成1 $m^3$“回填方”清单工作内容的管理费利润：

$$(177.49\times33.16)/596.99=9.86(元/m^3)$$

完成1 $m^3$“回填方”清单工作内容的综合单价：

$$54.77+9.58+9.86=74.21(元/m^3)$$

(4)040103002001 余方弃置

完成1 $m^3$“余方弃置”清单工作内容的人工费：

$$(529.31\times1.20)/420.48=1.51(元/m^3)$$

完成1 $m^3$“余方弃置”清单工作内容的材料费：

$$(63.24\times1.20)/420.48=0.18(元/m^3)$$

完成1 $m^3$“余方弃置”清单工作内容的机械使用费：

$$(1732.97\times1.20+16988.87\times1.20)/420.48=53.43(元/m^3)$$

完成1 $m^3$“余方弃置”清单工作内容的管理费利润：

$$(95.28\times1.20)/420.48=0.27(元/m^3)$$

完成1 $m^3$“余方弃置”清单工作内容的综合单价：

$$1.51+0.18+53.43+0.27=55.39(元/m^3)$$

(5)040501001001 D700 钢筋混凝土管

完成1 m"D700 钢筋混凝土管"清单工作内容的人工费：

(1035.86×2.39+1618.03×2.48+1651.46×2.34+351.67×11.4+564.54×0.60+440.36×2.41)/240=65.67(元/m)

完成1 m"D700 钢筋混凝土管"清单工作内容的材料费：

(2571.73×2.39+2657.15×2.48+80800×2.34+82.71×11.4+450.85×2.41)/240=849.32(元/m)

完成1 m"D700 钢筋混凝土管"清单工作内容的机械使用费：

(585.22×2.34+0.94×11.4+1.17×2.41)/240=5.76(元/m)

完成1 m"D700 钢筋混凝土管"清单工作内容的管理费利润：

(372.91×2.39+582.49×2.48+594.53×2.34+126.6×11.4+203.23×0.60+158.53×2.41)/240=23.64(元/m)

完成1 m"D700 钢筋混凝土管"清单工作内容的综合单价：

65.67+849.32+5.76+23.64=944.39(元/m)

(6)040501001002 D600 钢筋混凝土管

完成1 m"D600 钢筋混凝土管"清单工作内容的人工费：

(1035.86×0.84+1618.03×0.78+1381.83×0.93+298.13×4.3+375.86×0.7+310.06×1.00)/96=54.92(元/m)

完成1 m"D600 钢筋混凝土管"清单工作内容的材料费：

(2571.73×0.84+2657.15×0.78+65650.00×0.93+71.28×4.3+281.21×1.00)/96=686.20(元/m)

完成1 m"D600 钢筋混凝土管"清单工作内容的机械使用费：

(518.26×0.93+0.7×4.3+0.7×1.00)/96=5.06(元/m)

完成1 m"D600 钢筋混凝土管"清单工作内容的管理费利润：

(372.91×0.84+582.49×0.78+497.46×0.93+107.33×4.3+135.31×0.7+111.62×1.00)/96=19.77(元/m)

完成1 m"D600 钢筋混凝土管"清单工作内容的综合单价：

54.92+686.20+5.06+19.77=765.95(元/m)

(7)040504001001 $\phi$1250 砖砌圆形定型污水检查井

完成1座"$\phi$1250 砖砌圆形定型污水检查井"清单工作内容的人工费：

(1363.55×7)/7=1363.55(元/座)

完成1座"$\phi$1250 砖砌圆形定型污水检查井"清单工作内容的材料费：

(1710.52×7)/7=1710.52(元/座)

完成1座"$\phi$1250 砖砌圆形定型污水检查井"清单工作内容的机械使用费：

(33.61×7)/7=33.61(元/座)

完成1座"$\phi$1250 砖砌圆形定型污水检查井"清单工作内容的管理费利润：

(490.88×7)/7=490.88(元/座)

完成1座"$\phi$1250 砖砌圆形定型污水检查井"清单工作内容的综合单价：

1363.55+1710.52+33.61+490.88=3598.56(元/座)

3. 计算分部分项工程费

将表 6-14 中计算的综合单价填入表 6-15 中，计算分部分项工程费。

**表 6-15　分部分项工程量清单与计价表**

工程名称：×××道路 K0＋040～K0＋280 段污水管道工程

| 序号 | 项目编码 | 项目名称 | 项目特征描述 | 计量单位 | 工程量 | 金额(元) | | |
|---|---|---|---|---|---|---|---|---|
| | | | | | | 综合单价 | 合价 | 其中：人工费 |
| 1 | 040101002001 | 挖干管沟槽土方 | 1. 土壤类别：一、二类土<br>2. 挖土深度：3.10 m | $m^3$ | 758.88 | 19.50 | 14798 | 1753 |
| 2 | 040101002002 | 挖支管沟槽土方 | 1. 土壤类别：一、二类土<br>2. 挖土深度：2.96 m | $m^3$ | 258.59 | 20.75 | 5366 | 636 |
| 3 | 040103001001 | 回填方 | 1. 密实度要求：≥87%<br>2. 填方来源、运距：就地 | $m^3$ | 596.99 | 74.21 | 44303 | 32697 |
| 4 | 040103002001 | 余方弃置 | 1. 废弃料品种：余土外运<br>2. 运距：10 km | $m^3$ | 420.48 | 55.39 | 23290 | 635 |
| 5 | 040501001001 | D700 钢筋混凝土管 | 1. 基础材质及厚度：C15 混凝土基础，305 mm<br>2. 管座材质：C15 混凝土管座<br>3. 规格：D700<br>4. 接口方式：钢丝网水泥砂浆抹带接口<br>5. 铺设深度：2.5 m<br>6. 混凝土管截断<br>7. 管道检验及试验要求：水压试验 | m | 240.00 | 944.39 | 226654 | 15761 |
| 6 | 040501001002 | D600 钢筋混凝土管 | 1. 基础(平基)材质及厚度：C15 混凝土基础，278 mm<br>2. 管座材质：C15 混凝土管座<br>3. 规格：D600<br>4. 接口方式：钢丝网水泥砂浆抹带接口<br>5. 铺设深度：2.4 m<br>6. 混凝土管截断<br>7. 管道检验及试验要求：水压试验 | m | 96 | 765.95 | 73531 | 5272 |
| 7 | 040504001001 | $\phi$1250 砖砌圆形定型污水检查井 | 做法见 06MS201《市政排水管道工程及附属设施》06MS201-3《排水检查井》24 页 | 座 | 7 | 3598.56 | 25190 | 9545 |
| | | | 合　计 | | | | 413132 | 66299 |

表中合价＝工程量×综合单价，合价的合计即为分部分项工程费。计算过程如下：

分部分项工程费＝∑分部分项工程量×综合单价
＝758.88×19.50＋258.59×20.75＋596.99×74.21＋420.48×55.39＋240.00×944.39＋96×765.95＋7×3598.56
＝14798＋5366＋44303＋23290＋226654＋73531＋25190
＝413132(元)

### 6.4.3　计算措施项目费

1. 总价措施项目费

本工程总价措施项目见表 6-6，根据 2017 版《内蒙古自治区建设工程计价依据》，总价措施项目费取费基础为人工费，总价措施项目费中人工费的占比为 25％。管理费、利润的取费基础为人工费。

核算分部分项工程费中的人工费，见表 6-15，数据取自表 6-14。

用分部分项工程量乘以清单人工单价合计即得分部分项工程人工费。

分部分项工程人工费＝∑分部分项工程量×清单人工单价
＝758.88×2.31＋258.59×2.46＋596.99×54.77＋420.48×1.51＋240.00×65.67＋96.00×54.92＋7×1363.55
＝1753＋636＋32697＋635＋15761＋5272＋9545
＝66299(元)

总价措施项目费见表 6-16，计算过程如下：

(1)041109001001 安全文明施工与环境保护费
人工＋材料＋机械　66299×2％＝1325.98(元)
其中人工费　1325.98×25％＝331.50(元)
安全文明施工与环境保护费产生的管理费　331.50×20％＝66.30(元)
安全文明施工与环境保护费产生的利润　331.50×16％＝53.04(元)
故安全文明施工与环境保护费　1325.98＋66.30＋53.04＝1445(元)

(2)041109001002 临时设施费
人工＋材料＋机械　66299×1％＝662.99(元)
其中人工费　662.99×25％＝165.75(元)
临时设施费产生的管理费　165.75×20％＝33.15(元)
临时设施费产生的利润　165.75×16％＝26.52(元)
故临时设施费　662.99＋33.15＋26.52＝723(元)

(3)041109004001 雨季施工增加费
人工＋材料＋机械　66299×0.5％＝331.50(元)
其中人工费　331.50×25％＝82.87(元)
雨季施工增加费产生的管理费　82.87×20％＝16.57(元)
雨季施工增加费产生的利润　82.87×16％＝13.26(元)
故雨季施工增加费　331.50＋16.57＋13.26＝361(元)

(4)041109007001 已完工程及设备保护费
人工＋材料＋机械　66299×0.5％＝331.50(元)
其中人工费　331.50×25％＝82.87(元)

已完工程及设备保护费产生的管理费　82.87×20%=16.57(元)

已完工程及设备保护费产生的利润　82.87×16%=13.26(元)

故已完工程及设备保护费　331.50+16.57+13.26=361(元)

(5)041109003001 二次搬运费

人工+材料+机械　66299×0.01%=6.63(元)

其中人工费　6.63×25%=1.66(元)

二次搬运费产生的管理费　1.66×20%=0.33(元)

二次搬运费产生的利润　1.66×16%=0.27(元)

故二次搬运费　6.63+0.33+0.27=7(元)

(6)总价措施项目费

1445+723+361+361+7=2897(元)

**表 6-16　总价措施项目清单与计价表**

工程名称:×××道路 K0+040～K0+280 段污水管道工程　　标段:　　第　页共　页

| 序号 | 项目编码 | 项目名称 | 计算基础 | 费率(%) | 金额(元) |
|---|---|---|---|---|---|
| 1 | 041109001001 | 安全文明施工与环境保护费 | 人工费 | 2 | 1445 |
| 2 | 041109001002 | 临时设施费 | 人工费 | 1 | 723 |
| 3 | 041109004001 | 雨季施工增加费 | 人工费 | 0.5 | 361 |
| 4 | 041109007001 | 已完工程及设备保护费 | 人工费 | 0.5 | 361 |
| 5 | 041109003001 | 二次搬运费 | 人工费 | 0.01 | 7 |
| 合　计 | | | | | 2897 |

2. 单价措施项目费

(1)计算综合单价

1)计算计价工程量

井字架:7 座

平基模板:$S=0.1\times(234.30+92.68)\times2$

$=65.40(\mathrm{m}^2)$

管座模板:$S=(0.205\times234.30+0.178\times92.68)\times2$

$=129.06(\mathrm{m}^2)$

2)计算综合单价

综合单价的计算见表 6-17。表中数据计算过程如下:

a. 041101005001 井字架

完成 1 座“井字架”清单工作内容的人工费:

(181.91×7)/7=181.91(元/座)

完成 1 座“井字架”清单工作内容的材料费:

(65.49×7)/65.49=65.49(元/座)

完成 1 座“井字架”清单工作内容的机械使用费:

(4.91×7)/7=4.91(元/座)

完成 1 座“井字架”清单工作内容的管理费利润：

(1.47×7)/7＝1.47(元/座)

完成 1 座“井字架”清单工作内容的综合单价：

181.91＋65.49＋4.91＋1.47＝253.78(元/座)

b. 041102031001 管道平基模板

完成 1 $m^2$“管道平基模板”清单工作内容的人工费：

(2387.80×0.65)/67.20＝23.10(元/$m^2$)

完成 1 $m^2$“管道平基模板”清单工作内容的材料费：

(1332.26×0.65)/67.20＝12.89(元/$m^2$)

完成 1 $m^2$“管道平基模板”清单工作内容的机械使用费：

(109.41×0.65)/67.20＝1.06(元/$m^2$)

完成 1 $m^2$“管道平基模板”清单工作内容的管理费利润：

(859.61×0.65)/67.20＝8.31(元/$m^2$)

完成 1 $m^2$“管道平基模板”清单工作内容的综合单价：

23.10＋12.89＋1.06＋8.31＝45.36(元/$m^2$)

c. 041102032001 管道管座模板

完成 1 $m^2$“管道管座模板”清单工作内容的人工费：

(3876.27×1.29)/132.58＝37.72(元/$m^2$)

完成 1 $m^2$“管道管座模板”清单工作内容的材料费：

(1332.27×1.29)/132.58＝12.96(元/$m^2$)

完成 1 $m^2$“管道管座模板”清单工作内容的机械使用费：

(109.41×1.29)/132.58＝1.06(元/$m^2$)

完成 1 $m^2$“管道管座模板”清单工作内容的管理费利润：

(1395.46×1.29)/132.58＝13.58(元/$m^2$)

完成 1 $m^2$“管道管座模板”清单工作内容的综合单价：

37.72＋12.96＋1.06＋13.58＝65.32(元/$m^2$)

**表 6-17　单价措施项目清单费用组成分析表**

工程名称：×××道路 K0＋040～K0＋280 段污水管道工程

| 项目编码 | 项 目 名 称 | 单位 | 工程量 | 费用组成(元) | | | | 价格(元) | |
|---|---|---|---|---|---|---|---|---|---|
| | | | | 人工费 | 材料费 | 机械使用费 | 管理费利润 | 综合单价 | 合价 |
| 041101005001 | 井字架 | 座 | 7 | 181.91 | 65.49 | 4.91 | 1.47 | 253.78 | 1776 |
| s4-2771 | 钢管井字架井深 4(m 以内) | 座 | 7 | 181.91 | 65.49 | 4.91 | 1.47 | | |
| 041102031001 | 管道平基模板 | $m^2$ | 67.20 | 23.10 | 12.89 | 1.06 | 8.31 | 45.36 | 3048 |
| s4-2717 | 管、渠道平基复合木模 | 100 $m^2$ | 0.65 | 2387.8 | 1332.26 | 109.41 | 859.61 | | |
| 041102032001 | 管道管座模板 | $m^2$ | 132.58 | 37.72 | 12.96 | 1.06 | 13.58 | 65.32 | 8660 |
| s4-2719 | 管座复合木模 | 100 $m^2$ | 1.29 | 3876.27 | 1332.27 | 109.41 | 1395.46 | | |

(2)计算单价措施项目费

单价措施项目费见表6-18,表中综合单价取自表6-17,表中合价=工程量×综合单价,合价的合计即为单价措施项目费。计算过程如下:

$$\text{单价措施项目费}=\sum\text{单价措施项目工程量}\times\text{综合单价}$$
$$=7\times253.78+67.20\times45.36+132.58\times65.32$$
$$=1776+3048+8660$$
$$=13484(\text{元})$$

**表6-18 单价措施项目清单与计价表**

工程名称:×××道路K0+040~K0+280段污水管道工程　　标段:　　第　页共　页

| 序号 | 项目编码 | 项目名称 | 项目特征描述 | 计量单位 | 工程量 | 金额(元) | |
|---|---|---|---|---|---|---|---|
| | | | | | | 综合单价 | 合价 |
| 1 | 041101005001 | 井字架 | 井深:2.56 m | 座 | 7 | 253.78 | 1776 |
| 2 | 041102031001 | 管道平基模板 | 构件类型:管道平基 | $m^2$ | 67.20 | 45.36 | 3048 |
| 3 | 041102032001 | 管道管座模板 | 构件类型:管道管座 | $m^2$ | 132.58 | 65.32 | 8660 |
| 合　计 | | | | | | | 13484 |

3. 计算措施项目费

$$\text{措施项目费}=\text{总价措施项目费}+\text{单价措施项目费}$$
$$=2897+13484$$
$$=16381(\text{元})$$

## 6.4.4 计算其他项目费

其他项目费计算见表6-19。暂列金额按招标工程量清单中列出的金额填写。参照2017版《内蒙古自治区建设工程费用定额》,市政工程检验试验费按照分部分项工程费中人工费的1.5%计取。

$$\text{检验试验费}=66299\times1.5\%=994(\text{元})$$

**表6-19 其他项目清单与计价汇总表**

工程名称:×××道路K0+040~K0+280段污水管道工程　　标段:　　第　页共　页

| 序号 | 项目名称 | 计量单位 | 金额(元) | 备　注 |
|---|---|---|---|---|
| 1 | 暂列金额 | 元 | 42134 | |
| 2 | 检验试验费 | 元 | 994 | |
| 合　计 | | | 43128 | — |

## 6.4.5 计算规费、税金

1. 核算人工费

分部分项工程费中人工费66299元

措施项目费中人工费 2897×25%+7×181.91+67.20×23.10+132.58×37.72=8551(元)

上式中数据取自表 6-16 和表 6-17。

2. 计算规费、税金

规费、税金计算见表 6-20。

**表 6-20 规费、税金项目清单与计价表**

工程名称:×××道路 K0+040～K0+280 段污水管道工程　　标段:　　第 页共 页

| 序号 | 项目名称 | 计算基础 | 费率(%) | 金额(元) |
|---|---|---|---|---|
| 1 | 规费 | 人工费 | 21 | 15717 |
| 1.1 | 社会保险费 | 人工费 | 16.9 | 12649 |
| (1) | 养老失业保险 | 人工费 | 12.5 | 9356 |
| (2) | 基本医疗保险 | 人工费 | 3.7 | 2769 |
| (3) | 工伤保险 | 人工费 | 0.4 | 299 |
| (4) | 生育保险 | 人工费 | 0.3 | 225 |
| 1.2 | 住房公积金 | 人工费 | 3.7 | 2769 |
| 1.3 | 水利建设基金 | 人工费 | 0.4 | 299 |
| 2 | 税金 | 分部分项工程费+措施项目费+其他项目费+规费 | 11 | |
| 合　计 | | | | 70126 |

表中数据计算如下:

养老失业保险:(66299+8551)×12.5%=9356(元)

基本医疗保险:(66299+8551)×3.7%=2769(元)

工伤保险:(66299+8551)×0.4%=299(元)

生育保险:(66299+8551)×0.3%=225(元)

社会保险费:9356+2769+299+225=12649(元)

住房公积金:(66299+8551)×3.7%=2769(元)

水利建设基金:(66299+8551)×0.4%=299(元)

规费:12649+2769+299=15717(元)

税金:(413132+16381+43128+15717)×11%=53719(元)

### 6.4.6 计算投标报价

投标报价计算见表 6-21,表中的分部分项工程金额按照表 6-15 的合计金额填写。措施项目费金额按照表 6-16、表 6-18 中合计金额的总额填写,其中安全文明施工费为表 6-16 中安全文明施工与环境保护费和临时设施费的合计金额,即 1445+723=2168(元)。其他项目按照表 6-19 的各项正确填写,规费和税金按照表 6-20 填写。

投标报价=413132+16381+43128+15717+53719=542077(元)

表 6-21　单位工程招标控制价/投标报价汇总表

工程名称：×××道路 K0＋040～K0＋280 段污水管道工程　　标段：　　第　页共　页

| 序号 | 汇总内容 | 金额(元) | 其中：暂估价(元) |
|---|---|---|---|
| 1 | 分部分项工程 | 413132 | 0 |
| 2 | 措施项目 | 16381 | — |
| 2.1 | 其中：安全文明施工费 | 2168 | — |
| 3 | 其他项目 | 43128 | — |
| 3.1 | 其中：暂列金额 | 42134 | — |
| 3.2 | 其中：专业工程暂估价 | 0 | — |
| 3.3 | 其中：计日工 | 0 | — |
| 3.4 | 其中：总承包服务费 | 0 | — |
| 3.5 | 其中：检验试验费 | 994 | — |
| 4 | 规费 | 15717 | — |
| 5 | 税金 | 53719 | — |
| 招标控制价/投标报价合计＝1＋2＋3＋4＋5 | | 542077 | |

## 6.4.7　填写总说明

总说明见表 6-22。

表 6-22　总说明

工程名称：×××道路 K0＋040～K0＋280 段污水管道工程

1. 工程概况：某道路 K0＋040～K0＋280 段污水管道工程，采用钢筋混凝土平口管道，钢丝网水泥砂浆抹带接口，采用标号为 C15 的 120°混凝土管道基础，$\phi$1250 砖砌圆形定型污水检查井。干管为 D700×2000 mm，支管为 D600×2000 mm。

2. 投标报价的编制范围：D700 干管和 D600 支管及干管的 7 座 $\phi$1250 的砖砌污水检查井。

3. 投标报价的编制依据：

(1)《建设工程工程量清单计价规范》(GB 50500—2013)；

(2)《市政工程工程量计算规范》(GB 50857—2013)；

(3)2017 版《内蒙古自治区建设工程计价依据》；

(4)该污水管道工程施工图纸；

(5)《市政排水管道工程及附属设施》(06MS201)及《给水排水管道工程施工及验收规范》(GB 50268—2008)；

(6)该市政污水管道工程招标文件、招标工程量清单及其补充通知、答疑纪要；

(7)施工现场情况、工程特点及拟定的投标施工组织设计或施工方案；

(8)呼和浩特地区的市场价格信息；

(9)其他相关资料。

## 6.4.8　填写封面

填写投标报价封面，见表 6-23。

**表 6-23　投标总价**

招标人：______________________________

工程名称：×××道路 K0＋040～K0＋280 段污水管道工程

投标总价(小写)：¥534695 元

(大写)：伍拾叁万肆仟陆佰玖拾伍元整

投标人：______________________________

(单位盖章)

法定代表人
或其授权人：______________________________

(签字或盖章)

编　制　人：______________________________

(造价人员签字盖专用章)

时间：　年　月　日

# 习　题

**一、单选题**(每题的备选项中，只有 1 个正确选项)。

1. 编制工程量清单时，下列项目的工程量计算规则为：

1)管道铺设按设计图示中心线长度以(　　)计算。不扣除附属构筑物、管件及阀门等所占长度。

A. 延长米　B. 个数　C. 重量　D. 体积

2)阀门安装按图示数量以(　　)计算。

A. 延长米　B. 个数　C. 重量　D. 体积

3)金属支吊架制作、安装按设计图示以(　　)计算。

A. 延长米　B. 个数　C. 重量　D. 体积

4)检查井按设计图示数量以(　　)计算。

A. 座数　B. 个数　C. 重量　D. 体积

5)砖砌井筒、预制混凝土井筒按设计图示尺寸以(　　)计算。

A. 体积　B. 个数　C. 重量　D. 延长米

2. 在进行工程量清单计价时，需要根据报价所采用的定额计算计价工程量。根据 2017 版《内蒙古自治区建设工程计价依据》计算计价工程量时，下列项目的工程量计算规则为：

1)排水管道铺设工程量，按设计井中至井中的中心线长度扣除井的长度，以(　　)计算。

A. 座数　　B. 延长米　　C. 重量　　D. 体积

2)管道(渠)垫层和基础按设计图示尺寸以(　　)计算。

A. 座数　　B. 延长米　　C. 重量　　D. 体积

3)混凝土排水管道接口区分管径和做法，以实际接口(　　)计算。

A. 延长米　　B. 个数　　C. 重量　　D. 体积

4)混凝土管道截断按截断次数以(　　)计算。

A. 延长米　　B. 个数　　C. 根数　　D. 体积

5)各类定型井按井的材质、形式、井径、井深不同以设计图示数量按(　　)计算。

A. 座数　　B. 延长米　　C. 重量　　D. 体积

6)检查井筒砌筑适用于井深不同的调整和方沟井筒的砌筑，井深及井筒调增按实际发生数量以(　　)计算。

A. 重量　　B. 座数　　C. 延长米　　D. 体积

7)管道闭水试验，以实际闭水(　　)计算，不扣除各种井所占长度。

A. 重量　　B. 座数　　C. 长度　　D. 体积

8)给水管道消毒冲洗工程量按设计管道中心线(　　)计算，不扣除管件、阀门等所占的长度。

A. 重量　　B. 座数　　C. 体积　　D. 长度

**二、多选题**(每题的备选项中，有 2 个或 2 个以上符合题意)。

1. 下列说法正确的是(　　)。

A. 计算清单工程量时，混凝土排水管道铺设不扣除附属构筑物、管件及阀门等所占长度

B. 计算清单工程量时，混凝土排水管道铺设扣除附属构筑物、管件及阀门等所占长度

C. 计算计价工程量时，混凝土排水管道铺设扣除附属构筑物、管件及阀门等所占长度

D. 计算计价工程量时，混凝土排水管道闭水试验不扣除附属构筑物、管件及阀门等所占长度

E. 计算计价工程量时，混凝土排水管道闭水试验扣除附属构筑物、管件及阀门等所占长度

2. 下列属于混凝土排水管道清单工作内容的有(　　)。

A. 混凝土管铺设　　B. 垫层、基础铺筑及养护

C. 水压试验　　D. 管道接口

E. 闭水试验

3. 关于管件制作、安装的计价工程量计算规则，下列说法正确的有(　　)。

A. 按管件的材质、形式以设计图示数量计算，定额单位为“个”

B. 挖眼接管以支管管径为准，按接管数量计算

C. 预制钢套钢复合保温管外套管接口制作安装按接口数量计算

D. 异径管安装以大口径一侧规格为准选用定额项目

E. 三通安装以主管规格为准选用定额项目

4. 关于水表安装的计价工程量计算规则，下列说法正确的有（　　）。
   A. 法兰水表安装参照《市政给水管道工程及附属设施》(07MS101)编制
   B. 水表按图示设计数量计算“组”数
   C. 不带旁通管的水表包括了表前闸阀
   D. 带旁通管的一组水表包括了旁通管及表前、表后、旁通管上闸阀、止回阀、过滤器及补偿器的安装
   E. 带旁通管的一组水表包括了表前、表后、旁通管上闸阀、止回阀、过滤器及补偿器的安装，但不包括旁通管的安装
5. 下列关于计价工程量的计算规则，正确的是（　　）。
   A. 新旧管线连接区分材质、公称直径按处数计算
   B. 警示(示踪)带按铺设长度计算
   C. 管道支墩(挡墩)按设计图示尺寸以体积计算
   D. 套管的制作安装以个数计算
   E. 法兰安装按设计图示数量计算，定额单位为“个”

### 三、简 答 题

1. 简述“管网工程”的范畴。
2. 简述《市政工程工程量计算规范》中附录E管网工程包括的内容。

### 四、计 算 题

1. 某城市道路雨水管道800 m，采用D800×3000 mm钢筋混凝土承插管，橡胶圈接口，采用135°混凝土条形基础，基础断面如图6-11所示，基础尺寸见表6-24。共有21座1100 mm×1100 mm的矩形直线砖砌雨水检查井，井与井间距均为40 m。试编制该雨水管道工程的工程量清单并计算招标控制价。D800钢筋混凝土管按420元/m，D800胶圈按120元/个计。(不计土方部分)

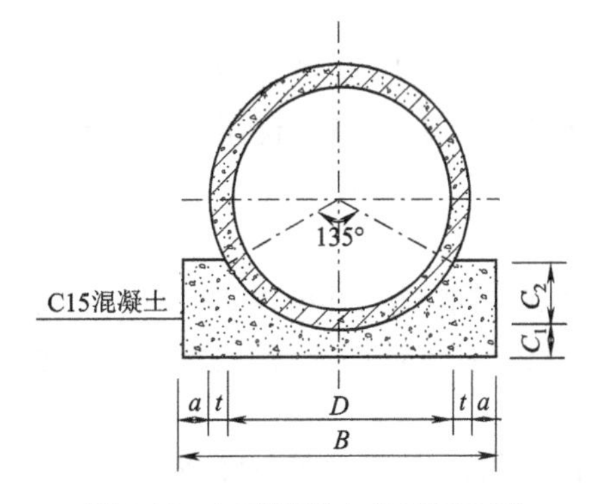


图6-11　135°混凝土基础断面图

**表6-24　钢筋混凝土管120°混凝土基础尺寸表**

| 管内径 $D$(mm) | 管壁厚 $t$(mm) | 管基尺寸(mm) | | | |
|---|---|---|---|---|---|
| | | $a$ | $B$ | $C_1$ | $C_2$ |
| 800 | 70 | 105 | 1150 | 105 | 235 |

# 第 7 章　桥涵工程计量与计价

## 7.1　桥涵工程清单的编制

本章所指的桥涵工程是城镇范围内桥梁工程、各种板涵拱涵工程以及穿越城市道路及铁路的立交箱涵工程。

### 7.1.1　桥涵工程清单项目设置

《市政工程工程量计算规范》(GB 50857—2013)附录 C 桥涵工程中，设置了 9 个小节 86 个清单项目。

1. C.1 桩基

本节根据不同的桩基形式设置了 12 个清单项目：预制钢筋混凝土方桩、预制钢筋混凝土管桩、钢管桩、泥浆护壁成孔灌注桩、沉管灌注桩、干作业成孔灌注桩、挖孔桩土(石)方、人工挖孔灌注桩、钻孔压浆桩、灌注桩后注浆、截桩头、声测管。

2. C.2 基坑与边坡支护

本节根据不同的支护形式设置了 8 个清单项目：圆木桩、预制钢筋混凝土板桩、地下连续墙、咬合灌注桩、型钢水泥土搅拌墙、锚杆(索)、土钉、喷射混凝土。

3. C.3 现浇混凝土构件

本节根据现浇混凝土桥梁的不同结构，部位设置了 25 个清单项目：混凝土垫层、混凝土基础、混凝土承台、混凝土墩(台)帽、混凝土墩(台)身、混凝土支撑梁及横梁、混凝土墩(台)盖梁、混凝土拱桥拱座、混凝土拱桥拱肋、混凝土拱上构件、混凝土箱梁、混凝土连续板、混凝土板梁、混凝土板拱、混凝土挡墙墙身、混凝土挡墙压顶、混凝土楼梯、混凝土防撞护栏、桥面铺装、混凝土桥头搭板、混凝土搭板枕梁、混凝土桥塔身、混凝土连系梁、混凝土其他构件、钢管拱混凝土。

4. C.4 预制混凝土构件

本节根据预制混凝土桥梁的不同结构、部位设置了 5 个清单项目：预制混凝土梁、预制混凝土柱、预制混凝土板、预制混凝土挡土墙墙身、预制混凝土其他构件。

5. C.5 砌筑

本节按砌筑的方式、部位不同设置了 5 个清单项目：垫层、干砌块料、浆砌块料、砖砌体、护坡。

6. C.6 立交箱涵

本节主要按立交箱涵施工顺序设置了 7 个清单项目：透水管、滑板、箱涵底板、箱涵侧墙、箱涵顶板、箱涵顶进、箱涵接缝。

7. C.7 钢结构

本节主要按钢结构的不同部位设置了 9 个清单项目：钢箱梁、钢板梁、钢桁架、钢拱、劲性钢结构、钢结构叠合梁、其他钢构件、悬(斜拉)索、钢拉杆。

8. C.8 装饰

本节主要按不同的装饰材料设置了5个清单项目：水泥砂浆抹面、剁斧石饰面、镶贴面层、涂料、油漆。

9. C.9 其他

本节主要按桥梁的附属结构设置了10个清单项目：金属栏杆、石质栏杆、混凝土栏杆、橡胶支座、钢支座、盆式支座、桥梁伸缩装置、隔声屏障、桥面排(泄)水管、防水层。

除箱涵顶进土方、桩土方以外，其他土方应按附录A土石方工程中相关清单项目列项编码。台帽、台盖梁均应包括耳墙、背墙。

### 7.1.2 桥涵工程清单工程量计算规则

1. 工程量计算规则

本节重点介绍C.1、C.3、C.4、C.8、C.9中常见的桥梁工程清单项目的计算规则及计算方法。在一些清单项目中，有两个计量单位，在进行工程量计算时，应结合拟建工程项目实际情况进行选择。

(1)桩基

打入桩根据桩身材料及成孔方式分为：预制钢筋混凝土方桩、预制钢筋混凝土管桩、钢管桩、泥浆护壁成孔灌注桩、沉管灌注桩、干作业成孔灌注桩、挖孔桩土(石)方、人工挖孔灌注桩、钻孔压浆桩、灌注桩后注浆、截桩头、声测管。工程量计算规则如下：

预制钢筋混凝土方桩、预制钢筋混凝土管桩、泥浆护壁成孔灌注桩、沉管灌注桩、干作业成孔灌注桩：①按设计图示尺寸以桩长(包括桩尖)计算，单位为m；②按设计图示桩长(包括桩尖)乘以桩的断面积计算；③按设计图示数量计算，单位为根。

钢管桩：①按设计图示尺寸以质量计算，单位为t；②按设计图示数量计算，单位为根。

挖孔桩土(石)方：按设计图示尺寸截面积乘以挖孔深度计算，单位为$m^3$。

人工挖孔灌注桩：①按桩芯混凝土体积计算，单位为$m^3$；②按设计图示数量计算，单位为根。

钻孔压浆桩：①按设计图示尺寸以桩长计算，单位为m；②按设计图示数量计算，单位为根。

灌注桩后注浆：按设计图示以注浆孔数计算，单位为孔。

截桩头：①按设计桩截面乘以桩头长度以体积计算，单位为$m^3$；②按设计图示数量计算，单位为根。

声测管：①按设计图示尺寸以质量计算，单位为t；②按设计图示尺寸以长度计算，单位为m。

在计算工程量时，要根据具体工程的施工图纸，结合桩基清单项目的项目特征，划分不同的清单项目，分类计算其工程量。如“预制钢筋混凝土方桩”项目特征有5点，需结合工程实际加以区别。

①地层情况；

②送桩深度、桩长；

③桩截面：桩的截面尺寸是否相同；

④桩倾斜度：是直桩还是斜桩，如果都是斜桩，斜率是否相同；

⑤混凝土强度等级:桩身强度等级。

如果上述5个项目特征有1个不同,就应是1个不同的具体的清单项目,其钢筋混凝土方桩的工程量应分别列项分别计算。

【例7.1】某单跨小型桥梁,采用轻型桥台、预制钢筋混凝土方桩基础,桥梁桩基础如图7-1所示,试计算桩基清单工程量。

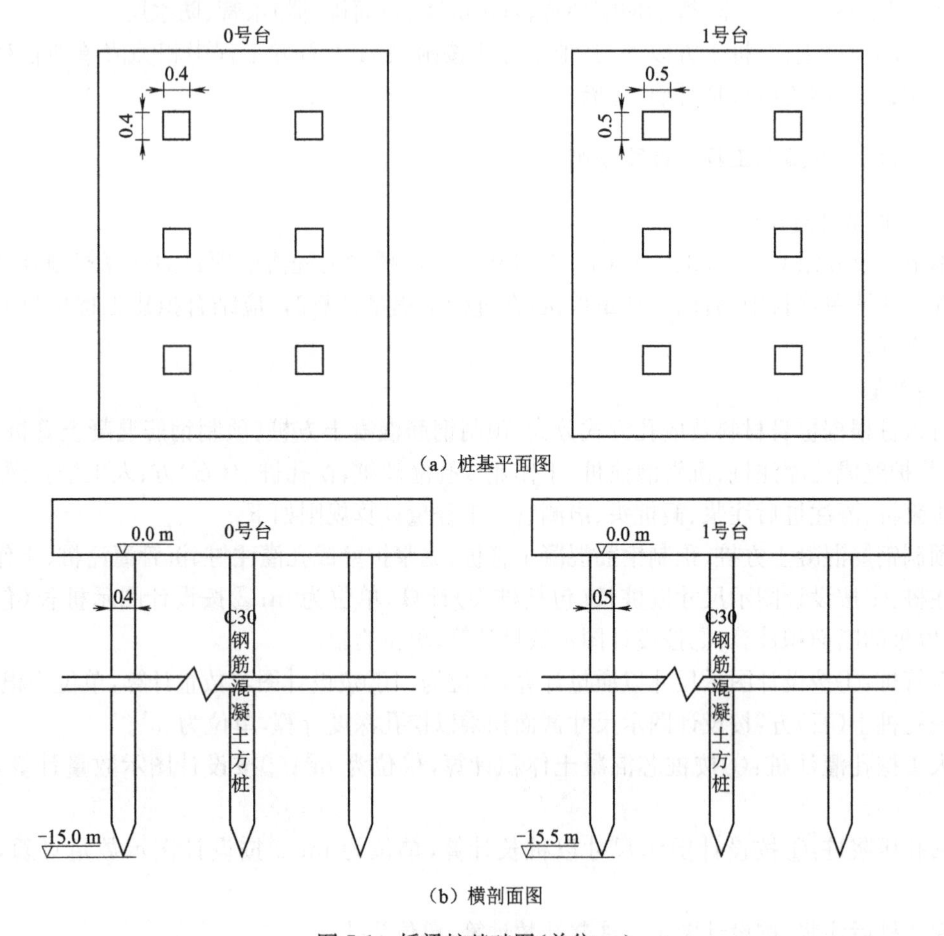


图7-1 桥梁桩基础图(单位:m)

**解:**根据图7-1可知,该桥梁两侧桥台下均采用C30钢筋混凝土方桩,均为直桩。但两侧桥台下方桩截面尺寸不同,即有1个项目特征不同,所以该桥梁工程桩基有2个清单项目,应分别计算其工程量。

①C30钢筋混凝土方桩(400 mm×400 mm),项目编码:040301002001

清单工程量=15×6=90(m)

②C30钢筋混凝土方桩(500 mm×500 mm),项目编码:040301002002

清单工程量=15.5×6=93(m)

(2)现浇混凝土

混凝土楼梯:①按设计图示尺寸以水平投影面积计算,单位为$m^2$;②按设计图示尺寸以体积计算,单位为$m^3$。

混凝土防撞护栏：按设计图示尺寸以长度计算，计量单位为 m。

桥面铺装：按设计图示尺寸以面积计算，计量单位为 $m^2$。

其他现浇混凝土结构：按设计图示尺寸以体积计算，计量单位为 $m^3$。

(3)预制混凝土

按设计图示尺寸以体积计算，计量单位为 $m^3$。

(4)砌筑

护坡：按设计图示尺寸以面积计算，计量单位为 $m^2$。

其他砌筑工程：按设计图示尺寸以体积计算，计量单位为 $m^3$。

(5)其他

装饰清单项目工程量按设计图示尺寸以面积计算，计量单位为 $m^2$。

金属栏杆清单项目工程量按设计图示尺寸以质量计算，计量单位为 t，或者按设计图示尺寸以延长米计算，计量单位为 m；普通石质栏杆、混凝土栏杆清单项目工程量按设计图示尺寸以长度计算，计量单位为 m。

橡胶支座、钢支座、盆式支座清单项目工程量按设计图示数量计算，计量单位为个。

桥梁伸缩缝、桥面泄水管清单项目工程量按设计图示尺寸以长度计算，计量单位为 m。

隔声屏障、防水层项目工程量按设计图示尺寸以面积计算，计量单位为 $m^2$。

2. 工程量计算注意事项

现浇混凝土构件清单项目的工程内容包含了模板的制作安装，同时，在措施项目中又单列了模板工程项目。对此，模板的制作安装费用可以根据工程的情况在两种方式选择其一，注意不得重复计取。

预制混凝土构件按现场制作考虑，工作内容中包括模板工程，不再另列，若采用成品预制混凝土构件时，构件成品价(包括模板)应计入综合单价中。

桥面铺装沥青混凝土面层按附录 B 道路工程相关清单项目编码列项。

当以体积为计量单位计算混凝土工程量时，不扣除构件内钢筋、螺栓、预埋铁件、张拉孔道和单个面积≤0.3 $m^2$的孔洞所占体积，但应扣除型钢混凝土构件中型钢所占体积。

桩基陆上工作平台搭拆工作内容包括在相应的清单项目中，若为水上工作平台搭拆，应按附录 L 措施项目相关项目单独编码列项。

### 7.1.3　桥涵工程清单的编制

市政桥涵工程清单包括分部分项工程项目、措施项目、其他项目、规费项目和税金项目的名称和相应数量等的明细清单。统一按照《建设工程工程量清单计价规范》(GB 50500—2013)规定的工程量清单统一格式进行编制，具体见本教材表 3-1～表 3-10。

1. 编制准备

编制工程量清单前，要准备并熟悉相关编制依据。

熟悉《建设工程工程量清单计价规范》(GB 50500—2013)；《市政工程工程量计算规范》(GB 50857—2013)；国家或省级、行业建设主管部门颁发的计价依据和办法；熟悉施工设计文件、认真识读施工图纸，准备与拟建工程有关的标准、规范、技术资料；了解常规施工方案。

2. 分部分项清单的编制

分部分项工程量清单是在招投标期间由招标人或受其委托的工程造价咨询人编制的拟建

招标工程的全部项目和内容的分部分项工程数量的表格。

分部分项工程量清单见表 3-1，应包括项目编码、项目名称、项目特征、计量单位和工程量。编制桥涵工程分部分项工程量清单时必须遵循《市政工程工程量计算规范》(GB 50857—2013)附录 C 桥涵工程中的项目编码、项目名称、项目特征、计量单位、工程量计算规则五个统一的内容。具体编制步骤如下：

(1)清单项目列项

应依据《市政工程工程量计算规范》附录 C 中规定的清单项目及其编码，根据招标文件的要求，结合施工图设计文件、施工现场等条件进行桥涵工程清单项目列项并编写具体项目名称。

桥涵护岸工程施工图一般由桥涵平面布置图、桥涵结构总体布置图、桥涵上下部结构图及钢筋布置图、桥面系构造图、附属工程结构设计图组成。编制分部分项工程量清单，必须认真阅读全套施工图纸，了解工程的总体情况，明确各部分的工程构造，并结合工程施工方法，按照工程的施工工序，逐个列出工程施工项目。

①桥涵平面布置图，表达桥涵的中心轴线线形、里程、结构宽度、桥涵附近的地形地物等情况。为编制工程量清单时确定工程的施工范围提供依据。

②桥涵结构总体布置图中，立面图表达桥涵的类型、孔数及跨径、桥涵高度及水位标高、桥涵两端与道路的连接情况等；剖面图表达桥涵上下部结构的形式以及桥涵横向的布置方式等。主要为编制桥涵护岸各分部分项工程量清单及措施项目时提供根据。

③桥涵上下部结构图及钢筋布置图中，上下部结构图表达桥涵的基础、墩台、上部的梁(拱或塔索)的类型；各部分结构的形状、尺寸、材质以及各部分的连接安装构造等。钢筋布置图表达钢筋的布置形式、种类及数量。主要为桥涵桩基础、现浇混凝土、预制混凝土、砌筑的分部分项工程量清单编制提供依据。

④桥面系构造图，表达桥面铺装、人行道、栏杆、防撞栏、伸缩缝、防水排水系统、隔声构造等的结构形式、尺寸及各部分的连接安装。主要为编制桥涵护岸的砌筑、装饰等其他分部分项工程量清单时提供根据。

⑤附属工程结构设计图，主要指跨越河流的桥涵或城市立交桥梁修建的河流护岸、河床铺砌、导流堤、护坡、挡墙等配套工程项目。

从以上桥涵护岸工程图纸内容的分析可以看出，一个完整的桥梁工程分部分项工程量清单一般还包括《市政工程工程量计算规范》附录 A 土石方工程、附录 J 钢筋工程中的有关清单项目，如果是改建桥梁工程，还应包括附录 K 拆除工程中的有关清单项目。附录 J 钢筋工程中的清单项目主要有预埋铁件、非预应力钢筋、先张法预应力钢筋、后张法预应力钢筋、型钢等。附录 K 拆除工程中的清单项目主要有拆除混凝土结构等。

工程量清单编制时，考虑该项目的规格、型号、材质、功能等特征要求，结合拟建工程的实际情况，使其工程量清单项目名称具体化、细化、能够反映影响工程造价的主要因素。如市政桥涵工程计量规范附录中的项目名称“预制钢筋混凝土方桩”，可以根据混凝土的强度、截面特征等具体情况写成“30 cm×40 cm C30 钢筋混凝土方桩”。

(2)项目编码

项目编码就是在熟读施工图的基础上，对照《市政工程工程量计算规范》(以下简称《计量规范》)“附录 C 桥涵工程”中各分部分项清单项目的名称、特征、工程内容，将拟建的桥涵护岸工程结构进行合理的分类组合，编排列出一个个相对独立的与"附录C桥涵工程"中各清单项目相对应的分部分项清单项目，经检查，符合不重不漏的前提下，确定各分部分项的项目名称，同时予以正确的项目编码。当拟建工程出现新结构、新工艺，不能与《计量规范》附录的清单项目对应时，编制人可作相应补充，并报省、自治区、直辖市工程造价管理机构备案执行。

分部分项工程量清单的项目编码以5级编码设置，用12位阿拉伯数字表示。管网工程的分部分项工程量清单的项目编码前4级按照《计量规范》(GB 50857—2013)附录C桥涵工程的规定设置，全国统一编码，从040301001到040309010。第5级清单项目名称顺序码由工程量清单编制人针对本工程项目自001顺序编制。同一招标工程的项目编码不得有重码。

前3级分别由两位阿拉伯数字表示。第一级是专业工程代码，04为市政工程；第二级是分类顺序码，03为桥涵工程；第三级是分部工程顺序码，01表示桩基，02表示基坑与边坡支护，03表示现浇混凝土构件，04表示预制混凝土构件，05表示砌筑，06表示立交箱涵，07表示钢结构，08表示装饰，09表示其他；第四级是分项工程项目名称顺序码，由三位阿拉伯数字表示。第三级中的每个分部又分别分为多个分项，比如桩基分部分为001预制钢筋混凝土方桩、002预制钢筋混凝土管桩、003钢管桩……等12个分项工程。

以桥梁桩基中的"预制钢筋混凝土方桩"为例，其统一的项目编码为"040301001"，项目特征包括：

①地层情况；

②送桩深度、桩长；

③桩截面；

④桩倾斜度；

⑤混凝土强度等级。

**【例7.2】**某座桥梁的桥墩桩基设计为C30钢筋混凝土方桩，断面尺寸30 cm×40 cm，桥台桩基设计为C30钢筋混凝土方桩，断面尺寸30 cm×30 cm；均为垂直桩。确定该桩基础项目编码。

**解：**根据《计量规范》(GB 50857—2013)附录C桥涵工程及该工程实际，由于桩的桩截面特征不同，项目编码设置为：

30 cm×40 cm C30钢筋混凝土方桩　040301001001

30 cm×30 cm C30钢筋混凝土方桩　040301001002

(3)描述项目特征

项目特征应按《计量规范》(GB 50857—2013)附录C桥涵工程中规定的项目特征，结合不同的工程部位、施工工艺或材料品种、规格等实际情况分别列项。

(4)填写计量单位

分部分项工程量清单的计量单位采用基本单位，应按《计量规范》(GB 50857—2013)附录中规定的计量单位确定。

(5)计算工程量

根据施工图纸，按照清单项目的工程量计算规则、计算方法计算清单项目的工程量。

3. 措施项目清单的编制

措施项目清单的编制应根据工程招标文件、施工设计图纸、常规施工方案、现场实际情况确定施工措施项目，包括施工组织措施项目和施工技术措施项目，按照《工程量清单计价规范》

规定的统一格式进行编制，见表3-2和表3-3。

(1)施工组织措施项目列项

桥涵工程施工组织措施项目主要有安全文明施工、夜间施工、材料二次搬运、冬雨季施工、大型机械进出场及安拆临时设施等。施工组织措施项目主要根据招标文件的要求、工程实际情况确定列项。材料二次搬运项目可根据工程现场条件确定是否列项，其他施工组织措施项目一般需列项。夜间施工增加费与缩短工期增加费不能同时列项。

(2)施工技术措施项目列项

桥涵工程施工技术措施项目主要有大型机械设备进出场及安拆、混凝土、钢筋混凝土模板及支架、脚手架、施工排水、降水、围堰、现场施工围栏、便道、便桥等。施工技术措施项目主要根据施工图纸、施工方法确定列项。

在编制措施项目清单时，因工程情况不同，若出现计量规范未列的项目，可根据工程实际情况补充。

4. 其他项目清单的编制

见本教材第3章。

5. 规费税金项目清单的编制

见本教材第3章。

6. 填写编制说明及封面

见本教材第3章。

## 7.2 桥涵工程工程量清单编制实例

某桥梁工程与道路中线斜交90°，上部结构采用8 m跨径的现浇混凝土板，下部结构采用薄壁式桥台，$\phi$120 cm钻孔灌注桩基础，桥面铺装采用5 cm细粒式沥青混凝土。桥梁工程施工图纸如图7-6～图7-24所示。(基坑土方量忽略不计)

试编制该桥梁工程的招标工程量清单。

1. 分部分项工程量清单

根据《工程量清单计价规范》(GB 50500—2013)、《市政工程工程量计算规范》(GB 50857—2013)、该桥梁工程施工图纸、常规施工方案等编制分部分项工程量清单，见表7-1。

**表7-1 分部分项工程量清单与计价表**

| 序号 | 项目编码 | 项目名称 | 项目特征描述 | 计量单位 | 工程量 | 金额 | | |
|---|---|---|---|---|---|---|---|---|
| | | | | | | 综合单价 | 合价 | 其中：人工费 |
| 1 | 040301004001 | 泥浆护壁成孔灌注桩 | 1. 地层情况：砂土<br>2. 桩长：26 m<br>3. 桩径：1.2 m<br>4. 成孔方法：回旋钻<br>5. 混凝土强度等级：C30 | m | 78 | | | |
| 2 | 040303003001 | C30混凝土承台 | 混凝土强度等级：C30 | m³ | 79.2 | | | |

续上表

| 序号 | 项目编码 | 项目名称 | 项目特征描述 | 计量单位 | 工程量 | 金额 | | |
|---|---|---|---|---|---|---|---|---|
| | | | | | | 综合单价 | 合价 | 其中：人工费 |
| 3 | 040303004001 | C30 混凝土台帽 | 1. 部位：桥台<br>2. 混凝土强度等级：C30 | $m^3$ | 23.2 | | | |
| 4 | 040303005001 | C30 混凝土台身 | 1. 部位：桥台<br>2. 混凝土强度等级：C30 | $m^3$ | 71.3 | | | |
| 5 | 040303006001 | C30 混凝土支撑梁 | 1. 部位：桥台<br>2. 混凝土强度等级：C30 | $m^3$ | 3.2 | | | |
| 6 | 040303013001 | C30 混凝土板梁 | 1. 部位：上部结构<br>2. 结构形式：实心板<br>3. 混凝土强度等级：C30 | $m^3$ | 54.4 | | | |
| 7 | 040303019001 | 沥青混凝土桥面铺装 | 1. 部位：上部结构<br>2. 沥青品种：石油沥青<br>3. 厚度：5 cm | $m^2$ | 88 | | | |
| 8 | 040303020001 | C30 桥头搭板 | 混凝土强度等级：C30 | $m^3$ | 39.6 | | | |
| 9 | 040309004001 | 板式橡胶支座 | 1. 材质：橡胶<br>2. 规格：1 cm 厚<br>3. 形式：橡胶板 | 个 | 2 | | | |
| 10 | 040901001001 | 现浇构件钢筋直径 25 mm 以内 | 1. 钢筋种类：普通钢筋<br>2 钢筋规格：带肋钢筋直径 25 mm以内 | t | 13.646 | | | |
| 11 | 040901001002 | 现浇构件钢筋直径 18 mm 以内 | 1. 钢筋种类：普通钢筋<br>2. 钢筋规格：带肋钢筋直径 18 mm以内 | t | 14.961 | | | |
| 12 | 040901001003 | 现浇构件钢筋直径 10 mm 以内 | 1. 钢筋种类：普通钢筋<br>2. 钢筋规格：光圆钢筋 10 mm 以内 | t | 1.485 | | | |
| 13 | 040901004001 | 桩基础钢筋笼 | 1. 钢筋种类：普通钢筋<br>2. 钢筋规格：带肋钢筋 | t | 8.425 | | | |
| 14 | 040901004002 | 桩基础钢筋笼 | 1. 钢筋种类：普通钢筋<br>2. 钢筋规格：光圆钢筋 | t | 1.645 | | | |

编制步骤如下：

(1)首先根据计量规范和施工图纸进行列项，设置项目名称。

(2)根据计量规范附录对清单项目进行编码，用 12 位阿拉伯数字表示，前 9 位依据规范进行统一编码，后 3 位从 001 开始顺序编码。

(3)描述项目特征，不同项目特征设置不同的清单项目。

(4)根据《计量规范》(GB 50857—2013)附录 C 桥涵工程中的工程量计算规则计算工程量。

1)泥浆护壁成孔灌注桩

工程量计算规则为:以 m 计量,按设计图示尺寸以桩长(包括桩尖)计算。

根据桥型布置图计算　$13\times6=48$(m)

2)C30 混凝土承台

工程量计算规则为:按设计图示尺寸以体积计算。

其中承台工程量根据桥台一般构造图计算　$12\times2.2\times1.5\times2=79.2$($m^3$)

3)C30 台帽

4)C30 台身

5)C30 支撑梁

6)C30 混凝土板梁

其余工程量见表 7-1,计算过程略。

7)沥青混凝土桥面铺装

工程量计算规则为:按设计图示尺寸以面积计算。

根据桥面系构造图计算　$11\times8=88$($m^2$)

8)C30 桥头搭板

工程量计算规则为:按设计图示尺寸以体积计算。

根据桥型布置图计算　$11\times0.3\times6\times2=39.6$($m^3$)

9)板式橡胶支座:

工程量计算规则为:按设计图示数量计算。

根据支座布置及锚栓构造图、桥型布置图计算　$1\times2=2$(套)

10)现浇构件钢筋直径 25 mm 以内

工程量计算规则为:按设计图示尺寸以质量计算。

根据钢筋构造图计算:$3376.1+1069.9+71.1\times2+5292+985.5+1390.1\times2=13645.9$(kg)

其中现浇板直径 25 mm 钢筋的计算过程为:钢筋单位质量$=0.00617\times25^2=3.85$(kg/m)

25 mm 钢筋的长度据图可知为:876.90 m

25 mm 钢筋质量为:$3.85\times876.90=3376.1$(kg)

通常在计算时,钢筋的单位重量可通过查表的方式得到,单位钢筋重量见表 7-2。

**表 7-2　单位钢筋质量表**

| 直径(mm) | 单位重(kg/m) | 直径(mm) | 单位重(kg/m) |
|---|---|---|---|
| 6 | 0.222 | 18 | 2.00 |
| 6.5 | 0.260 | 20 | 2.468 |
| 8 | 0.395 | 22 | 2.980 |
| 10 | 0.617 | 25 | 3.85 |
| 12 | 0.888 | 28 | 4.83 |
| 14 | 1.21 | 32 | 6.31 |
| 16 | 1.58 | | |

其余钢筋工程量见表 7-2,计算过程略。

2. 措施项目清单

措施项目清单根据《计量规范》(GB 50857—2013)附录 L、2017 版《内蒙古自治区建设工程计价依据》、该桥梁工程的施工图纸和拟建工程的实际情况进行编制。

安全文明施工与环境保护费、临时设施费、雨季施工增加费、二次搬运费、工程定位复测费采用总价措施项目清单与计价表的格式编制,按计量规范附录措施项目规定的项目编码、项目名称确定清单项目,见表 7-3。模板、排水降水措施在计量规范附录中列出了项目编码、项目名称、项目特征、计量单位、工程量计算规则,采用单价措施项目清单与计价表的格式进行编制,见表 7-4。

**表 7-3　总价措施项目清单与计价表**

工程名称:某桥梁工程　　　　标段:　　　　第　页共　页

| 序号 | 项目编码 | 项目名称 | 计算基础 | 费率(%) | 金额(元) |
|---|---|---|---|---|---|
| 1 | 041109001001 | 安全文明施工 | | | |
| 2 | 041109004001 | 雨季施工增加费 | | | |
| 3 | 041109003001 | 二次搬运费 | | | |
| 4 | 04B001 | 工程定位复测费 | | | |
| 合　计 | | | | | |

**表 7-4　单价措施项目清单与计价表**

工程名称:某桥梁工程　　　　标段:　　　　第　页共　页

| 序号 | 项目编码 | 项目名称 | 项目特征描述 | 计量单位 | 工程量 | 金额(元) | |
|---|---|---|---|---|---|---|---|
| | | | | | | 综合单价 | 合价 |
| 1 | 041102003001 | 承台模板 | 1. 构件类型:桥台<br>2. 支模高度:1.5 m | $m^2$ | 85.2 | | |
| 2 | 041102004001 | 台帽模板 | 构件类型:桥台 | $m^2$ | 11.8 | | |
| 3 | 041102005001 | 台身模板 | 构件类型:桥台 | $m^2$ | 14.24 | | |
| 4 | 041102006001 | 支撑梁模板 | 构件类型:桥台 | $m^2$ | 11.7 | | |
| 5 | 041102015001 | 混凝土板梁模板 | 构件类型:桥台 | $m^2$ | 104.3 | | |
| 6 | 041102014001 | 桥头搭板模板 | 构件类型:桥头搭板 | $m^2$ | 13.8 | | |
| 7 | 041107002001 | 施工降水 | 轻型井点降水 | 昼夜 | 40 | | |
| 本页小计 | | | | | | | |
| 合　计 | | | | | | | |

措施项目清单中的项目编码、项目名称、项目特征描述方法同分部分项工程量清单,工程量计算如下:

模板工程量计量规则为:按接触混凝土的面积计算

承台模板:$S=(12+2.2)\times2\times1.5\times2=85.2(m^2)$

其余模板工程量计算略。

3. 其他项目清单

其他项目清单见表 7-5,本工程不涉及暂估价、计日工和总承包服务费。

**表 7-5 其他项目清单与计价汇总表**

工程名称:某桥梁　　　　标段:　　　　第 页共 页

| 序号 | 项目名称 | 计量单位 | 金额(元) | 备 注 |
|---|---|---|---|---|
| 1 | 暂列金额 | 项 | 80000 | |
| 2 | 检验试验费 | | | |
| 合 计 | | | | — |

4. 规费、税金项目清单

根据《建筑安装工程费用项目组成》(建标〔2013〕44 号),规费项目包括:社会保险费(养老保险费、失业保险费、医疗保险费、工伤保险、生育保险)、住房公积金、水利建设基金、工程排污费。计入建筑安装工程费的税金为增值税。规费、税金项目清单见表 7-6。

**表 7-6 规费、税金项目清单与计价表**

工程名称:某桥梁　　　　标段:　　　　第 页共 页

| 序号 | 项目名称 | 计算基础 | 费率(%) | 金额(元) |
|---|---|---|---|---|
| 1 | 规费 | 人工费 | | |
| 1.1 | 养老失业保险 | | | |
| 1.2 | 基本医疗保险 | | | |
| 1.3 | 住房公积金 | | | |
| 1.4 | 工伤保险 | | | |
| 1.5 | 生育保险 | | | |
| 1.6 | 水利建设基金 | | | |
| 2 | 税金 | 分部分项工程费+措施项目费+其他项目费+规费 | | |
| 合 计 | | | | |

5. 总说明

总说明见表 7-7。

**表 7-7 总说明**

工程名称:某桥梁　　　　第 页共 页

(1)工程概况:某桥梁工程与道路中线斜交 90°,上部结构采用 8 m 跨径的现浇混凝土板,下部结构采用薄壁式桥台,$\phi$120 cm 钻孔灌注桩基础,桥面铺装采用 5 cm 细粒式沥青混凝土。

(2)工程量清单的编制依据:

1)《建设工程工程量清单计价规范》(GB 50500—2013)和《市政工程工程量计算规范》(GB 50857—2013);

2)2017 版《内蒙古自治区建设工程计价依据》;

3)该桥梁工程施工图纸;

4)《城市桥梁工程施工与质量验收规范》(CJJ 2—2008);

5)该市政桥梁工程招标文件;

6)施工现场情况、工程特点及常规施工方案;

7)其他相关资料。

6. 工程量清单封面

工程量清单封面见表7-8。

**表7-8 工程量清单封面**

<u>某桥梁</u>工程

工 程 量 清 单

| | |
|---|---|
| 招 标 人：________<br>（单位盖章） | 工程造价<br>咨 询 人：________<br>（单位资质专用章） |
| 法定代表人<br>或其授权人：________<br>（签字或盖章） | 法定代表人<br>或其授权人：________<br>（签字或盖章） |
| 编 制 人：________<br>（造价人员签字盖专用章） | 复 核 人：________<br>（造价工程师签字盖专用章） |
| 编制时间： 年 月 日 | 复核时间： 年 月 日 |

## 7.3 桥涵工程清单计价的编制

清单计价中用于报价的实际工程量称为计价工程量。计价工程量是指桥涵工程中各分部分项工程根据所需定额分解细化列出的具体施工项目对应的工程量，计价工程量是根据所采用的定额和相对应的工程量计算规则计算的。本教材按照2017版《内蒙古自治区建设工程计价依据》计算计价工程量，介绍桥涵工程中常见工程的计量规则。

2017版《内蒙古自治区市政工程预算定额》第三册《桥涵工程》适用于城镇范围内的桥涵工程；单跨5 m以内的各种板涵、拱涵工程（圆管涵执行第四册《市政管网工程》相关项目）；穿越城市道路及铁路的立交箱涵工程。

### 7.3.1 计价工程量计算项目

根据市政桥涵工程的构造及施工工艺，依据2017版《内蒙古自治区市政工程预算定额》第三册《桥涵工程》的定额项目设置，桥涵工程需要计算的项目有以下几项：

1. 桩基工程

(1)搭拆桩基基础工作平台

(2)打桩工程

(3)钻孔灌注桩工程

2. 基坑与边坡支护

(1)钢筋混凝土板桩

(2)地下连续墙

(3)咬合灌注桩

(4)水泥土搅拌墙

3. 现浇混凝土构件

(1)混凝土工程

(2)模板工程

4. 预制混凝土构件

(1)混凝土工程

(2)模板工程

(3)安装预制构件

5. 砌筑

6. 立交箱涵

7. 钢结构

8. 其他

### 7.3.2 计价工程量计算规则

1. 桩基的计量规则

工作平台面积计算示意如图 7-2 所示。

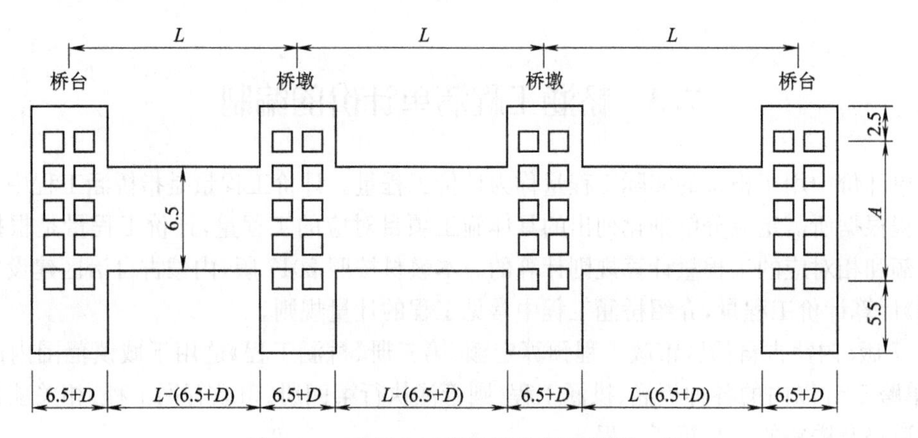


图 7-2 工作平台面积计算示意图(单位:m)

(1)搭拆打桩工作平台面积计算

1)桥梁打桩: $F=N_1F_1+N_2F_2$

每座桥台(桥墩): $F_1=(5.5+A+2.5)\times(6.5+D)$

每条通道: $F_2=6.5\times[L-(6.5+D)]$

2)钻孔灌装柱: $F=N_1F_1+N_2F_2$

每座桥台(桥墩): $F_1=(A+6.5)\times(6.5+D)$

每条通道: $F_2=6.5\times[L-(6.5+D)]$

式中 $F$——工作平台总面积;

$F_1$——每座桥台(桥墩)工作平台面积;

$F_2$——桥台至桥墩间或桥墩至桥墩间通道工作平台面积;

$N_1$——桥台与桥墩总数量;

$N_2$——通道总数量；

$D$——二排桩之间的距离，m；

$L$——桥梁跨径或护岸第一根桩中心至最后一根桩中心之间的距离，m；

$A$——桥台（桥墩）每排桩的第一根桩中心至最后一根桩中心之间的距离，m。

（2）打桩

1）钢筋混凝土方桩按桩长度（包括桩尖长度）乘以桩截面面积计算。

2）钢筋混凝土管桩按桩长度（包括桩尖长度）乘以桩截面面积，空心部分体积不计。

3）钢管桩按成品桩考虑，以"t"计算。

（3）送桩

1）陆上打桩时，以原地面平均标高增加1 m为界，界线以下至设计桩顶标高之间的打桩实体积为送桩工程量。

2）支架上打桩时，以当地施工期间的最高潮水位增加0.5 m为界线，界线以下至设计桩顶标高之间的打桩实体积为送桩工程量。

（4）灌注桩

1）回旋钻机钻孔、冲击式钻机钻孔、卷扬机带冲抓锥冲孔的工程量按设计入土深度计算。旋挖钻机钻孔按设计入土深度乘以桩截面面积计算，入岩增加费按实际入岩体积计算，中风化岩和微风化岩做入岩计算。

2）灌注桩水下混凝土工程量按设计桩长增加1.0 m乘以设计桩径截面面积计算。

3）人工挖孔工程量按护壁外缘包围的面积乘以深度计算，现浇混凝土护壁和灌注桩混凝土按设计图示尺寸以"m"计算。

2. 基坑与边坡支护

（1）钢筋混凝土板桩按桩长度（包括桩尖长度）乘以桩截面面积计算。

（2）地下连续墙成槽土方量及浇筑混凝土工程量按连续设计截面面积（设计长度乘以宽度）乘以槽深（设计槽深加超深0.5 m）以"$m^3$"为单位计算。

（3）咬合灌注桩按设计图示以"$m^3$"为单位计算。

（4）水泥土搅拌墙按设计截面面积乘以设计长度以"$m^3$"为单位计算。

3. 现浇混凝土的计量规则

（1）混凝土工程量按设计尺寸以实体积计算（不包括空心板、梁的空心体积），不扣除钢筋、铁丝、铁件、预留压浆孔道和螺栓所占的体积。

（2）模板工程量按模板接触混凝土的面积计算。

（3）现浇混凝土墙、板上单孔面积在0.3 $m^2$以内的空洞不予扣除，洞侧壁模板面积亦不再计算；单孔面积在0.3 $m^2$以上时应予扣除，洞侧壁模板面积并入墙、板模板工程量之内计算。

4. 预制混凝土的计量规则

（1）混凝土工程量计算：预制空心构件按设计图尺寸扣除空心体积，以实体积计算。

（2）模板工程量计算：

1）预制构件中模板工程量按模板接触混凝土的面积计算。

2）灯柱、端柱、栏杆等小型构件按平面投影面积计算。

（3）安装预制构件以"$m^3$"为计量单位的，均按构件混凝土实体积（不包括空心部分）计算。

5. 砌筑工程的计量规则

砌筑工程量按设计砌体尺寸以立方米体积计算，嵌入砌体中的钢管、沉降缝、伸缩缝以及单孔面积 0.3 m² 以内的预留孔所占体积不予扣除。

6. 立交箱涵

箱涵混凝土工程量，不扣除单孔面积 0.3 m² 以下的预留孔洞体积。

7. 钢结构

钢构件工程量按设计图纸的主材(不包括螺栓)质量，以“t”为单位计算。

8. 其他工程的计量规则

(1)金属栏杆工程量按设计图纸的主材质量，以“t”为单位计算。

(2)橡胶支座按支座橡胶板(含四氟)尺寸以体积计算。

### 7.3.3 计价工程量计算示例

**【例 7.3】**某三跨简支梁桥，桥跨结构为 10 m+13 m+10 m，均采用 40 cm×40 cm 打入桩基础，其中 0 号台、3 号台采用单排桩 1 根，桩距为 140 cm，1 号墩、2 号墩采用双排平行桩，每排 9 根，桩距 150 cm，排距 150 cm。试求该打桩工程搭拆工作平台的总面积。

**解：**按工程量计算规则可知

(1)0 号台、3 号台每座工作平台面积：

$A=1.40\times(11-1)=14(\text{m})\quad D=0$

$F=(5.5+14+2.5)\times(6.5+0)=143(\text{m}^2)$

(2)1 号墩、2 号墩每座工作平台面积：

$A=1.5\times(9-1)=12(\text{m})\quad D=1.5\ \text{m}$

$F=(5.5+12+2.5)\times(6.5+1.5)=160(\text{m}^2)$

(3)通道平台面积：

0～1 号、2～3 号每条通道平台

$F=6.5\times[10-6.5/2-(6.5+1.5)/2]=17.875(\text{m}^2)$

1～2 号通道平台

$F=6.5\times[13-(6.5+1.5)]=32.5(\text{m}^2)$

(4)全桥搭拆工作平台总面积：

$F=143\times2+160\times2+17.875\times2+32.5=674.25(\text{m}^2)$

**【例 7.4】**如图 7-3 所示，自然地坪标高 0.5 m，桩顶标高−0.3 m，设计桩长 18 m(包括桩尖)。桥台基础共有 20 根 C30 预制钢筋混凝土方桩，采用焊接接桩，试计算打桩、接桩与送桩的定额工程量。

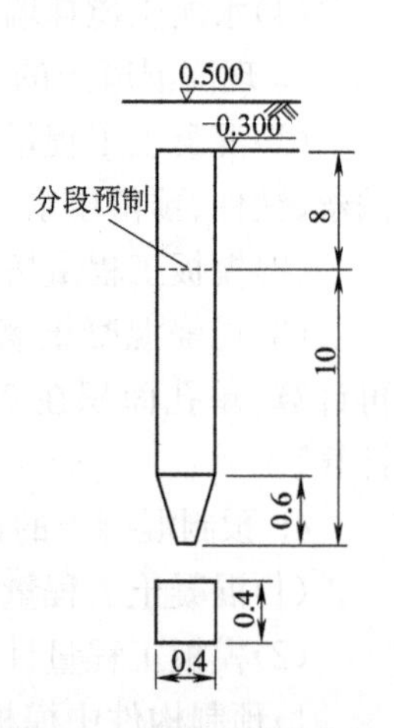

图 7-3 钢筋混凝土方桩(单位：m)

**解：**(1)打桩：$V=0.4\times0.4\times18\times20=57.6(\text{m}^3)$

(2)接桩：$n=20$ 个

(3)送桩：$V=0.4\times0.4\times(0.5+0.3+1)\times20=5.76(\text{m}^3)$

**【例 7.5】**某 1-13 m 空心板桥为 C50 预制空心板，其中板的一般构造如图 7-4 所示。试计算一块中板的预制混凝土的工程量。

**解：**空心板截面积＝矩形面积－空心面积－翼上空心面积

矩形面积=1.24×0.7=0.868(m²)

空心面积=(0.7−0.12×2)×0.8−0.18×0.08−0.12×0.08=0.346(m²)

翼上空心面积=[0.08×0.08÷2+(0.05+0.05+0.05)×0.05÷2+(0.05+0.08)×0.45÷2]×2=0.072(m²)

预制空心板截面积=0.868−0.346−0.072=0.45(m²)

预制空心板混凝土工程量=0.45×12.96=5.832(m³)

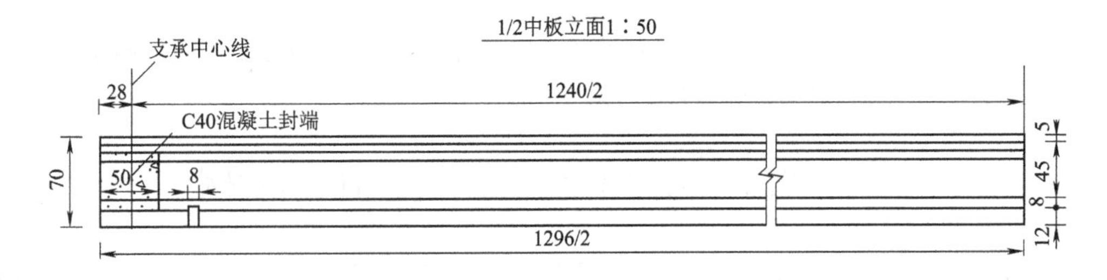


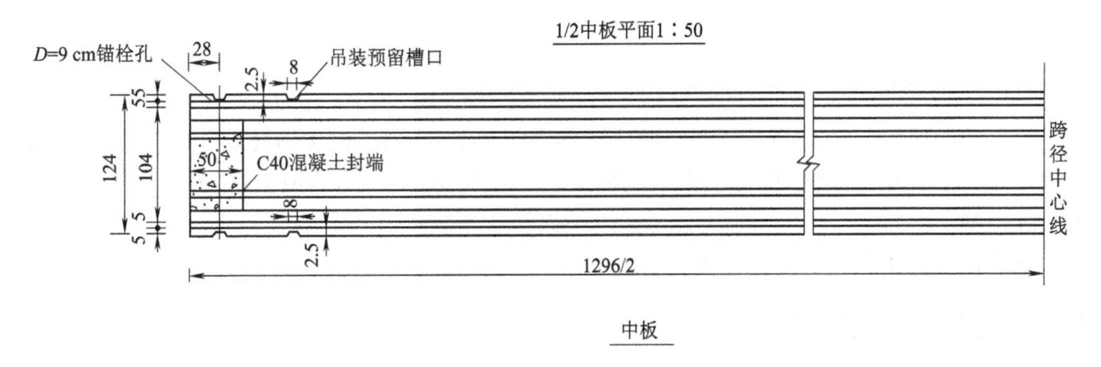


中板

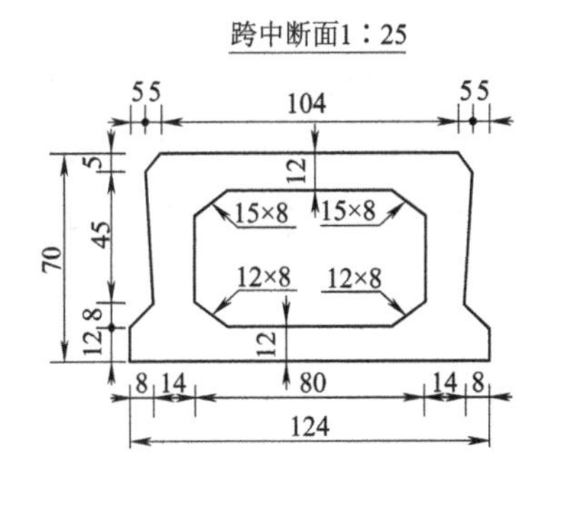


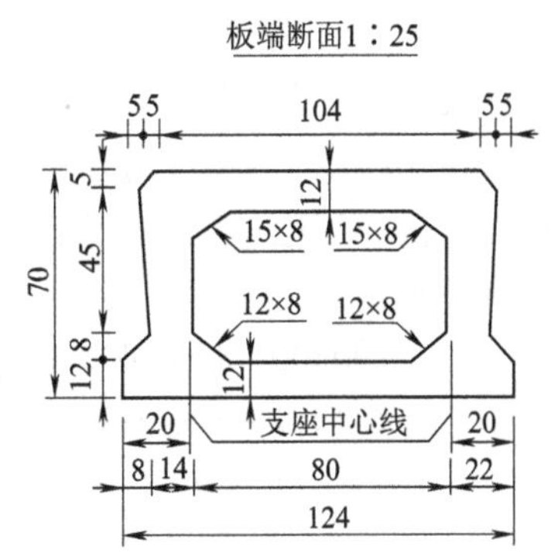


图7-4　正交13 m空心板一般构造图(单位：cm)

### 7.3.4　桥涵工程量清单计价(投标报价)的编制

1. 分部分项工程量清单计价

(1)确定施工方案

投标报价是投标人按照招标文件的要求，根据工程特点并结合自身的施工技术、装备和管理水平，根据拟定的投标施工组织设计或施工方案和有关计价依据自主确定的工程造价。同样的工程采用不同的施工方案，产生的费用就会不同。比如某市政桥梁工程中，其桩基工程为打入桩,接桩时选择焊接或者法兰接桩所使用的材料不同、机械也不同,导致工程造价不同。所以在编制投标文件时,编制商务部分(投标报价)时需要根据投标文件的技术部分(施工组织设计)进行编制。

(2)计算综合单价

根据施工方案、计价定额、材料价格信息等计算计价工程量,确定综合单价。

(3)填写合价

(4)汇总得到分部分项工程费

2. 措施项目清单与计价表、其他项目清单与计价汇总表、单位工程投标报价汇总表、单项工程投标报价汇总表的填写见本教材第3章。

## 7.4 桥涵工程清单计量与计价实例

某施工单位对第7.2节桥梁工程项目进行投标,工程量清单见第7.2节。试编制投标报价。

### 7.4.1 确定施工方案

根据地勘资料,土质为砂土;钻孔灌注桩采用回旋钻机钻孔,钢护筒埋设深度为1 m,灌注混凝土为水下混凝土灌注;桥台基础采用轻型井点降水,施工采用钢模板;桥面沥青混凝土采用机械摊铺。

钢筋搭接的工程量暂时忽略不计。

### 7.4.2 计算分部分项工程费

1. 计算计价工程量

根据表7-1桥梁工程分部分项工程量清单中的项目特征,以及《市政工程工程量计算规范》(GB 50857—2013)中相应清单的工程内容,依据2017版《内蒙古自治区市政工程预算定额》第三册《桥涵工程》定额工程量计算规则、桥梁工程施工图纸,计算完成各清单项目工作内容的计价工程量。

(1)040301004001 泥浆护壁成孔灌注桩:

工作平台搭拆:$F_1=(8+6.5)\times6.5=94.25(\text{m}^2)$

$F_2=6.5\times(7.98-6.5)=9.62(\text{m}^2)$

$F=2F_1+F_2=198.1(\text{m}^2)$

护筒埋设:1 m×6=6 m

成孔:13×6=78(m)

混凝土灌注:$3.14\times0.6^2\times(13+1)\times6=95.0(\text{m}^3)$

泥浆的制作:$3.14\times0.6^2\times78=88.2(\text{m}^3)$

(2)040303003001 C30混凝土承台:

承台混凝土:$12\times2.2\times1.5\times2=79.2(\text{m}^3)$

(3)040303004001 C30混凝土台帽:

台帽混凝土:23.2 $\text{m}^3$

(4)040303005001 C30 混凝土台身：

轻型桥台混凝土：71.3 $m^3$

(5)040303006001 C30 混凝土支撑梁：

支撑梁混凝土：3.2 $m^3$

(6)040303013001 C30 混凝土板梁：

现浇实心板梁混凝土：54.4 $m^3$

(7)040303019001 沥青混凝土桥面铺装：

细粒式沥青混凝土机械摊铺：$11\times8=88(m^2)$

(8)040303020001 C30 桥头搭板：

搭板混凝土：39.6 $m^3$

(9)040309004001 板式橡胶支座：

板式橡胶支座：$(1200-37\times2)\times80\times1\times2=180160(cm^3)$

(10)040901001001 现浇构件钢筋直径 25 mm 以内：

带肋钢筋直径 25 mm 以内：13.646 t

(11)040901001002 现浇构件钢筋直径 18 mm 以内：

带肋钢筋直径 18 mm 以内：14.961 t

(12)040901001003 现浇构件钢筋直径 10 mm 以内：

圆钢直径 10 mm 以内：1.485 t

(13)040901004001 桩基础钢筋笼：

混凝土灌注桩钢筋笼带肋钢筋：8.425 t

钢筋笼安放：8.425 t

(14)040901004002 桩基础钢筋笼：

混凝土灌注桩钢筋笼圆钢：1.645 t

钢筋笼安放：1.645 t

2. 计算综合单价

根据计价工程量，参照 2017 版《内蒙古自治区市政工程预算定额》及市场价格信息，计算综合单价，见表 7-9。

表中数据计算过程如下：

(1)040301004001 泥浆护壁成孔灌注桩

完成 1 m“泥浆护壁成孔灌注桩”清单工作内容的人工费：

$(956.63\times1.98+2794.62\times0.6+759.88\times7.8+165.46\times8.82+491.00\times9.5)/78=200.28$(元/m)

完成 1 m“泥浆护壁成孔灌注桩”清单工作内容的材料费：

$(722.15\times1.98+135.91\times0.6+18.01\times7.8+64.91\times8.82+3327.31\times9.5)/78=442.68$(元/m)

完成 1 m“泥浆护壁成孔灌注桩”清单工作内容的机械使用费：

$(245.39\times1.98+1415.44\times0.6+1165.50\times7.8+225.66\times8.82+189.56\times9.5)/78=182.27$(元/m)

完成 1 m“泥浆护壁成孔灌注桩”清单工作内容的管理费利润：

(431.84×1.98+1257.58×0.6+341.95×7.8+74.46×8.82+220.95×9.5)/78=90.16(元/m)

完成1 m“泥浆护壁成孔灌注桩”清单工作内容的综合单价：

200.28+442.68+182.27+90.16=915.39(元/m)

(2)040303003001 C30混凝土承台

完成1 $m^3$“混凝土承台”清单工作内容的人工费：

387.25×7.92/79.2=38.73(元/$m^3$)

完成1 $m^3$“混凝土承台”清单工作内容的材料费：

2868.05×7.92/79.2=286.81(元/$m^3$)

完成1 $m^3$“混凝土承台”清单工作内容的管理费利润：

174.26×7.92/79.2=17.43(元/$m^3$)

完成1 $m^3$“泥浆护壁成孔灌注桩”清单工作内容的综合单价：

38.73+286.81+17.43=342.97(元/$m^3$)

(3)040303003001 C30混凝土台帽

完成1 $m^3$“混凝土台帽”清单工作内容的人工费：

468.53×2.32/23.2=46.85(元/$m^3$)

完成1 $m^3$“混凝土台帽”清单工作内容的材料费：

2877.45×2.32/23.2=287.75(元/$m^3$)

完成1 $m^3$“混凝土台帽”清单工作内容的管理费利润：

210.84×2.32/23.2=21.08(元/$m^3$)

完成1 $m^3$“混凝土台帽”清单工作内容的综合单价：

46.85+287.75+21.08=355.68(元/$m^3$)

(4)040303003001 C30混凝土台身

完成1 $m^3$“混凝土台身”清单工作内容的人工费：

603.78×7.13/71.3=60.38(元/$m^3$)

完成1 $m^3$“混凝土台身”清单工作内容的材料费：

2862.96×7.13/71.3=286.30(元/$m^3$)

完成1 $m^3$“混凝土台身”清单工作内容的管理费利润：

271.70×7.13/71.3=27.17(元/$m^3$)

完成1 $m^3$“混凝土台身”清单工作内容的综合单价：

60.38+286.30+27.17=373.85(元/$m^3$)

(5)040303003001 C30混凝土支撑梁

完成1 $m^3$“混凝土支撑梁”清单工作内容的人工费：

410.69×0.32/3.2=41.07(元/$m^3$)

完成1 $m^3$“混凝土支撑梁”清单工作内容的材料费：

2928.13×0.32/3.2=292.81(元/$m^3$)

完成1 $m^3$“混凝土支撑梁”清单工作内容的管理费利润：

184.81×0.32/3.2=18.48(元/$m^3$)

完成1 $m^3$“混凝土支撑梁”清单工作内容的综合单价：

41.07＋292.8＋18.48＝352.36(元/$m^3$)

(6)040303003001 C30 混凝土板梁

完成1 $m^3$“混凝土台帽”清单工作内容的人工费：

509.60×5.44/54.4＝50.96(元/$m^3$)

完成1 $m^3$“混凝土板梁”清单工作内容的材料费：

2911.24×5.44/54.4＝291.12(元/$m^3$)

完成1 $m^3$“混凝土板梁”清单工作内容的管理费利润：

229.32×5.44/54.4＝22.93(元/$m^3$)

完成1 $m^3$“混凝土板梁”清单工作内容的综合单价：

50.96＋291.12＋22.93＝365.01(元/$m^3$)

(7)040303003001 沥青混凝土桥面铺装

完成1 $m^2$“桥面铺装”清单工作内容的人工费：

140.73×0.88/88＝1.41(元/$m^2$)

完成1 $m^2$“桥面铺装”清单工作内容的材料费：

3615.40×0.88/88＝36.15(元/$m^2$)

完成1 $m^2$“桥面铺装”清单工作内容的机械使用费：

365.26×0.88/88＝3.65(元/$m^2$)

完成1 $m^2$“桥面铺装”清单工作内容的管理费利润：

126.66×0.88/88＝1.27(元/$m^2$)

完成1 $m^2$“桥面铺装”清单工作内容的综合单价：

1.41＋36.15＋3.65＋1.27＝42.48(元/$m^3$)

(8)040303003001 C30 桥头搭板

完成1 $m^3$“桥头搭板”清单工作内容的人工费：

433.05×3.96/39.6＝43.31(元/$m^3$)

完成1 $m^3$“桥头搭板”清单工作内容的材料费：

2907.55×3.96/39.6＝290.76(元/$m^3$)

完成1 $m^3$“桥头搭板”清单工作内容的管理费利润：

194.87×3.96/39.6＝19.49(元/$m^3$)

完成1 $m^3$“桥头搭板”清单工作内容的综合单价：

43.31＋290.76＋19.4＝353.56(元/$m^3$)

(9)040310004001 板式橡胶支座

完成1个“板式橡胶支座”清单工作内容的人工费：

1.08×1801.60/2＝972.86(元/个)

完成1个“板式橡胶支座”清单工作内容的材料费：

7×1801.60/2＝6305.6(元/个)

完成1个“板式橡胶支座”清单工作内容的管理费利润：

0.48×1801.60/2＝432.38(元/个)

完成1个“板式橡胶支座”清单工作内容的综合单价：

972.86＋6305.6＋432.38＝7710.84(元/个)

(10)040901002001 现浇构件钢筋直径 25 mm 以内

完成 1 t“现浇构件钢筋”清单工作内容的人工费：

508.95×13.346/13.346=508.95(元/$m^3$)

完成 1 t“现浇构件钢筋”清单工作内容的材料费：

2461.51×13.346/13.346=2461.51(元/$m^3$)

完成 1 t“现浇构件钢筋”清单工作内容的机械使用费：

6.60×13.346/13.346=6.60(元/$m^3$)

完成 1 t“现浇构件钢筋”清单工作内容的管理费利润：

229.03×5.44/54.4=229.03(元/$m^3$)

完成 1 t“现浇构件钢筋”清单工作内容的综合单价：

508.95+2461.51+6.60+229.03=3206.09(元/$m^3$)

(11)040901002002 现浇构件钢筋直径 18 mm 以内

(12)040901002003 现浇构件钢筋直径 10 mm 以内计算过程同(10)040901002001 现浇构件钢筋现浇构件钢筋，计算结果见表 7-9。

(13)040304003001 桩基础钢筋笼

完成 1 t“桩基础钢筋笼”清单工作内容的人工费：

(591.20×8.425+451.54×8.425)/8.425=1042.74(元/t)

完成 1 t“桩基础钢筋笼”清单工作内容的材料费：

2904.92×8.425/8.425=2904.92(元/t)

完成 1 t“桩基础钢筋笼”清单工作内容的机械使用费：

(201.05×8.425+877.72×8.425)/8.425=1078.77(元/t)

完成 1 t“桩基础钢筋笼”清单工作内容的管理费利润：

(266.04×8.425+203.19×8.425)/8.425=469.23(元/t)

完成 1 t“桩基础钢筋笼”清单工作内容的综合单价：

1042.74+2904.92+1078.77+469.23=5495.66(元/t)

(14)040901004002 桩基础钢筋笼计算过程同(13)040304003001 桩基础钢筋笼，计算结果见表 7-9。

**表 7-9 分部分项工程量清单费用组成分析表**

工程名称：某桥梁工程

| 项目编码 | 项目名称 | 单位 | 工程量 | 费用组成(元) | | | | 价格(元) | |
|---|---|---|---|---|---|---|---|---|---|
| | | | | 人工费 | 材料费 | 机械使用费 | 管理费利润 | 综合单价 | 合价 |
| 040301004001 | 泥浆护壁成孔灌注桩 | m | 78 | 200.28 | 442.68 | 182.27 | 90.16 | 915.39 | 71400.42 |
| s3-1 | 搭拆桩基础工作平台 | 100 $m^2$ | 1.98 | 956.63 | 722.15 | 245.39 | 431.84 | | |
| s3-85 | 陆上埋设钢护筒 | 10 m | 0.6 | 2794.62 | 135.91 | 1415.44 | 1257.58 | | |

续上表

| 项目编码 | 项目名称 | 单位 | 工程量 | 费用组成(元) | | | | 价格(元) | |
|---|---|---|---|---|---|---|---|---|---|
| | | | | 人工费 | 材料费 | 机械使用费 | 管理费利润 | 综合单价 | 合价 |
| s3-113 | 回旋钻机钻孔 | 10 m | 7.8 | 759.88 | 18.01 | 1165.50 | 341.95 | | |
| s3-217 | 泥浆制作 | 10 $m^3$ | 8.82 | 165.46 | 64.91 | 225.66 | 74.46 | | |
| s3-219 | 灌注桩混凝土 | 10 $m^3$ | 9.50 | 491.00 | 3327.31 | 189.56 | 220.95 | | |
| 040303003001 | C30 混凝土承台 | $m^3$ | 79.2 | 38.73 | 286.81 | — | 17.43 | 342.97 | 27163.224 |
| s3-283 | 混凝土承台 | 10 $m^3$ | 7.92 | 387.25 | 2868.05 | — | 174.26 | | |
| 040303004001 | C30 混凝土台帽 | $m^3$ | 23.2 | 46.85 | 287.75 | — | 21.08 | 355.68 | 8251.776 |
| s3-288 | 混凝土台帽 | 10 $m^3$ | 2.32 | 468.53 | 2877.45 | — | 210.84 | | |
| 040303005001 | C30 混凝土台身 | $m^3$ | 71.3 | 60.38 | 286.3 | — | 27.17 | 373.85 | 26655.505 |
| s3-290 | 混凝土台身 | 10 $m^3$ | 7.13 | 603.78 | 2862.96 | — | 271.70 | | |
| 040303006001 | C30 混凝土支撑梁 | $m^3$ | 3.2 | 41.07 | 292.81 | — | 18.48 | 352.36 | 1127.552 |
| s3-300 | 混凝土支撑梁 | 10 $m^3$ | 0.32 | 410.69 | 2928.13 | — | 184.81 | | |
| 040303013001 | C30 混凝土板梁 | $m^3$ | 54.4 | 50.96 | 291.12 | — | 22.93 | 365.01 | 19856.544 |
| s3-322 | 混凝土实心板梁 | 10 $m^3$ | 5.44 | 509.60 | 2911.24 | — | 229.32 | | |
| 040303019001 | 沥青混凝土桥面铺装 | $m^2$ | 88 | 1.41 | 36.15 | 3.65 | 1.27 | 42.48 | 3738.24 |
| s2-191 | 细粒式沥青混凝土5 cm厚 | 100 $m^2$ | 0.88 | 140.73 | 3615.40 | 365.26 | 126.66 | | |
| 040303020001 | C30 桥头搭板 | $m^3$ | 39.6 | 43.31 | 290.76 | — | 19.49 | 353.56 | 14000.976 |
| s3-345 | 桥头搭板 | 10 $m^3$ | 3.96 | 433.05 | 2907.55 | — | 194.87 | | |
| 040309004001 | 板式橡胶支座 | 套 | 2 | 972.86 | 6305.6 | — | 432.38 | 7710.84 | 15421.68 |
| s3-534 | 板式橡胶支座 | 100 $cm^2$ | 1801.60 | 1.08 | 7.00 | — | 0.48 | | |
| 040901001001 | 现浇构件钢筋直径25 mm以内 | t | 13.646 | 508.95 | 2461.51 | 6.6 | 229.03 | 3206.09 | 43750.30414 |

续上表

| 项目编码 | 项目名称 | 单位 | 工程量 | 费用组成(元) | | | | 价格(元) | |
|---|---|---|---|---|---|---|---|---|---|
| | | | | 人工费 | 材料费 | 机械使用费 | 管理费利润 | 综合单价 | 合价 |
| 1-461 | 带肋钢筋$\phi$25 mm以内 | t | 13.646 | 508.95 | 2461.51 | 6.60 | 229.03 | | |
| 040901001002 | 现浇构件钢筋直径18 mm以内 | t | 14.961 | 750.53 | 2482.53 | 36.20 | 337.74 | 3607 | 53964.327 |
| 1-460 | 带肋钢筋$\phi$18 mm以内 | t | 14.961 | 750.53 | 2482.53 | 36.20 | 337.74 | | |
| 040901001003 | 现浇构件钢筋直径10 mm以内 | t | 1.485 | 1060.48 | 3007.80 | 29.43 | 477.22 | 4574.93 | 6793.77105 |
| 1-455 | 圆钢$\phi$10 mm以内 | t | 1.485 | 1060.48 | 3007.80 | 29.43 | 477.22 | | |
| 040901004001 | 桩基础钢筋笼 | t | 8.425 | 1042.74 | 2904.92 | 1078.77 | 469.23 | 5495.66 | 46300.9355 |
| 1-474 | 混凝土灌注桩钢筋笼带肋钢筋 | t | 8.425 | 591.20 | 2904.92 | 201.05 | 266.04 | | |
| 1-532 | 钢筋笼安放 | t | 8.425 | 451.54 | — | 877.72 | 203.19 | | |
| 040901004002 | 桩基础钢筋笼 | t | 1.645 | 1061.55 | 2829.95 | 1042.03 | 477.7 | 5411.23 | 8901.47335 |
| 1-473 | 混凝土灌注桩钢筋笼圆钢 | t | 1.645 | 610.01 | 2829.95 | 164.31 | 274.51 | | |
| 1-532 | 钢筋笼安放 | t | 1.645 | 451.54 | — | 877.72 | 203.19 | | |

3. 计算分部分项工程费

分部分项工程费见表7-10，表中合价＝工程量×综合单价，合价的合计即为分部分项工程费。计算过程如下：

分部分项工程费＝∑分部分项工程量×综合单价

＝78×915.39＋79.2×342.97＋23.2×355.68＋71.3×373.85＋3.2×352.36＋54.4×365.01＋88×42.48＋39.6×353.56＋2×7710.84＋13.646×3206.09＋14.961×3607.00＋1.485×4574.93＋8.425×5495.66＋1.645×5411.23

＝347326.73(元)

**表 7-10　分部分项工程量清单与计价表**

| 序号 | 项目编码 | 项目名称 | 项目特征描述 | 计量单位 | 工程量 | 金额 | | |
|---|---|---|---|---|---|---|---|---|
| | | | | | | 综合单价 | 合价 | 其中：人工费 |
| 1 | 040301004001 | 泥浆护壁成孔灌注桩 | 1. 地层情况：砂土<br>2. 桩长：26 m<br>3. 桩径：1.2 m<br>4. 成孔方法：回旋钻<br>5. 护筒类型、长度：钢护筒、2 m<br>6. 混凝土强度等级：C30 | m | 78 | 915.39 | 71400.42 | 15621.84 |
| 2 | 040303003001 | C30 混凝土承台 | 混凝土强度等级：C10 | $m^3$ | 79.2 | 342.97 | 27163.224 | 3067.42 |
| 3 | 040303004001 | C30 混凝土台帽 | 1. 部位：桥台<br>2. 混凝土强度等级：C30 | $m^3$ | 23.2 | 355.68 | 8251.776 | 1086.92 |
| 4 | 040303005001 | C30 混凝土台身 | 1. 部位：桥台<br>2. 混凝土强度等级：C30 | $m^3$ | 71.3 | 373.85 | 26655.505 | 4305.09 |
| 5 | 040303006001 | C30 混凝土支撑梁 | 1. 部位：桥台<br>2. 混凝土强度等级：C30 | $m^3$ | 3.2 | 352.36 | 1127.552 | 131.42 |
| 6 | 040303013001 | C30 混凝土板梁 | 1. 部位：上部结构<br>2. 结构形式：实心板<br>3. 混凝土强度等级：C30 | $m^3$ | 54.4 | 365.01 | 19856.544 | 2772.22 |
| 7 | 040303019001 | 沥青混凝土桥面铺装 | 1. 部位：上部结构<br>2. 沥青品种：石油沥青<br>3. 厚度：5 cm | $m^2$ | 88 | 42.48 | 3738.24 | 124.08 |
| 8 | 040303020001 | C30 桥头搭板 | 混凝土强度等级：C30 | $m^3$ | 39.6 | 353.56 | 14000.976 | 1715.08 |
| 9 | 040309004001 | 板式橡胶支座 | 1. 材质：橡胶<br>2. 规格：1 cm 厚<br>3. 形式：橡胶板 | 套 | 2 | 7710.84 | 15421.68 | 1945.72 |
| 10 | 040901001001 | 现浇构件钢筋直径 25 mm 以内 | 1. 钢筋种类：普通钢筋<br>2. 钢筋规格：带肋钢筋直径 25 mm 以内 | t | 13.646 | 3206.09 | 43750.3041 | 6945.13 |
| 11 | 040901001002 | 现浇构件钢筋直径 18 mm 以内 | 1. 钢筋种类：普通钢筋<br>2. 钢筋规格：带肋钢筋直径 18 mm 以内 | t | 14.961 | 3607.00 | 53964.327 | 11228.68 |
| 12 | 040901001003 | 现浇构件钢筋直径 10 mm 以内 | 1. 钢筋种类：普通钢筋<br>2. 钢筋规格：光圆钢筋 10 mm以内 | t | 1.485 | 4574.93 | 6793.77105 | 1574.81 |
| 13 | 040901004001 | 桩基础钢筋笼 | 1. 钢筋种类：普通钢筋<br>2. 钢筋规格：带肋钢筋 | t | 8.425 | 5495.66 | 46300.9355 | 8785.09 |
| 14 | 040901004002 | 桩基础钢筋笼 | 1. 钢筋种类：普通碳素钢<br>2. 钢筋规格：光圆钢筋 | t | 1.645 | 5411.23 | 8901.47335 | 1746.25 |

### 7.4.3　计算措施项目费

1. 总价措施项目费

本工程总价措施项目见表7-3，根据2017版《内蒙古自治区建设工程计价依据》，以项为单位的总价措施项目费取费基础为人工费，总价措施项目费中人工费的占比为25%。

核算分部分项工程费中的人工费，见表7-10，数据取自表7-9：

用分部分项工程量乘以清单人工单价合计即得分部分项工程人工费。

分部分项工程人工费＝∑分部分项工程量×清单人工单价

＝78×200.28＋79.2×38.73＋23.2×46.85＋71.3×60.38＋3.2×41.7＋54.4×50.96＋88×1.41＋39.6×43.31＋2×972.86＋13.646×508.95＋14.961×750.53＋1.485×1060.48＋8.425×1042.74＋1.645×1061.55

＝61049.75(元)

总价措施项目费见表7-11，计算过程如下：

(1)041101001001 安全文明施工

人工＋材料＋机械　61049.75×8%＝4883.98(元)

其中人工费　4883.98×25%＝1221.00(元)

安全文明施工产生的管理费　1221.00×25%＝305.25(元)

安全文明施工产生的利润　1221.00×20%＝244.20(元)

故安全文明施工　4883.98＋305.25＋244.20＝5433.44(元)

(2)041101004001 雨季施工增加费

人工＋材料＋机械　61049.75×0.5%＝305.25(元)

其中人工费　305.25×25%＝76.31(元)

雨季施工增加费产生的管理费　76.31×25%＝19.08(元)

雨季施工增加费产生的利润　76.31×20%＝15.26(元)

故雨季施工增加费　305.25＋19.08＋15.26＝339.59(元)

(3)041101003001 二次搬运费

人工＋材料＋机械　61049.75×0.01%＝6.10(元)

其中人工费　6.10×25%＝1.53(元)

二次搬运费产生的管理费　1.53×25%＝0.38(元)

二次搬运费产生的利润　1.53×20%＝0.31(元)

故二次搬运费　6.10＋0.38＋0.31＝6.79(元)

(4)04B001 工程定位复测费

人工＋材料＋机械　61049.75×0.1%＝61.05(元)

其中人工费　61.05×25%＝15.26(元)

已完工程及设备保护费产生的管理费　15.26×25%＝3.82(元)

已完工程及设备保护费产生的利润　15.26×20%＝3.05(元)

故已完工程及设备保护费　61.05＋3.82＋3.05＝67.92(元)

**表 7-11　总价措施项目清单与计价表**

工程名称:某桥梁工程　　　　　　　　　　　　标段:　　　　　　　　　　　　第　页共　页

| 序号 | 项目编码 | 项目名称 | 计算基础 | 费率(%) | 金额(元) |
|---|---|---|---|---|---|
| 1 | 041101001001 | 安全文明施工与环境保护费 | 人工费 | 8 | 5433.44 |
| 2 | 041101004001 | 雨季施工增加费 | 人工费 | 0.5 | 339.59 |
| 3 | 041101003001 | 二次搬运费 | 人工费 | 0.01 | 6.79 |
| 4 | 04B001 | 工程定位复测费 | 人工费 | 0.1 | 67.92 |
| 合　计 | | | | | 5847.74 |

2. 单价措施项目费

(1)计算综合单价

综合单价的计算见表 7-12,计算方法同分部分项工程量清单,此处计算过程不再赘述。

**表 7-12　单价措施项目清单费用组成分析表**

工程名称:某桥梁工程

| 项目编码 | 项目名称 | 单位 | 工程量 | 费用组成(元) | | | | 价格(元) | |
|---|---|---|---|---|---|---|---|---|---|
| | | | | 人工费 | 材料费 | 机械使用费 | 管理费利润 | 综合单价 | 合价 |
| 041102003001 | 承台模板 | $m^2$ | 85.2 | 24.3 | 9.64 | — | 10.93 | 44.87 | 3822.924 |
| s3-284 | 混凝土承台模板 | 10 $m^2$ | 8.52 | 242.97 | 96.41 | — | 109.34 | | |
| 041102004001 | 台帽模板 | $m^2$ | 11.8 | 38.40 | 32.68 | 12.62 | 17.28 | 100.98 | 1191.564 |
| s3-289 | 台帽模板 | 10 $m^2$ | 0.12 | 384.03 | 326.81 | 126.20 | 172.81 | | |
| 041102005001 | 台身模板 | $m^2$ | 14.24 | 30.19 | 24.96 | 10.05 | 13.59 | 78.79 | 1121.97 |
| s3-291 | 轻型桥台模板 | 10 $m^2$ | 1.42 | 301.89 | 249.64 | 100.46 | 135.85 | | |
| 041102006001 | 支撑梁模板 | $m^2$ | 11.7 | 34.83 | 29.28 | 7.47 | 15.68 | 87.26 | 1020.942 |
| s3-301 | 支撑梁模板 | 10 $m^2$ | 1.17 | 348.33 | 292.75 | 74.72 | 156.75 | | |
| 041102015001 | 混凝土板梁模板 | $m^2$ | 104.3 | 39.56 | 8.69 | 10.48 | 17.80 | 76.53 | 7982.079 |
| s3-323 | 实心板梁模板 | 10 $m^2$ | 10.43 | 395.64 | 86.85 | 104.79 | 178.04 | | |
| 041102014001 | 桥头搭板模板 | $m^2$ | 13.8 | 28.86 | 4.50 | 0.04 | 12.99 | 46.39 | 640.182 |
| s3-346 | 桥头搭板模板 | 10 $m^2$ | 1.38 | 288.56 | 44.95 | 0.44 | 129.85 | | |
| 041107002001 | 施工降水 | | 40 | 331.00 | 38.01 | 174.88 | 297.90 | 841.79 | 33671.6 |
| s1-615 | 井点安装 | 10根 | 3.0 | 320.49 | 157.30 | 149.51 | 288.44 | | |
| s1-616 | 井点设备拆除 | 10根 | 3.0 | 222.55 | 4.35 | 55.46 | 200.29 | | |
| s1-617 | 轻型井点使用 | 套·天 | 40 | 290.28 | 25.89 | 159.51 | 261.25 | | |

(2)计算单价措施项目费

单价措施项目费见表 7-13,表中合价=工程量×综合单价,合价的合计即为单价措施项目费。计算过程如下:

单价措施项目费=∑单价措施项目工程量×综合单价

=85.2×44.87+11.8×100.98+14.24×78.79+11.7×87.26+104.3×76.53+13.8×46.39+40×841.79

=49451.26(元)

**表 7-13 单价措施项目清单与计价表**

工程名称:某桥梁工程　　　　标段:　　　　第　页共　页

| 序号 | 项目编码 | 项目名称 | 项目特征描述 | 计量单位 | 工程量 | 金额(元) | |
|---|---|---|---|---|---|---|---|
| | | | | | | 综合单价 | 合价 |
| 1 | 041102003001 | 承台模板 | 1. 构件类型:桥台<br>2. 支模高度:1.5 m | $m^2$ | 85.2 | 44.87 | 3822.92 |
| 2 | 041102004001 | 台帽模板 | | $m^2$ | 11.8 | 100.98 | 1191.56 |
| 3 | 041102005001 | 台身模板 | | $m^2$ | 14.24 | 78.79 | 1121.97 |
| 4 | 041102006001 | 支撑梁模板 | | $m^2$ | 11.7 | 87.26 | 1020.94 |
| 5 | 041102015001 | 混凝土板梁模板 | | $m^2$ | 104.3 | 76.53 | 7982.08 |
| 6 | 041102014001 | 桥头搭板模板 | | $m^2$ | 13.8 | 46.39 | 640.18 |
| 7 | 041107002001 | 施工降水 | 轻型井点降水 | 昼夜 | 40 | 841.79 | 33671.60 |
| 本页小计 | | | | | | | 49451.26 |
| 合　计 | | | | | | | 49451.26 |

3. 计算措施项目费

措施项目费=总价措施项目费+单价措施项目费

=5847.74+49451.26

=55299(元)

### 7.4.4 计算其他项目费

暂列金额按招标工程量清单中列出的金额填写。参照 2017 版《内蒙古自治区建设工程费用定额》,市政工程检验试验费按照分部分项工程费中人工费的 1.5%计取。

检验试验费=61049.75×1.5%=915.75(元)

其他项目清单见表 7-14。

**表 7-14 其他项目清单与计价汇总表**

工程名称:某桥梁工程　　　　标段:　　　　第　页共　页

| 序号 | 项目名称 | 计量单位 | 金额(元) | 备　注 |
|---|---|---|---|---|
| 1 | 暂列金额 | 元 | 80000 | |
| 2 | 检验试验费 | 元 | 915.75 | |
| 合　计 | | | 80915.75 | — |

### 7.4.5　计算规费、税金

1. 核算人工费

分部分项工程费中人工费 61049.75 元

措施项目费中人工费＝5847.74×25％＋85.2×24.30＋11.8×38.40＋14.24×30.19＋11.7×34.83＋104.3×39.56＋13.8×28.86＋40×331.00＝22587.21(元)

2. 计算规费、税金

规费、税金计算见表 7-15。

**表 7-15　规费、税金项目清单与计价表**

工程名称:某桥梁工程　　　　标段:　　　　第　页共　页

| 序　号 | 项目名称 | 计算基础 | 费率(%) | 金额(元) |
|---|---|---|---|---|
| 1 | 规费 | 人工费 | 21 | 4743.31 |
| 1.1 | 养老失业保险 | 人工费 | 12.5 | 2823.40 |
| 1.2 | 基本医疗保险 | 人工费 | 3.7 | 835.72 |
| 1.3 | 住房公积金 | 人工费 | 3.7 | 835.72 |
| 1.4 | 工伤保险 | 人工费 | 0.4 | 90.35 |
| 1.5 | 生育保险 | 人工费 | 0.3 | 67.76 |
| 1.6 | 水利建设基金 | 人工费 | 0.4 | 90.35 |
| 2 | 税金 | 分部分项工程费＋措施项目费＋其他项目费＋规费 | 11 | 53711.33 |
| 合　计 | | | | 58454.64 |

表中数据计算如下：

养老失业保险:22587.21×12.5％＝2823.40(元)

基本医疗保险:22587.21×3.7％＝835.72(元)

住房公积金:22587.21×3.7％＝835.72(元)

工伤保险:22587.21×0.4％＝90.35(元)

生育保险:22587.21×0.3％＝67.76(元)

水利建设基金:22587.21×0.4％＝90.35(元)

规费:2823.40＋835.72＋835.72＋90.3＋90.35＋90.3＝4743.31(元)

税金:(347326.73＋55299＋80915.75＋4743.31)×11％＝53711.33(元)

### 7.4.6　计算投标报价

投标报价计算见表 7-16,表中的分部分项工程金额按照表 7-10 的合计金额填写。措施项目费金额按照表 7-11、表 7-13 中合计金额的总额填写,其中安全文明施工费为表 7-11 中安全文明施工与环境保护费和临时设施费的合计金额,即 4075.08＋1358.36＝5433.44(元)。其他项目按照表 7-5 的各项正确填写,规费和税金按照表 7-6 填写。

投标报价＝347326.73＋55299＋80915.75＋4743.31＋53711.33＝541996.12(元)

**表 7-16　单位工程招标控制价/投标报价汇总表**

工程名称：某桥梁工程　　　　标段：　　　　第　页共　页

| 序　　号 | 汇总内容 | 金额(元) | 其中：暂估价(元) |
|---|---|---|---|
| 1 | 分部分项工程 | 347326.73 | 0 |
| 2 | 措施项目 | 55299 | — |
| 2.1 | 其中：安全文明施工费 | 5433.44 | — |
| 3 | 其他项目 | 80915.75 | — |
| 3.1 | 其中：暂列金额 | 80000 | — |
| 3.2 | 其中：专业工程暂估价 | 0 | — |
| 3.3 | 其中：计日工 | 0 | — |
| 3.4 | 其中：总承包服务费 | 0 | — |
| 3.5 | 其中：检验试验费 | 915.75 | — |
| 4 | 规费 | 4743.31 | — |
| 5 | 税金 | 53711.33 | — |
| 招标控制价/投标报价合计=1+2+3+4+5 | | 541996.12 | |

### 7.4.7　填写总说明

总说明见表 7-17。

**表 7-17　总说明**

工程名称：某桥梁工程

1. 工程概况：某桥梁工程与道路中线斜交 90°，上部结构采用 8 m 跨径的现浇混凝土板，下部结构采用薄壁式桥台，$\phi$120 cm 钻孔灌注桩基础，桥面铺装采用 5 cm 细粒式沥青混凝土。

2. 投标报价的编制范围：

3. 投标报价的编制依据：

(1)《建设工程工程量清单计价规范》(GB 50500—2013)；

(2)《市政工程工程量计算规范》(GB 50857—2013)；

(3)2017 届《内蒙古自治区建设工程计价依据》；

(4)该桥梁工程施工图纸；

(5)《城市桥梁工程施工与质量验收规范》(CJJ 2—2008)；

(6)该市政桥梁工程招标文件、招标工程量清单及其补充通知、答疑纪要；

(7)施工现场情况、工程特点及拟定的投标施工组织设计或施工方案；

(8)呼和浩特地区的市场价格信息；

(9)其他相关资料。

### 7.4.8　填写封面

填写投标报价封面，见表 7-18。

**表 7-18　投标总价**

招标人：______________________________

工程名称：某桥梁工程

投标总价(小写)：¥541996 元

(大写)：伍拾肆万壹仟玖佰玖拾陆元整

投标人：______________________________

(单位盖章)

法定代表人

或其授权人：______________________________

(签字或盖章)

编制人：______________________________

(造价人员签字盖专用章)

时间：　年　月　日

# 习　题

**一、单选题**(每题的备选项中，只有 1 个正确选项)。

1. 桥梁工程的模板工程量按(　　)计算。

A. 体积　B. 面积　C. 长度　D. 接触面积

2. 桥梁工程桥面铺装清单工程量的计算方法是(　　)。

A. 按设计尺寸以体积计算　B. 按设计尺寸以面积计算

C. 桥面铺装的实际铺装面积　D. 桥面铺装的实际铺装体积

3. 陆上打钢管桩，外径为 500 mm 设计桩长为 10 m，自然地坪高为 1.3 m，设计桩顶标高为 2.2 m，则单根桩的送桩工程量为(　　)$m^3$。

A. 0.29　B. 0.93　C. 0.08　D. 0.1

4. 预制桩的清单工程量计算方法为(　　)。

A. 桩长度(包括桩尖长度)　B. 桩长度乘以桩截面积

C. 桩长度(不包括桩尖长度)　D. 以质量计算

5. 混凝土工程进行计价时，当设计混凝土强度与定额中强度不同时(　　)。

A. 材料不可以换算　B. 人工可以换算　C. 机械可以换算　D. 材料可以换算

6. 桥涵工程清单中现浇混凝土项目，(　　)按设计图示尺寸以长度计算。

A. 混凝土防撞栏　　B. 混凝土小型构件　　C. 桥面铺装　　D. 混凝土承台

**二、多选题**(每题的备选项中，有 2 个或 2 个以上符合题意)。

1. 泥浆护壁成孔灌注桩工程的清单工作内容主要有(　　)。

A. 工作平台的搭拆　　B. 成孔、固壁

C. 混凝土的制作、运输、灌注　　D. 泥浆池

E. 接桩

2. 下列清单项目中，(　　)属于桥涵工程清单。

A. 圆木桩　　B. 挡墙

C. 沉井　　D. 混凝土楼梯

E. 地下连续墙

3. 桥梁工程清单项目中，(　　)的计量是按图示尺寸以体积计量的。

A. 混凝土承台　　B. 混凝土垫层

C. 混凝土楼梯　　D. 混凝土桥头搭板

E. 桥面铺装

4. 打入桩根据桩身材料可分为(　　)。

A. 圆木桩　　B. 钢筋混凝土板桩

C. 钢筋混凝土方桩　　D. 混凝土管桩

E. 钢管桩

5. 下列说法正确的是(　　)。

A. 现浇混凝土构件清单项目模板的制作安装费用可以计入措施费中

B. 预制混凝土构件模板的制作安装费可以计入措施费中

C. 桥面铺装沥青混凝土面层按附录 B“道路工程”相关清单项目编码列项

D. 当以体积为计量单位计算混凝土工程量时，不扣除构件内钢筋、螺栓、预埋铁件、张拉孔道和单个面积≤0.3 $m^2$的孔洞所占体积，但应扣除型钢混凝土构件中型钢所占体积

E. 水上工作平台搭拆，应按附录 L 措施项目相关项目单独编码列项

**三、简 答 题**

1.《市政工程工程量计算规范》(GB 50857—2013)附录 C 中，设置了哪些清单项目？

2. 现浇混凝土构件清单项目的主要工作内容包括什么？

**四、计 算 题**

某桥梁基础采用 C25 钻孔灌注桩共 12 根，地面标高为 17.456 m，地质为砂土，护筒埋置深度为 2 m，桩基础施工方案为混凝土水下灌注，采用回旋钻成孔方式。桩基础图如图 7-5 所示(钢筋量暂时不计)。根据上述条件确定分部分项工程量清单综合单价。

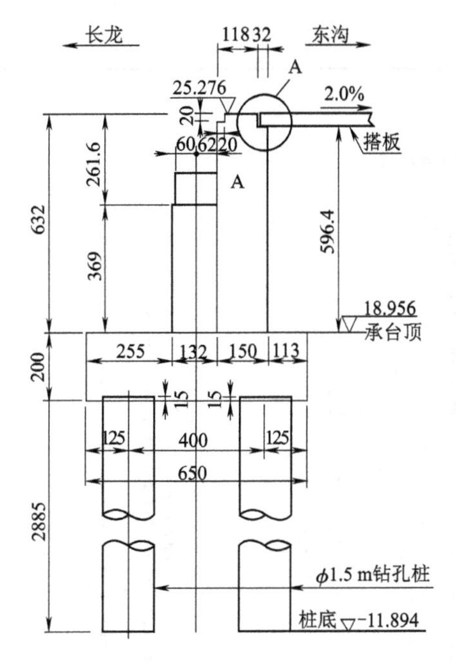


图 7-5　钻孔灌注桩结构图(单位:cm)

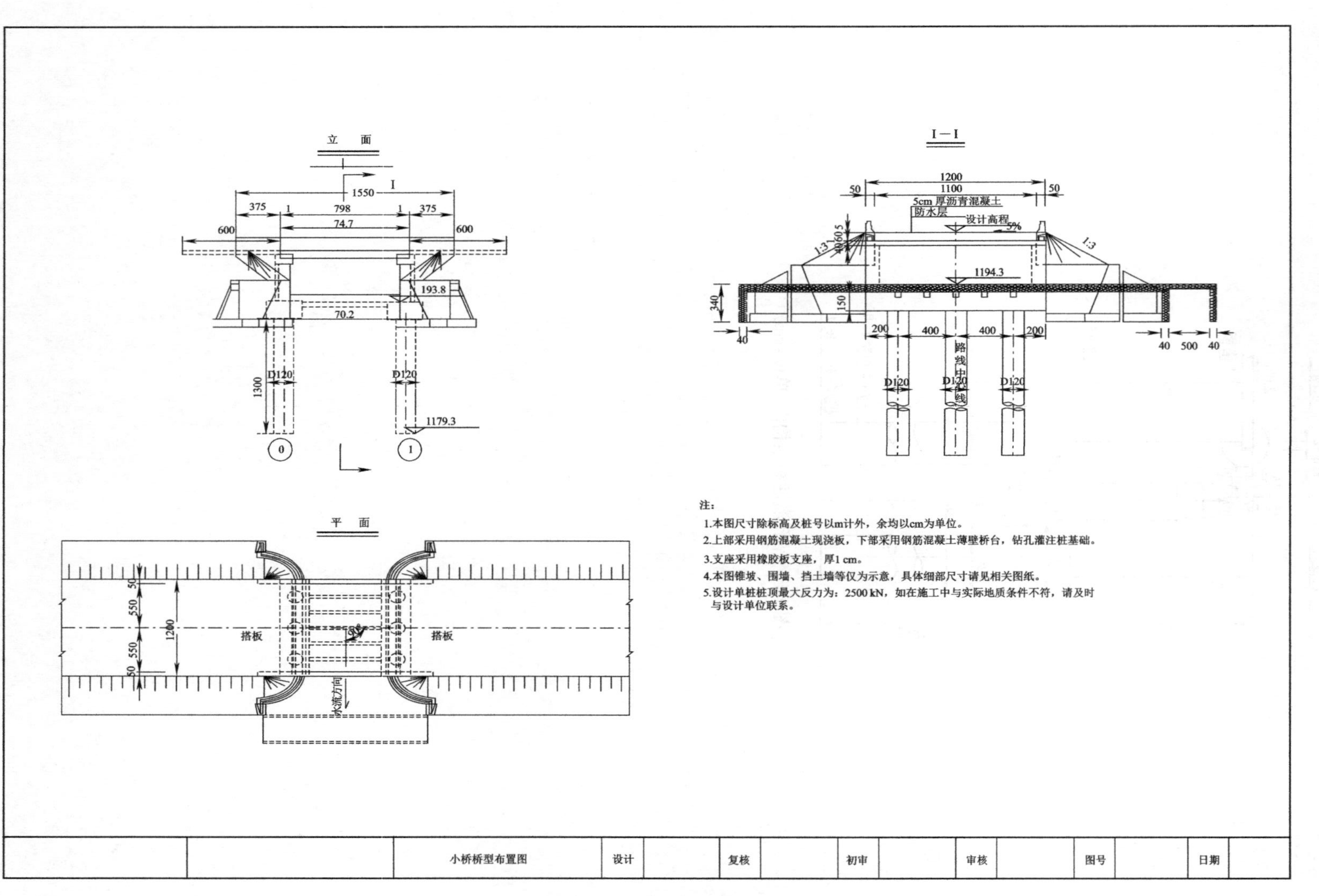
立 面
1550
375
1
798
1
375
600
74.7
600
193.8
70.2
1300
D120
D120
1179.3
0
1
I—I
1200
1100
50
50
5cm 厚沥青混凝土
防水层
设计高程
5%
1:3
1:3
1194.3
340
150
200
400
400
200
40
40
500
40
路线中心线
D120
D120
D120
平 面
搭板
搭板
550
550
50
50
1200
水流方向
注:
1.本图尺寸除标高及桩号以m计外，余均以cm为单位。
2.上部采用钢筋混凝土现浇板，下部采用钢筋混凝土薄壁桥台，钻孔灌注桩基础。
3.支座采用橡胶板支座，厚1 cm。
4.本图锥坡、围墙、挡土墙等仅为示意，具体细部尺寸请见相关图纸。
5.设计单桩桩顶最大反力为：2500 kN，如在施工中与实际地质条件不符，请及时与设计单位联系。
小桥桥型布置图
设计
复核
初审
审核
图号
日期

图 7-6 小桥桥型布置图

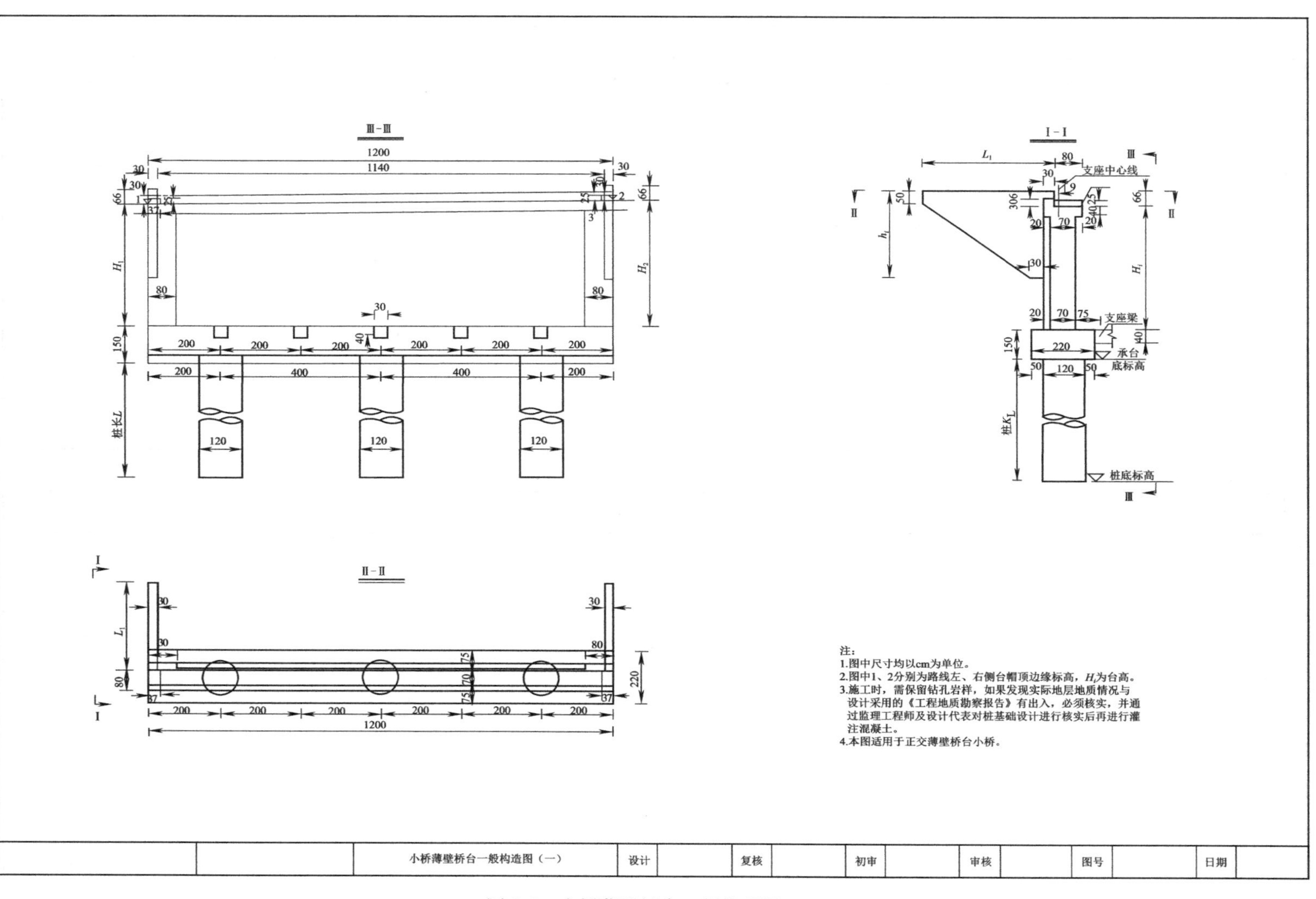


图 7-7　小桥薄壁桥台一般构造图(一)

桥台标高尺寸表

| 桩号 | 桥台编号 | 斜度 | $L_1$(cm) | $h_1$(cm) | $\nabla_1$(m) | $\nabla_2$(m) | $H_1$(cm) | $H_2$(cm) | 承台顶标高 | 桩底标高 | $L$(cm) |
|---|---|---|---|---|---|---|---|---|---|---|---|
| | 0 | 0 | 375 | 340 | 1197.982 | 1198.582 | 418.2 | 478.2 | 1193.8 | 1179.3 | 1300 |
| | 1 | | | | 1197.994 | 1198.594 | 419.4 | 479.4 | | | |

注：本表结合“桥台一般构造图（一）”一起使用。

| | | 小桥薄壁桥台一般构造图（二） | 设计 | | 复核 | | 初审 | | 审核 | | 图号 | | 日期 | |
|---|---|---|---|---|---|---|---|---|---|---|---|---|---|---|

图 7-8　小桥薄壁桥台一般构造图(二)

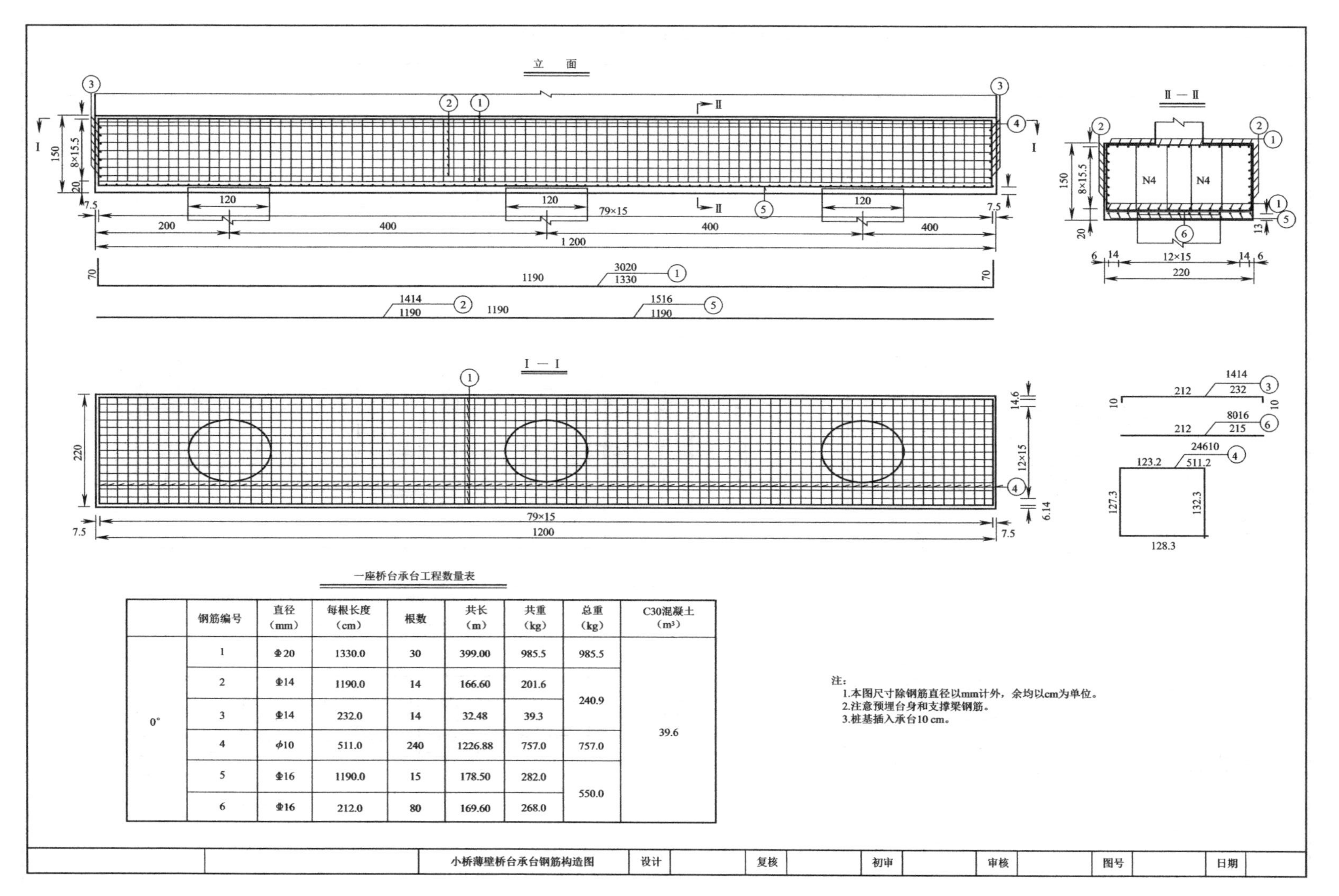


一座桥台承台工程数量表

| | 钢筋编号 | 直径（mm） | 每根长度（cm） | 根数 | 共长（m） | 共重（kg） | 总重（kg） | C30混凝土（m³） |
|---|---|---|---|---|---|---|---|---|
| 0° | 1 | Φ20 | 1330.0 | 30 | 399.00 | 985.5 | 985.5 | 39.6 |
| | 2 | Φ14 | 1190.0 | 14 | 166.60 | 201.6 | 240.9 | |
| | 3 | Φ14 | 232.0 | 14 | 32.48 | 39.3 | | |
| | 4 | φ10 | 511.0 | 240 | 1226.88 | 757.0 | 757.0 | |
| | 5 | Φ16 | 1190.0 | 15 | 178.50 | 282.0 | 550.0 | |
| | 6 | Φ16 | 212.0 | 80 | 169.60 | 268.0 | | |

图 7-9　小桥薄壁桥台承台钢筋构造图

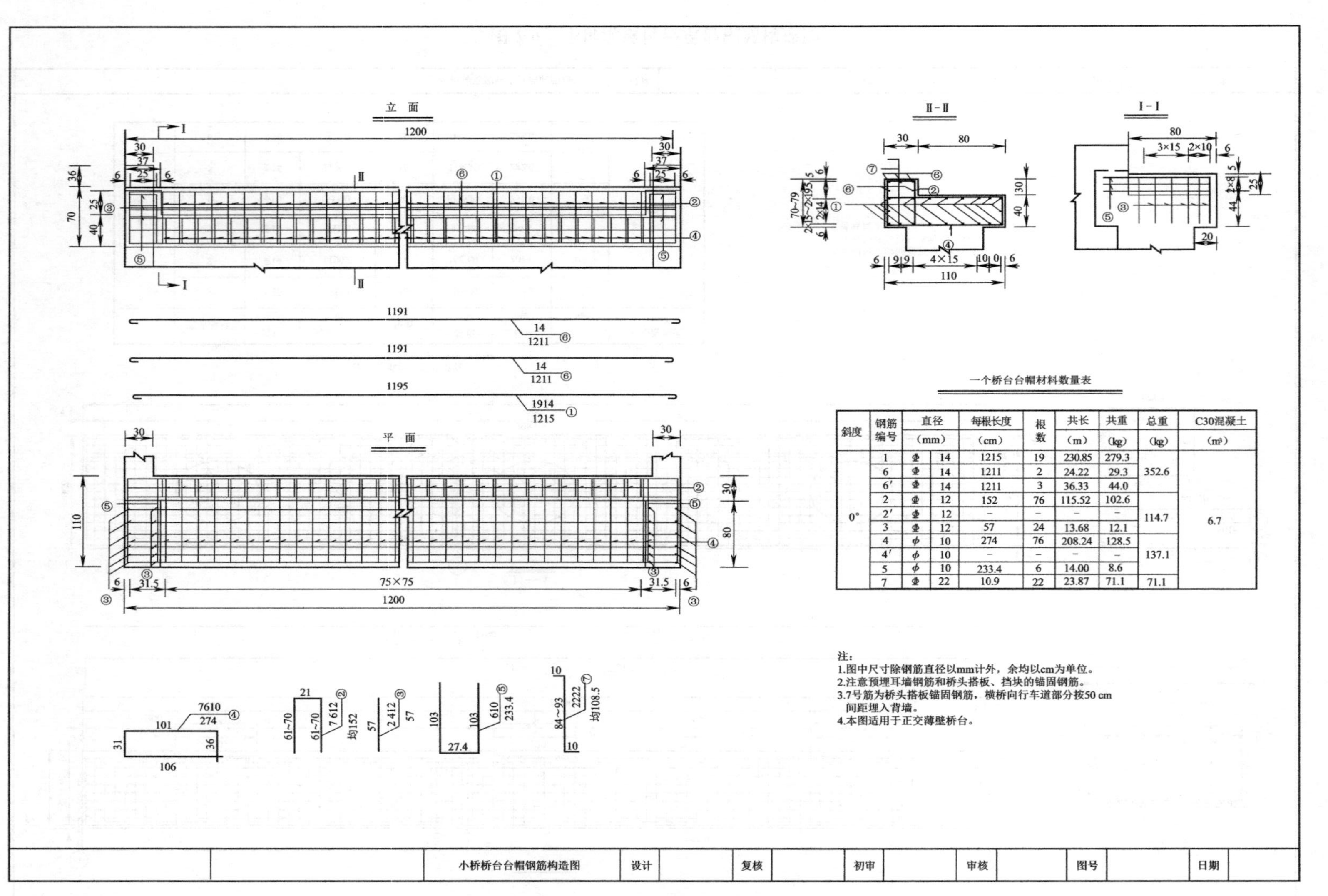


一个桥台台帽材料数量表

| 斜度 | 钢筋编号 | 直径（mm） | | 每根长度（cm） | 根数 | 共长（m） | 共重（kg） | 总重（kg） | C30混凝土（m³） |
|---|---|---|---|---|---|---|---|---|---|
| 0° | 1 | ⌀ | 14 | 1215 | 19 | 230.85 | 279.3 | 352.6 | 6.7 |
| | 6 | ⌀ | 14 | 1211 | 2 | 24.22 | 29.3 | | |
| | 6′ | ⌀ | 14 | 1211 | 3 | 36.33 | 44.0 | | |
| | 2 | ⌀ | 12 | 152 | 76 | 115.52 | 102.6 | 114.7 | |
| | 2′ | ⌀ | 12 | – | – | – | – | | |
| | 3 | ⌀ | 12 | 57 | 24 | 13.68 | 12.1 | | |
| | 4 | $\phi$ | 10 | 274 | 76 | 208.24 | 128.5 | 137.1 | |
| | 4′ | $\phi$ | 10 | – | – | – | – | | |
| | 5 | $\phi$ | 10 | 233.4 | 6 | 14.00 | 8.6 | | |
| | 7 | ⌀ | 22 | 10.9 | 22 | 23.87 | 71.1 | 71.1 | |

注：
1.图中尺寸除钢筋直径以mm计外，余均以cm为单位。
2.注意预埋耳墙钢筋和桥头搭板、挡块的锚固钢筋。
3.7号筋为桥头搭板锚固钢筋，横桥向行车道部分按50 cm间距埋入背墙。
4.本图适用于正交薄壁桥台。

图 7-10　小桥桥台台帽钢筋构造图

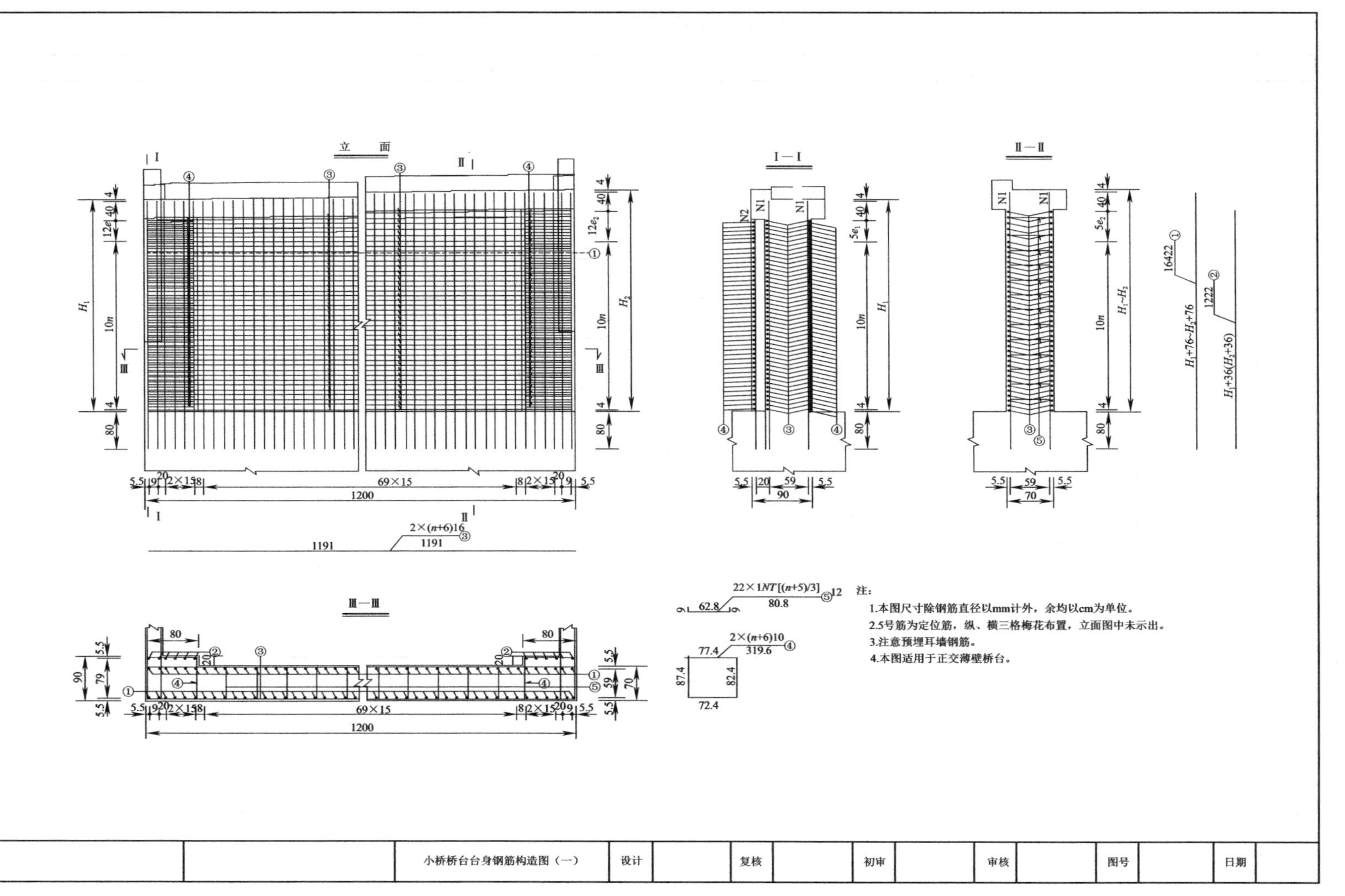


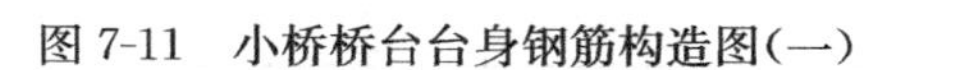
图 7-11 小桥桥台台身钢筋构造图(一)

全桥台身材料数量表

| 桩号 | 字母 | 0号台 | 1号台 | $\phi$ | 钢筋编号 | 直径（mm） | 每报长度（cm） | 根数 | 共长（m） | 共重（kg） | 总重（kg） | C30混凝土 |
|---|---|---|---|---|---|---|---|---|---|---|---|---|
| | $H_1$（cm） | 418 | 419.4 | 0° | 1 | Φ22 | 524.7 | 320 | 1679.0 | 5003.5 | 5292 | 71.3 |
| | $H_2$（cm） | 478 | 479.4 | | 2 | Φ22 | 484.7 | 20 | 96.9 | 288.9 | | |
| | $12e_1$（cm） | 100 | 101.4 | | 3 | Φ16 | 1191.4 | 132 | 1572.1 | 2483.9 | 2484 | |
| | $12e_2$（cm） | 160 | 161.4 | | 4 | φ10 | 319.6 | 132 | 421.9 | 260.3 | 260 | |
| | $n$ | 27 | 27 | | 5 | Φ12 | 80.8 | 460 | 371.7 | 330.1 | 330 | |

尺寸表

| $\phi$（°） | $L$ | $n_1$ | $n_2$ | $a$（cm） | $b$（cm） | $c$（cm） | $d$（cm） |
|---|---|---|---|---|---|---|---|
| 0 | 1200.0 | 69 | 2 | 5.5 | 19.0 | 20.0 | 8.0 |

注：本图和“台身钢筋构造体（一）”一起使用。

| | 小桥桥台台身钢筋构造图（二） | 设计 | | 复核 | | 初审 | | 审核 | | 图号 | | 日期 | |
|---|---|---|---|---|---|---|---|---|---|---|---|---|---|

图 7-12　小桥桥台台身钢筋构造图(二)

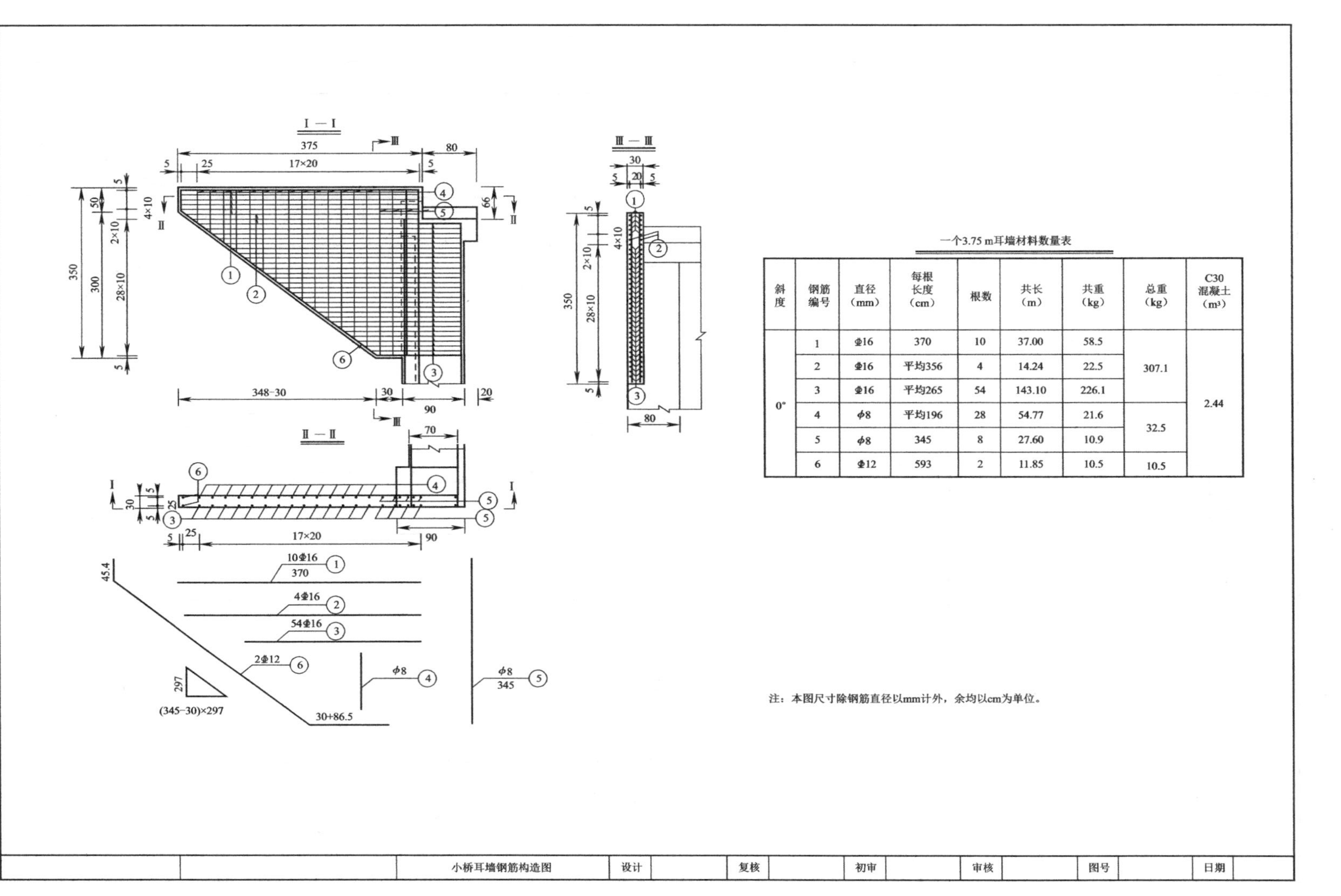


一个3.75 m耳墙材料数量表

| 斜度 | 钢筋编号 | 直径（mm） | 每根长度（cm） | 根数 | 共长（m） | 共重（kg） | 总重（kg） | C30混凝土（m³） |
|---|---|---|---|---|---|---|---|---|
| 0° | 1 | Φ16 | 370 | 10 | 37.00 | 58.5 | 307.1 | 2.44 |
| | 2 | Φ16 | 平均356 | 4 | 14.24 | 22.5 | | |
| | 3 | Φ16 | 平均265 | 54 | 143.10 | 226.1 | | |
| | 4 | φ8 | 平均196 | 28 | 54.77 | 21.6 | 32.5 | |
| | 5 | φ8 | 345 | 8 | 27.60 | 10.9 | | |
| | 6 | Φ12 | 593 | 2 | 11.85 | 10.5 | 10.5 | |

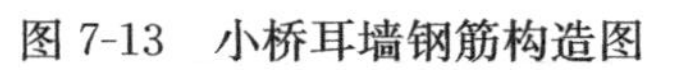
图 7-13　小桥耳墙钢筋构造图

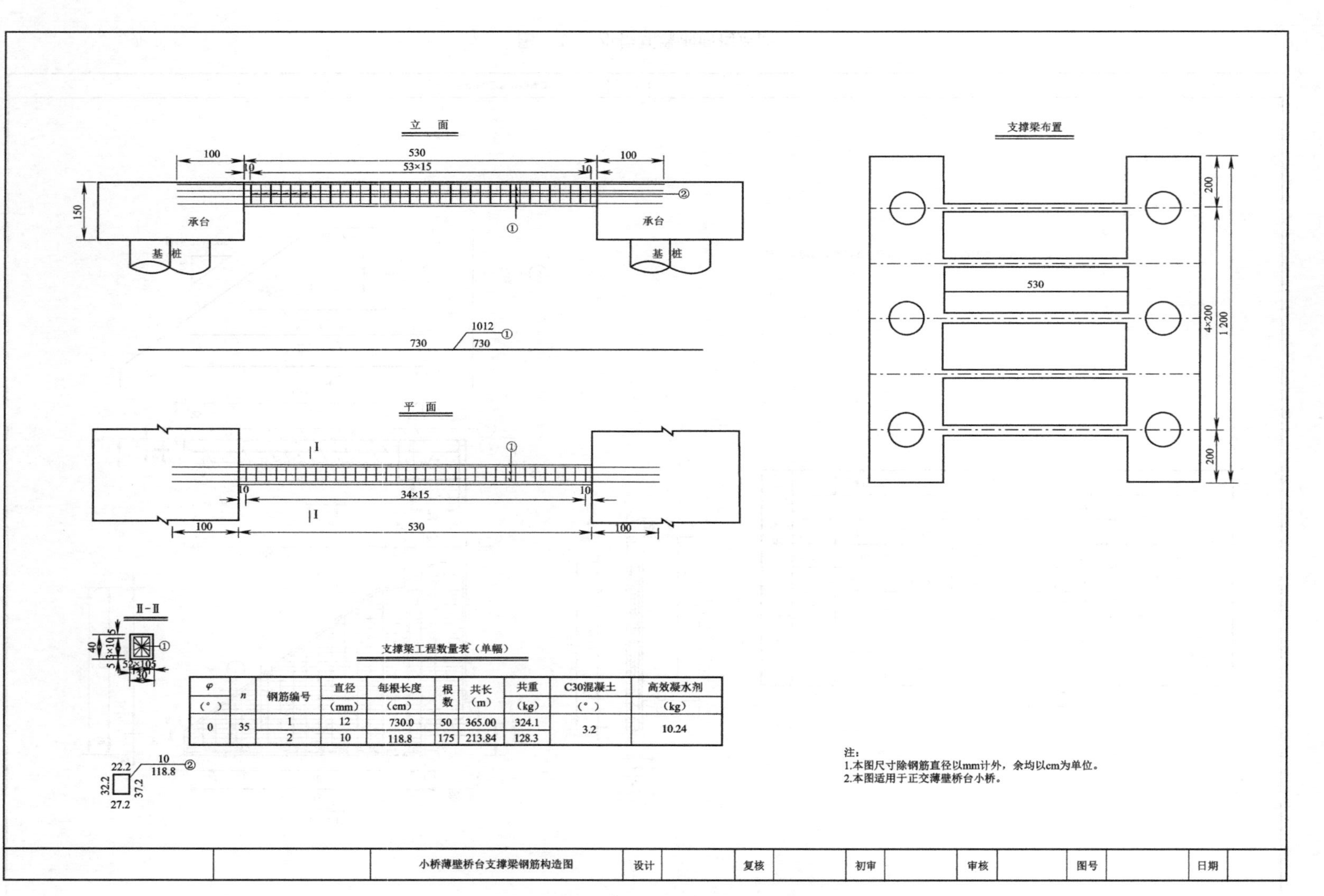


支撑梁工程数量表（单幅）

| φ (°) | n | 钢筋编号 | 直径 (mm) | 每根长度 (cm) | 根数 | 共长 (m) | 共重 (kg) | C30混凝土 (°) | 高效凝水剂 (kg) |
|---|---|---|---|---|---|---|---|---|---|
| 0 | 35 | 1 | 12 | 730.0 | 50 | 365.00 | 324.1 | 3.2 | 10.24 |
| | | 2 | 10 | 118.8 | 175 | 213.84 | 128.3 | | |

图 7-14 小桥薄壁桥台支撑梁钢筋构造图

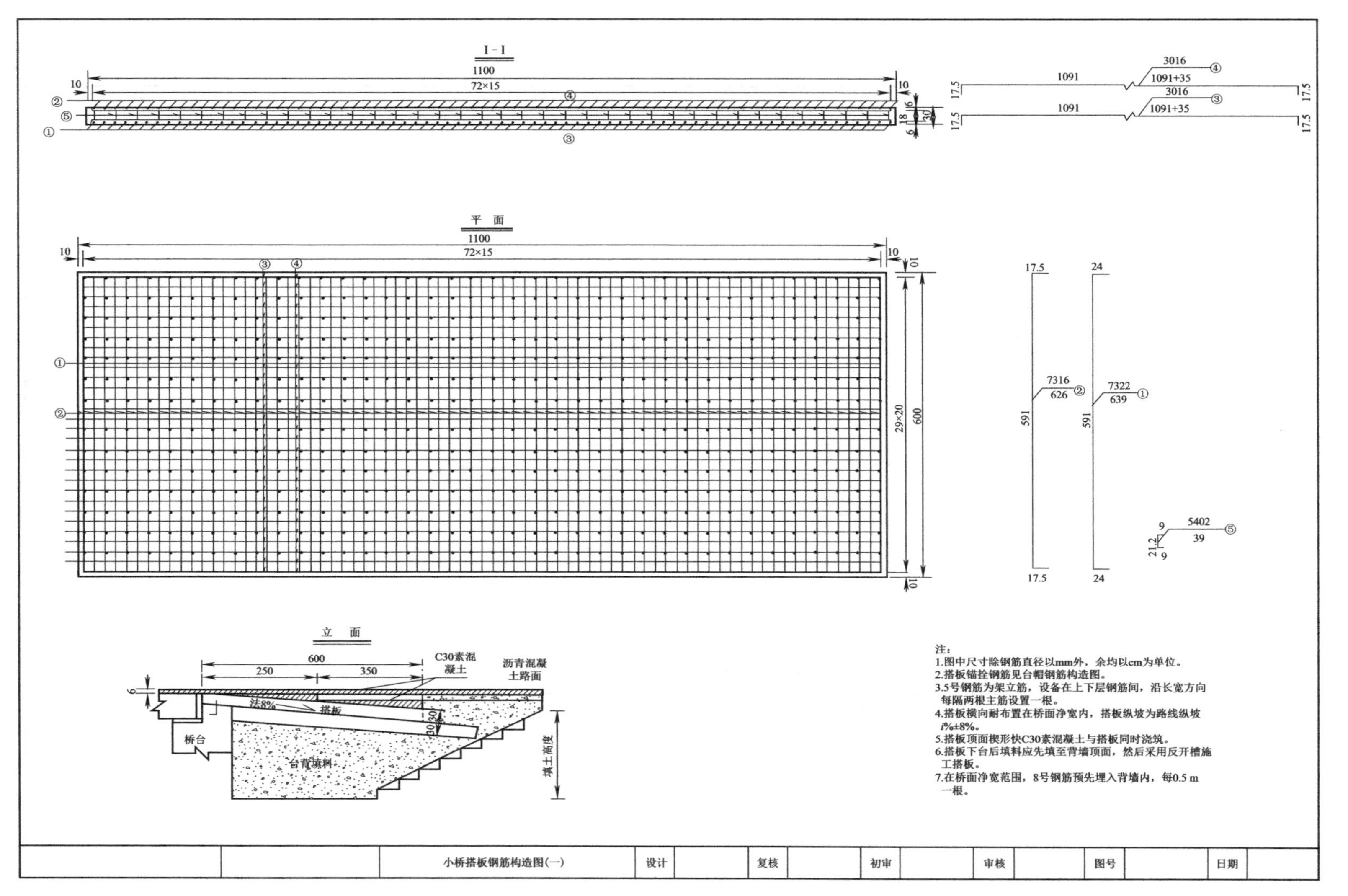


图 7-15　小桥搭板钢筋构造图(一)

一块搭板工程数量表

| 斜度 | 钢筋编号 | 直径 | 每根长度 | 根数 | 共长 | 共重 | 总重 | C30混凝土 |
|---|---|---|---|---|---|---|---|---|
| | | (mm) | (cm) | | (m) | (kg) | (kg) | ($m^3$) |
| | 1 | Φ22 | 639 | 73 | 466.47 | 1390.1 | 1390.1 | |
| | 2 | Φ16 | 1126.0 | 30 | 337.80 | 533.7 | | |
| | 3 | Φ16 | 626.0 | 73 | 456.98 | 722.0 | 1789.5 | |
| 0° | 4 | Φ16 | 1126.0 | 30 | 337.80 | 533.7 | | 19.8 |
| | 5 | Φ12 | 39 | 555 | 216.45 | 192.2 | | |
| | 6 | Φ12 | — | — | — | — | 192.2 | |
| | 7 | Φ12 | — | — | — | — | | |

注：本表结合“搭板钢筋构造图（一）”一起使用。

| | | 小桥搭板钢筋构造图（二） | 设计 | | 复核 | | 初审 | | 审核 | | 图号 | | 日期 | |
|---|---|---|---|---|---|---|---|---|---|---|---|---|---|---|

图 7-16　小桥搭板钢筋构造图(二)

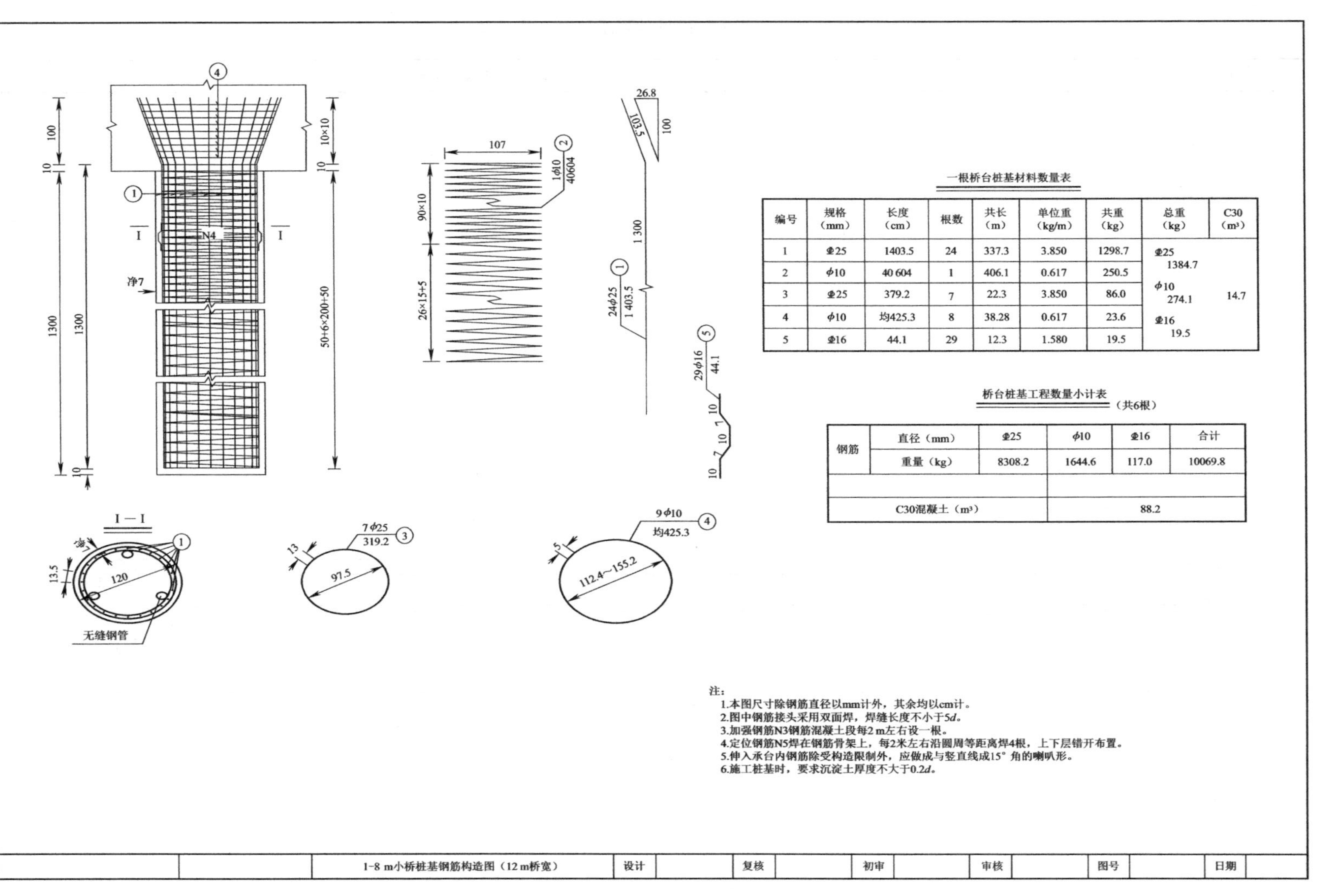


一根桥台桩基材料数量表

| 编号 | 规格（mm） | 长度（cm） | 根数 | 共长（m） | 单位重（kg/m） | 共重（kg） | 总重（kg） | C30（m³） |
|---|---|---|---|---|---|---|---|---|
| 1 | Φ25 | 1403.5 | 24 | 337.3 | 3.850 | 1298.7 | Φ25 1384.7 | 14.7 |
| 2 | φ10 | 40 604 | 1 | 406.1 | 0.617 | 250.5 | φ10 274.1 | |
| 3 | Φ25 | 379.2 | 7 | 22.3 | 3.850 | 86.0 | | |
| 4 | φ10 | 均425.3 | 8 | 38.28 | 0.617 | 23.6 | Φ16 19.5 | |
| 5 | Φ16 | 44.1 | 29 | 12.3 | 1.580 | 19.5 | | |

桥台桩基工程数量小计表（共6根）

| | | | | | |
|---|---|---|---|---|---|
| 钢筋 | 直径（mm） | Φ25 | φ10 | Φ16 | 合计 |
| | 重量（kg） | 8308.2 | 1644.6 | 117.0 | 10069.8 |
| | | | | | |
| C30混凝土（m³） | | 88.2 | | | |

注：
1.本图尺寸除钢筋直径以mm计外，其余均以cm计。
2.图中钢筋接头采用双面焊，焊缝长度不小于5$d$。
3.加强钢筋N3钢筋混凝土段每2 m左右设一根。
4.定位钢筋N5焊在钢筋骨架上，每2米左右沿圆周等距离焊4根，上下层错开布置。
5.伸入承台内钢筋除受构造限制外，应做成与竖直线成15°角的喇叭形。
6.施工桩基时，要求沉淀土厚度不大于0.2$d$。

图 7-17　小桥桩基钢筋构造图

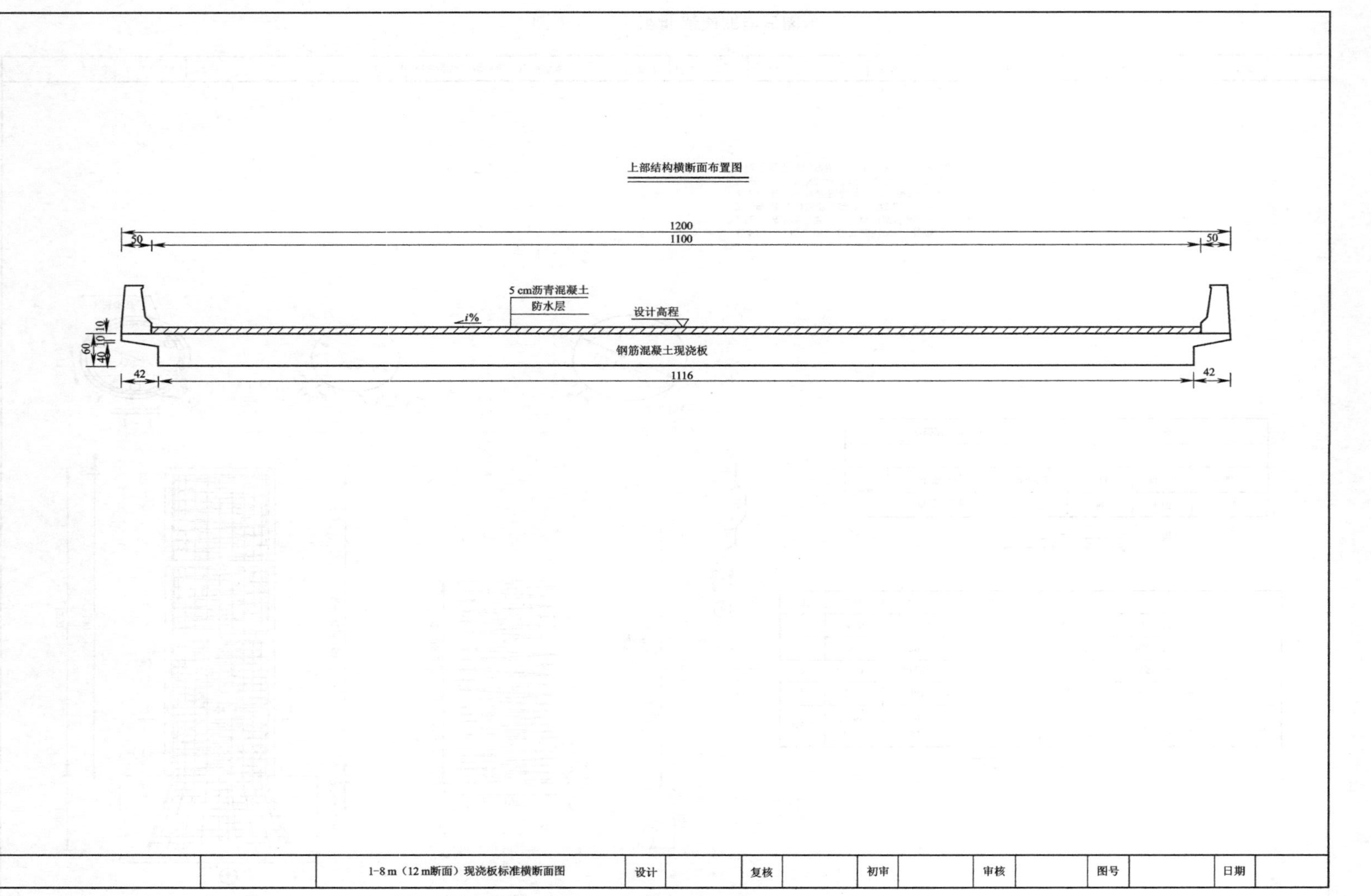


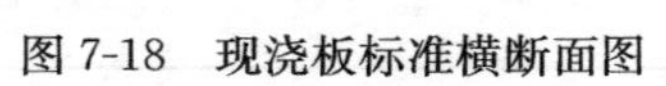
图 7-18　现浇板标准横断面图

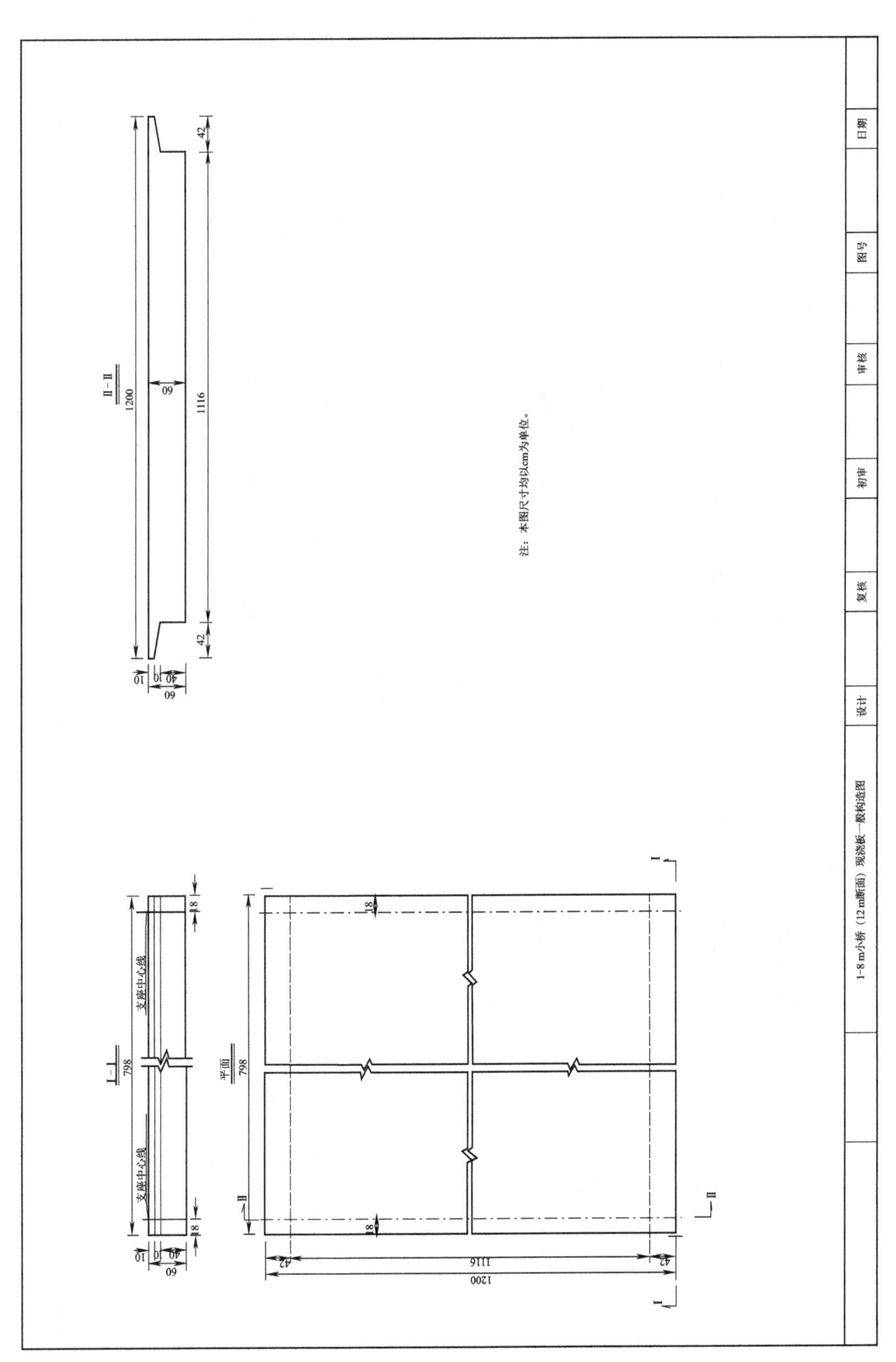


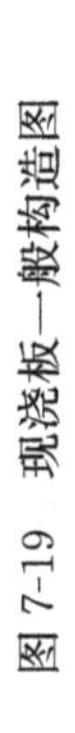
图 7-19　现浇板一般构造图

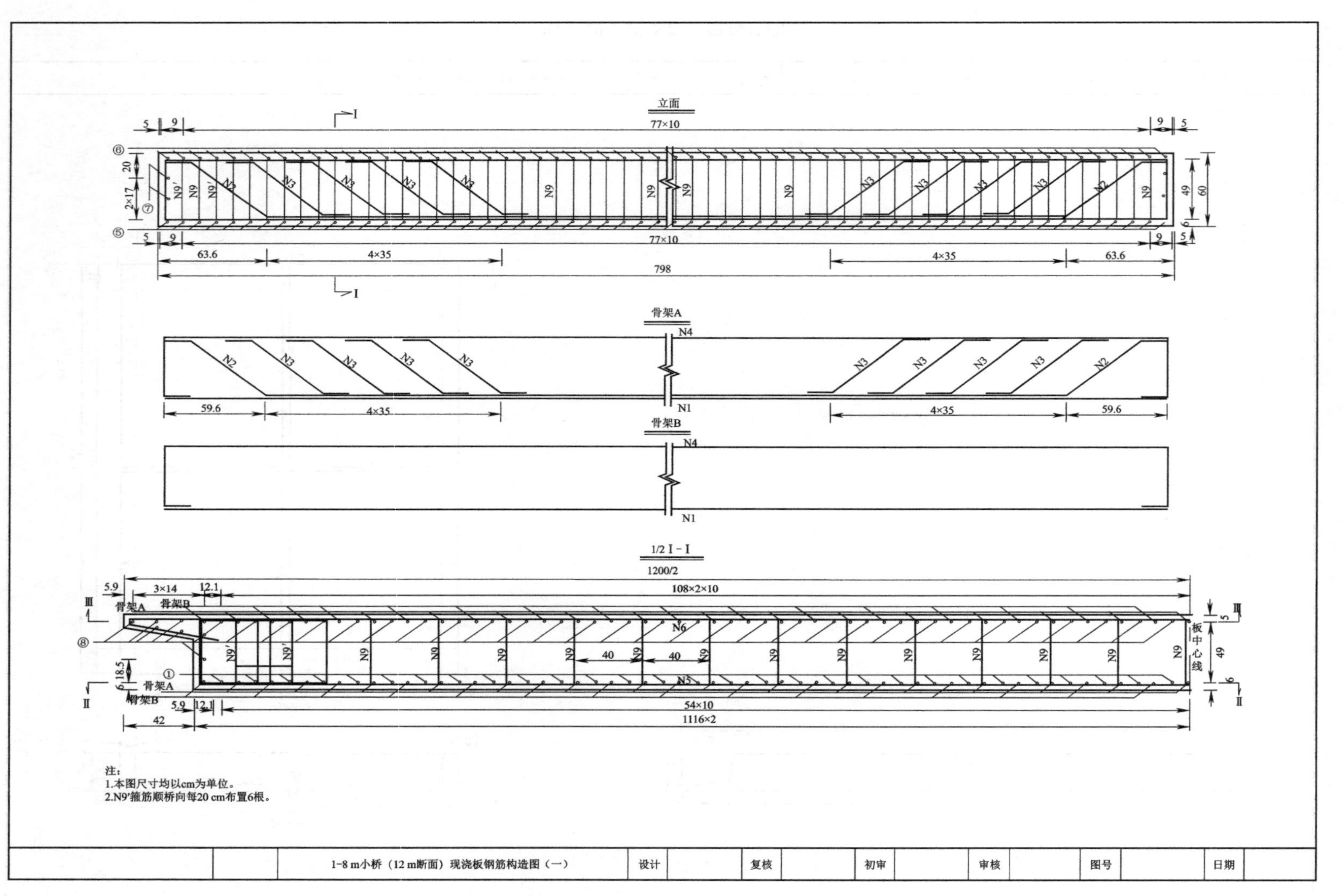


图 7-20 现浇板钢筋构造图(一)

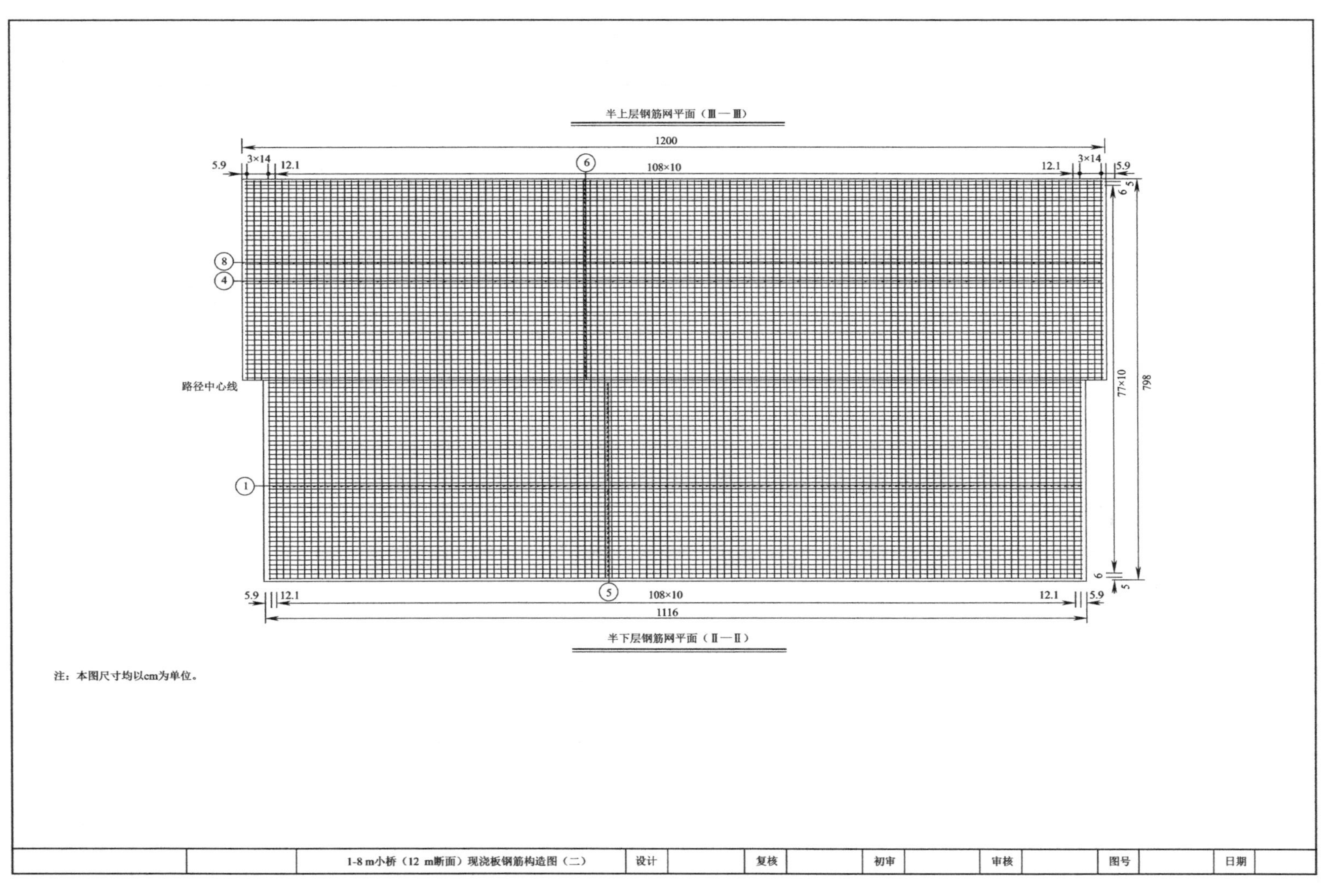


图 7-21　现浇板钢筋构造图(二)

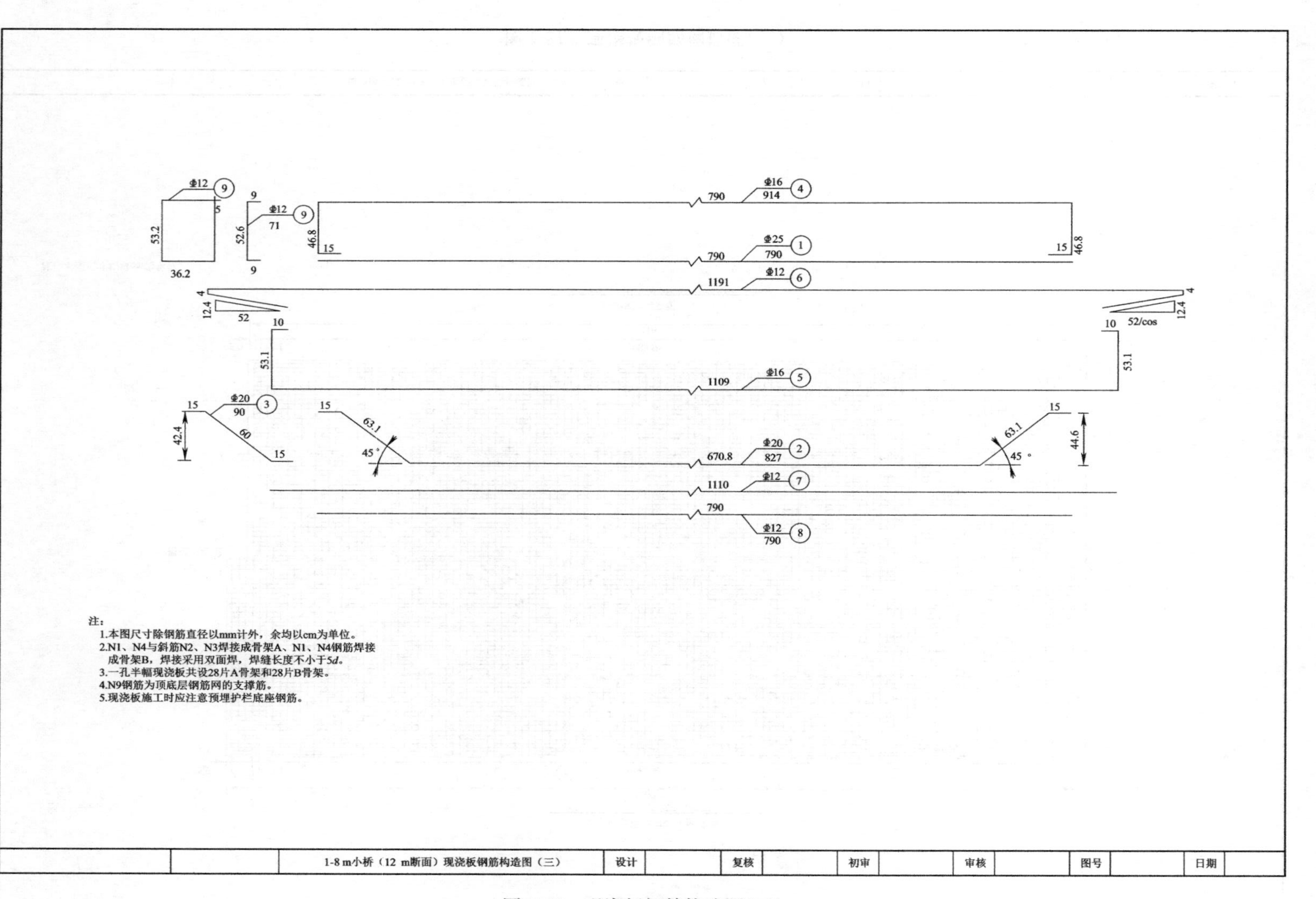


图 7-22　现浇板钢筋构造图(三)

路径8 m现浇板材料数量表（12 m断面）

| 斜度 | 钢筋编号 | 直径 | 每根长度 | 根数 | 共长 | 共重 | 总重 | C30混凝土 | 抗裂纤维 |
|---|---|---|---|---|---|---|---|---|---|
| | | (mm) | (cm) | | (m) | (kg) | (kg) | (m³) | (kg) |
| 0° | 1 | Φ25 | 790 | 111 | 876.90 | 3376.1 | 3376.1 | 54.44 | 49 |
| | 2 | Φ20 | 827 | 28 | 231.56 | 572.0 | 1069.9 | | |
| | 3 | Φ20 | 90 | 224 | 201.60 | 498.0 | | | |
| | 4 | Φ16 | 914 | 56 | 511.84 | 808.7 | 2369.7 | | |
| | 5 | Φ16 | 1235 | 80 | 988.00 | 1561.0 | | | |
| | 6 | Φ12 | 1306 | 80 | 1044.80 | 927.8 | 3129.2 | | |
| | 7 | Φ12 | 1110 | 4 | 44.40 | 39.4 | | | |
| | 8 | Φ12 | 790 | 70 | 553 | 491.1 | | | |
| | 9 | Φ12 | 71 | 2028 | 1439.88 | 1278.6 | | | |
| | 9′ | Φ12 | 188.8 | 234 | 441.79 | 392.31 | | | |

注：本图与“跨径8 m钢筋混凝土现浇板钢筋构造图（一）～（三）”配合使用。

| | 1-8 m小桥（12 m断面）现浇板钢筋构造图（四） | 设计 | | 复核 | | 初审 | | 审核 | | 图号 | | 日期 | |
|---|---|---|---|---|---|---|---|---|---|---|---|---|---|

图 7-23　现浇板钢筋构造图(四)

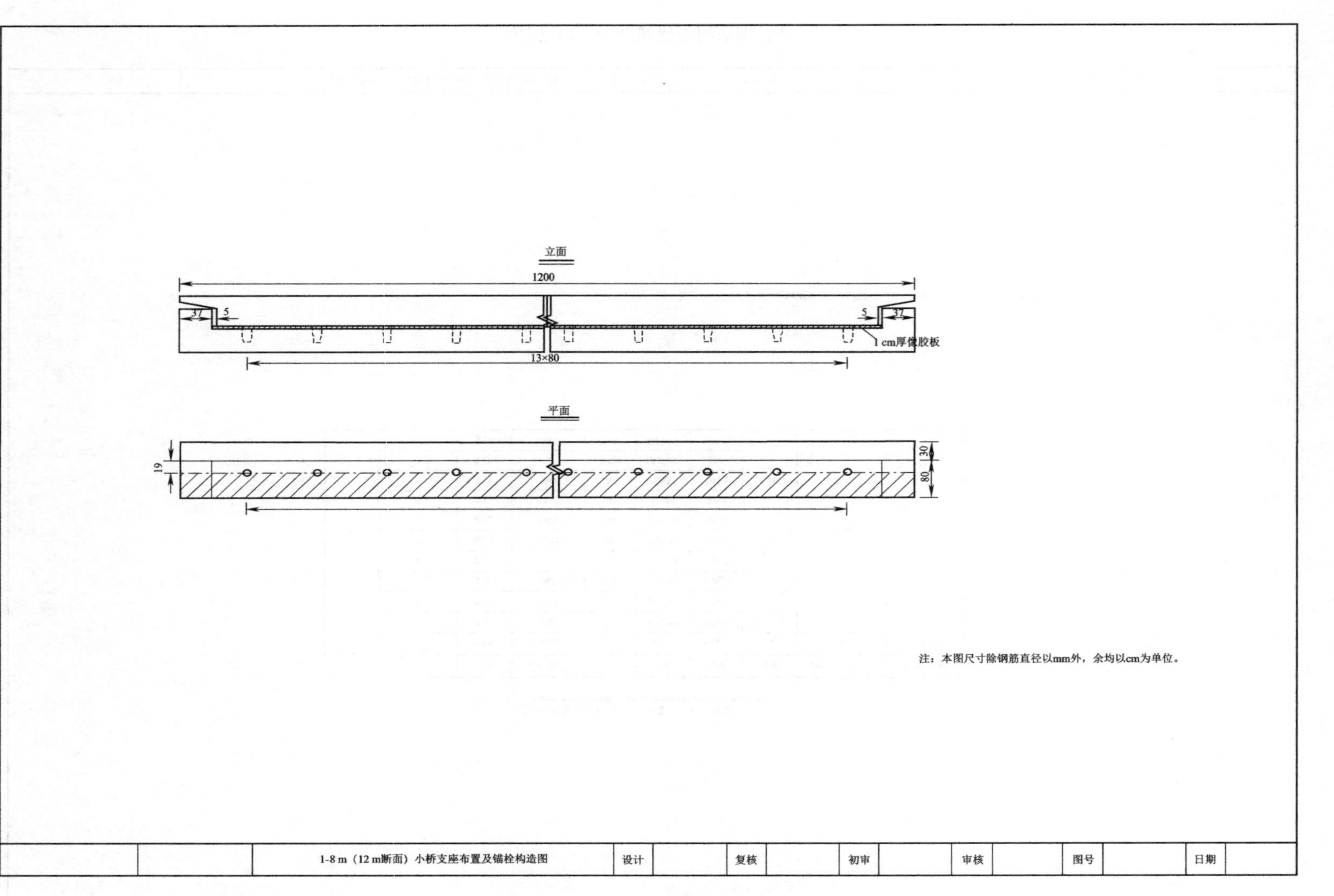


图 7-24　小桥支座布置及锚栓构造图

# 第 8 章　市政工程合同价款的调整和结算

在工程施工阶段，由于项目实际情况的变化，发承包双方在施工合同中约定的合同价款可能出现变动。为合理分配双方的合同价款变动风险，有效控制工程造价，发承包双方应当依据现行《建设工程工程量清单计价规范》(GB 50500—2013)进行合同价款调整和结算。

## 8.1　市政工程合同价款的调整

### 8.1.1　合同价款调整的规定

1. 进行合同价款调整的事项

下列事项(但不限于)发生，发承包双方按照合同约定调整合同价款：

(1)法律法规变化；

(2)工程变更；

(3)项目特征不符；

(4)工程量清单缺项；

(5)工程量偏差；

(6)计日工；

(7)物价变化；

(8)暂估价；

(9)不可抗力；

(10)提前竣工(赶工补偿)；

(11)误期赔偿；

(12)索赔；

(13)现场签证；

(14)发承包双方约定的其他调整事项。

2. 合同价款调整的程序

(1)提出合同价款调整事项

1)出现合同价款调增事项(不含工程量偏差、计日工、现场签证、索赔)后的 14 d 内，承包人应向发包人提交合同价款调增报告并附上相关资料；承包人在 14 d 内未提交合同价款调增报告的，应视为承包人对该事项不存在调整价款请求。

2)出现合同价款调减事项(不含工程量偏差、索赔)后的 14 d 内，发包人应向承包人提交合同价款调减报告并附上相关资料；发包人在 14 d 内未提交合同价款调减报告的，应视为承包人对该事项不存在调整价款请求。

注：不含工程量偏差是因为工程量偏差的调整在竣工结算完成之前均可提出，不含计日工、现场签证、索赔是因为其时限另有规定。

(2)合同价款调整的核实

1)发(承)包人应在收到承(发)包人合同价款调增(减)报告及相关资料之日起14 d内对其核实,予以确认的应书面通知承(发)包人。当有疑问时,应向承(发)包人提出协商意见。发(承)包人在收到合同价款调增(减)报告之日起14 d内未确认也未提出协商意见的,应视为承(发)包人提交的合同价款调增(减)报告已被发(承)包人认可。

2)发(承)包人提出协商意见的,承(发)包人应在收到协商意见后的14 d内对其核实,予以确认的应书面通知发(承)包人。承(发)包人在收到发(承)包人的协商意见后14 d内未确认也未提出不同意见的,应视为发(承)包人提出的意见已被承(发)包人认可。

3. 合同价款调整后的支付

经发承包双方确认调整的合同价款,作为追加(减)合同价款,应与工程进度款或结算款同期支付。

### 8.1.2 合同价款调整方法

1. 法律法规变化的合同价款调整

因国家法律、法规、规章和政策发生变化影响合同价款的风险,发承包双方应在合同中约定由发包人承担。

(1)基准日的确定

对于实行招标的建设工程,一般以施工招标文件中规定的提交投标文件的截止时间前的第28天作为基准日;对于不实行招标的建设工程,一般以建设工程施工合同签订前的第28天作为基准日。

(2)合同价款的调整方法

施工合同履行期间,国家颁布的法律、法规、规章和有关政策在合同工程基准日之后发生变化,且因执行相应的法律、法规、规章和政策引起工程造价发生增减变化的,合同双方当事人应当依据法律、法规、规章和有关政策的规定调整合同价款。但是,有关价格的变化已经包含在物价波动事件的调价公式中,则不再予以考虑。

(3)工期延误期间的特殊处理

如果由于承包人的原因导致的工期延误,按不利于承包人的原则调整合同价款。在工程延误期间国家的法律、行政法规和相关政策发生变化引起工程造价变化的,造成合同价款增加的,合同价款不予调整;造成合同价款减少的,合同价款予以调整。

2. 工程变更的合同价款调整

(1)工程变更的范围

根据《建设工程施工合同(示范文本)》(GF—2013—0201)的规定,工程变更的范围和内容包括:

1)增加或减少合同中任何工作,或追加额外的工作;

2)取消合同中任何工作,但转由他人实施的工作除外;

3)改变合同中任何工作的质量标准或其他特性;

4)改变合同工程的基线、标高、位置和尺寸;

5)改变工程的时间安排或实施顺序。

(2)工程变更的价款调整方法

1)分部分项工程费的调整。

①已标价工程量清单中有适用于变更工程项目的，且工程变更导致的该清单项目的工程数量变化不足 15%时，采用该项目的单价。

注：当工程变更导致的该清单项目的工程数量变化大于 15%时，该项目单价应按照工程量偏差事件的规定确定。

②已标价工程量清单中没有适用、但有类似于变更工程项目的，可在合理范围内参照类似项目的单价或总价调整。

③已标价工程量清单中没有适用也没有类似于变更工程项目的，由承包人根据变更工程资料、计量规则和计价办法、工程造价管理机构发布的信息(参考)价格和承包人报价浮动率，提出变更工程项目的单价或总价，报发包人确认后调整。承包人报价浮动率可按下列公式计算：

a. 实行招标的工程：承包人报价浮动率 $L=(1-中标价/招标控制价)\times 100\%$

b. 不实行招标的工程：承包人报价浮动率 $L=(1-报价值/施工图预算)\times 100\%$

注：上述公式中的中标价、招标控制价或报价值、施工图预算，均不含安全文明施工费。

④已标价工程量清单中没有适用也没有类似于变更工程项目，且工程造价管理机构发布的信息(参考)价格缺价的，由承包人根据变更工程资料、计量规则、计价办法和通过市场调查等取得的有合法依据的市场价格提出变更工程项目的单价或总价，报发包人确认后调整。

2)措施项目费的调整。

工程变更引起措施项目发生变化的，承包人提出调整措施项目费的，应事先将拟实施的方案事先将拟实施的方案提交发包人确认，并详细说明与原方案措施项目相比的变化情况。应按照下列规定调整措施项目费：

①安全文明施工费，按照实际发生变化的措施项目调整，不得浮动。

②采用单价计算的措施项目费，按照实际发生变化的措施项目按前述分部分项工程费的调整方法确定单价。

③按总价(或系数)计算的措施项目费，除安全文明施工费外，按照实际发生变化的措施项目调整，但应考虑承包人报价浮动因素，即调整金额按照实际调整金额乘以承包人报价浮动率($L$)计算。

如果承包人未事先将拟实施的方案提交给发包人确认，则视为工程变更不引起措施项目费的调整或承包人放弃调整措施项目费的权利。

3)删减工程或工作的补偿。

如果发包人提出的工程变更，非因承包人原因删减了合同中的某项原定工作或工程，致使承包人发生的费用或(和)得到的收益不能被包括在其他已支付或应支付的项目中，也未被包含在任何替代的工作或工程中，则承包人有权提出并得到合理的费用及利润补偿。

3. 项目特征描述不符的合同价款调整

项目的特征描述是确定综合单价的前提。由于工程量清单项目的特征决定了工程实体的实质内容，必然直接决定工程实体的自身价值，因此，工程量清单项目特征描述得准确与否，直接关系到工程量清单项目综合单价的准确确定。

(1)发包人在招标工程量清单中对项目特征的描述，应被认为是准确的和全面的，并且与实际施工要求相符合。承包人应该按照发包人提供的招标工程量清单，根据项目特征描述的内容及有关要求实施合同工程，直到项目被改变为止。

(2)合同价款的调整方法：承包人应按照发包人提供的设计图纸实施合同工程，若在合同履行期间，出现设计图纸(含设计变更)与招标工程量清单任一项目的特征描述不符，且该变化引起该项目的工程造价增减变化的，发承包双方应当按照实际施工的项目特征，按工程变更事件中相关规定重新确定相应工程量清单项目的综合单价，并调整合同价款。

4. 招标工程量清单缺项的合同价款调整

合同价款的调整方法：

(1)分部分项工程费的调整。施工合同履行期间，由于招标工程量清单中分部分项工程出现缺项漏项，造成新增工程清单项目的，应按照工程变更事件中关于分部分项工程费的调整方法，调整合同价款。

(2)措施项目费的调整。由于招标工程量清单中分部分项工程出现缺项漏项，引起措施项目发生变化的，应当按照工程变更事件中关于措施项目费的调整方法，在承包人提交的实施方案被发包人批准后，调整合同价款；由于招标工程量清单中措施项目缺项，承包人应将新增措施项目实施方案提交发包人批准后，按照工程变更事件中的有关规定调整合同价款。

5. 工程量偏差的合同价款调整

(1)工程量偏差的概念

工程量偏差是指承包人根据发包人提供的图纸(包括由承包人提供经发包人批准的图纸)进行施工，按照现行国家计量规范规定的工程量计算规则，计算得到的完成合同工程项目应予计量的工程量与相应的招标工程量清单项目列出的工程量招标工程量清单项目列出的工程量之间出现的量差。

(2)合同价款的调整方法

施工合同履行期间，若应予计算的实际工程量与招标工程量清单中的工程量出现偏差，或者因工程变更等原因导致的工程量偏差，该偏差对工程量清单项目的综合单价将产生影响，是否调整综合单价以及如何调整，发承包双方应当在施工合同中约定。如果合同中没有约定或约定不明的，可以按以下原则办理：

1)分部分项工程费的调整。

①原则。当应予计算的实际工程量与招标工程量清单出现偏差(包括因工程变更等原因导致的工程量偏差)超过15%时，对综合单价的调整原则为：当工程量增加15%以上时，其增加部分的工程量的综合单价应予调低；当工程量减少15%以上时，减少后剩余部分的工程量的综合单价应予调高。

②新综合单价的确定方法。

新综合单价的确定，一是发承包协商确定，二是根据投标报价与招标控制价的关系来确定：当工程量偏差项目出现承包人在工程量清单中填报的综合单价与发包人招标控制价相应清单的综合单价偏差超过15%时，工程量偏差项目的综合单价调整可参考以下公式：

a. 当$P_0<P_2\times(1-L)\times(1-15\%)$，该类项目的综合单价：

$P_1$按照$P_2\times(1-L)\times(1-15\%)$调整

b. 当$P_0>P_2\times(1+15\%)$，该类项目的综合单价：

$P_1$按照$P_2\times(1+15\%)$调整

c. 当 $P_0>P_2\times(1-L)\times(1-15\%)$，且 $P_0<P_2\times(1+15\%)$时，可不调整

式中　$P_0$——承包人在工程量清单中填报的综合单价；

$P_1$——按照最终完成工程量重新调整后的综合单价；

$P_2$——招标控制价中相应项目的综合单价；

$L$——承包人报价浮动率。

③分部分项工程费调整。可参考以下公式：

a. 当 $Q_1>1.15Q_0$时，$S=1.15Q_0\times P_0+(Q_1-1.15Q_0)\times P_1$

b. 当 $Q_1<0.85Q_0$时，$S=Q_1\times P_1$

式中　$S$——调整后的某一分部分项工程费结算价；

$Q_1$——最终完成的工程量；

$Q_0$——招标工程量清单中列出的工程量。

**【例 8.1】**某市政工程项目招标工程量清单数量为 2650 $m^3$，施工中由于设计变更调减为 2140 $m^3$，该项目招标控制价的综合单价为 365 元，投标报价的综合单价为 258 元，该工程量投标报价下浮率为 8%。

问题：1. 该清单项目的合同价款应如何调整？

2. 若投标报价的综合单价为 388 元，该清单项目的合同价款又应如何调整？

**解**：1. 该清单项目的合同价款调整计算：

①计算工程量偏差幅度：

2140÷2650=81%，工程量减少了 19%，超过 15%，该项目的综合单价应予调高；

②计算确定该项目新的综合单价 $P_1$：

$P_2\times(1-L)\times(1-15\%)=365\times(1-8\%)\times(1-15\%)=285.43$(元)

因 $P_0=258$ 元<285.43 元，故 $P_1=285.43$ 元

③调整后该清单项目的结算价为：

$S=Q_1\times P_1=2140\times285.43=610820$(元)

2. 若投标报价的综合单价为 388 元，该清单项目的合同价款调整计算：

①计算工程量偏差幅度：

2140÷2650=81%，工程量减少了 19%，超过 15%，该项目的综合单价应予调高；

②计算确定该项目新的综合单价 $P_1$：

$P_2\times(1-L)\times(1-15\%)=365\times(1-8\%)\times(1-15\%)=285.43$(元)

$P_2\times(1+15\%)=365\times(1+15\%)=419.75$(元)

因 $P_0=388$ 元>285.43 元，且 $P_0<419.75$ 元

则 $P_1$ 不调整，$P_1=P_0=388$ 元

③该清单项目的结算价为：

$S=Q_1\times P_1=2140\times388=830320$(元)

**【例 8.2】**某市政工程项目招标工程量清单数量为 2650 $m^3$，施工中由于设计变更调增为 3180 $m^3$，该项目招标控制价的综合单价为 365 元，投标报价的综合单价为 458 元，该工程量投标报价下浮率为 8%。

问题：1. 该清单项目的合同价款应如何调整？

2. 若投标报价的综合单价为 388 元，该清单项目的合同价款又应如何调整？

**解**:1. 该清单项目的合同价款调整计算:

①计算工程量偏差幅度:

3180÷2650=120%,工程量增加了20%,超过15%,该项目增加部分的工程量的综合单价应予调低;

②计算确定该项目新的综合单价 $P_1$:

$P_2\times(1+15\%)=365\times(1+15\%)=419.75$(元)

因 $P_0=458$ 元$>419.75$ 元,故 $P_1=419.75$ 元

③调整后该清单项目的结算价为:

$S=1.15Q_0\times P_0+(Q_1-1.15Q_0)\times P_1$

$=1.15\times2650\times458+(3180-1.15\times2650)\times419.75$

$=1395755+55617$

$=1451372$(元)

2. 若投标报价的综合单价为388元,该清单项目的合同价款调整计算:

①计算工程量偏差幅度:

3180÷2650=120%,工程量增加了20%,超过15%,该项目增加部分的工程量的综合单价应予调低;

②计算确定该项目新的综合单价 $P_1$:

$P_2\times(1+15\%)=365\times(1+15\%)=419.75$(元)

$P_2\times(1-L)\times(1-15\%)=365\times(1-8\%)\times(1-15\%)=285.43$(元)

因 $P_0=388$ 元$>285.43$ 元,且 $P_0<419.75$ 元

则 $P_1$ 不调整,$P_1=P_0=388$ 元

③该清单项目的结算价为:

$S=Q_1\times P_1=3180\times388=1233840$(元)

2)措施项目费的调整。当应予计算的实际工程量与招标工程量清单出现偏差(包括因工程变更等原因导致的工程量偏差)超过15%,且该变化引起措施项目相应发生变化,如该措施项目是按系数或单一总价方式计价的,对措施项目费的调整原则为:工程量增加的,措施项目费调增;工程量减少的,措施项目费调减。

6. 计日工的合同价款调整

发包人通知承包人以计日工方式实施的零星工作,承包人应予执行。

(1)计日工计价的程序

1)承包人报送计日工报表。

①采用计日工计价的任何一项变更工作,在该项变更的实施过程中,承包人应按合同约定提交下列报表和有关凭证送发包人复核:

a. 工作名称、内容和数量;

b. 投入该工作的所有人员的姓名、工种、级别和耗用工时;

c. 投入该工作的材料名称、类别和数量;

d. 投入该工作的施工设备型号、台数和耗用台时;

e. 发包人要求提交的其他资料和凭证。

②任一计日工项目持续进行时,承包人应在该项工作实施结束后的24小时内向发包人提

交有计日工记录汇总的现场签证报告一式三份。

2)发包人审核确认计日工报表。

发包人在收到承包人提交的现场签证报告后的2 d内予以确认并将其中一份还给承包人,作为计日工计价和支付的依据。发包人逾期未确认也未提出修改意见的,应视为承包人提交的现场签证报告已被发包人认可。

(2)计日工的合同价款调整方法

1)任一计日工项目实施结束。承包人应按照确认的计日工现场签证报告核实该类项目的工程数量,并根据核实的工程数量和承包人已标价工程量清单中的计日工单价计算,提出应付价款;已标价工程量清单中没有该类计日工单价的,由发承包双方按工程变更的有关规定商定计日工单价计算。

2)每个支付期末,承包人应按规定向发包人提交本期间所有计日工记录的签证汇总表,并应说明本期间自己认为有权得到的计日工金额,调整合同价款,列入进度款支付。

7. 物价变化的合同价款调整

工程承包合同履行期间,因人工、材料、工程设备和施工机械台班等价格波动影响合同价款时,发承包双方可以根据合同约定的调整方法,对合同价款进行调整。

因物价波动引起的合同价款调整方法有两种:一是采用价格指数调整价格差额,二是采用造价信息调整价格差额。承包人采购材料和工程设备的,应在合同中约定主要材料、工程设备价格变化的范围或幅度,如合同中没有约定,则材料、工程设备单价变化超过5%,超过部分的价格按两种方法之一进行调整。

(1)采用价格指数调整价格差额

主要适用于施工中所用的材料品种较少,但每种材料使用量较大的土木工程,如公路、水坝、桥梁等。

1)价格指数调整公式。

因人工、材料、工程设备和施工机械台班等价格波动影响合同价款时,根据投标函附录中的价格指数和权重表约定的数据,按以下价格调整公式计算差额并调整合同价款:

$$\Delta P_0=P_0\left[A+\left(B_1\times\frac{F_{t1}}{F_{01}}+B_2\times\frac{F_{t2}}{F_{02}}+B_3\times\frac{F_{t3}}{F_{03}}+\cdots+B_n\times\frac{F_{tn}}{F_{0n}}\right)-1\right]$$

式中　$\Delta P$——需调整的价格差额;

$P_0$——根据进度付款、竣工付款和最终结清等付款证书中,承包人应得到的已完成工程量的金额;此项金额应不包括价格调整、不计质量保证金的扣留和支付、工程预付款的支付和扣回。变更及其他金额已按现行价格计价的,也不计在内;

$A$——定值权重(即不调部分的权重);

$B_1,B_2,B_3,\cdots,B_n$——各可调因子的变值权重(即可调部分的权重)为各可调因子在投标函投标总报价中所占的比例;

$F_{t1},F_{t2},F_{t3},\cdots,F_{tn}$——各可调因子的现行价格指数,指根据进度付款、竣工付款和最终结清等约定的付款证书相关周期最后一天的前42 d的各可调因子的价格指数;

$F_{01},F_{02},F_{03},\cdots,F_{0n}$——各可调因子的基本价格指数,指基准日的各可调因子的价格指数。

以上价格调整公式中的各可调因子、定值和变值权重，以及基本价格指数及其来源在投标函附录价格指数和权重表中约定。

价格指数应首先采用工程造价管理机构提供的价格指数，缺乏上述价格指数时，可采用工程造价管理机构提供的价格代替。

在计算调整差额时，得不到现行价格指数的，可暂用上一次的价格指数计算，并在以后的付款中再按实际价格指数进行调整。

2)工期延误后的价格调整。

①由于非承包人原因导致工期延误的，则对于计划进度日期(或竣工日期)后续施工的工程，在使用价格调整公式时，应采用计划进度日期(或竣工日期)与实际进度日期(或竣工日期)的两个价格指数中较高者作为现行价格指数。

②由承包人原因导致工期延误的，则对于计划进度日期(或竣工日期)后续施工的工程，在使用价格调整公式时，应采用计划进度日期(或竣工日期)与实际进度日期(或竣工日期)的两个价格指数中较低者作为现行价格指数。

(2)采用造价信息调整价格差额

采用造价信息调整价格差额的方法，主要适用于使用的材料品种较多，相对而言每种材料使用量较小的房屋建筑与装饰工程。

施工期内，因人工、材料、工程设备和机械台班价格波动影响合同价格时，人工、机械使用费按照国家或省、自治区、直辖市建设行政管理部门或其授权的工程造价管理机构发布的人工成本信息、机械台班单价或机械使用费系数进行调整；需要进行价格调整的材料，其单价和采购数应由发包人复核，发包人确认需调整的材料单价及数量作为调整合同价款差额的依据。

1)人工单价的调整。

人工单价发生变化时，发承包双方应按省级或行业建设主管部门或其授权的工程造价管理机构发布的人工成本文件调整合同价款。

2)材料和工程设备价格的调整。

材料、工程设备价格变化的价款调整，按照承包人提供主要材料和工程设备一览表，根据发承包双方约定的风险范围，按以下规定进行调整。

①如果承包人投标报价中材料单价低于基准单价，工程施工期间材料单价涨幅以基准单价为基础超过合同约定的风险幅度值时，或材料单价跌幅以投标报价为基础超过合同约定的风险幅度值时，其超过部分按实调整。

②如果承包人投标报价中材料单价高于基准单价，工程施工期间材料单价跌幅以基准单价为基础超过合同约定的风险幅度值时，或材料单价涨幅以投标报价为基础超过合同约定的风险幅度值时，其超过部分按实调整。

③如果承包人投标报价中材料单价等于基准单价，施工期间材料单价涨、跌幅以基准单价为基础超过合同约定的风险幅度值时，其超过部分按实调整。

④承包人应在采购材料前将采购数量和新的材料单价报送发包人核对，确认用于本合同工程时，发包人应确认采购材料的数量和单价。发包人在收到承包人报送的确认资料后 3 个工作日不予答复的视为已经认可，作为调整合同价款的依据。如果承包人未报经发包人核对即自行采购材料，再报发包人确认调整合同价款的，如发包人不同意，则不作调整。

3)施工机械台班单价或施工机械使用费发生变化超过省级或行业建设主管部门或其授权

的工程造价管理机构规定的范围时，按其规定调整合同价款。

**【例8.3】**某市政工程中，施工合同约定某材料的风险幅度为5%，超出部分依据《建设工程工程量清单计价规范》(GB 50500—2013)按造价信息差额法调整。

问题：

1. 此材料招标人给出的基准价是40元/kg，承包人投标报价中此材料单价为25元/kg。2016年7月、2017年12月、2018年2月的造价信息发布价分别为60元/kg、41元/kg、20元/kg。则该三月此材料的实际结算价格？

2. 此材料招标人给出的基准价是40元/kg，承包人投标报价中此材料单价为55元/kg。2016年7月、2017年12月、2018年2月的造价信息发布价分别为60元/kg、41元/kg、20元/kg。则该三月此材料的实际结算价格？

**解**：1. 因投标报价中此材料单价25元/kg低于基准单价40元/kg，当材料价格上涨，则以基准价为基础计算最高风险值：40×(1+5%)＝42(元/kg)；当材料价格下降，则以投标报价为基础计算最低风险值：25×(1−5%)＝23.75(元/kg)；材料价格变化超过此范围，调整材料单价。

(1)2016年7月信息价为60元/kg，因此此材料应调整额＝60−42＝18(元/kg)

2016年7月实际结算价格＝25+18＝43(元/kg)

(2)2017年12月信息价为41元/kg，不调整

2016年7月实际结算价格＝25(元/kg)

(3)2018年2月信息价为20元/kg，因此此材料应调整额＝23.75−20＝3.75(元/kg)

2016年7月实际结算价格＝25−3.75＝21.25(元/kg)

2. 因投标报价中此材料单价55元/kg高于基准单价40元/kg，当材料价格上涨，则以投标报价为基础计算最高风险值：55×(1+5%)＝57.75(元/kg)；当材料价格下降，则以基准价为基础计算最低风险值：40×(1−5%)＝38(元/kg)；材料价格变化超过此范围，调整材料单价。

(1)2016年7月信息价为60元/kg，因此此材料应调整额＝60−57.75＝2.25(元/kg)

2016年7月实际结算价格＝55+2.25＝57.25(元/kg)

(2)2017年12月信息价为41元/kg，不调整

2016年7月实际结算价格＝55(元/kg)

(3)2018年2月信息价为20元/kg，因此此材料应调整额＝38−20＝18(元/kg)

2016年7月实际结算价格＝55−18＝37(元/kg)

8. 暂估价的合同价款调整

(1)给定暂估价的材料、工程设备

1)不属于依法必须招标的项目。发包人在招标工程量清单中给定暂估价的材料和工程设备不属于依法必须招标的，由承包人按照合同约定采购，经发包人确认单价后取代暂估价，调整合同价款。

2)属于依法必须招标的项目。发包人在招标工程量清单中给定暂估价的材料和工程设备属于依法必须招标的，由发承包双方以招标的方式选择供应商。依法确定中标价格后，以此为依据取代暂估价，调整合同价款。

(2)给定暂估价的专业工程

1)不属于依法必须招标的项目。

发包人在工程量清单中给定暂估价的专业工程不属于依法必须招标的,应按照前述工程变更事件的合同价款调整方法,确定专业工程价款,并以此为依据取代专业工程暂估价,调整合同价款。

2)属于依法必须招标的项目。

①除合同另有约定外,承包人不参加投标的专业工程,应由承包人作为招标人,但拟定的招标文件、评标方法、评标结果应报送发包人批准。与组织招标工作有关的费用应当被认为已经包括在承包人的签约合同价(投标总报价)中。

②承包人参加投标的专业工程,应由发包人作为招标人,与组织招标工作有关的费用由发包人承担。同等条件下,应优先选择承包人中标。

③应以专业工程发包中标价为依据取代专业工程暂估价,调整合同价款。

9. 不可抗力的合同价款调整

(1)不可抗力的范围

不可抗力是指合同双方在合同履行中出现的不能预见、不能避免并不能克服的客观情况。

(2)不可抗力造成损失的承担

1)费用损失的承担原则。

因不可抗力事件导致的人员伤亡、财产损失及其费用增加,发承包双方应按以下原则分别承担并调整合同价款和工期:

①合同工程本身的损害、因工程损害导致第三方人员伤亡和财产损失以及运至施工场地用于施工的材料和待安装的设备的损害,由发包人承担。

②发包人、承包人人员伤亡由其所在单位负责,并承担相应费用。

③承包人的施工机械设备损坏及停工损失,由承包人承担。

④停工期间,承包人应发包人要求留在施工场地的必要的管理人员及保卫人员的费用由发包人承担。

⑤工程所需清理、修复费用,由发包人承担。

2)工期的处理。

因发生不可抗力事件导致工期延误的,工期相应顺延。发包人要求赶工的,承包人应采取赶工措施,赶工费用由发包人承担。

10. 提前竣工(赶工补偿)与误期赔偿的合同价款调整

(1)提前竣工(赶工补偿)

1)赶工费用。发包人应当依据相关工程的工期定额合理计算工期,压缩的工期天数不得超过定额工期的20%,超过的,应在招标文件中明示增加赶工费用。赶工费用包括:

①人工费的增加,例如新增加投入人工的报酬,不经济使用人工的补偿等。

②材料费的增加,例如可能造成不经济使用材料而损耗过大,材料提前交货可能增加的费用、材料运输费的增加等。

③机械费的增加,例如可能增加机械设备投入,不经济的使用机械等。

2)提前竣工奖励。发承包双方可以在合同中约定提前竣工的奖励条款,明确每日历天应奖励额度。一般来说,双方还应当在合同中约定提前竣工奖励的最高限额(如合同价款的

5%)。提前竣工奖励列入竣工结算文件中,与结算款一并支付。

(2)误期赔偿

承包人未按照合同约定施工,导致实际进度迟于计划进度的,承包人应加快进度,实现合同工期。

合同工程发生误期,承包人应赔偿发包人由此造成的损失,并应按照合同约定向发包人支付误期赔偿费。即使承包人支付误期赔偿费,也不能免除承包人按照合同约定应承担的任何责任和应履行的任何义务。

发承包双方可以在合同中约定误期赔偿费,明确每日历天应赔偿额度。一般来说,双方还应当在合同中约定误期赔偿费的最高限额(如合同价款的5%)。误期赔偿费列入进度款支付文件或竣工结算文件中,在进度款或结算款中扣除。

11.索赔的合同价款调整

(1)工程索赔的概念

工程索赔是指在工程合同履行过程中,当事人一方因非己方的原因而遭受经济损失或工期延误,按照合同约定或法律规定,应由对方承担责任,而向对方提出工期和(或)费用补偿要求的行为。

在实际工作中,“索赔”是双向的,我国《建设工程施工合同示范文本》中的索赔就是双向的,既包括承包人向发包人的索赔,也包括发包人向承包人的索赔。但在工程实践中,发包人索赔数量较小,而且处理方便。可以通过冲账、扣拨工程款、扣保证金等实现对承包人的索赔;而承包人对发包人的索赔则比较困难一些。通常情况下,索赔是指承包人(施工单位)在合同实施过程中,对非自身原因造成的工程延期、费用增加而要求发包人给予补偿损失的一种权利要求。

(2)工程索赔产生的原因

1)业主方(包括建设单位和监理人)违约。

在工程实施过程中,由于建设单位或监理人没有尽到合同义务,导致索赔事件发生。如:未按合同规定提供设计资料、图纸,未及时下达指令、答复请示等,使工程延期;未按合同规定的日期交付施工场地和行驶道路、提供水电、提供应由建设单位提供的材料和设备,使施工承包单位不能及时开工或造成工程中断;未按合同规定按时支付工程款,或不再继续履行合同;下达错误指令,提供错误信息;建设单位或监理人协调工作不力等。

2)不可抗力或不利的物质条件。

不可抗力又可以分为自然事件和社会事件。自然事件主要是工程施工过程中不可避免发生并不能克服的自然灾害,包括地震、海啸、瘟疫、水灾等;社会事件则包括国家政策、法律、法令的变更,战争、罢工等。不利的物质条件指承包人在施工现场遇到的不可预见的自然物质条件、非自然的物质障碍和污染物,包括地下和水文条件。

3)合同缺陷。

合同缺陷表现为合同文件规定不严谨甚至矛盾,合同中的遗漏或错误,设计图纸错误造成设计修改、工程返工、窝工等。在这种情况下,工程师应当给予解释,如果这种解释将导致成本增加或工期延长,发包人应当给予补偿。

4)合同变更。

合同变更也有可能导致索赔事件的发生,如:建设单位指令增加或减少工作量、增加新的工作，提高设计标准、质量标准；由于非施工承包单位原因，建设单位指令中止工程施工；建设单位要求施工承包单位采取加速措施，且其原因是非施工承包单位责任的工程拖延，或建设单位希望在合同工期前交付工程；建设单位要求修改施工方案，打乱施工顺序；建设单位要求施工承包单位完成合同规定以外的义务或工作。

5)工程环境的变化。

如材料价格和人工工日单价的大幅度上涨；国家法令的修改；货币贬值；外汇汇率的变化等。

(3)工程索赔的分类

工程索赔依据不同的标准可以进行不同的分类。

1)按索赔的合同依据分类。

按索赔的合同依据可以将工程索赔分为合同中明示的索赔和合同中默示的索赔。

①合同中明示的索赔。合同中明示的索赔是指承包人所提出的索赔要求，在该工程项目的合同文件中有文字依据，承包人可以据此提出索赔要求，并取得经济补偿。这些在合同文件中有文字规定的合同条款，称为明示条款。

②合同中默示的索赔。合同中默示的索赔，即承包人的该项索赔要求，虽然在工程项目的合同条款中没有专门的文字叙述，但可以根据该合同的某些条款的含义，推论出承包人有索赔权。这种索赔要求，同样有法律效力，有权得到相应的经济补偿。这种有经济补偿含义的条款，在合同管理工作中被称为“默示条款”或称为“隐含条款”。默示条款是一个广泛的合同概念，它包含合同明示条款中没有写入、但符合双方签订合同时设想的愿望和当时环境条件的一切条款。这些默示条款，或者从明示条款所表述的设想愿望中引申出来，经合同双方协商一致，或被法律和法规所指明，都成为合同文件的有效条款，要求合同双方遵照执行。

2)按索赔目的分类。

按索赔目的可以将工程索赔分为工期索赔和费用索赔。

①工期索赔。由于非承包人责任的原因而导致施工进程延误，要求批准顺延合同工期的索赔，称为工期索赔。工期索赔形式上是对权利的要求，以避免在原订合同竣工日不能完工时，被发包人追究拖期违约责任。一旦获得批准合同工期顺延后，承包人不仅免除了承担拖期违约赔偿费的严重风险，而且可能提前工期得到奖励，最终仍反映在经济收益上。

②费用索赔。费用索赔的目的是要求经济补偿。当施工的客观条件改变导致承包人增加开支时，承包人要求对超出计划成本的附加开支给予补偿，以挽回不应由他承担的经济损失。

3)按索赔事件的性质分类。

按索赔事件的性质可以将工程索赔分为工程延误索赔、工程变更索赔、合同被迫终止索赔、工程加速索赔、意外风险和不可预见因素索赔和其他索赔。

①工程延误索赔。因发包人未按合同要求提供施工条件，如未及时交付设计图纸、施工现场、道路等，或因发包人指令工程暂停或不可抗力事件等原因造成工期拖延的，承包人对此提出索赔。这是工程中常见的一类索赔。

②工程变更索赔。由于发包人或监理工程师指令增加或减少工程量或增加附加工程、修改设计、变更工程顺序等，造成工期延长和费用增加，承包人对此提出索赔。

③合同被迫终止的索赔。由于发包人或承包人违约以及不可抗力事件等原因造成合同非正常终止，无责任的受害方因其蒙受经济损失而向对方提出索赔。

④工程加速索赔。由于发包人或工程师指令承包人加快施工进度、缩短工期，引起承包人人、财、物的额外开支而提出的索赔。

⑤意外风险和不可预见因素索赔。在工程实施过程中，因人力不可抗拒的自然灾害、特殊风险以及一个有经验的承包人通常不能合理预见的不利施工条件或外界障碍，如地下水、地质断层、溶洞、地下障碍物等引起的索赔。

⑥其他索赔。如因货币贬值、汇率变化、物价、工资上涨、政策法令变化等原因引起的索赔。

(4)索赔成立的条件及依据

1)索赔成立的条件：

①索赔事件造成了承包人直接经济损失或工期延误；

②造成费用增加或工期延误的索赔事件是因非承包人的原因发生的；

③承包人已经按照工程施工合同规定的期限和程序提交了索赔意向通知、索赔报告及相关证明材料。

2)索赔的依据：

①工程施工合同文件。工程施工合同是工程索赔中最关键和最主要的依据，工程施工期间，发承包双方关于工程的洽商、变更等书面协议或文件，也是索赔的重要依据。

②国家、部门和地方有关的标准、规范和定额。对于工程建设的强制性标准，是合同双方必须严格执行的；对于非强制性标准，必须在合同中有明确规定的情况下，才能作为索赔的依据。

③国家法律、法规。国家制定的相关法律、行政法规，是工程索赔的法律依据。工程项目所在地的地方性法规或地方政府规章，也可以作为工程索赔的依据，但应当在施工合同专用条款中约定为工程合同的适用法律。

④工程施工合同履行过程中与索赔事件有关的各种凭证。这是承包人因索赔事件所遭受费用或工期损失的事实依据，它反映了工程的计划情况和实际情况。

3)索赔的证据。

常见的工程索赔证据主要有：

①招标文件、工程合同及附件、业主认可的施工组织设计、工程图纸、地质勘察报告、技术规范等；

②工程各项有关设计交底记录、变更图纸、变更施工指令；

③工程各项经业主或监理工程师签认的签证；

④工程各项往来文件、指令、信函、通知、答复等；

⑤工程各项会议纪要；

⑥施工计划及现场实施情况记录；

⑦施工日报及工长工作日志、备忘录；

⑧工程送电、送水、道路开通、封闭的日期及数量记录；

⑨工程停水、停电和干扰事件影响的日期及恢复施工的日期；

⑩工程预付款、进度款拨付的数额及日期记录；

⑪工程图纸、工程变更、交底记录的送达份数及日期记录；

⑫工程有关施工部位的照片及录像等；

⑬工程现场气候记录，有关天气的温度、风力、降雨雪量；

⑭工程验收报告及各项技术鉴定报告等；

⑮工程材料采购、订货、运输、进场、验收、使用等方面的凭据；

⑯工程会计核算资料；

⑰国家、省、市有关影响工程造价、工期的文件、规定等。

(5)索赔的程序

1)承包人提出索赔申请。

①承包人应在知道或应当知道索赔事件发生后 28 d 内，向发包人(监理人)提出索赔意向通知书，并说明发生索赔事件的事由。承包人逾期未发出索赔意向通知书的，丧失索赔的权利。

②承包人应在发出索赔意向通知书后 28 d 内，向发包人(监理人)正式递交索赔通知书。索赔通知书应详细说明索赔理由以及要求追加的付款金额和(或)延长的工期，并应附必要的记录和证明材料。

③索赔事件具有连续影响的，承包人应按合理时间间隔继续递交延续索赔通知，说明连续影响的实际情况和记录，列出累计的追加付款金额和(或)工期延长天数。

④在索赔事件影响结束后的 28 d 内，承包人应向发包人(监理人)递交最终索赔通知书，说明最终索赔要求，并应附必要的记录和证明材料。

2)发包人(监理人)处理承包人的索赔申请。

①发包人(监理人)收到承包人提交的索赔通知书后，应及时审查索赔通知书的内容，查验承包人的记录和证明材料。

②发包人(监理人)应在收到索赔通知书或有关索赔的进一步证明材料后的 28 d 内，将索赔处理结果答复承包人，如果发包人(监理人)逾期未作出答复，视为承包人索赔要求已被发包人认可。

③承包人接受索赔处理结果的，索赔款项应作为增加合同价款，在当期进度款中进行支付；承包人不接受索赔处理结果的，应按合同约定的争议解决方式办理。

3)承包人提出索赔的期限。

发承包双方在按合同约定办理了竣工结算后，应被认为承包人已无权再提出竣工结算前所发生的任何索赔。承包人在提交的最终结清申请中，只限于提出竣工结算后的索赔，提出索赔的期限应自发承包双方最终结清时终止。

(6)费用索赔的计算

1)索赔费用的组成：

①人工费。人工费的索赔包括：由于完成合同之外的额外工作所花费的人工费用；超过法定工作时间加班劳动；法定人工费增长；因非承包商原因导致工效降低所增加的人工费用；因非承包商原因导致工程停工的人员窝工费和工资上涨费等。在计算停工损失中人工费时，常采取人工单价乘以折算系数计算。

②材料费。材料费的索赔包括：由于索赔事件发生造成材料实际用量超过计划用量而增加的材料费；由于发包人原因导致工程延期期间的材料价格上涨和超期储存费用。材料费中应包括运输费、仓储费，以及合理的损耗费用。如果由于承包商管理不善，造成材料损坏失效，则不能列入索赔款项内。

③施工机械使用费。施工机械使用费的索赔包括：由于完成合同之外的额外工作所增加的机械使用费；非因承包人原因导致工效降低所增加的机械使用费；由于发包人或工程师指令错误或迟延导致机械停工的台班停滞费。

④现场管理费：其索赔包括承包人完成合同之外的额外工作以及由于发包人原因导致工期延期期间的现场管理费发包人原因导致工期延期期间的现场管理费，包括管理人员工资、办公费、通信费、交通费等。

⑤总部（企业）管理费。其索赔主要指的是由于发包人原因导致工程延期期间所增加的承包人向公司总部提交的管理费，包括总部职工工资、办公大楼折旧、办公用品、财务管理、通信设施以及总部领导人员赴工地检查指导工作等开支。

⑥利润。一般来说，由于工程范围的变更、发包人提供的文件有缺陷或错误、发包人未能提供施工场地以及发包人违约导致的合同终止等事件引起的索赔，承包人都可以列入利润。

⑦利息。利息的索赔包括：发包人拖延支付工程款利息；发包人迟延退还工程质量保证金的利息；承包人垫资施工的垫资利息；发包人错误扣款的利息等。

⑧保险费。因发包人原因导致工程延期时，承包人必须办理工程保险、施工人员意外伤害保险等各项保险的延期手续，对于由此而增加的费用，承包人可以提出索赔。

⑨保函手续费。因发包人原因导致工程延期时，承包人必须办理履约保函的延期手续，对于由此而增加的费用，承包人可以提出索赔。

⑩分包费用。由于发包人原因导致分包工程费用增加时，分包人只能向总承包人提出索赔，但分包人的索赔款项应当列入总承包人对发包人的索赔款项中。分包费用索赔指的是分包人的索赔费用，与上述费用内容相同。

说明：由于一些引起索赔的事件，同时也可能是合同中约定的合同价款调整因素（如工程变更、法律法规变化以及物价波动等），因此，对于已经进行了合同价款调整的索赔事件，承包人在费用索赔的计算时，不能重复计算。

2）费用索赔的计算（实际费用法）。

实际费用法。该方法是按照索赔事件所引起损失的费用项目分别分析计算索赔值，然后将各费用项目的索赔值汇总，即可得到总索赔费用值。这种方法以承包商为某项索赔工作所支付的实际开支为依据，但仅限于由于索赔事项所引起的、超过原计划的费用，故也称额外成本法。在这种计算方法中，需要注意的是不要遗漏费用项目。

①人工费计算。

劳动力损失费用索赔＝（实际使用工日－已完工程中计划人工工日－其他用工数－承包商责任或风险引起的劳动力损失）×合同人工单价

②材料费的计算。

a. 额外材料使用费＝（实际用量－计划用量）×材料单价；

b. 增加的材料运杂费、材料采购及保管费用按实际发生的费用与报价费用的差值计算；

c. 某种材料价格上涨费用＝（现行价格－基本价格）×材料用量。

③施工机械使用费的计算。

a. 机械停滞费。停滞费的计算，如系租赁设备，一般按实际台班租金和施工机械进出场费的分摊计算；如系承包商自有设备，一般按台班折旧费、人工费与其他费之和计算，而不能按机械设备台班费计算，因台班费中包括了设备使用费。

b. 额外增加的机械使用费和机械作业效率降低费＝增加的机械台班×合同台班单价。

④现场管理费的计算。

计算公式为：现场管理费索赔金额＝索赔的直接成本费用×现场管理费率。

⑤总部（企业）管理费的计算。

a. 据已获补偿的工程延期天数计算。即：

Ⅰ. 计算被延期工程应当分摊的总部管理费：

$$延期工程应分摊的总部管理费＝同期公司计划总部管理费\times\frac{延期工程合同价格}{同其公司所有工程合同总价}$$

Ⅱ. 计算被延期工程的日平均总部管理费：

$$延期工程的日平均总部管理费＝\frac{延期工程应分摊的总部管理费}{延期工程计划工期}$$

Ⅲ. 计算索赔的总部管理费：

索赔的总部管理费＝延期工程的日平均总部管理费×工程延期的天数

b. 按总部管理费的比率计算：

总部管理费索赔金额＝（直接费索赔金额＋现场管理费索赔金额）×总部管理费比率（%）

其中：总部管理费的比率可以按照投标书中的总部管理费比率（一般为3%～8%），也可以按照承包人公司总部统一规定的管理费比率计算。

⑥利润。索赔利润的计算与原报价单中的利润百分率保持一致。

⑦利息。双方在合同中明确约定，没有约定或约定不明确的，可以按照中国人民银行发布的同期同类贷款利率中国人民银行发布的同期同类贷款利率计算。

(7)工期索赔的计算

1)工期索赔中应当注意的问题。

①划清施工进度拖延的责任。

②被延误的工作应是处于施工进度计划关键线路上的施工内容。只有位于关键线路上工作内容的滞后，才会影响到竣工日期。

2)工期索赔的计算方法。

①直接法。

②比例计算法。

3)共同延误的处理。

在这种情况下，要具体分析哪一种情况延误是有效的，应依据以下原则：

①首先判断造成拖期的哪一种原因是最先发生的，即确定"初始延误"者，它应对工程拖期负责。在初始延误发生作用期间，其他并发的延误者不承担拖期责任。

②如果初始延误者是发包人原因，则在发包人原因造成的延误期内，承包人既可得到工期延长，又可得到经济补偿。

③如果初始延误者是客观原因，则在客观因素发生影响的延误期内，承包人可以得到工期延长，但很难得到费用补偿。

④如果初始延误者是承包人原因，则在承包人原因造成的延误期内，承包人既不能得到工期补偿，也不能得到费用补偿。

12. 现场签证的合同价款调整

1)现场签证的工作如果已有相应的计日工单价，现场签证报告中仅列明完成该签证工作所需的人工、材料、工程设备和施工机具台班的数量。

2)如果现场签证的工作，没有相应的计日工单价，应当在现场签证报告中列明完成该签证工作所需的人工、材料、工程设备和施工机具台班的数量及其单价。

承包人应按照现场签证内容计算价款，报送发包人确认后，作为增加合同价款，与进度款同期支付。

3)现场签证的限制。

工程施工过程中，发生现场签证事项，未经发包人签证确认，承包人便擅自实施相关工作的，除非征得发包人书面同意，否则发生的费用由承包人承包。

### 8.1.3　索赔的案例分析

**【案例1】**某建设单位(甲方)与某市政工程公司(乙方)订立了某市政工程施工合同。甲乙双方合同规定，每一分项工程的实际工程量增加(或减少)超过招标文件中工程量的10%以上的部分调整单价。某项工作C作业需要使用的一台施工机械，由乙方自备，台班费为200元/台班，其中台班折旧费为30元/台班。

甲乙双方合同约定8月15日开工。工程施工中发生如下事件：

1. 8月15日，施工现场不具备安装工程施工条件，致使乙方人员窝工6工日；

2. 8月21日～8月22日，工作C施工过程中，场外停电，停工2 d，造成人员窝工16工日；

3. 因设计变更，DN100焊接钢管安装由招标文件中的300 m增至350 m，超过了10%；合同中该工作的综合单价为93元/m，经协商调整后综合单价为87元/m；

4. 为保证施工质量，乙方在施工过程中改变了原设计中某种管道的连接方式，由此增加的费用为780元；

5. 施工过程中，甲方指令增加一项临时工作，需要使用工作C中用到的乙方自备施工机械，经核准，完成该工作需要1 d时间，人工10个工日。

问题：

1. 上述哪些事件乙方可以提出索赔要求？哪些事件不能提出索赔要求？说明其原因。

2. DN100焊接钢管的结算价应为多少？

3. 假设人工工日单价为48元/工日，合同规定窝工人工费补偿标准为20元/工日，临时工作的综合取费为人工费和机械费之和的34%。试计算除事件3外合理的费用索赔总额。

答案：

问题1：

事件1可以提出索赔要求，因为保证施工现场具备施工条件是甲方的义务。

事件2可提出索赔要求，因为因停水、停电造成的人员窝工是甲方的责任。

事件3可提出索赔要求，因为设计变更是甲方的责任，且该工作的工程量增加了50 m，超过了招标文件中工程量的10%。

事件4不应提出索赔要求，因为这是乙方为保证施工质量擅自改变了管道的连接方式，甲方有权认为这是乙方采取的技术措施，其费用应由乙方承担。

事件5可提出索赔要求，因为甲方指令增加工作，是甲方的责任。

问题2：

按原单价结算的工程量：300 m×(1+10%)=330 m

按新单价结算的工程量：350 m−330 m=20 m

总结算价：330 m×93元/m+20 m×87元/m=32430元

问题3：

事件1：人工费：6工日×20元/工日=120元

事件2：人工费：16工日×20元/工日=320元

机械费：2台班×30元/台班=60元

事件5：人工费：10工日×48元/工日=480元

机械费：1台班×200元/台班=200元

综合取费：(480+200)元×34%=231元

合计费用索赔总额为：120+320+60+480+200+231=1411(元)。

**【案例2】**某项目发包人采用工程量清单计价方式，与承包人按照《建设工程施工合同(示范文本)》签订了工程施工合同。合同约定：项目的成套生产设备由发包人采购，管理费和利润为人材机费用之和18%，规费和税金为人材机费用与管理费和利润之和的10%，人工工资标准为80元/工日。窝工补偿标准为50元/工日，施工机械窝工闲置台班补偿标准为正常台班费的60%，人工窝工和机械窝工闲置不计取管理费和利润，工期270 d，每提前或拖后一天奖励(或罚款)5000元(含税费)。

承包人经发包人同意将设备与管线安装作业分包给某专业分包人，分包合同约定，分包工程进度必须服从总包施工进度的安排，各项费用、费率标准约定与总承包施工合同相同。开工前，承包人编制并得到监理工程师批准的施工网络进度计划如图8-1所示，图中箭线下方括号外数字为工作持续时间(单位：d)，括号内数字为每天作业班组工人数，所有工作均按最早可能时间安排作业。

施工过程中发生了如下事件：

事件1：主体结构作业20 d后，遇到持续2 d的特大暴风雨，造成工地堆放的承包人部分周转材料损失费用2000元，特大暴风雨结束后，承包人安排该作业队中20人修复倒塌的模板及支撑，30人进行工程修复和场地清理，其他人在现场停工待命，修复和清理工作持续了1 d时间。施工机械A、B持续窝工闲置3个台班(台班费用分别为：1200元/台班、900元/台班)。

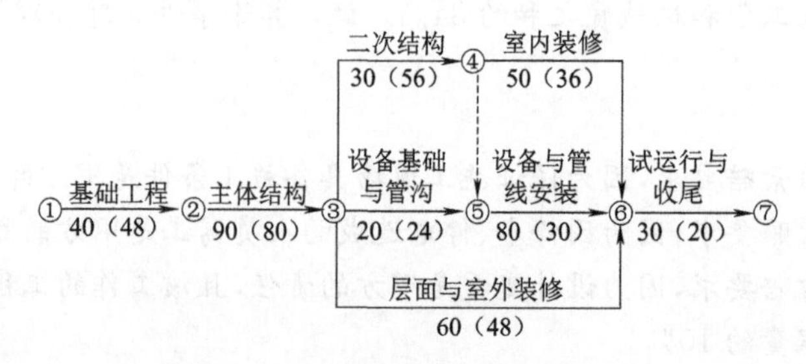


图8-1 施工网络进度计划(单位：d)

事件2:设备基础与管沟完成后,专业分包人对其进行技术复核,发现有部分基础尺寸和地脚螺栓预留孔洞位置偏差过大,经沟通,承包人安排10名工人用了6 d时间进行返工处理,发生人材费用1260元,使设备基础与管沟工作持续时间增加。

事件3:设备与管线安装工作中,因发包人采购成套生产设备的配套附件不全,专业分包人自行决定采购补全,发生采购费用3500元,并造成作业班组整体停工3 d,因受干扰降效增加作业用工60个工日,施工机械C闲置3个台班(台班费1600元/台班),设备与管线安装工作持续时间增加3 d。

事件4:为抢工期,经监理工程师同意,承包人将试运行部分工作提前安排,和设备与管线安装搭接作业5 d,因搭接作业相互干扰降效使费用增加10000元。

其余各项工作的持续时间和费用没有发生变化。

上述事件发生后,承包人均在合同规定的时间内向发包人提出索赔,并提交了相关索赔资料。

问题:

1. 分别说明各事件工期,费用索赔能否成立?简述其理由。

2. 各事件工程索赔分别为多少天?总工期索赔为多少天?实际工程为多少天?

3. 专业分包人可以得到的费用索赔为多少元?专业分包人应该向谁提出索赔?

4. 承包人可以得到的各事件费用索赔为多少元?总费用索赔额为多少元?工期奖励(或罚款)为多少元?

答案:

1. 事件1,工期索赔成立,因为主体结构作业是关键工作,并且是不可抗力造成的延误和清理修复花费的时间,所以可以索赔工期。

部分周转材料损失费用,修复倒塌的模板及支撑,清理现场时的窝工及机械闲置费用索赔不成立,因为不可抗力期间工地堆放的承包人部分周转材料损失及窝工闲置费用应由承包人承担。

修理和清理工作发生的费用索赔成立,因为修理和清理工作发生的费用应由业主承担。

事件2,工期和费用索赔均不能成立,因为此事件是施工方施工质量问题,施工方施工质量原因造成的延误和费用,应由承包人自己承担。

事件3,工期索赔成立,因为设备与管线安装作业是关键工作,且发生延误是因为发包人采购设备不全造成,属于发包方原因。

现场施工增加的费用索赔成立,因为发包方原因造成的采购费用和现场施工的费用增加,应由发包人承担。

采购费用3500元费用索赔不成立,因为是专业分包人自行决定采购补全,发包方未确认。

事件4,工期和费用均不能索赔,因为施工方自身原因决定增加投入加快进度,相应工期不会增加,费用增加应由施工方承担。施工单位自行赶工,工期提前,最终可以获得工期奖励。

2. 事件1索赔3 d;事件2索赔0 d;事件3索赔6 d;事件4索赔0 d。

总工期索赔3＋6＝9(d),实际工期＝40＋90＋3＋30＋80＋6＋30－5＝274(d)。

3. 事件3费用索赔＝(3×30×50＋60×80×(1＋18%)＋3×1600×60%]×(1＋10%)＝14348(元)

专业分包人可以得到的费用索赔14348元,专业分包人应该向总承包单位提出索赔。

4. 事件1费用索赔＝30×80×(1＋18%)×(1＋10%)＝3115(元)

事件2费用索赔0元

事件3费用索赔＝14348＋1×20×50×(1＋10%)＝15448(元)

事件4费用索赔0元

总费用索赔额＝3115＋15448＝18563(元)

工期奖励＝(270＋9－274)×5000＝25000(元)

## 8.2 市政工程结算

合同价款结算是指依据建设工程发承包合同等进行工程预付款、进度款、竣工价款结算的活动。

### 8.2.1 工程价款结算的方式

1. 财政部、建设部制定了《建设工程价款结算暂行办法》

工程价款结算应按合同约定办理，合同未作约定或约定不明的，发、承包双方应依照规定与文件协商处理。工程价款结算应按合同约定办理，合同未作约定或约定不明的，发、承包双方应依照下列规定与文件协商处理：

1)国家有关法律、法规和规章制度；

2)国务院建设行政主管部门、省、自治区、直辖市或有关部门发布的工程造价计价标准、计价办法等有关规定；

3)建设项目的合同、补充协议、变更签证和现场签证，以及经发、承包人认可的其他有效文件；

4)其他可依据的材料。

2. 工程价款的结算方式

我国现行工程价款结算根据不同情况，可采取多种方式。

(1)按月结算

实行旬末或月中预支，月终结算，竣工后清算的方法。跨年度竣工的工程，在年终进行工程盘点，办理年度结算。

(2)竣工后一次结算

建设项目或单项工程的建设期在12个月以内，或者工程承包合同价值在100万元以下的，可以实行工程价款每月月中预支，竣工后一次结算。

(3)分段结算

即当年开工，当年不能竣工的单项工程或单位工程按照工程形象进度，划分不同阶段进行结算。分段结算可以按月预支工程款。分段的划分标准，由各部门、自治区、直辖市、计划单列市规定。

(4)目标结款方式

即在工程合同中，将承包工程的内容分解成不同的控制界面，以业主验收控制界面作为支付工程价款的前提条件。也就是说，将合同中的工程内容分解成不同的验收单元，当承包商完成单元工程内容并经业主(或其委托人)验收后，业主支付构成单元工程内容的工程价款。

目标结款方式下，承包商要想获得工程价款，必须按照合同约定的质量标准完成界面内的工程内容。要想尽早获得工程价款，承包商必须充分发挥自己组织实施能力，在保证质量的前提下，加快施工进度。这意味着承包商拖延工期时，则业主推迟付款，增加承包商的财务费用、运营成本，降低承包商的收益，客观上使承包商因延迟工期而遭受损失。同样，当承包商积极组织施工，提前完成控制界面内的工程内容，则承包商可提前获得工程价款，增加承包收益，客观上承包商因提前工期而增加了有效利润。同时，因承包商在界面内质量达不到合同约定的标准而业主不予验收，承包商也会因此而遭受损失。可见，目标结款方式实质上是运用合同手段、财务手段对工程的完成进行主动控制。

目标结款方式中，对控制界面的设定应明确描述，便于量化和质量控制，同时要适应项目资金的供应周期和支付频率。

3. 工程价款结算的约定

发包人、承包人应当在合同条款中对涉及工程价款结算的下列事项进行约定：

(1)预付工程款的数额、支付时限及抵扣方式；

(2)工程进度款的支付方式、数额及时限；

(3)工程施工中发生变更时，工程价款的调整方法、索赔方式、时限要求及金额支付方式；

(4)发生工程价款纠纷的解决方法；

(5)约定承担风险的范围及幅度以及超出约定范围和幅度的调整办法；

(6)工程竣工价款的结算与支付方式、数额及时限；

(7)工程质量保证(保修)金的数额、预扣方式及时限；

(8)安全措施和意外伤害保险费用；

(9)工期提前或延后的奖惩办法；

(10)与履行合同、支付价款相关的担保事项。

### 8.2.1　市政工程预付款

工程预付款是由发包人按照合同约定，在正式开工前由发包人预先支付给承包人，用于购买工程施工所需的材料和组织施工机械和人员进场的价款，并且应专用于合同工程。

1. 预付款的支付

(1)预付款的额度：

1)根据财政部、建设部印发的《建设工程价款结算暂行办法》的规定：

①包工包料工程：不得低于签约合同价(扣除暂列金额)的 10%，不宜高于签约合同价的 30%。

②重大工程项目：按年度工程计划逐年预付。

③实行工程量清单计价的工程：实体性消耗和非实体性消耗部分应在合同中分别约定预付款比例(或金额)。

预付款的总金额，分期拨付次数、每次付款金额、付款时间等应根据工程规模、工期长短等具体情况，在工程合同中约定。

2)预付款支付额度计算：

工程预付款额度，各地区、各部门规定不完全相同，主要是保证施工所需材料和构件的正常储备。工程预付款额度一般是根据施工工期、工程规模、主要材料和设备费用占建安工程费的比例以及材料储备周期等因素经测算来确定。

①百分比法。分包人根据工程的特点、工期长短、市场行情、供求规律等因素，招标时在合同条件中约定工程预付款的百分比。

②公式计算法。公式计算法是根据主要材料(含结构件等)占年度承包工程总价的比重，材料储备定额天数和年度施工天数等因素，通过公式计算预付款额度的一种方法。

计算公式：

$$\text{工程预付款数额}=\frac{\text{年度工程总价}\times\text{材料比例}(\%)}{\text{年度施工天数}}\times\text{材料储备定额天数}$$

式中：年度施工天数按365天日历天计算；材料储备定额天数由当地材料供应的在途天数、加工天数、整理天数、供应间隔天数、保险天数等因素决定。

(2)预付款支付的程序：

1)承包人提交预付款支付申请。

承包人应在签订合同或向发包人提供与预付款等额的预付款保函后向发包人提交预付款支付申请。

2)发包人审核预付款支付申请并支付预付款。

发包人应在收到承包人提交的支付申请的7 d内进行核实后向承包人发出预付款支付证书，并在签发支付证书后的7天内向承包人支付预付款。

3)发包人没有按合同约定按时支付预付款的，承包人可催告发包人支付；发包人在预付款期满后的7 d内仍未支付的，承包人可在付款期满后的第8天起暂停施工。发包人应承担由此增加的费用和延误的工期，并应向承包人支付合理利润。

2. 预付款的扣回

《建设工程工程量清单计价规范》(GB 50500—2013)中规定：预付款应从每一个支付期支付给承包人工程进度款中扣回，直到扣回的金额达到合同约定预付款金额为止。

工程预付款是发包人因承包人为准备施工而履行的协助义务。当承包人取得相应的合同价款时，发包人从支付的工程进度款中按约定的比例逐渐扣回，抵扣方式应当由双方当事人在合同中明确约定。扣款方式主要有以下两种：

(1)按合同约定扣款。预付款的扣款方法由发包人和承包人通过洽商后在合同中予以确定，一般是在承包人完成金额累计达到合同总价一定比例后，由承包人开始向发包人还款，发包人从每次应付给承包人的金额中扣回工程预付款，发包人至少在合同规定的完工期前将工程预付款的总金额逐次扣回。国际工程中的扣款方法一般为：当工程进度款累计金额超过合同价格的10%～20%时开始起扣，每月从进度款中按一定比例扣回。

(2)起扣点的计算。从未完施工工程尚需的主要材料及构件的价值相当于工程预付款数额时起扣，从每次中间结算工程价款中，按材料及构件比重抵扣工程预付款，至竣工之前全部扣清。

工程预付款起扣点可按下式计算：

$$T=P-\frac{M}{N}$$

式中 $T$——起扣点，即工程预付款开始扣回的累计已完工程金额；

$P$——承包工程合同总额；

$M$——工程预付款数额；

$N$——主要材料及构件所占比重。

3. 预付款担保

预付款担保的主要形式为银行保函。其主要作用是保证承包人能够按合同规定进行施工，偿还发包人已支付的全部预付金额。如果承包人中途毁约，中止工程，使发包人不能在规定期限内从应付工程款中扣除全部预付款，则发包人作为保函的受益人有权凭预付款担保向银行索赔该保函的担保金额作为补偿。

4. 安全文明施工费的预付

《建筑工程工程量清单计价规范》(GB 50500—2013)规定：

(1)发包人应在工程开工后的 28 d 内预付不低于当年施工进度计划的安全文明施工费总额的 60%，其余部分应按照提前安排的原则进行分解，并应与进度款同期支付。

(2)发包人没有按时支付安全文明施工费的，承包人可催告发包人支付；发包人在收到付款期满后 7 d 内仍未支付的，若发生安全事故，发包人应承担相应责任。

(3)承包人对安全文明施工费应专款专用，承包人应在财务账目中单独列项备查，不得挪作他用，否则发包人有权责令其限期改正；逾期未改正的，由此造成的损失和(或)延误的工期由承包人承担。

**【例 8.4】**施工单位以总价合同的形式与业主签订了一份市政工程施工合同，该项工程合同总价款为 1600 万元，工期为 1 年。合同中关于工程价款的结算内容有以下几项：

(1)业主在开工前 7 d 支付施工单位预付款，预付款为总价款的 25%。

(2)工程预付款从未施工工程尚需的主要材料的构配件价值相当于预付款时起扣，业主每月以抵充工程进度款的方式从施工单位扣除，竣工前全部扣清；主要材料的构配件费比重按 62.5%计算。

(3)该工程质量保证金为承包合同总价的 3%，经双方协商，业主每月从工程款中扣除。在缺陷责任期满后，工程质量保证金及其利息扣除已支出费用后的剩余部分退还给承包商。

(4)业主每月按承包商实际完成工程量支付工程款。

(5)除设计变更和其他不可抗力因素外，合同总价不作调整。

(6)由业主直接提供的材料和设备在发生当月的工程款中扣回其费用。

经业主的工程师代表签认的承包商各月计划和实际完成的建安工程量以及业主直接提供的材料、设备价值见表 8-1。

**表 8-1　工程结算数据表**(单位：万元)

| 月份 | 1～6 | 7 | 8 | 9 | 10 | 11 | 12 |
|---|---|---|---|---|---|---|---|
| 计划完成建安工作量 | 800 | 200 | 200 | 200 | 80 | 80 | 40 |
| 实际完成建安工作量 | 800 | 180 | 220 | 210 | 90 | 60 | 40 |
| 业主直供材料设备价值 | 85 | 36 | 25 | 15 | 20 | 10 | 5 |

问题：

1. 业主应当支付给承包商的工程预付款是多少？

2. 该工程预付款起点是多少？应从哪月起扣？

3. 业主在施工期间各月实际结算给承包商的工程款各是多少？

答案：

问题1：

**解**：业主应当支付给承包商的工程预付款：1600×25%＝400（万元）

问题2：

**解**：工程预付款的起扣点：1600－400/62.5%＝1600－640＝960（万元）（注：起扣点计算公式：$T=P-M/N$，式中，$P$为合同价，$M$为预付款金额，$N$为主要材料及构配件比重）

开始起扣工程预付款的时间为7月份，因为7月份累计实际完成的建安工作量：

800＋180＝980（万元）＞960万元

问题3：

**解**：各月结算的工程款：

(1)1～6月份：

业主应支付给承包商的工程款：800×(1－3%)－85＝691（万元）

(2)7月份：

应扣工程预付款：(980－960)×62.5%＝12.5（万元）

业主应支付给承包商的工程款：180×(1－3%)－12.5－36＝126.1（万元）

(3)8月份：

应扣工程预付款：220×62.5%＝137.5（万元）

业主应支付给承包商的工程款：220×(1－3%)－137.5－25＝50.9（万元）

(4)9月份：

应扣工程预付款：210×62.5%＝131.25（万元）

业主应支付给承包商的工程款：210×(1－3%)－131.25－15＝57.45（万元）

(5)10月份：

应扣工程预付款：90×62.5%＝56.25（万元）

业主应支付给承包商的工程款：90×(1－3%)－56.25－20＝11.05（万元）

(6)11月份：

应扣工程预付款：60×62.5%＝37.5（万元）

业主应支付给承包商的工程款：60×(1－3%)－37.5－10＝10.7（万元）

(7)12月份：

应扣工程预付款：40×62.5%＝25（万元）

业主应支付给承包商的工程款：40×(1－3%)－25－5＝8.8（万元）

### 8.2.3 进度款的结算支付

根据清单计价规范(GB 50500—2013)，发承包双方应按照合同约定的时间、程序和方法，根据工程计量结果，办理期中价款结算，支付进度款。进度款支付周期，应与合同约定的工程计量周期一致。

1. 工程计量

对承包人已经完成的合格工程进行计量并予以确认，是发包人支付工程价款的前提工作。因此，工程计量不仅是发包人控制施工阶段工程造价的关键环节，也是约束承包人履行合同义务的重要手段。

(1)工程计量的概念

所谓工程计量,就是发承包双发根据合同约定,对承包人完成合同工程的数量进行的计算和确认。具体地说,就是双方根据设计图纸、技术规范以及施工合同约定的计量方式和计算方法,对承包人已经完成的质量合格的工程实体数量进行测量和计算,并以物理计量单位或自然计量单位进行标识、确认的过程。

发承包双方对合同工程进行工程结算的工程量应按照经发承包双方认可的实际完成工程量确定,而非招标工程量清单所列的工程量。招标工程量清单标明的工程量是招标人根据拟建工程设计文件预计的工程量,是对合同工程的估计工程量。在工程施工过程中,通常会由于一些原因导致承包人实际完成的工程量与工程量清单中所列的工程量的不一致,比如:工程变更;现场施工条件的变化;招标工程量清单项目特征描述与实际不符;招标工程量清单缺项等等。因此,在工程合同价款结算前,必须对承包人履行合同义务所完成的实际工程进行准确的计量。

(2)工程计量的原则

根据清单计价规范(GB 50500—2013),工程计量的原则包括以下四个方面:

1)工程量必须按照相关工程现行国家工程量计算规范规定的工程量计算规则计算。

2)不符合合同文件要求的工程不予计量。即工程必须满足设计图纸、技术规范等合同文件对其在工程质量上的要求,同时有关的工程质量验收资料齐全、手续完备,满足合同文件对其在工程管理上的要求。

3)按合同文件所规定的方法、范围、内容和单位计量。工程计量的方法、范围、内容和单位受合同文件所约束,其中工程量清单(说明)、技术规范、合同条款均会从不同角度、不同侧面涉及这方面的内容。在计量中要严格遵循这些文件的规定,并且一定要结合起来使用。

4)因承包人原因造成的超出合同工程范围施工或返工的工程量,发包人不予计量。

(3)工程计量的方式

1)单价合同和采用工程量清单方式招标形成的总价合同:

①工程量必须以承包人完成合同工程应予计量的工程量确定(即实际完成的工程量,而非招标工程量清单所列的工程量。

②施工中进行工程计量,当发现招标工程量清单中出现漏项、工程量计算偏差,以及工程变更引起工程量增减时,应按承包人在履行合同义务中完成的工程量计算。

2)采用经审定批准的施工图纸及其预算方式发包形成的总价合同:

①采用经审定批准的施工图纸及其预算方式发包形成的总价合同,除按照工程变更规定的工程量增减外,总价合同各项目的工程量应为承包人用于结算的最终工程量。

②总价合同约定的工程计量应以合同工程经审定批准的施工图纸为依据,发承包双方应在合同中约定工程计量的形象目标或时间节点进行计量。

(4)工程计量的程序

1)单价合同和采用工程量清单方式招标形成的总价合同:

①承包人应当按照合同约定的计量周期和时间向发包人提交当期已完工程量报告。发包人应在收到报告后 7 d 内核实,并将核实计量结果通知承包人。发包人未在约定时间内进行核实的,承包人提交的计量报告中所列的工程量应视为承包人实际完成的工程量。

②发包人认为需要进行现场计量核实时,应在计量前 24 h 通知承包人,承包人应为计量

提供便利条件并派人参加。当双方均同意核实结果时，双方应在上述记录上签字确认。承包人收到通知后不派人参加计量，视为认可发包人的计量核实结果。发包人不按照约定时间通知承包人，致使承包人未能派人参加计量，计量核实结果无效。

③当承包人认为发包人核实后的计量结果有误时，应在收到计量结果通知后的7 d内向发包人提出书面意见，并应附上其认为正确的计量结果和详细的计算资料。发包人收到书面意见后，应在7 d内对承包人的计量结果进行复核后通知承包人。承包人对复核计量结果仍有异议的，按照合同约定的争议解决办法处理。

④承包人完成已标价工程量清单中每个项目的工程量并经发包人核实无误后，发承包双方应对每个项目的历次计量报表进行汇总，以核实最终结算工程量，并应在汇总表上签字确认。

2)采用经审定批准的施工图纸及其预算方式发包形成的总价合同：

①承包人应在合同约定的每个计量周期内对已完成的工程进行计量，并向发包人提交达到工程形象目标完成的工程量和有关计量资料的报告。

②发包人应在收到报告后7 d内对承包人提交的上述资料进行复核，以确定实际完成的工程量和工程形象目标。对其有异议的，应通知承包人进行共同复核。

2. 进度款结算

(1)进度款结算的计算

1)已完工程的结算价款。已标价工程量清单中的单价项目，承包人应按工程计量确认的工程量与综合单价计算。如综合单价发生调整的，以发承包双方确认调整的综合单价计算进度款。

已标价工程量清单中的总价项目，承包人应按合同中约定的进度款支付分解，分别列入进度款支付申请中的安全文明施工费和本周期应支付的总价项目的金额中。

2)结算价款的调整。承包人现场签证和得到发包人确认的索赔金额列入本周期应增加的金额中。由发包人提供的材料、工程设备金额，应按照发包人签约提供的单价和数量从进度款支付中扣出，列入本周期应扣减的金额中。

3)进度款的支付比例。进度款的支付比例按照合同约定，按期中结算价款总额计，不低于60%，不高于90%。

(2)期中进度款支付的规定

1)进度款支付申请。

承包人应在每个计量周期到期后的7 d内向发包人提交已完工程进度款支付申请一式四份，详细说明此周期认为有权得到的款额，包括分包人已完工程的价款。支付申请的内容包括：

①累计已完成工程的合同价款。

②累计已实际支付的合同价款。

③本周期合计完成的合同价款：

a. 本周期已完成单价项目的金额；

b. 本周期应支付的总价项目的金额；

c. 本周期已完成的计日工价款；

d. 本周期应支付的安全文明施工费；

e. 本周期应增加的金额。

④本周期合计应扣减的金额：

a. 本周期应扣回的预付款；

b. 本周期应扣减的金额。

⑤本周期实际应支付的合同价款。

2)进度款支付。

①发包人应在收到承包人进度款支付申请后的 14 d 内根据计量结果和合同约定对申请内容予以核实。确认后向承包人出具进度款支付证书。

②发包人应在签发进度款支付证书后的 14 d 内，按照支付证书列明的金额向承包人支付进度款。

③若发包人逾期未签发进度款支付证书，则视为承包人提交的进度款支付申请已被发包人认可，承包人可向发包人发出催告付款的通知。发包人应在收到通知后的 14 d 内，按照承包人支付申请阐明的金额向承包人支付进度款。

④发包人未按照清单计价规范的规定支付进度款的，承包人可催告发包人支付，并有权获得延迟支付的利息；发包人在付款期满后的 7 d 内的，承包人可在付款期满后的第 8 天起暂停施工。发包人应承担由此增加的费用和(或)延误的工期，向承包人支付合理利润，并承担违约责任。

3)支付证书的修正。

发现已签发的任何支付证书有错、漏或重复的数额，发包人有权予以修正，承包人也有权提出修正申请。经发承包双方复核同意修正的，应在本次到期的进度款中支付或扣除。

### 8.2.3　竣工结算

根据《建设工程工程量清单计价规范》(GB 50500—2013)，工程完工后，发承包双方必须在合同约定时间内办理工程竣工结算。

1. 工程竣工结算编制依据

(1)《建设工程工程量清单计价规范》(GB 50500—2013)。

(2)工程合同。

(3)发承包双方实施过程中已确认的工程量及其结算的合同价款。

(4)发承包双方实施过程中已确认调整后追加(减)的合同价款。

(5)建设工程设计文件及相关资料。

(6)投标文件。

(7)其他依据。

2. 工程竣工结算的计价原则

(1)分部分项工程和措施项目中的单价项目应依据发承包双方确认的工程量与已标价工程量清单的综合单价计算；如发生调整的，以发承包双方确认调整的综合单价计算。

(2)措施项目中的总价项目应依据已标价工程量清单的项目和金额计算；如发生调整的，以发承包双方确认调整的金额计算，其中安全文明施工费应按国家或省级、行业建设主管部门规定计算。施工过程中，国家或省级、行业建设主管部门对安全文明施工费进行了调整的，措施项目费中的安全文明施工费应作相应调整。

(3)其他项目应按下列规定计价：

1)计日工应按发包人实际签证确认的数量和相应项目综合单价计算。

2)暂估价应按发承包双方按照《建设工程工程量清单计价规范》(GB 50500—2013)的相关规定计算。

若暂估价中的材料、工程设备是招标采购的，其单价按中标价在综合单价中调整；若暂估价中的材料、工程设备是非招标采购的，其单价按发承包双方最终确认的单价在综合单价中调整。

若暂估价中的专业工程是招标发包的，其专业工程费按中标价计算；若暂估价中的专业工程是非招标发包的，其专业工程费按发承包双方最终确认的金额计算；

3)总承包服务费应依据已标价工程量清单的金额计算，如发生调整的，以发承包双方确认调整的金额计算。

4)索赔费用应依据发承包双方确认的索赔事项和金额计算；索赔事件产生的费用在办理竣工结算时应在其他项目费中反映。

5)现场签证费用应依据发承包双方签证资料确认的金额计算；现场签证费用在办理竣工结算时应在其他项目费中反映。

6)暂列金额应减去工程价款调整(包括索赔、现场签证)金额计算，如有余额归发包人。

合同价款中的暂列金额在用于各项价款调整、索赔与现场签证的费用后，若有余额，则余额归发包人，若出现差额，则由发包人补足并反映在相应项目的价款中。

(4)规费和税金应按照国家或省级、行业建设主管部门对规费和税金的计取标准计算。规费中工程排污费应按工程所在地环境保护部门规定的标准缴纳后按实列入。

(5)发承包双方在合同工程实施过程中已经确认的工程计量结果和合同价款，在竣工结算办理中应直接进入结算。

工程竣工结算价款＝工程进度款＋工程竣工结算余款

3. 办理竣工结算的程序

(1)承包人提交竣工结算文件。

1)合同工程完工后，承包人应在经发承包双方确认的合同工程期中价款结算的基础上汇总编制完成竣工结算文件，并应在提交竣工验收申请的同时向发包人提交竣工结算文件。

2)承包人未在合同约定时间内提交竣工结算文件，经发包人催告后14 d内仍未提供或没有明确答复的，发包人有权根据已有资料编制竣工结算文件，作为办理竣工结算和支付结算款的依据，承包人应予以认可。

对于承包人无正当理由在约定时间内未递交竣工结算书，造成工程结算价款延期支付的，其责任由承包人承担。

(2)竣工结算文件的核对。

1)发包人应在收到承包人提交的竣工结算文件后的28 d内核对。发包人经核实，认为承包人还应进一步补充资料和修改结算文件，应在上述时限内向承包人提出核实意见，承包人在收到核实意见后的28 d内应按照发包人提出的合理要求补充资料，修改竣工结算文件，并应再次提交给发包人复核后批准。

2)发包人在收到承包人竣工结算文件后的28 d内，不核对或未提出核对意见的，应视为承包人提交竣工结算文件已被发包人认可，竣工结算办理完毕。

3)承包人在收到发包人提出的核实意见后的28 d内,不确认也未提出异议的,视为发包人提出的核对意见已被承包人认可,竣工结算办理完毕。

(3)竣工结算文件的复核。

发包人应在收到承包人再次提交的竣工结算文件后的28 d内予以复核,将复核结果通知承包人,并应遵守下列规定:

1)发包人、承包人对复核结果无异议的,应在7 d内在竣工结算文件上签字确认,竣工结算办理完毕。

2)发包人或承包人对复核结果认为有误的,无异议部分按照上述规定办理不完全竣工结算;有异议部分由发承包双方协商解决;协商不成的,应按照合同约定的争议解决方式处理。

(4)合同工程竣工结算核对完成,发、承包双方签字确认后,发包人不得要求承包人与另一个或多个工程造价咨询人重复核对竣工结算。这有效地解决了工程竣工结算中存在的一审再审、以审代拖、久审不结的现象。

4. 工程竣工结算款的支付

竣工结算办理完毕,发包人应根据确认的竣工结算文件在合同约定时间内向承包人支付工程竣工结算价款。

(1)承包人应根据办理的竣工结算文件,向发包人提交竣工结算款支付申请。该申请应包括下列内容:

1)竣工结算合同价款总额。

2)累计已实际支付的合同价款。

3)应预留的质量保证金。

4)实际应支付的竣工结算款金额。

(2)发包人应在收到承包人提交竣工结算款支付申请后7 d内予以核实,向承包人签发竣工结算款支付证书。

(3)发包人签发竣工结算款支付证书后的14 d内,应按照竣工结算款支付证书列明的金额向承包人支付结算款。

(4)发包人在收到承包人提交的竣工结算款支付申请后7 d内不予核实,不向承包人签发竣工结算款支付证书的,应视为承包人的竣工结算款支付申请已被发包人认可;发包人应在收到承包人提交的竣工结算款支付申请后7 d后的14 d内,按照竣工结算款支付证书列明的金额向承包人支付结算款。

(5)发包人未按规定支付竣工结算款的,承包人可催告发包人支付,并有权获得延迟支付的利息。发包人在竣工结算款支付证书签发后或者在收到承包人提交的竣工结算款支付申请后7 d后的56 d内仍未支付的,除法律另有规定外,承包人可以与发包人协商将该工程折价,或申请人民法院将该工程依法拍卖,承包人就该工程折价或者拍卖的价款优先受偿。

5. 最终结清

(1)缺陷责任期终止后,承包人应按照合同约定向发包人提交最终结清支付申请。发包人对最终结清支付申请有异议的,有权要求承包人进行修正和提供补充资料。承包人修正后,应再次向发包人提交修正后的最终结清支付申请。

(2)发包人应在收到最终结清支付申请后的14 d内予以核实,向承包人签发最终结清支付证书。

若发包人未在约定的时间内核实，又未提出具体意见的，视为承包人提交的最终结清支付申请已被发包人认可。

(3)发包人应在签发最终结清支付证书后的 14 d 内，按照最终结清支付证书列明的金额向承包人支付最终结清款。

发包人未按期最终结清支付的，承包人可催告发包人支付，并有权获得延迟支付的利息。

(4)最终结清时，如果承包人被扣留的质量保证金不足以抵减发包人工程缺陷修复费用的，承包人应承担不足部分的补偿责任。

(5)承包人对发包人支付的最终结清款有异议的，按照合同约定的争议解决方式处理。

## 8.3 市政工程合同价款调整与结算案例分析

**【案例 3】**某施工单位承包某市政工程项目，甲乙双方签订的关于工程价款的合同内容有：

1)建筑安装工程造价 1300 万元，建筑材料及设备费占施工产值的比重为 62.5%。

2)工程预付款为建筑安装工程造价的 25%。工程实施后，工程预付款从未施工工程尚需的主要材料及构件的价值相当于工程预付款数额时起扣，从每次结算工程价款中按材料和设备占施工产值的比重扣抵工程预付款，竣工前全部扣清。

3)工程进度款逐月计算。

4)工程保修金为建筑安装工程造价的 3%，竣工结算月一次扣留。

各月实际完成产值见表 8-2。

**表 8-2 各月实际完成产值**(单位：万元)

| 月　份 | 二 | 三 | 四 | 五 | 六 |
|---|---|---|---|---|---|
| 完成产值 | 100 | 210 | 205 | 445 | 340 |

问题：

1. 该工程的工程预付款、起扣点为多少？

2. 该工程 2～5 月每月拨付工程款为多少？累计工程款为多少？

3. 6 月份办理工程竣工结算，该工程结算造价为多少？甲方应付工程结算款为多少？

答案：

1. 工程预付款：1300×25%＝325(万元)

起扣点：1300－325/62.5%＝520(万元)

2. 各月拨付的工程款为：

二月：工程款 100 万元，累计工程款 100 万元

三月：工程款 210 万元，累计工程款＝100＋210＝310(万元)

四月：工程款 205 万元，累计工程款＝205＋310＝515(万元)

五月：工程款 445－(445＋515－520)×62.5%＝170(万元)

　　累计工程款＝515＋170＝685(万元)

3. 工程结算总造价：1300 万元

甲方应付工程结算款：1300－685－(1300×3%)－520＝56(万元)

**【案例 4】**某市政工程项目发包人与承包人签订了施工合同，工期 4 个月。工程内容包括 A、B 两项分项工程，综合单价分别为 360.00 元/$m^3$，220.00 元/$m^3$；管理费和利润为人材机费用之和的 16%，规费和税金为人材机费用、管理费和利润之和的 10%。各分项工程每月计划和实际完成工程量及单价措施项目费用见表 8-3。

**表 8-3　分项工程工程量及单价措施项目费用数据表**

| 工程量和费用名称 | | 月份 | | | | 合　计 |
|---|---|---|---|---|---|---|
| | | 1 | 2 | 3 | 4 | |
| A 分项工程($m^3$) | 计划工程量 | 200 | 300 | 300 | 200 | 1000 |
| | 实际工程量 | 200 | 320 | 360 | 300 | 1180 |
| B 分项工程($m^3$) | 计划工程量 | 180 | 200 | 200 | 120 | 700 |
| | 实际工程量 | 180 | 210 | 220 | 90 | 700 |
| 单价措施项目费用(万元) | | 2 | 2 | 2 | 1 | 7 |

总价措施项目费用 6 万元(其中安全文明施工费 3.6 万元)；暂列金额 15 万元。

合同中有关工程价款结算与支付约定如下：

1. 开工日 10 d 前，发包人应向承包人支付合同价款(扣除暂列金额和安全文明施工费)的 20%作为工程预付款，工程预付款在第 2、3 个月的工程价款中平均扣回。

2. 开工后 10 日内，发包人应向承包人支付安全文明施工费的 60%，剩余部分和其他总价措施项目费用在第 2、3 个月平均支付。

3. 发包人按每月承包人应得工程进度款的 90%支付。

4. 当分项工程工程量增加(或减少)幅度超过 15%时，应调整综合单价，调整系数为 0.9(或 1.1)；措施项目费按无变化考虑。

5. B 分项工程所用的两种材料采用动态结算方法结算，该两种材料在 B 分析工程费用中所占比例分别为 12%和 10%，基期价格指数均为 100。

施工期间，经监理工程师核实及发包人确认的有关事项如下：

1. 第 2 个月发生现场计日工的人材机费用 6.8 万元。

2. 第 4 个月 B 分项工程动态结算的两种材料价格指数分别为 110 和 120。

问题：

1. 该工程合同价为多少万元？工程预付款为多少万元？

2. 第 2 个月发包人应支付给承包人的工程价款分别为多少元？

3. 第 4 个月 A、B 两项分项工程的工程价款分各为多少万元？发包人在该月应支付给承包人的工程价款为多少万元？

(计算结果保留三位小数)

答案：

1. 合同价：[(360×1000＋220×700)/10000＋7＋6＋15]×(1＋10%)＝87.34(万元)

工程预付款：[(360×1000＋220×700)/10000＋7＋6－3.6]×(1＋10%)×20%＝13.375(万元)

2. 第2、3月分别支付措施费=(6−3.6×60%)/2=1.92(万元)

第2月应支付给承包人的工程价款

=[(360×320+220×210)/10000+2+1.92+6.8×1.16]×(1+10%)×90%−13.375/2

=20.981(万元)

3. A分项工程:(1180−1000)/10000=18%>15%,需要调价。

1000×(1+15%)=1150,前3月实际工程量1180−300=880($m^3$)

第4月A分项工程价款

=[(1150−880)×360+(1180−1150)×360×0.9]×(1+10%)/10000=11.761(万元)

第4月B分项工程价款

=90×220×(1+10%)×(78%+12%×110/100+10%×120/100)×(1+10%)/10000

=2.248(万元)

第4月措施费=1×(1+10%)=1.1(万元)

第4月应支付工程价款=(11.761+2.248+1.1)×90%=13.598(万元)

# 习　题

**一、单选题**(每题的备选项中,只有1个正确选项)。

1. 关于法律法规政策变化引起合同价款调整的说法,正确的是(　　)。

A. 因国家法律、法规、规章和政策发生变化影响合同价款的风险,发承包双方可以在合同中约定共同承担

B. 因国家法律、法规、规章和政策发生变化影响合同价款的风险,发承包双方可以在合同中约定由承包人承担

C. 建设工程一般以建设工程施工合同签订前的第28天作为基准日

D. 如果有关价格(如人工、材料和工程设备等价格)的变化已经包含在物价波动事件的调价公式中,则不再予以调整

2. 由于承包人原因导致的工期延误,在工程延误期间国家的法律、行政法规和相关政策发生变化引起工程造价变化的,处理原则是(　　)。

A. 造成合同价款增加的,合同价款予以调整

B. 造成合同价款增加的,合同价款是否可以调整由双方协商决定

C. 造成合同价款增加的,合同价款不予调整

D. 造成合同价款减少的,合同价款不予调整

3. 工程变更引起措施项目发生变化的,承包人提出调整措施项目费的,下列调整措施项目费的方法正确的是(　　)。

A. 安全文明施工费,按照实际发生变化的措施项目调整,但应考虑承包人报价浮动因素

B. 采用单价计算的措施项目费,按照实际发生的措施项目按分部分项工程费的调整方法确定单价

C. 按总价(或系数)计算的措施项目费,除安全文明施工费外,按照实际发生变化的措施项目调整,不考虑承包人报价浮动因素

D. 按总价(或系数)计算的措施项目费,包括安全文明施工费,按照实际发生变化的措施项目调整,但应考虑承包人报价浮动因素

4. 当应予计算的实际工程量与招标工程量清单出现偏差超过15%,且该变化引起措施项目相应发生变化,采用系数或单一总价方式计价的措施费的调整原则为(　　)。

A. 工程量增加的,措施项目费调增　　B. 工程量减少的,措施项目费调增

C. 工程量增加的,措施项目费调减　　D. 参照综合单价的调整原则进行调整

5. 某建设工程施工过程中,若发现设计图纸的要求与招标工程量清单的项目特征描述不符,正确的处理方式是(　　)。

A. 发承包双方按照实际施工的项目特征,重新确定相应工程量清单项目的综合单价

B. 承包人不能依据工程变更原则调价

C. 认定为招标工程量清单的项目特征有误,责任由承包人承担

D. 应按照招标工程量清单描述的项目特征施工

6. 进度款的支付比例按照合同约定,按期中结算价款总额计,通常的支付比例为(　　)。

A. 不低于50%,不高于80%　　B. 不低于70%,不高于90%

C. 不低于60%,不高于90%　　D. 不低于60%,不高于80%

7. 根据《建设工程价款结算暂行办法》,下列关于工程进度款支付的表述错误的是(　　)。

A. 发包人应在收到当期已完工程量报告后7 d内核实,并将计量结果通知承包人

B. 发包人认为需要进行现场计量核实时,应在计量前48 h通知承包人并派人参加

C. 发承包双方应按照合同约定的时间、程序和方法,根据工程计量结果,办理期中价款结算,支付进度款

D. 进度款的支付比例按照合同约定,按期中结算价款总额计,不低于60%,不高于90%

8. 由发包人提供的工程材料、工程设备金额,应在合同价款的期中支付和结算中予以扣除,具体的扣出标准是(　　)。

A. 按签约单价和签约数量　　B. 按实际采购单价和实际数量

C. 按签约单价和实际数量　　D. 按实际采购单价和签约数量

9. 下列有关工程竣工结算的编制和审核的表述中,正确的是(　　)。

A. 单价措施项目应依据招标工程量清单的工程量与已标价工程量清单的综合单价计算

B. 计日工应按承包人提交的签证单的事项计算

C. 暂列金额应减去工程价款调整金额计算,如有余额归承包人

D. 发承包双方在合同工程实施过程中已经确认的工程计量结果和合同价款,在竣工结算办理中应直接进入结算

10. 关于工程量清单计价方式下竣工结算的编制原则,下列说法正确的是(　　)。

A. 措施项目费按双方确认的工程量乘以已标价工程量清单的综合单价计算

B. 总承包服务费按已标价工程量清单的金额计算,不应调整

C. 暂列金额应减去工程价款调整的金额,余额归承包人

D. 工程实施过程中发承包双方已经确认的工程计量结果和合同价款,应直接进入结算

## 二、多选题(每题的备选项中,有2个或2个以上符合题意)。

1. 当发生工程变更时,若已标价工程量清单中没有适用也没有类似于变更工程项目,且工程造价管理机构发布的信息(参考)价格缺价的,承包人提出变更工程项目的单价的依据是(　　)。

　A. 变更工程资料　　B. 承包人报价浮动率

　C. 计量规则　　D. 计价办法

　E. 通过市场调查等取得的有合法依据的市场价格

2. 根据《建设工程工程量清单计价规范》(GB 50500—2013),关于单价合同措施项目费的调整,下列说法中正确的有(　　)。

　A. 设计变更引起措施项目发生变化的,可以调整措施项目费

　B. 招标工程量清单分部分项工程漏项引起的措施项目发生变化的,可以调整措施项目费

　C. 招标工程量清单措施项目缺项的,不应调整措施项目费

　D. 承包人提出调整措施项目费的,应事先将实施方案报发包人批准

　E. 措施项目费的调整方法与分部分项工程费的调整方法相同

3. 根据索赔事件的性质不同,可以将工程索赔分为(　　)。

　A. 工期索赔　　B. 费用索赔　　C. 工程延误索赔　　D. 加速施工索赔

　E. 合同终止的索赔

4. 下列索赔事件引起的费用索赔中,可以获得利润补偿的有(　　)。

　A. 施工中发现文物　　B. 延迟提供施工场地

　C. 承包人提前竣工　　D. 延迟提供图纸

　E. 基准日后法律的变化

5. 在工程预付款的计算公式中,材料储备定额天数的决定因素包括(　　)。

　A. 在途天数　　B. 整理天数　　C. 预付款比例　　D. 起扣时间

　E. 保险天数

## 三、简 答 题

1. 工程合同实施过程中,出现哪些情况可以调整合同价款?
2. 根据《建设工程工程量清单计价规范》(GB 50500—2013)规定,简述承包人提出索赔及发包人处理索赔的程序?
3. 在工程施工中,通常可以提供的索赔证据有哪些?
4. 工程价款的结算方式?
5. 竣工结算的编制依据?

## 四、案 例 题

1. 某项工程项目业主与承包商签订了工程施工承包合同。合同中估算工程量为5300 $m^3$,单价为180元/$m^3$。合同工期为6个月。有关付款条款如下:

1)开工前业主应向承包商支付估算合同总价20%的工程预付款;

2)业主自第一个月起,从承包商的工程款中,按5%的比例扣留保修金;

3)当累计实际完成工程量超过(或低于)估算工程量的 10%时,可进行调价,调价系数为 0.9(或 1.1);

4)每月签发付款最低金额为 15 万元;

5)工程预付款从乙方获得累计工程款超过估算合同价的 30%以后的下一个月起,至第 5 个月均匀扣除。承包商每月实际完成并经签证确认的工程量见表 8-4。

**表 8-4　每月实际完成工程量**(单位:万元)

| 月份 | 1 | 2 | 3 | 4 | 5 | 6 |
|---|---|---|---|---|---|---|
| 完成工程量($m^3$) | 800 | 1000 | 1200 | 1200 | 1200 | 500 |
| 累计完成工程量($m^3$) | 800 | 1800 | 3000 | 4200 | 5400 | 5900 |

问题:

1)估算合同总价为多少?

2)工程预付款为多少?工程预付款从哪个月起扣留?每月应扣工程预付款为多少?

3)每月工程量价款为多少?应签证的工程款为多少?应签发的付款凭证金额为多少?

2. 某工程采用工程量清单招标的方式确定了中标人,业主和中标人签订了单价合同,合同内容包括 6 项分项工程,其分项工程工程量、费用和作业时间,见表 8-5。该工程安全文明施工等总价措施项目费用 6 万元,其他总价措施项目费用 10 万元,暂列金额 8 万元,管理费以分项工程中人工费、材料费、机械费之和为计算基数,费率为 10%,利润与风险费以分项工程中人工费、材料费、机械费与管理费之和为计算基数,费率为 7%,规费以分项工程、总价措施项目和其他项目之和为计算基数,费率为 6%,税金率为 3.5%,合同工期为 8 个月。

**表 8-5　分项工程工程量、费用和计划作业事件明细表**

| 分项工程 | A | B | C | D | E | F | 合计 |
|---|---|---|---|---|---|---|---|
| 清单工程量($m^2$) | 200 | 380 | 400 | 420 | 360 | 300 | 2060 |
| 综合单价(元/$m^2$) | 180 | 200 | 220 | 240 | 230 | 160 | — |
| 分项工程费用(万元) | 3.60 | 7.60 | 8.80 | 10.08 | 8.28 | 4.80 | 43.16 |
| 计划作业时间(起止月) | 1~3 | 1~2 | 3~5 | 3~6 | 4~6 | 7~8 | — |

有关工程价款支付条件如下:

1)开工前业主向承包商支付分项工程费用(含相应的规费和税金)的 25%作为材料预付款,并在开工后的第 4~6 月分三次平均扣回;

2)安全文明施工等总价措施项目费用分别于开工前和开工后的第一个月分两次平均支付,其他总价措施项目费用在第 1~5 个月分五次平均支付;

3)业主按当月承包商已完工程款的 90%支付(包括安全文明施工等总价措施项目和其他总价措施项目费);

4)暂列金额计入合同价,按实际发生额与工程进度款同期支付;

5)工程质量保证金为工程款的 3%,竣工结算月一次扣留。

工程施工期间,经监理人核实的有关事项如下:

1)第 3 个月发生现场签证计日工费用 3.0 万元;

2)因劳务作业队伍调整使分项工程 C 的开始作业时间推迟 1 个月,且作业时间延长 1

个月；

3)因业主提供的现场作业条件不充分，使分项工程D增加的人工费、材料费、机械费之和为6.2万元，作业时间不变；

4)因设计变更使分项工程E增加工程量120 $m^2$(其价格执行原综合单价)，作业时间延长1个月；

5)其余作业内容及时间没有变化，每项分项工程在施工期间各月匀速施工。

问题：

1)计算本工程的合同价款、预付款和首次支付的措施费?

2)计算3、4月份已完工程价款和应支付工程进度款?

3)计算实际合同价款、合同价增加额及最终施工单位应得工程价款?

# 第 9 章　市政工程竣工决算及保修费用处理

## 9.1　建设项目竣工验收

### 9.1.1　建设项目竣工验收的概念

建设项目竣工验收是指由建设单位、施工单位和项目验收委员会，以项目批准的设计任务书和设计文件，以及国家或部门颁发的施工验收规范和质量检验标准为依据，按照一定的程序和手续，在项目建成并试生产合格后（工业生产性项目），对工程项目的总体进行检验和认证、综合评价和鉴定的活动。

单位工程（或专业工程）竣工验收是指以单位工程或某专业工程内容为对象，独立签订建设工程施工合同的，达到竣工条件后，承包人可单独进行交工，发包人根据竣工验收的依据和标准，按施工合同约定的工程内容组织竣工验收，比较灵活地适应了工程承包的普遍性。按照现行建设工程项目划分标准，单位工程是单项工程的组成部分，有独立的施工图纸，承包人施工完毕，征得发包人同意，或原施工合同已有约定的，可进行分阶段验收。这种验收方式，在一些较大型的、群体式的、技术较复杂的建设工程中比较普遍地存在。中国加入世贸组织后，建设工程领域利用外资或合作搞建设的会越来越多，采用国际惯例的做法也会日益增多。分段验收或中间验收的做法也符合国际惯例，它可以有效控制分项、分部和单位工程的质量，保证建设工程项目系统目标的实现。中国近几年来也借鉴了国际上的一些经验和做法，修订了施工合同示范文本，增加了中间交工的条款。新的《建设工程施工合同（示范文本）》GF—1999—0201“通用条款”第 32.6 款规定：“中间交工工程的范围和竣工时间，双方在专用条款内约定，其验收程序按本通用条款第 32.4 款办理。”

在施工合同“专用条款”中，双方一旦约定了中间交工工程的范围和竣工时间，如群体工程中，哪个（些）单位工程先行交工，再如公路工程的哪个合同段先行交工等，则应按合同约定的程序进行分阶段的竣工验收。

单项工程是指在一个总体建设项目中，一个单项工程或一个车间，已按设计图纸规定的工程内容完成，能满足生产要求或具备使用条件，承包人向监理人提交“工程竣工报告”和“工程竣工报验单”经签认后，应向发包人发出“交付竣工验收通知书”，说明工程完工情况，竣工验收准备情况，设备无负荷单机试车情况，具体约定交付竣工验收的有关事宜。

对于投标竞争承包的单项工程施工项目，则根据施工合同的约定，仍由承包人向发包人发出交工通知书请予组织验收。竣工验收前，承包人要按照国家规定，整理好全部竣工资料并完成现场竣工验收的准备工作，明确提出交工要求，发包人应按约定的程序及时组织正式验收。对于工业设备安装工程的竣工验收，则要根据设备技术规范说明书和单机试车方案，逐级进行设备的试运行。验收合格后应签署设备安装工程的竣工验收报告。

全部工程是指整个建设项目已按设计要求全部建设完成，并已符合竣工验收标准，应由发包人组织设计、施工、监理等单位和档案部门进行全部工程的竣工验收。全部工程的竣工验收，一般是在单位工程、单项工程竣工验收的基础上进行。对已经交付竣工验收的单位工程（中间交工）或单项工程并已办理了移交手续的，原则上不再重复办理验收手续，但应将单位工程或单项工程竣工验收报告作为全部工程竣工验收的附件加以说明。

对一个建设项目的全部工程竣工验收而言，大量的竣工验收基础工作已在单位工程和单项工程竣工验收中进行。实际上，全部工程竣工验收的组织工作，大多由发包人负责，承包人主要是为竣工验收创造必要的条件。

全部工程竣工验收的主要任务是：负责审查建设工程的各个环节验收情况；听取各有关单位（设计、施工、监理等）的工作报告；审阅工程竣工档案资料的情况；实地察验工程并对设计、施工、监理等方面工作和工程质量、试车情况等做综合全面评价。承包人作为建设工程的承包（施工）主体，应全过程参加有关的工程竣工验收。不同阶段的工程验收见表 9-1。

**表 9-1　不同阶段的工程验收**

| 类　型 | 验收条件 | 验收组织 |
| --- | --- | --- |
| 单位工程验收（中间验收） | 1. 按照施工承包合同的约定，施工完成到某一阶段后要进行中间验收；<br>2. 主要的工程部位施工已完成了隐蔽前的准备工作，该工程部位将置于无法查看的状态 | 由监理单位组织，业主和承包商派人参加，该部位的验收资料将作为最终验收的依据 |
| 单项工程验收（交工验收） | 1. 建设项目中的某个合同工程已全部完成；<br>2. 合同内约定由单项移交的工程已达到竣工标准，可移交给业主投入试运行 | 由业主组织，会同施工单位、监理单位、设计单位及使用单位等有关部门共同进行 |
| 工程整体验收（动用验收） | 1. 建设项目按设计规定全部建成，达到竣工验收条件；<br>2. 初验结果全部合格；<br>3. 竣工验收所需资料已准备齐全 | 大中型和限额以上项目由国家发改委或由其委托项目主管部门或地方政府部门组织验收；小型和限额以下项目由项目主管部门组织验收；业主、监理单位、施工单位、设计单位和使用单位参加验收工作 |

### 9.1.2　建设项目竣工验收的作用

（1）全面考核建设成果，检查设计、工程质量是否符合要求，确保项目按设计要求的各项技术经济指标正常使用。

（2）通过竣工验收办理固定资产使用手续，可以总结工程建设经验，为提高建设项目的经济效益和管理水平提供重要依据。

（3）建设项目竣工验收是项目施工阶段的最后一个程序，是建设成果转入生产使用的标志，是审查投资使用是否合理的重要环节。

（4）建设项目建成投产交付使用后，能否取得良好的宏观效益，需要经过国家权威管理部门按照技术规范、技术标准组织验收确认，因此，竣工验收是建设项目转入投产使用的必要环节。

### 9.1.3　建设项目竣工验收的任务

（1）开发建设单位会同设计、施工、设备供应单位及工程质量监督部门，对该项目是否符合规划设计要求以及建筑施工和设备安装质量进行全面检验，取得竣工合格资料、数据和凭证。

应该指出的是，竣工验收是建立在分阶段验收的基础之上，前面已经完成验收的工程项目一般在房屋竣工验收时就不再重新验收。

(2)办理建设项目的验收和移交手续，并办理建设项目竣工结算和竣工决算，以及建设项目档案资料的移交和保修手续等。

### 9.1.4　建设项目竣工验收的条件及内容

工程符合下列要求方可进行竣工验收：

(1)完成工程设计和合同约定的各项内容。

(2)施工单位在工程完工后对工程质量进行了检查，确认工程质量符合有关法律。法规和工程建设强制性标准，符合设计文件及合同要求，并提出工程竣工报告。工程竣工报告应经项目经理和施工单位有关负责人审核签字。

(3)对于委托监理的工程项目，监理单位对工程进行了质量评估，具有完整的监理资料，并提出工程质量评估报告。工程质量评估报告应经总监理工程师和监理单位有关负责人审核签字。

(4)勘察、设计单位对勘察、设计文件及施工过程中由设计单位签署的设计变更通知书进行了检查，并提出质量检查报告。质量检查报告应经该项目勘察、设计负责人和勘察。设计单位有关负责人审核签字。

(5)有完整的技术档案和施工管理资料。

(6)有工程使用的主要建筑材料、建筑构配件和设备的进场试验报告。

(7)建设单位已按合同约定支付工程款。

(8)有施工单位签署的工程质量保修书。

(9)城乡规划行政主管部门对工程是否符合规划设计要求进行检查，并出具认可文件。

(10)有公安消防、环保等部门出具的认可文件或者准许使用文件。

(11)建设行政主管部门及其委托的工程质量监督机构等有关部门责令整改的问题全部整改完毕。

### 9.1.5　建设项目竣工验收的形式与程序

工程竣工验收应当按以下程序进行：

(1)工程完工后，施工单位向建设单位提交工程竣工报告，申请工程竣工验收。实行监理的工程，工程竣工报告须经总监理工程师签署意见。

(2)建设单位收到工程竣工报告后，对符合竣工验收要求的工程，组织勘察、设计、施工、监理等单位和其他有关方面的专家组成验收组，制定验收方案。

(3)建设单位应当在工程竣工验收 7 个工作日前将验收的时间、地点及验收组名单书面通知负责监督该工程的工程质量监督机构。

(4)建设单位组织工程竣工验收。

1)建设、勘察、设计、施工、监理单位分别汇报工程合同履约情况和在工程建设各个环节执行法律、法规和工程建设强制性标准的情况。

2)审阅建设、勘察、设计、施工、监理单位的工程档案资料。

3)实地查验工程质量。

4)对工程勘察、设计、施工、设备安装质量和各管理环节等方面做出全面评价,形成经验收组人员签署的工程竣工验收意见。

参与工程竣工验收的建设、勘察、设计、施工、监理等各方不能形成一致意见时,应当协商提出解决的方法,待意见一致后,重新组织工程竣工验收。

5)工程竣工验收合格后,建设单位应当及时提出工程竣工验收报告。工程竣工验收报告主要包括工程概况,建设单位执行基本建设程序情况,对工程勘察、设计、施工、监理等方面的评价,工程竣工验收时间、程序、内容和组织形式、工程竣工验收意见等内容。

按照《房屋建筑和市政基础设施工程竣工验收规定》(建质〔2013〕171号)工程竣工验收报告还应附有下列文件:

①施工许可证。

②施工图设计文件审查意见。

③施工单位在工程完工后对工程质量进行了检查,确认工程质量符合有关法律、法规和工程建设强制性标准,符合设计文件及合同要求,并提出工程竣工报告。工程竣工报告应经项目经理和施工单位有关负责人审核签字。

④对于委托监理的工程项目,监理单位对工程进行了质量评估,具有完整的监理资料,并提出工程质量评估报告。工程质量评估报告应经总监理工程师和监理单位有关负责人审核签字。

⑤勘察、设计单位对勘察、设计文件及施工过程中由设计单位签署的设计变更通知书进行了检查,并提出质量检查报告。质量检查报告应经该项目勘察、设计负责人和勘察、设计单位有关负责人审核签字。

⑥对于住宅工程,进行分户验收并验收合格,建设单位按户出具《住宅工程质量分户验收表》。

⑦建设主管部门及工程质量监督机构责令整改的问题全部整改完毕。

⑧验收组人员签署的工程竣工验收意见。

⑨市政基础设施工程应附有质量检测和功能性试验资料。

⑩施工单位签署的工程质量保修书。

⑪法规、规章规定的其他有关文件。

## 9.2 工程竣工决算

### 9.2.1 建设项目竣工决算的概念及作用

1. 建设项目竣工决算的概念

竣工决算是建设工程经济效益的全面反映,是项目法人核定各类新增资产价值、办理其交付使用的依据。通过竣工决算,一方面能够正确反映建设工程的实际造价和投资结果;另一方面可以通过竣工决算与概算、预算的对比分析,考核投资控制的工作成效,总结经验教训,积累技术经济方面的基础资料,提高未来建设工程的投资效益。

2. 建设项目竣工决算的作用

(1)竣工决算是综合、全面地反映竣工项目建设成果及财务情况的总结性文件,它采用货币指标、实物数量、建设工期和各种技术经济指标综合、全面地反映建设项目自开始建设到竣工为止的全部建设成果和财务状况。

(2)竣工决算是办理交付使用资产的依据，也是竣工验收报告的重要组成部分。建设单位与使用单位在办理交付资产的验收交接手续时，通过竣工决算反映了交付使用资产的全部价值，包括固定资产、流动资产、无形资产和递延资产的价值。同时，它还详细提供了交付使用资产的名称、规格、数量、型号和价值等明细资料，是使用单位确定各项新增资产价值并登记入账的依据。

(3)竣工决算是分析和检查设计概算的执行情况，考核投资效果的依据。竣工决算反映了竣工项目计划、实际的建设规模、建设工期以及设计和实际的生产能力，反映了概算总投资和实际的建设成本，同时还反映了所达到的主要技术经济指标。通过对这些指标计划数、概算数与实际数进行对比分析，不仅可以全面掌握建设项目计划和概算执行情况，而且可以考核建设项目投资效果，为今后制订基建计划，降低建设成本，提高投资效果提供必要的资料。

### 9.2.2　竣工决算的内容

竣工决算是建设工程从筹建到竣工投产全过程中发生的所有实际费用支出，包括设备工器具购置费、建筑安装工程费和其他费用等。竣工决算由竣工财务决算报表、竣工财务决算说明书、竣工工程平面示意图、工程造价比较分析四部分组成。其中竣工财务决算报表和竣工财务决算说明书属于竣工财务决算的内容。竣工财务决算是竣工决算的组成部分，是正确核定新增资产价值、反映竣工项目建设成果的文件，是办理固定资产交付使用手续的依据。

1. 竣工财务决算说明书

竣工财务决算说明书主要反映竣工工程建设成果和经验，是对竣工决算报表进行分析和补充说明的文件，是全面考核分析工程投资与造价的书面总结。其内容主要包括：

(1)建设项目概况，对工程总的评价。一般从进度、质量、安全和造价、施工方面进行分析说明。进度方面主要说明开工和竣工时间，对照合理工期和要求工期分析是提前还是延期；质量方面主要根据竣工验收委员会或相当一级质量监督部门的验收评定等级、合格率和优良品率；安全方面主要根据劳动工资和施工部门的记录，对有无设备和人身事故进行说明造价方面主要对照概算造价，说明节约还是超支，用金额和百分率进行分析说明。

(2)资金来源及运用等财务分析。主要包括工程价款结算、会计账务的处理、财产物资情况及债权债务的清偿情况。

(3)基本建设收入、投资包干结余、竣工结余资金的上交分配情况。通过对基本建设投资包干情况的分析，说明投资包干数、实际支用数和节约额、投资包干节余的有机构成和包干节余的分配情况。

(4)各项经济技术指标的分析。概算执行情况分析，根据实际投资完成额与概算进行对比分析；新增生产能力的效益分析，说明支付使用财产占总投资额的比例、占支付使用财产的比例，不增加固定资产的造价占投资总额的比例，分析有机构成和成果。

(5)工程建设的经验及项目管理和财务管理工作以及竣工财务决算中有待解决的问题。

(6)需要说明的其他事项。

2. 竣工财务决算报表

建设项目竣工决算报表包括：基本建设项目概况表，基本建设项目竣工财务决算表，基本建设项目资金情况明细表，基本建设项目交付使用资产总表，基本建设项目交付使用资产明细表，待摊投资明细表，待核销基建支出明细表，转出投资明细表等。封面见表9-2。

**表 9-2 封面**

附表 1

项目单位：　　　　　　　　　　　　　　　　建设项目名称：

主管部门：　　　　　　　　　　　　　　　　建设性质：

## 基本建设项目竣工财务决算报表

项目单位负责人：　　　　　　　　　　　　　项目单位财务负责人：

项目单位联系人及电话：

编报日期：　　　　　　　　　　　　　　　　决算基准日：

(1)基本项目概况表(表 9-3)。该表综合反映基本建设项目的基本概况，内容包括该项目总投资、建设起止时间、新增生产能力、主要材料消耗、建设成本、完成主要工程量和主要技术经济指标，为全面考核和分项投资效果提供依据。

**表 9-3 项目概况表**

| 建设项目（单项工程）名称 | | | 建设地址 | | | 基建支出 | 项目 | 概算批准金额 | 实际完成金额 | 备注 |
|---|---|---|---|---|---|---|---|---|---|---|
| 主要设计单位 | | | 主要施工企业 | | | | 建筑安装工程 | | | |
| 占地面积($m^2$) | 设计 | 实际 | 总投资（万元） | 设计 | 实际 | | 设备、工具、器具 | | | |
| | | | | | | | 待摊投资 | | | |
| 新增生产能力 | 能力（效益）名称 | | | 设计 | 实际 | | 其中：项目建设管理费 | | | |
| | | | | | | | 其他投资 | | | |
| 建设起止时间 | 设计 | | 自　年　月　日至　年　月　日 | | | | 待核销基建支出 | | | |
| | 实际 | | 自　年　月　日至　年　月　日 | | | | 转出投资 | | | |
| 概算批准部门及文号 | | | | | | | 合　计 | | | |
| 完成主要工程量 | 建设规模 | | | | | 设备（台、套、吨） | | | | |
| | 设计 | | | 实际 | | 设计 | | | 实际 | |
| | | | | | | | | | | |
| | | | | | | | | | | |
| 尾工工程 | 单项工程项目、内容 | | | 批准概算 | | 预计未完部分投资额 | | 已完成投资额 | 预计完成时间 | |
| | | | | | | | | | | |
| | | | | | | | | | | |
| | 小　计 | | | | | | | | | |

(2)基本项目竣工财务决算表(表 9-4)。该表是竣工财务决算报表的一种，建设项目竣工财务决算表是用来反映建设项目的全部资金来源和资金占用情况，是考核和分项投资效果的依据。

**表 9-4　项目竣工财务决算表**

项目名称：　　　　　　　　　　　　　　　　　　　　　　　　　　　　单位：

| 资金来源 | 金额 | 资金占用 | 金额 |
|---|---|---|---|
| 一、基建拨款 | | 一、基本建设支出 | |
| 1. 中央财政资金 | | (一)交付使用资产 | |
| 其中：一般公共预算资金 | | 1. 固定资产 | |
| 中央基建投资 | | 2. 流动资产 | |
| 财政专项资金 | | 3. 无形资产 | |
| 政府性基金 | | (二)在建工程 | |
| 国有资本经营预算安排的基建项目资金 | | 1. 建筑安装工程投资 | |
| 2. 地方财政资金 | | 2. 设备投资 | |
| 其中：一般公共预算资金 | | 3. 待摊投资 | |
| 地方基建投资 | | 4. 其他投资 | |
| 财政专项资金 | | (三)待核销基建支出 | |
| 政府性基金 | | (四)转出投资 | |
| 国有资本经营预算安排的基建项目资金 | | 二、货币资金合计 | |
| 二、部门自筹资金(非负债性资金) | | 其中：银行存款 | |
| 三、项目资本 | | 财政应返还额度 | |
| 1. 国家资本 | | 其中：直接支付 | |
| 2. 法人资本 | | 授权支付 | |
| 3. 个人资本 | | 现金 | |
| 4. 外商资本 | | 有价证券 | |
| 四、项目资本公积 | | 三、预付及应收款合计 | |
| 五、基建借款 | | 1. 预付备料款 | |
| 其中：企业债券资金 | | 2. 预付工程款 | |
| 六、待冲基建支出 | | 3. 预付设备款 | |
| 七、应付款合计 | | 4. 应收票据 | |
| 1. 应付工程款 | | 5. 其他应收款 | |
| 2. 应付设备款 | | 四、固定资产合计 | |
| 3. 应付票据 | | 固定资产原价 | |
| 4. 应付工资及福利费 | | 减：累计折旧 | |
| 5. 其他应付款 | | 固定资产净值 | |
| 八、未交款合计 | | 固定资产清理 | |
| 1. 未交税金 | | 待处理固定资产损失 | |
| 2. 未交结余财政资金 | | | |
| 3. 未交基建收入 | | | |
| 4. 其他未交款 | | | |
| 合　计 | | 合　计 | |

补充资料：基建借款期末余额：

基建结余资金：

备注：资金来源合计扣除财政资金拨款与国家资本、资本公积重叠部分。

(3)基本建设项目交付使用资产总表(表9-5)。该表反映建设项目建成后新增固定资产、流动资产、无形资产价值的情况和价值,作为财产交接、检查投资计划完成情况和分项投资效果的依据。

**表9-5 基本建设项目交付使用资产总表**

项目名称: 单位:

| 序号 | 单项工程名称 | 总计 | 固定资产 | | | | 流动资产 | 无形资产 |
|---|---|---|---|---|---|---|---|---|
| | | | 合计 | 建筑物及构筑物 | 设备 | 其他 | | |
| | | | | | | | | |
| | | | | | | | | |
| | | | | | | | | |
| | | | | | | | | |
| | | | | | | | | |
| | | | | | | | | |
| | | | | | | | | |

交付单位: 负责人: 接受单位: 负责人:

(4)基本建设项目交付使用资产明细表(表9-6)。该表反映交付使用的固定资产、流动资产、无形资产价值的明细情况,是办理资产交接和接收单位登记资产账目的依据,是使用单位建立资产明细账和登记新增资产价值的依据。

**表9-6 基本建设项目交付使用资产明细表**

| 序号 | 单项工程名称 | 固定资产 | | | | | | | | | | 流动资产 | | 无形资产 | |
|---|---|---|---|---|---|---|---|---|---|---|---|---|---|---|---|
| | | 建筑工程 | | | 设备、工具、器具、家具 | | | | | | | | | | |
| | | 结构 | 面积 | 金额 | 其中:分摊待摊投资 | 名称 | 规格型号 | 数量 | 金额 | 其中:设备安装费 | 其中:分摊待摊投资 | 名称 | 金额 | 名称 | 金额 |
| | | | | | | | | | | | | | | | |
| | | | | | | | | | | | | | | | |
| | | | | | | | | | | | | | | | |
| | | | | | | | | | | | | | | | |
| | | | | | | | | | | | | | | | |
| | | | | | | | | | | | | | | | |
| | | | | | | | | | | | | | | | |
| | | | | | | | | | | | | | | | |
| | | | | | | | | | | | | | | | |
| | | | | | | | | | | | | | | | |

交付单位: 负责人: 接受单位: 负责人:

盖章: 年 月 日 盖章: 年 月 日

(5)基本建设项目待摊投资明细表(表9-7)。待摊投资反映的是指建设单位发生的,构成基本建设投资完成额的,按规定应当分摊计人交付使用财产成本的各项费用支出。

表9-7　基本建设项目待摊投资明细表

项目名称：　　　　　　　　　　　　　　　　　　　　　　　　　　　　单位：

| 项　目 | 金额 | 项　目 | 金额 |
| --- | --- | --- | --- |
| 1. 勘察费 | | 25. 社会中介机构审计(查)费 | |
| 2. 设计费 | | 26. 工程检测费 | |
| 3. 研究试验费 | | 27. 设备检验费 | |
| 4. 环境影响评价费 | | 28. 负荷联合试车费 | |
| 5. 监理费 | | 29. 固定资产损失 | |
| 6. 土地征用及迁移补偿费 | | 30. 器材处理亏损 | |
| 7. 土地复垦及补偿费 | | 31. 设备盘亏及毁损 | |
| 8. 土地使用税 | | 32. 报废工程损失 | |
| 9. 耕地占用税 | | 33.(贷款)项目评估费 | |
| 10. 车船税 | | 34. 国外借款手续费及承诺费 | |
| 11. 印花税 | | 35. 汇兑损益 | |
| 12. 临时设施费 | | 36. 坏账损失 | |
| 13. 文物保护费 | | 37. 借款利息 | |
| 14. 森林植被恢复费 | | 38. 减:存款利息收入 | |
| 15. 安全生产费 | | 39. 减:财政贴息资金 | |
| 16. 安全鉴定费 | | 40. 企业债券发行费用 | |
| 17. 网络租赁费 | | 41. 经济合同仲裁费 | |
| 18. 系统运行维护监理费 | | 42. 诉讼费 | |
| 19. 项目建设管理费 | | 43. 律师代理费 | |
| 20. 代建管理费 | | 44. 航道维护费 | |
| 21. 工程保险费 | | 45. 航标设施费 | |
| 22. 招投标费 | | 46. 航测费 | |
| 23. 合同公证费 | | 47. 其他待摊投资性质支出 | |
| 24. 可行性研究费 | | 合　计 | |

3. 竣工工程平面示意图

建设工程竣工工程平面示意图是真实地记录各种地上、地下建筑物、构筑物等情况的技术文件，是工程进行交工验收、维护改建和扩建的依据，是国家的重要技术档案。国家规定：各项新建、扩建、改建的基本建设工程，特别是基础、地下建筑、管线、结构、井巷、桥梁、隧道、港口、水坝以及设备安装等隐蔽部位，都要编制竣工图。为确保竣工图质量，必须在施工过程中(不能在竣工后)及时做好隐蔽工程检查记录，整理好设计变更文件。其具体要求有：

(1)凡按图竣工没有变动的，由施工单位(包括总包和分包施工单位)在原施工图上加盖"竣工图"标志后，即作为竣工图。

(2)凡在施工过程中，虽有一般性设计变更，但能将原施工图加以修改补充作为竣工图的，可不重新绘制，由施工单位负责在原施工图(必须是新蓝图)上注明修改的部分，并附以设计变更通知单和施工说明，加盖"竣工图"标志后，作为竣工图。

(3)凡结构形式改变、施工工艺改变、平面布置改变、项目改变以及有其他重大改变，不宜再在原施工图上修改、补充时，应重新绘制改变后的竣工图。由原设计原因造成的，由设计单位负责重新绘制；由施工原因造成的，由施工单位负责重新绘图；由其他原因造成的，由建设单位自行绘制或委托设计单位绘制。施工单位负责在新图上加盖"竣工图"标志，并附以有关记录和说明，作为竣工图。

(4)为了满足竣工验收和竣工决算需要，还应绘制反映竣工工程全部内容的工程设计平面示意图。

4. 工程造价比较分析

工程造价比较分析是对控制工程造价所采取的措施、效果及其动态的变化进于拟真的比较对比，总结经验教训。批准的概算是考核建设工程造价的依据。在分析时，可先对比整个项目的总概算，然后将建筑安装工程费、设备工器具费和其他工程费用逐一与竣工决算表中所提供的实际数据和相关资料及批准的概算、预算指标、实际的工程造价进行对比分析，以确定竣工项目总造价是节约还是超支，并在对比的基础上，总结先进经验，找出节约和超支的内容和原因，提出改进措施。在实际工作中，应主要分析以下内容：

(1)主要实物工程量。对于实物工程量出人比较大的情况，必须查明原因。

(2)主要材料消耗量。考核主要材料消耗量，要按照竣工决算表中所列明的三大材料实际超概算的消耗量，查明是在工程的哪个环节超出量最大，再进一步查明超耗的原因。

(3)考核建设单位管理费、建筑及安装工程措施费和间接费的取费标准。建设单位管理费、建筑及安装工程措施费和间接费的取费标准要符合国家和各地的有关规定，将竣工决算报表中所列的建设单位管理费与概预算所列的建设单位管理费数额进行比较，依据规定查明是否有多列或少列的费用项目，确定其节约超支的数额，并查明原因。

### 9.2.3 竣工决算的编制

1. 竣工决算编制的条件

编制工程竣工决算应具备下列条件：

(1)经批准的初步设计所确定的工程内容已完成。

(2)单项工程或建设项目竣工结算已完成。

(3)收尾工程投资和预留费用不超过规定的比例。

(4)涉及法律诉讼、工程质量纠纷的事项已处理完毕。

(5)其他影响工程竣工决算编制的重大问题。

2. 竣工决算编制的依据

(1)《基本建设财务规则》(财政部第81号令)等法律、法规和规范性文件。

(2)项目计划任务书及立项批复文件。

(3)项目总概算书和单项工程概算书文件。

(4)经批准的设计文件及设计交底、图纸会审资料。

(5)招标文件和最高投标限价。

(6)工程合同文件。

(7)项目竣工结算文件。

(8)工程签证、工程索赔等合同价款调整文件。

(9)设备、材料调价文件记录。

(10)会计核算及财务管理资料。

(11)其他有关项目管理的文件。

3. 竣工决算编制的步骤

按照财政部印发的关于《基本建设财务管理若干规定》的通知要求，竣工决算的编制步骤如下：

(1)收集、整理、分析原始资料。从工程建设开始就按编制依据的要求，收集、清点、整理有关资料，主要包括建设工程档案资料，如：设计文件、施工记录、上级批文、概(预)算文件、工程结算的归集整理，财务处理、财产物资的盘点核实及债权债务的清偿，做到账账、账证、账实、账表相符。对各种设备、材料、工具、器具等要逐项盘点核实并填列清单，妥善保管，或按照国家有关规定处理，不准任意侵占和挪用。

(2)对照、核实工程变动情况，重新核实各单位工程、单项工程造价。将竣工资料与原设计图纸进行查对、核实，必要时可实地测量，确认实际变更情况；根据经审定的施工单位竣工结算等原始资料，按照有关规定对原概(预)算进行增减调整，重新核定工程造价。

(3)将审定后的待摊投资、设备工器具投资、建筑安装工程投资、工程建设其他投资严格划分和核定后，分别计入相应的建设成本栏目内。

(4)编制竣工财务决算说明书，力求内容全面、简明扼要、文字流畅、说明问题。

(5)填报竣工财务决算报表。

(6)作好工程造价对比分析。

(7)清理、装订好竣工图。

(8)按国家规定上报、审批、存档。

### 9.2.4　建设项目竣工决算的审核

1. 竣工决算的审核程序

根据《基本建设项目竣工财务决算管理暂行办法》(财建〔2016〕503)的规定，基本建设项目完工可投入使用或者试用行合格后，应当在3个月内编报竣工财务决算，特殊情况确需延长的，中、小型项目不得超过2个月，大型项目不得超过6个月。

同时根据《中央基本建设项目竣工财务决算审核批复操作规程》(财办建〔2018〕2号)的规定，规程所称中央基本建设项目(以下简称项目)，是指财务关系隶属于中央部门(或单位)的项目，以及国有企业、国有控股企业使用财政资金的非经营性项目和使用财政资金占项目资本比例超过50%的经营性项目。

国家有关文件规定的项目竣工财务决算(以下简称项目决算)批复范围划分如下：

(1)财政部直接批复的范围

1)主管部门本级的投资额在3000万元(不含3000万元，按完成投资口径)以上的项目决算。

2)不向财政部报送年度部门决算的中央单位项目决算。主要是指不向财政部报送年度决算的社会团体、国有及国有控股企业使用财政资金的非经营性项目和使用财政资金占项目资本比例超过50%的经营性项目决算。

(2)主管部门批复的范围

1)主管部门二级及以下单位的项目决算。

2)主管部门本级投资额在3000万元(含3000万元)以下的项目决算。

由主管部门批复的项目决算,报财政部备案(批复文件抄送财政部),并按要求向财政部报送半年度和年度汇总报表。

国防类项目、使用外国政府及国际金融组织贷款项目等,国家另有规定的,从其规定。

2. 竣工决算的审核内容

项目竣工决(结)算经有关部门或单位进行项目竣工决(结)算审核的,需附完整的审核报告及审核表,审核报告内容应当翔实,主要包括:审核说明、审核依据、审核结果、意见、建议,及其他相关资料。相关资料主要包括:

(1)项目立项、可行性研究报告、初步设计报告及概算、概算调整批复文件的复印件。

(2)项目历年投资计划及财政资金预算下达文件的复印件。

(3)审计、检查意见或文件的复印件。

(4)其他与项目决算相关资料。

3. 竣工决算报表内容

财政和项目主管部门审核批复项目竣工财务决算时,应当重点审查以下内容:

(1)工程价款结算是否准确,是否按照合同约定和国家有关规定进行,有无多算和重复计算工程量、高估冒算建筑材料价格现象。

(2)待摊费用支出及其分摊是否合理、正确。

(3)项目是否按照批准的概算(预)算内容实施,有无超标准、超规模、超概(预)算建设现象。

(4)项目资金是否全部到位,核算是否规范,资金使用是否合理,有无挤占、挪用现象。

(5)项目形成资产是否全面反映,计价是否准确,资产接受单位是否落实。

(6)项目在建设过程中历次检查和审计所提的重大问题是否已经整改落实。

(7)待核销基建支出和转出投资有无依据,是否合理。

(8)竣工财务决算报表所填列的数据是否完整,表间勾稽关系是否清晰、正确。

(9)尾工工程及预留费用是否控制在概算确定的范围内,预留的金额和比例是否合理。

(10)项目建设是否履行基本建设程序,是否符合国家有关建设管理制度要求等。

(11)决算的内容和格式是否符合国家有关规定。

(12)决算资料报送是否完整、决算数据间是否存在错误。

(13)相关主管部门或者第三方专业机构是否出具审核意见。

4. 基本建设项目竣工财务决算审核表包括如下:

(1)项目竣工财务决算审核汇总表。

(2)资金情况审核明细表。

(3)待摊投资审核明细表。

(4)交付使用资产审核明细表。

(5)转出投资审核明细表。

(6)待销核基建支出审核明细表。

### 9.2.5 新增资产价值的确定

工程项目竣工投入运营后,所花费的总投资应按会计制度和有关税法的规定,形成相应的资产。这些新增资产分为固定资产、无形资产、流动资产和其他资产四类。资产的性质不同，其核算的方法也不同。

1. 新增固定资产

固定资产是指使用期限超过一年，单位价值在 1000 元、1500 元或 2000 元以上，并且在使用过程中保持原有实物形态的资产，包括房屋、建筑物、机械、运输工具等。不同时具备以上两个条件的资产为低值易耗品，应列入流动资产范围内，如企业自身使用的工具、器具、家具等。

(1)确定新增固定资产价值的作用

1)如实反映企业固定资产价值的增减变化，保证核算的统一性。

2)真实反映企业固定资产的占用额。

3)正确计提企业固定资产折旧。

4)反映一定范围内固定资产再生产的规模与速度。

5)分析国民经济各部门的技术构成变化及相互间适应的情况。

(2)新增固定资产价值的构成

1)第一部分工程费用，包括设备及工器具费用、建筑工程费、安装工程费。

2)固定资产其他费用，主要有建设单位管理费、勘察设计费、研究试验费、工程监理费、工程保险费、联合试运转费、办公和生活家具购置费及引进技术和进口设备的其他费用等。

3)预备费。

4)融资费用，包括建设期利息及其他融资费用。

(3)新增固定资产价值的计算

新增固定资产价值的计算是以独立发挥生产能力的单项工程为对象的，当单项工程建成经有关部门验收鉴定合格，正式移交生产或使用，即应计算新增固定资产价值。一次交付生产或使用的工程一次计算新增固定资产价值，分期分批交付生产或使用的工程，应分期分批计算新增固定资产价值。

在计算时应注意以下几种情况：

1)对于为了提高产品质量、改善劳动条件、节约材料消耗、保护环境而建设的附属辅助工程，只要全部建成，正式验收交付使用后就要计入新增固定资产价值。

2)对于单项工程中不构成生产系统，但能独立发挥效益的非生产性项目，如住宅、食堂、医务所、托儿所、生活服务网点等，在建成并交付使用后，也要计算新增固定资产价值。

3)凡购置达到固定资产标准不需安装的设备、工具、器具，应在交付使用后计入新增固定资产价值。

4)属于新增固定资产价值的其他投资，应随同受益工程交付使用的同时一并计入。

5)交付使用财产的成本，应按下列内容计算：

①房屋、建筑物、管道、线路等固定资产的成本包括建筑工程成本和应分摊的待摊投资；

②动力设备和生产设备等固定资产的成本包括需要安装设备的采购成本、安装工程成本、设备基础支柱等建筑工程成本或砌筑锅炉及各种特殊炉的建筑工程成本、应分摊的待摊投资；

③运输设备及其他不需要安装的设备、工具、器具、家具等固定资产一般仅计算采购成本，不计分摊的“待摊投资”。

6)共同费用的分摊方法。新增固定资产的其他费用，如果是属于整个建设项目或两个以上单项工程的，在计算新增固定资产价值时，应在各单项工程中按比例分摊。分摊时，什么费用应由什么工程负担应按具体规定进行。一般情况下,建设单位管理费按建筑工程、安装工程、需安装设备价值总额按比例分摊,而土地征用费、勘察设计费等费用则按建筑工程造价分摊。

2. 新增无形资产

无形资产是指特定主体所控制的,不具有实物形态,对生产经营长期发挥作用且能带来经济利益的资源。主要有专利权、商标权、专有技术、著作权、土地使用权、商誉等。

新增无形资产的计价原则如下:

(1)投资者将无形资产作为资本金或者合作条件投入的,按照评估确认或合同协议约定的金额计价。

(2)购入的无形资产,按照实际支付的价款计价。

(3)企业自创并依法确认的无形资产,按开发过程中的实际支出计价。

(4)企业接受捐赠的无形资产,按照发票凭证所载金额或者同类无形资产市场价作价。

3. 新增流动资产

流动资产是指可以在一年或者超过一年的营业周期内变现或者耗用的资产。它是企业资产的重要组成部分。流动资产按资产的占用形态可分为现金、存货(指企业的库存材料、在产品、产成品、商品等)、银行存款、短期投资、应收账款及预付账款。

依据投资概算核拨的项目铺底流动资金,由建设单位直接移交使用单位。

4. 新增其他资产

其他资产,是指除固定资产、无形资产、流动资产以外的资产。形成其他资产原值的费用主要是生产准备费(含职工提前进厂费和培训费),样品样机购置费和农业开荒费等。

## 9.3 工程保修费用的处理

### 9.3.1 缺陷责任期的概念和期限

1. 缺陷责任期与保修期的概念区别

(1)缺陷责任期。缺陷是指建设工程质量不符合工程建设强制性标准、设计文件,以及承包合同的约定。缺陷责任期是指承包人对已交付使用的合同工程承担合同约定的缺陷修复责任的期限。

(2)保修期。建设工程保修期是指在正常使用条件下,建设工程的最低保修期限。其期限长短由《建设工程质量管理条例》规定。

2. 缺陷责任期与保修期的期限

(1)缺陷责任期的期限。缺陷责任期从工程通过竣工验收之日起计。由于承包人原因导致工程无法按规定期限进行竣工验收的,缺陷责任期从实际通过竣工验收之日起计。由于发包人原因导致工程无法按规定期限进行竣工验收的,在承包人提交竣工验收报告 90 d 后,工程自动进入缺陷责任期。缺陷责任期一般为一年,最长不超过 2 年,由发、承包双方在合同中约定。

(2)保修期的期限。建设项目的保修期,自竣工验收合格之日起计算。国务院《建设工程质量管理条例》对保修的规定为,在正常使用条件下,建设工程的最低保修期限:

1)基础设施工程、房屋的地基基础工程和主体结构工程,为设计文件规定的该工程的合理使用年限。

2)屋面防水工程、有防水要求的卫生间、房间和外墙面的防渗漏,为 5 年。

3)供热与供冷系统,为 2 个采暖期、供冷期。

4)电气管线、给排水管道、设备安装和装修工程为 2 年。

5)其他项目的保修期限由建设单位和施工单位在合同中约定。

### 9.3.2　质量保证金的使用及返还

1. 质量保证金的含义

根据《建设工程质量保证金管理办法》(建质〔2017〕138 号)的规定,建设工程质量保证金(以下简称保证金)是指发包人与承包人在建设工程承包合同中约定,从应付的工程款中预留,用以保证承包人在缺陷责任期内对建设工程出现的缺陷进行维修的资金。

2. 质量保证金预留及管理

(1)质量保证金的预留。发包人应按照合同约定方式预留保证金,保证金总预留比例不得高于工程价款结算总额的 3%。推行银行保函制度,承包人可以银行保函替代预留保证金。合同约定由承包人以银行保函替代预留保证金的,保函金额不得高于工程价款结算总额的 3%。在工程项目竣工前,已经缴纳履约保证金的,发包人不得同时预留工程质量保证金。采用工程质量保证担保、工程质量保险等其他保证方式的,发包人不得再预留保证金。

(2)缺陷责任期内,实行国库集中支付的政府投资项目,保证金的管理应按国库集中支付的有关规定执行。其他政府投资项目,保证金可以预留在财政部门或发包方。缺陷责任期内,如发包方被撤销,保证金随交付使用资产一并移交使用单位管理,由使用单位代行发包人职责。社会投资项目采用预留保证金方式的,发、承包双方可以约定将保证金交由第三方金融机构托管。

(3)质量保证金的使用。缺陷责任期内,由承包人原因造成的缺陷,承包人应负责维修,并承担鉴定及维修费用。如承包人不维修也不承担费用,发包人可按合同约定从保证金或银行保函中扣除,费用超出保证金额的,发包人可按合同约定向承包人进行索赔。承包人维修并承担相应费用后,不免除对工程的损失赔偿责任。

由他人原因造成的缺陷,发包人负责组织维修,承包人不承担费用,且发包人不得从保证金中扣除费用。

3. 质量保证金的返还

缺陷责任期内,承包人认真履行合同约定的责任,到期后,承包人向发包人申请返还保证金。

发包人在接到承包人返还保证金申请后,应于 14 d 内会同承包人按照合同约定的内容进行核实。如无异议,发包人应当按照约定将保证金返还给承包人。对返还期限没有约定或者约定不明确的,发包人应当在核实后 14 d 内将保证金返还承包人,逾期未返还的,依法承担违约责任。发包人在接到承包人返还保证金申请后 14 d 内不予答复,经催告后 14 d 内仍不予答复,视同认可承包人的返还保证金申请。

# 习　题

**一、单选题**(每题的备选项中,只有1个正确选项)。

1.《建设工程质量管理条例》对建设工程在正常使用条件下为设计文件规定的该工程的合理使用年限的是(　　)。

A. 地基基础工程和主体结构工程　　B. 屋面防水工程

C. 防水要求的卫生间　　D. 外墙面的防渗漏

2. 竣工决算是以实物数量和(　　)为计量单位,综合反映竣工项目从筹建开始到项目竣工交付使用为止的全部建设费用、建设成果和财务情况的总结性文件,是竣工验收报告的重要组成部分。

A. 数量指标　　B. 金额指标　　C. 货币指标　　D. 资金

3.《中央基本建设项目竣工财务决算审核批复操作规程》(财办建〔2018〕2号)的通知所称中央基本建设项目(以下简称项目),是指财务关系隶属于中央部门(或单位)的项目,以及国有企业、国有控股企业使用财政资金的非经营性项目和使用财政资金占项目资本比例超过(　　)的经营性项目。

A. 30%　　B. 40%　　C. 50%　　D. 60%

4.《房屋建筑和市政基础设施工程竣工验收规定》(建质〔2013〕171号)工程竣工验收由(　　)负责组织实施。

A. 监督单位　　B. 施工单位　　C. 建设单位　　D. 监理单位

5.《建设工程质量保证金管理办法》(建质〔2017〕138号)中规定,发包人应按照合同约定方式预留保证金,保证金总预留比例不得高于工程价款结算总额的(　　)。合同约定由承包人以银行保函替代预留保证金的,保函金额不得高于工程价款结算总额的(　　)。

A. 3%、3%　　B. 3%、5%　　C. 5%、5%　　D. 5%、3%

6.《建设工程质量保证金管理办法》(建质〔2017〕138号)中规定,缺陷是指建设工程质量不符合工程建设强制性标准、设计文件,以及承包合同的约定。缺陷责任期一般为(　　)年,最长不超过(　　)年,由发、承包双方在合同中约定。

A. 3、3　　B. 1、2　　C. 5、5　　D. 5、3

**二、多选题**(每题的备选项中,有2个或2个以上符合题意)。

1. 工程竣工验收合格后,建设单位应当及时提出工程竣工验收报告。工程竣工验收报告主要包括工程概况,建设单位执行基本建设程序情况,对(　　)等方面的评价,工程竣工验收时间、程序、内容和组织形式,工程竣工验收意见等内容。

A. 监督单位　　B. 施工单位　　C. 设计单位　　D. 监理单位

E. 工程勘察

2. 编制工程竣工决算应具备下列条件:(　　)。

A. 经批准的初步设计所确定的工程内容已完成

B. 单项工程或建设项目竣工结算已完成

C. 收尾工程投资和预留费用不超过规定的比例
D. 影响工程竣工决算编制的重大问题
E. 涉及法律诉讼、工程质量纠纷的事项已处理完毕

3. 建设项目竣工决算报表包括:(　　),基本建设项目交付使用资产明细表,待摊投资明细表,待核销基建支出明细表,转出投资明细表等。
A. 基本建设项目概况表　　B. 基本建设项目竣工财务决算表
C. 基本建设项目资金情况明细表　　D. 基本建设项目交付使用资产总表
E. 资产负债表

4. 基本建设项目竣工财务决算审核表包括如下:(　　)、待销核基建支出审核明细表。
A. 项目竣工财务决算审核汇总表　　B. 资金情况审核明细表
C. 待摊投资审核明细表　　D. 交付使用资产审核明细表
E. 转出投资审核明细表

5. 竣工决算是建设工程从筹建到竣工投产全过程中发生的所有实际费用支出,包括设备工器具购置费、建筑安装工程费和其他费用等。竣工决算由(　　)四部分组成。
A. 竣工财务决算报表　　B. 竣工财务决算说明书
C. 竣工工程平面示意图　　D. 工程造价比较分析
E. 转出投资审核明细表

## 三、简 答 题

1. 什么是竣工决算?
2. 竣工决算的编制方式有几种?分别是什么?
3. 竣工决算造价包括哪几部分?
4. 建设项目竣工验收的内容有哪些?
5. 缺陷责任期与保修期的概念区别?

## 四、计 算 题

某建设项目及其车间的建筑工程费、安装工程费,需安装设备费以及应摊入费用见表 9-8,计算车间新增固定资产价值。

**表 9-8　分摊费用计算表**(单位:万元)

| 项目名称 | 建筑工程 | 安装工程 | 需安装设备 | 建设单位管理费 | 土地征用费 | 勘察设计费 | 工艺设计费 |
|---|---|---|---|---|---|---|---|
| 建设项目竣工决算 | 4000 | 800 | 1200 | 100 | 100 | 50 | 30 |
| 车间竣工决算 | 800 | 400 | 600 | — | — | — | — |

# 附录《市政工程工程量计算规范》(GB 50857—2013)节选

## 附录A 土石方工程

### A.1 土方工程

土方工程工程量清单项目设置、项目特征描述的内容、计量单位及工程量计算规则，应按表A.1的规定执行。

**表A.1 土方工程**(编码:040101)

| 项目编码 | 项目名称 | 项目特征 | 计量单位 | 工程量计算规则 | 工程内容 |
| --- | --- | --- | --- | --- | --- |
| 040101001 | 挖一般土方 | 1. 土壤类别<br>2. 挖土深度 | $m^3$ | 按设计图示尺寸以体积计算 | 1. 排地表水<br>2. 土方开挖<br>3. 围护(挡土板)及拆除<br>4. 基底钎探<br>5. 场内运输 |
| 040101002 | 挖沟槽土方 | | | 按设计图示尺寸以基础垫层底面积乘以挖土深度计算 | |
| 040101003 | 挖基坑土方 | | | | |
| 040101004 | 暗挖土方 | 1. 土壤类别<br>2. 平洞、斜洞(坡度)<br>3. 运距 | | 按设计图示断面乘以长度以体积计算 | 1. 排地表水<br>2. 土方开挖<br>3. 场内运输 |
| 040101005 | 挖淤泥、流砂 | 1. 挖掘深度<br>2. 运距 | | 按设计图示位置、界限以体积计算 | 1. 开挖<br>2. 运输 |

注：1. 沟槽、基坑、一般土方的划分为：底宽≤7 m且底长＞3倍底宽为沟槽，底长≤3倍底宽且底面积≤150 $m^2$为基坑，超出上述范围则为一般土方。

2. 土壤的分类应按表A.1-1确定。

3. 如土壤类别不能准确划分时，招标人可注明为综合，由投标人根据地勘报告决定报价。

4. 土方体积应按挖掘前的天然密实体积计算。

5. 挖沟槽、基坑土方中的挖土深度，一般指原地面标高至槽、坑底的平均高度。

6. 挖沟槽、基坑、一般土方因工作面和放坡增加的工程量，是否并入各土方工程量中，按各省、自治区、直辖市或行业建设主管部门的规定实施。如并入各土方工程量中，编制工程量清单时，可按表A.1-2、表A.1-3规定计算；办理工程结算时，按经发包人认可的施工组织设计规定计算。

7. 挖沟槽、基坑、一般土方和暗挖土方清单项目的工作内容中仅包括了土方场内平衡所需的运输费用，如需土方外运时，按040103002“余方弃置”项目编码列项。

8. 挖方出现流砂、淤泥时，如设计未明确，在编制工程量清单时，其工程数量可为暂估值。结算时，应根据实际情况由发包人与承包人双方现场签证确认工程量。

9. 挖淤泥、流砂的运距可以不描述，但应注明由投标人根据施工现场实际情况自行考虑决定报价。

**表 A. 1-1　土壤分类表**

| 土壤分类 | 土壤名称 | 开挖方法 |
| --- | --- | --- |
| 一、二类土 | 粉土、砂土(粉砂、细砂、中砂、粗砂、砾砂)、粉质黏土、弱中盐渍土、软土(淤泥质土、泥炭、泥炭质土)、软塑红黏土、冲填土 | 用锹、少许用镐、条锄开挖。机械能全部直接铲挖满载者 |
| 三类土 | 黏土、碎石土(圆砾、角砾)、混合土、可塑红黏土、硬塑红黏土、强盐渍土、素填土、压实填土 | 主要用镐、条锄，少许用锹开挖。机械需部分刨松方能铲挖满载者或可直接铲挖但不能满载者 |
| 四类土 | 碎石土(卵石、碎石、漂石、块石)、坚硬红黏土、超盐渍土、杂填土 | 全部用镐、条锄挖掘，少许用撬棍挖掘。机械需普遍刨松方能铲挖满载者 |

注:本表土的名称及其含义按现行国家标准《岩土工程勘察规范》(GB 50021—2001)(2009 年局部修订版)定义。

**表 A. 1-2　放坡系数表**

| 土壤类别 | 放坡起点(m) | 人工挖土 | 机械挖土 | | |
| --- | --- | --- | --- | --- | --- |
| | | | 在沟槽、坑内作业 | 在沟槽、坑边作业 | 顺沟槽方向坑上作业 |
| 一、二类土 | 1.20 | 1∶0.50 | 1∶0.33 | 1∶0.75 | 1∶0.50 |
| 三类土 | 1.50 | 1∶0.33 | 1∶0.25 | 1∶0.67 | 1∶0.33 |
| 四类土 | 2.00 | 1∶0.25 | 1∶0.10 | 1∶0.33 | 1∶0.25 |

注:1. 沟槽、基坑中土类别不同时，分别按其放坡起点、放坡系数，依不同类别厚度加权平均计算。
2. 计算放坡时，在交接处的重复工程量不予扣除，原槽、坑做基础垫层时，放坡自垫层上表面开始计算。
3. 本表按《全国统一市政程预算定额》(GYD—301—1999)整理，并增加机械挖土顺沟槽方向坑上作业的放坡系数。

**表 A. 1-3　管沟施工每侧所需工作面宽度计算表**(单位:mm)

| 管道结构宽 | 混凝土管道基础 90° | 混凝土管道基础>90° | 金属管道 | 构筑物 | |
| --- | --- | --- | --- | --- | --- |
| | | | | 无防潮层 | 有防潮层 |
| 500 以内 | 400 | 400 | 300 | 400 | 600 |
| 1000 以内 | 500 | 500 | 400 | | |
| 2500 以内 | 600 | 500 | 400 | | |
| 2500 以上 | 700 | 600 | 500 | | |

注:1. 管道结构宽:有管座按管道基础外缘，无管座按管道外径计算;构筑物按基础外缘计算。
2. 本表按《全国统一市政程预算定额》(GYD—301—1999)整理，并增加管道结构宽 2500 mm 以上的工作面宽度值。

## A. 2　石方工程

石方工程工程量清单项目设置、项目特征描述的内容、计量单位及工程量计算规则，应按表 A. 2 的规定执行。

**表 A.2 石方工程(编码:040102)**

| 项目编码 | 项目名称 | 项目特征 | 计量单位 | 工程量计算规则 | 工程内容 |
| --- | --- | --- | --- | --- | --- |
| 040102001 | 挖一般石方 | 1. 岩石类别<br>2. 开凿深度 | $m^3$ | 按设计图示尺寸以体积计算 | 1. 排地表水<br>2. 石方开凿<br>3. 修整底、边<br>4. 场内运输 |
| 040102002 | 挖沟槽石方 | | | 按设计图示尺寸以基础垫层底面积乘以挖石深度计算 | |
| 040102003 | 挖基坑石方 | | | | |

注:1. 沟槽、基坑、一般石方的划分为:底宽≤7 m且底长>3倍底宽为沟槽,底长≤3倍底宽且底面积≤150 $m^2$为基坑,超出上述范围则为一般石方。

2. 岩石的分类应按表 A.2-1 确定。

3. 石方体积应按挖掘前的天然密实体积计算。

4. 挖沟槽、基坑、一般石方因工作面和放坡增加的工程量,是否并入各石方工程量中,按各省、自治区、直辖市或行业建设主管部门的规定实施。如并入各土方工程量中,编制工程量清单时,其所需增加的工程数量可为暂估值,且在清单项目中予以注明;办理工程结算时,按经发包人认可的施工组织设计规定计算。

5. 挖沟槽、基坑、一般石方清单项目的工作内容中仅包括了石方场内平衡所需的运输费用,如需石方外运时,按040103002"余方弃置"项目编码列项。

6. 石方爆破按现行国家标准《爆破工程工程量计算规范》(GB 50862)相关项目编码列项。

**表 A.2-1 岩石分类表**

| 岩石分类 | | 代表性岩石 | 开挖方法 |
| --- | --- | --- | --- |
| 极软岩 | | 1. 全风化的各种岩石<br>2. 各种半成岩 | 部分用手凿工具、部分用爆破法开挖 |
| 软质岩 | 软岩 | 1. 强风化的坚硬岩或较硬岩<br>2. 中等风化-强风化的较软岩<br>3. 未风化-微风化的页岩、泥岩、泥质砂岩等 | 用风镐和爆破法开挖 |
| | 较软岩 | 1. 中等风化-强风化的坚硬岩或较硬岩<br>2. 未风化-微风化的凝灰岩、千枚岩、泥灰岩、砂质泥岩等 | 用爆破法开挖 |
| 硬质岩 | 较硬岩 | 1. 微风化的坚硬岩<br>2. 未风化-微风化的大理岩、板岩、石灰岩、白云岩、钙质砂岩等 | |
| | 坚硬岩 | 未风化-微风化的花岗岩、闪长岩、辉绿岩、玄武岩、安山岩、片麻岩、石英岩、石英砂岩、硅质砾岩、硅质石灰岩等 | |

注:本表依据现行国家标准《工程岩体分级标准》(GB 50218—94)和《岩土工程勘察规范》(GB 50021—2001)(2009年局部修订版)整理。

## A.3 回填方及土石方运输

回填方及土石方运输工程量清单项目设置、项目特征描述的内容、计量单位及工程量计算规则,应按表 A.3 的规定执行。

表 A.3 回填方及土石方运输(编码:040103)

| 项目编码 | 项目名称 | 项目特征 | 计量单位 | 工程量计算规则 | 工程内容 |
|---|---|---|---|---|---|
| 040103001 | 回填方 | 1. 密实度要求<br>2. 填方材料品种<br>3. 土方粒径要求<br>4. 填方来源、运距 | $m^3$ | 1. 按挖方清单项目工程量加原地面线至设计要求标高间的体积,减基础、构筑物等埋入体积计算<br>2. 按设计图示尺寸以体积计算 | 1. 运输<br>2. 回填<br>3. 压实 |
| 040103002 | 余方弃置 | 1. 废弃料品种<br>2. 运距 | | 按挖方清单项目工程量减利用回填方体积(正数)计算 | 余方点装料运输至弃置点 |

注:1. 填方材料品种为土时,可以不描述。
2. 填方粒径,在无特殊要求情况下,项目特征可以不描述。
3. 对于沟、槽坑等开挖后再进行回填方的清单项目,其工程量计算规则按第 1 条确定;场地填方等按第 2 条确定。其中,对工程量计算规则 1,当原地面线高于设计要求标高时,则其体积为负值。
4. 回填方总工程量中若包括场内平衡和缺方内运两部分时,应分别编码列项。
5. 余方弃置和回填方的运距可以不描述,但应注明由投标人根据施工现场实际情况自行考虑决定报价。
6. 回填方如需缺方内运,且填方材料品种为土方时,是否在综合单价中计入购买土方的费用,由投标人根据工程实际情况自行考虑决定报价。

## A.4 相关问题及说明

**A.4.1** 隧道石方开挖按附录 D 隧道工程中相关项目编码列项。
**A.4.2** 废料及余方弃置清单项目中,如需发生弃置、堆放费用的,投标人应根据当地有关规定计取相应费用,并计入综合单价中。

# 附录B 道路工程

## B.1 路基处理

路基处理工程量清单项目设置、项目特征描述的内容、计量单位及工程量计算规则,应按表 B.1 的规定执行。

表 B.1 路基处理(编码:040201)

| 项目编码 | 项目名称 | 项目特征 | 计量单位 | 工程量计算规则 | 工程内容 |
|---|---|---|---|---|---|
| 040201001 | 预压地基 | 1. 排水竖井种类、断面尺寸、排列方式、间距、深度<br>2. 预压方法<br>3. 预压荷载、时间<br>4. 砂垫层厚度 | $m^2$ | 按设计图示尺寸以加固面积计算 | 1. 设置排水竖井、盲沟、滤水管<br>2. 铺设砂垫层、密封膜<br>3. 堆载、卸载或抽气设备安拆、抽真空<br>4. 材料运输 |
| 040201002 | 强夯地基 | 1. 夯击能量<br>2. 夯击遍数<br>3. 地耐力要求<br>4. 夯填材料种类 | | | 1. 铺设夯填材料<br>2. 强夯<br>3. 夯填材料运输 |
| 040201003 | 振冲密实 | 1. 地层情况<br>2. 振密深度<br>3. 孔距<br>4. 振冲器功率 | | | 1. 振冲加密<br>2. 泥浆运输 |

续上表

| 项目编码 | 项目名称 | 项目特征 | 计量单位 | 工程量计算规则 | 工程内容 |
|---|---|---|---|---|---|
| 040201004 | 掺石灰 | 含灰量 | $m^3$ | 按设计图示尺寸以体积计算 | 1. 掺石灰<br>2. 夯实 |
| 040201005 | 掺干土 | 1. 密实度<br>2. 掺土率 | | | 1. 掺干土<br>2. 夯实 |
| 040201006 | 掺石 | 1. 材料品种、规格<br>2. 掺石率 | | | 1. 掺石<br>2. 夯实 |
| 040201007 | 抛石挤淤 | 材料品种、规格 | | | 1. 抛石挤淤<br>2. 填塞垫平、压实 |
| 040201008 | 袋装砂井 | 1. 直径<br>2. 填充料品种<br>3. 深度 | m | 按设计图示尺寸以长度计算 | 1. 制作砂袋<br>2. 定位沉管<br>3. 下砂袋<br>4. 拔管 |
| 040201009 | 塑料排水板 | 材料品种、规格 | | | 1. 安装排水板<br>2. 沉管插板<br>3. 拔管 |
| 040201010 | 振冲桩（填料） | 1. 地层情况<br>2. 空桩长度、桩长<br>3. 桩径<br>4. 填充材料种类 | 1. m<br>2. $m^2$ | 1. 以m计量，按设计图示尺寸以桩长计算<br>2. 以 $m^3$ 计量，按设计桩截面乘以桩长以体积计算 | 1. 振冲成孔、填料、振实<br>2. 材料运输<br>3. 泥浆运输 |
| 040201011 | 砂石桩 | 1. 地层情况<br>2. 空桩长度、桩长<br>3. 桩径<br>4. 成孔方法<br>5. 材料种类、级配 | | 1. 以m计量时，按设计图示尺寸以桩长（包括桩尖）计算<br>2. 以 $m^3$ 计量，按设计图示尺寸以桩长（包括桩尖）计算 | 1. 成孔<br>2. 填充、振实<br>3. 材料运输 |
| 040201012 | 水泥粉煤灰碎石桩 | 1. 地层情况<br>2. 空桩长度、桩长<br>3. 桩径<br>4. 成孔方法<br>5. 混合料强度等级 | m | 按设计图示尺寸以桩长（包括桩尖）计算 | 1. 成孔<br>2. 混合料制作、灌注、养护<br>3. 材料运输 |
| 040201013 | 深层水泥搅拌桩 | 1. 地层情况<br>2. 空桩长度、桩长<br>3. 桩截面尺寸<br>4. 水泥强度等级、掺量 | | 按设计图示尺寸以桩长计算 | 1. 预搅下钻、水泥浆制作、喷浆搅拌提升成桩<br>2. 材料运输 |
| 040201014 | 粉喷桩 | 1. 地层情况<br>2. 空桩长度、桩长<br>3. 桩径<br>4. 粉体种类、掺量<br>5. 水泥强度等级、石灰粉要求 | | | 1. 预搅下钻、喷粉搅拌提升成桩<br>2. 材料运输 |

续上表

| 项目编码 | 项目名称 | 项目特征 | 计量单位 | 工程量计算规则 | 工程内容 |
|---|---|---|---|---|---|
| 040201015 | 高压水泥旋喷桩 | 1. 地层情况<br>2. 空桩长度、桩长<br>3. 桩截面<br>4. 旋喷类型、方法<br>5. 水泥强度等级、掺量 | m | 按设计图示尺寸以桩长计算 | 1. 成孔<br>2. 水泥浆制作、高压旋喷注浆<br>3. 材料运输 |
| 040201016 | 石灰桩 | 1. 地层情况<br>2. 空桩长度、桩长<br>3. 桩径<br>4. 成孔方法<br>5. 掺和料种类、配合比 | | 按设计图示尺寸以桩长(包括桩尖)计算 | 1. 成孔<br>2. 混合料制作、运输、夯填 |
| 040201017 | 灰土(土)挤密桩 | 1. 地层情况<br>2. 空桩长度、桩长<br>3. 桩径<br>4. 成孔方法<br>5. 灰土级配 | | | 1. 成孔<br>2. 灰土拌和、运输、填充、夯实 |
| 040201018 | 柱锤冲扩桩 | 1. 地层情况<br>2. 空桩长度、桩长<br>3. 桩径<br>4. 成孔方法<br>5. 桩体材料种类、配合比 | | 按设计图示尺寸以桩长计算 | 1. 安拔套管<br>2. 冲孔、填料、夯实<br>3. 桩体材料制作、运输 |
| 040201019 | 地基注浆 | 1. 地层情况<br>2. 成孔深度、间距<br>3. 浆液种类及配合比<br>4. 注浆方法<br>5. 水泥强度等级、用量 | 1. m<br>2. $m^3$ | 1. 以 m 计量时,按设计图示尺寸以铺设面积计算<br>2. 以 $m^3$ 计量时,按设计图示尺寸以铺设体积计算 | 1. 成孔<br>2. 注浆导管制作、安装<br>3. 浆液制作、压浆<br>4. 材料运输 |
| 040201020 | 褥垫层 | 1. 厚度<br>2. 材料品种、规格及比例 | 1. $m^2$<br>2. $m^3$ | 1. 以 $m^2$ 计量时,按设计图示尺寸以铺设面积计算<br>2. 以 $m^3$ 计量时,按设计图示尺寸以铺设体积计算 | 1. 材料拌和、运输<br>2. 铺设<br>3. 压实 |
| 040201021 | 土工合成材料 | 1. 材料品种、规格<br>2. 搭接方式 | $m^2$ | 按设计图示尺寸以面积计算 | 1. 基层整平<br>2. 铺设<br>3. 固定 |

续上表

| 项目编码 | 项目名称 | 项目特征 | 计量单位 | 工程量计算规则 | 工程内容 |
|---|---|---|---|---|---|
| 040201022 | 排水沟、截水沟 | 1. 断面尺寸<br>2. 基础、垫层：材料品种、厚度<br>3. 砌体材料<br>4. 砂浆强度等级<br>5. 伸缩缝填塞<br>6. 盖板材质、规格 | m | 按设计图示以长度计算 | 1. 模板制作、安装、拆除<br>2. 基础、垫层铺筑<br>3. 混凝土拌和、运输、浇筑<br>4. 侧墙浇捣或砌筑<br>5. 沟缝、抹面<br>6. 盖板安装 |
| 040201023 | 盲沟 | 1. 材料品种、规格<br>2. 断面尺寸 | | | 铺筑 |

注：1. 地层情况按表 A. 1-1 和表 A. 2-1 的规定，并根据岩土工程勘察报告按单位工程各地层所占比例(包括范围值)进行描述。对无法准确描述的地层情况，可注明由投标人根据岩土工程勘察报告自行决定报价。

2. 项目特征中的桩长应包括桩尖，空桩长度＝孔深－桩长，孔深为自然地面至设计桩底的深度。

3. 如采用碎石、粉煤灰、砂等作为路基处理的填方材料时，应按附录 A 土石方工程中“回填方”项目编码列项。

4. 排水沟、截水沟清单项目中，当侧墙为混凝土时，还应描述侧墙的混凝土强度等级。

## B. 2 道路基层

道路基层工程量清单项目设置、项目特征描述的内容、计量单位及工程量计算规则，应按表 B. 2 的规定执行。

**表 B. 2 路基处理**(编码：040202)

| 项目编码 | 项目名称 | 项目特征 | 计量单位 | 工程量计算规则 | 工程内容 |
|---|---|---|---|---|---|
| 040202001 | 路床(槽)整形 | 1. 部位<br>2. 范围 | $m^2$ | 按设计道路底基层图示尺寸以面积计算，不扣除各类井所占面积 | 1. 放样<br>2. 整修路拱<br>3. 碾压成型 |
| 040202002 | 石灰稳定土 | 1. 含灰量<br>2. 厚度 | | 按设计图示尺寸以面积计算，不扣除各类井所占面积 | 1. 拌和<br>2. 铺筑<br>3. 铺筑<br>4. 找平<br>5. 碾压<br>6. 养护 |
| 040202003 | 水泥稳定土 | 1. 水泥含量<br>2. 厚度 | | | |
| 040202004 | 石灰、粉煤灰、土 | 1. 配合比<br>2. 厚度 | | | |
| 040202005 | 石灰、碎石、土 | 1. 配合比<br>2. 碎石规格<br>3. 厚度 | | | |
| 040202006 | 石灰、粉煤灰、碎(砾)石 | 1. 配合比<br>2. 碎(砾)石规格<br>3. 厚度 | | | |
| 040202007 | 粉煤灰 | 厚度 | | | |
| 040202008 | 矿渣 | | | | |

续上表

<table>
<tr><th>项目编码</th><th>项目名称</th><th>项目特征</th><th>计量单位</th><th>工程量计算规则</th><th>工程内容</th></tr>
<tr><td>040202009</td><td>砂砾石</td><td rowspan="5">1. 石料规格<br>2. 厚度</td><td rowspan="8">m$^2$</td><td rowspan="8">按设计图示尺寸以面积计算，不扣除各类井所占面积</td><td rowspan="8">1. 拌和<br>2. 铺筑<br>3. 铺筑<br>4. 找平<br>5. 碾压<br>6. 养护</td></tr>
<tr><td>040202010</td><td>卵石</td></tr>
<tr><td>040202011</td><td>碎石</td></tr>
<tr><td>040202012</td><td>块石</td></tr>
<tr><td>040202013</td><td>山皮石</td></tr>
<tr><td>040202014</td><td>粉煤灰三渣</td><td>1. 配合比<br>2. 厚度</td></tr>
<tr><td>040202015</td><td>水泥稳定碎(砾)石</td><td>1. 水泥含量<br>2. 石料规格<br>3. 厚度</td></tr>
<tr><td>040202016</td><td>沥青稳定碎石</td><td>1. 沥青品种<br>2. 石料规格<br>3. 厚度</td></tr>
</table>

注：1. 道路工程厚度应以压实后为准。

2. 道路基层设计截面如为梯形时，应按其截面平均宽度计算面积，并在项目特征中对截面参数加以描述。

## B.3 道路面层

道路面层工程量清单项目设置、项目特征描述的内容、计量单位及工程量计算规则，应按表 B.3 的规定执行。

**表 B.3 道路面层**(编码：040203)

<table>
<tr><th>项目编码</th><th>项目名称</th><th>项目特征</th><th>计量单位</th><th>工程量计算规则</th><th>工程内容</th></tr>
<tr><td>040203001</td><td>沥青表面处治</td><td>1. 沥青品种<br>2. 层数</td><td rowspan="5">m$^2$</td><td rowspan="5">按设计图示尺寸以面积计算，不扣除各种井所占面积，带平石的面层应扣除平石所占面积</td><td>1. 喷油、布料<br>2. 碾压</td></tr>
<tr><td>040203002</td><td>沥青贯入式</td><td>1. 沥青品种<br>2. 石料规格<br>3. 厚度</td><td>1. 摊铺碎石<br>2. 喷油、布料<br>3. 碾压</td></tr>
<tr><td>040203003</td><td>透层、黏层</td><td>1. 材料品种<br>2. 喷油量</td><td>1. 清理下承面<br>2. 喷油、布料</td></tr>
<tr><td>040203004</td><td>封层</td><td>1. 材料品种<br>2. 喷油量<br>3. 厚度</td><td>1. 清理下承面<br>2. 喷油、布料<br>3. 压实</td></tr>
<tr><td>040203005</td><td>黑色碎石</td><td>1. 材料品种<br>2. 石料规格<br>3. 厚度</td><td>1. 清理下承面<br>2. 拌和、运输<br>3. 摊铺、整形<br>4. 压实</td></tr>
</table>

续上表

| 项目编码 | 项目名称 | 项目特征 | 计量单位 | 工程量计算规则 | 工程内容 |
|---|---|---|---|---|---|
| 040203006 | 沥青混凝土 | 1. 沥青品种<br>2. 沥青混凝土种类<br>3. 石料最大粒径<br>4. 掺和料<br>5. 厚度 | $m^2$ | 按设计图示尺寸以面积计算，不扣除各种井所占面积，带平石的面层应扣除平石所占面积 | 1. 清理下承面<br>2. 拌和、运输<br>3. 摊铺、整形<br>4. 压实 |
| 040203007 | 水泥混凝土 | 1. 混凝土强度等级<br>2. 掺和料<br>3. 厚度<br>4. 嵌缝材料 | | | 1. 模板制作、安装、拆除<br>2. 混凝土拌和、运输、浇筑<br>3. 拉毛<br>4. 压痕或刻防滑槽<br>5. 伸缝<br>6. 缩缝<br>7. 锯缝、嵌缝<br>8. 路面养护 |
| 040203008 | 块料面层 | 1. 块料品种、规格<br>2. 垫层：材料品种、厚度、强度等级 | | | 1. 铺筑垫层<br>2. 铺砌块料<br>3. 嵌缝、勾缝 |
| 040203009 | 弹性面层 | 1. 材料品种<br>2. 厚度 | | | 1. 配料<br>2. 铺贴 |

注：水泥混凝土路面中传力杆和拉杆的制作、安装应按附录J钢筋工程中相关项目编码列项。

## B.4 人行道及其他

人行道及其他工程量清单项目设置、项目特征描述的内容、计量单位及工程量计算规则，应按表B.4的规定执行。

**表B.4 人行道及其他**(编码:040204)

| 项目编码 | 项目名称 | 项目特征 | 计量单位 | 工程量计算规则 | 工程内容 |
|---|---|---|---|---|---|
| 040204001 | 人行道整形碾压 | 1. 部位<br>2. 范围 | $m^2$ | 按设计人行道图示尺寸以面积计算，不扣除侧石、树池和各类井所占面积 | 1. 放样<br>2. 碾压 |
| 040204002 | 人行道块料铺设 | 1. 块料品种、规格<br>2. 基础、垫层：材料品种、厚度<br>3. 图形 | | 按设计图示尺寸以面积计算，不扣除各井所占面积，但应扣除侧石、树池所占面积 | 1. 基础、垫层铺筑<br>2. 块料铺设 |
| 040204003 | 现浇混凝土人行道及进口坡 | 1. 混凝土强度等级<br>2. 厚度<br>3. 基础、垫层：材料品种、厚度 | | | 1. 模板制作、安装、拆除<br>2. 基础、垫层铺筑<br>3. 混凝土拌和、运输、浇筑 |

续上表

| 项目编码 | 项目名称 | 项目特征 | 计量单位 | 工程量计算规则 | 工程内容 |
| --- | --- | --- | --- | --- | --- |
| 040204004 | 安砌侧（平、缘)石 | 1. 材料品种、规格<br>2. 基础、垫层：材料品种、厚度 | m | 按设计图示中心线长度计算 | 1. 开槽<br>2. 基础、垫层铺筑<br>3. 侧(平、缘)石安砌 |
| 040204005 | 现浇侧（平、缘)石 | 1. 材料品种<br>2. 尺寸<br>3. 形状<br>4. 混凝土强度等级<br>5. 基础、垫层：材料品种、厚度 | | | 1. 模板制作、安装、拆除<br>2. 开槽<br>3. 基础、垫层铺筑<br>4. 混凝土拌和、运输、浇筑 |
| 040204006 | 检查井升降 | 1. 材料品种<br>2. 检查井规格<br>3. 平均升(降)高度 | 座 | 按设计图示路面标高与原有的检查井发生正负高差的检查井的数量计算 | 1. 提升<br>2. 降低 |
| 040204007 | 树池砌筑 | 1. 材料品种、规格<br>2. 树池尺寸<br>3. 树池盖材料品种 | 个 | 按设计图示数量计算 | 1. 基础、垫层铺筑<br>2. 树池砌筑<br>3. 盖面材料运输、安装 |
| 040204008 | 预制电缆沟铺设 | 1. 材料品种<br>2. 规格尺寸<br>3. 基础、垫层：材料品种、厚度<br>4. 盖板品种、规格 | m | 按设计图示中心线长度计算 | 1. 基础、垫层铺筑<br>2. 预制电缆沟安装<br>3. 盖板安装 |

# 附录C 桥涵工程

## C.1 桩 基

桩基工程量清单项目设置、项目特征描述的内容、计量单位及工程量计算规则，应按表C.1的规定执行。

**表C.1 桩基(编码:040301)**

| 项目编码 | 项目名称 | 项目特征 | 计量单位 | 工程量计算规则 | 工程内容 |
| --- | --- | --- | --- | --- | --- |
| 040301001 | 预制钢筋混凝土方桩 | 1. 地层情况<br>2. 送桩深度、桩长<br>3. 桩截面<br>4. 桩倾斜度<br>5. 混凝土强度等级 | 1. m<br>2. $m^3$<br>3. 根 | 1. 以m计量，按设计图示尺寸以桩长(包括桩尖)计算<br>2. 以 $m^3$ 计量，按设计图示桩长(包括桩尖)乘以桩的断面积计算<br>3. 以根计量，按设计图示数量计算 | 1. 工作平台搭拆<br>2. 桩就位<br>3. 桩机移位<br>4. 沉桩<br>5. 接桩<br>6. 送桩 |
| 040301002 | 预制钢筋混凝土管桩 | 1. 地层情况<br>2. 送桩深度、桩长<br>3. 桩外径、壁厚<br>4. 桩倾斜度<br>5. 桩尖设置及类型<br>6. 混凝土强度等级<br>7. 填充材料种类 | | | 1. 工作平台搭拆<br>2. 桩就位<br>3. 桩机移位<br>4. 桩尖安装<br>5. 沉桩<br>6. 接桩<br>7. 送桩<br>8. 桩芯填充 |

续上表

<table>
<tr><th>项目编码</th><th>项目名称</th><th>项目特征</th><th>计量单位</th><th>工程量计算规则</th><th>工程内容</th></tr>
<tr><td>040301003</td><td>钢管桩</td><td>1. 地层情况<br>2. 送桩深度、桩长<br>3. 材质<br>4. 管径、壁厚<br>5. 桩倾斜度<br>6. 填充材料种类<br>7. 防护材料种类</td><td>1. t<br>2. 根</td><td>1. 以 t 计量，按设计图示尺寸以质量计算<br>2. 以根计量，按设计图示数量计算</td><td>1. 工作平台搭拆<br>2. 桩就位<br>3. 桩机移位<br>4. 沉桩<br>5. 接桩<br>6. 送桩<br>7. 切割钢管、精割盖帽<br>8. 管内取土、余土弃置<br>9. 管内填芯、刷防护材料</td></tr>
<tr><td>040301004</td><td>泥浆护壁成孔灌注桩</td><td>1. 地层情况<br>2. 空桩长度、桩长<br>3. 桩径<br>4. 成孔方法<br>5. 混凝土种类、强度等级</td><td>1. m<br>2. m$^3$<br>3. 根</td><td>1. 以 m 计量，按设计图示尺寸以桩长(包括桩尖)计算<br>2. 以 m$^3$ 计量，按不同截面在桩长范围内以体积计算<br>3. 以根计量，按设计图示数量计算</td><td>1. 工作平台搭拆<br>2. 桩机移位<br>3. 护筒埋设<br>4. 成孔、固壁<br>5. 混凝土制作、运输、灌注、养护<br>6. 土方、废浆外运<br>7. 打桩场地硬化及泥浆池、泥浆沟</td></tr>
<tr><td>040301005</td><td>沉管灌注桩</td><td>1. 地层情况<br>2. 空桩长度、桩长<br>3. 复打长度<br>4. 桩径<br>5. 沉管方法<br>6. 桩尖类型<br>7. 混凝土种类、强度等级</td><td rowspan="2">1. m<br>2. m$^3$<br>3. 根</td><td rowspan="2">1. 以 m 计量，按设计图示尺寸以桩长(包括桩尖)计算<br>2. 以 m$^3$ 计量，按设计图示桩长(包括桩尖)乘以桩的断面积计算<br>3. 以根计量，按设计图示数量计算</td><td>1. 工作平台搭拆<br>2. 桩机移位<br>3. 打(沉)拔钢管<br>4. 桩尖安装<br>5. 混凝土制作、运输、灌注、养护</td></tr>
<tr><td>040301006</td><td>干作业成孔灌注桩</td><td>1. 地层情况<br>2. 空桩长度、桩长<br>3. 桩径<br>4. 扩孔直径、高度<br>5. 成孔方法<br>6. 混凝土种类、强度等级</td><td>1. 工作平台搭拆<br>2. 桩机移位<br>3. 成孔、扩孔<br>4. 混凝土制作、运输、灌注、振捣、养护</td></tr>
<tr><td>040301007</td><td>挖孔桩土(石)方</td><td>1. 土(石)类别<br>2. 挖孔深度<br>3. 弃土(石)运距</td><td>m$^3$</td><td>按设计图示尺寸(含护壁)截面积乘以挖孔深度以 m$^3$ 计算</td><td>1. 排地表水<br>2. 挖土、凿石<br>3. 基底钎探<br>4. 土(石)方外运</td></tr>
<tr><td>040301008</td><td>人工挖孔灌注桩</td><td>1. 桩芯长度<br>2. 桩芯直径、扩底直径、扩底高度<br>3. 护壁厚度、高度<br>4. 护壁混凝土类别、强度等级<br>5. 桩芯混凝土种类、强度等级</td><td>1. m$^3$<br>2. 根</td><td>1. 以 m$^3$ 计量，按桩芯混凝土体积计算<br>2. 以根计量，按设计图示数量计算</td><td>1. 护壁制作<br>2. 混凝土制作、运输、灌注、振捣、养护</td></tr>
<tr><td>040301009</td><td>钻孔压浆桩</td><td>1. 地层情况<br>2. 桩长<br>2. 钻孔直径<br>3. 水泥强度等级</td><td>1. m<br>2. 根</td><td>1. 以 m 计量，按设计图示尺寸以桩长计算<br>2. 以根计量，按设计图示数量计算</td><td>1. 钻孔、下注浆管、投放骨料<br>2. 浆液制作、运输、压浆</td></tr>
</table>

续上表

| 项目编码 | 项目名称 | 项目特征 | 计量单位 | 工程量计算规则 | 工程内容 |
|---|---|---|---|---|---|
| 040301010 | 灌注桩后注浆 | 1. 注浆导管材料、规格<br>2. 注浆导管长度<br>3. 单孔注浆量<br>4. 水泥强度等级 | 孔 | 按设计图示以注浆孔数计算 | 1. 注浆导管制作、安装<br>2. 浆液制作、运输、压浆 |
| 040301011 | 截桩头 | 1. 桩类型<br>2. 桩头截面、高度<br>3. 混凝土强度等级<br>4. 有无钢筋 | 1. $m^3$<br>2. 根 | 1. 以 $m^3$ 计量，按设计桩截面乘以桩头长度以体积计算<br>2. 以根计量，按设计图示数量计算 | 1. 截桩头<br>2. 凿平<br>3. 废料外运 |
| 040301012 | 声测管 | 1. 材质<br>2. 规格型号 | 1. t<br>2. m | 1. 按设计图示尺寸以质量计算<br>2. 按设计图示尺寸以长度计算 | 1. 检测管截断、封头<br>2. 套管制作、焊接<br>3. 定位、固定 |

注：1. 地层情况按表 A. 1-1 和表 A. 2-1 的规定，并根据岩土工程勘察报告按单位工程各地层所占比例(包括范围值)进行描述。对无法准确描述的地层情况，可注明由投标人根据岩土工程勘察报告自行决定报价。

2. 各类混凝土预制桩以成品桩考虑，应包括成品桩购置费，如果用现场预制，应包括现场预制桩的所有费用。

3. 项目特征中的桩截面(桩径)、混凝土强度等级、桩类型等可直接用标准图代号或设计桩型进行描述。

4. 打实验桩和打斜桩应按相应项目编码单独列项，并应在项目特征中注明试验桩或斜桩(斜率)。

5. 项目特征中的桩长应包括桩尖，空桩长度＝孔深－桩长，孔深为自然地面至设计桩底的深度。

6. 泥浆护壁成孔灌注桩是指在泥浆护壁条件下成孔，采用水下灌注混凝土的桩。其成孔方法包括冲击钻成孔、冲抓锥成孔、回旋钻成孔、潜水钻成孔、泥浆护壁的旋挖成孔等。

7. 沉管灌注桩的沉管方法包括捶击沉管法、振动沉管法、振动冲击沉管法、内夯沉管法等。

8. 干作业成孔灌注桩是指不用泥浆护壁和套管护壁的情况下，用钻机成孔后，下钢筋笼，灌注混凝土的桩，适用于地下水位以上的土层使用。其成孔方法包括螺旋钻成孔、螺旋钻成孔扩底、干作业的旋挖成孔等。

9. 混凝土灌注桩的钢筋笼制作、安装，按附录 J 钢筋工程中相关项目编码列项。

10. 本表工作内容未含桩基础的承载力检测、桩身完整性测试。

## 表 C. 3 现浇混凝土构件

现浇混凝土构件工程量清单项目设置、项目特征描述的内容、计量单位及工程量计算规则，应按表 C. 3 的规定执行。

**表 C. 3 现浇混凝土构件**(编码：040303)

| 项目编码 | 项目名称 | 项目特征 | 计量单位 | 工程量计算规则 | 工程内容 |
|---|---|---|---|---|---|
| 040303001 | 混凝土垫层 | 混凝土强度等级 | $m^3$ | 按设计图示尺寸以体积计算 | 1. 模板制作、安装、拆除<br>2. 混凝土拌和、运输、浇筑<br>3. 养护 |
| 040303002 | 混凝土基础 | 1. 混凝土强度等级<br>2. 嵌料(毛石)比例 | | | |
| 040303003 | 混凝土承台 | 混凝土强度等级 | | | |
| 040303004 | 混凝土墩(台)帽 | 1. 部位<br>2. 混凝土强度等级 | | | |
| 040303005 | 混凝土墩(台)身 | | | | |
| 040303006 | 混凝土支撑梁及横梁 | | | | |
| 040303007 | 混凝土墩(台)盖梁 | | | | |

续上表

<table>
<tr><th>项目编码</th><th>项目名称</th><th>项目特征</th><th>计量单位</th><th>工程量计算规则</th><th>工程内容</th></tr>
<tr><td>040303008</td><td>混凝土拱桥拱座</td><td rowspan="2">混凝土强度等级</td><td rowspan="9">$m^3$</td><td rowspan="9">按设计图示尺寸以体积计算</td><td rowspan="7">1. 模板制作、安装、拆除<br>2. 混凝土拌和、运输、浇筑<br>3. 养护</td></tr>
<tr><td>040303009</td><td>混凝土拱桥拱肋</td></tr>
<tr><td>040303010</td><td>混凝土拱上构件</td><td rowspan="2">1. 部位<br>2. 混凝土强度等级</td></tr>
<tr><td>040303011</td><td>混凝土箱梁</td></tr>
<tr><td>040303012</td><td>混凝土连续板</td><td rowspan="2">1. 部位<br>2. 结构形式<br>3. 混凝土强度等级</td></tr>
<tr><td>040303013</td><td>混凝土板梁</td></tr>
<tr><td>040303014</td><td>混凝土板拱</td><td>1. 部位<br>2. 混凝土强度等级</td></tr>
<tr><td>040303015</td><td>混凝土挡墙墙身</td><td>1. 混凝土强度等级<br>2. 泄水孔材料品种、规格<br>3. 滤水层要求<br>4. 沉降缝要求</td><td rowspan="2">1. 模板制作、安装、拆除<br>2. 混凝土拌和、运输、浇筑<br>3. 养护<br>4. 抹灰<br>5. 泄水孔制作、安装<br>6. 滤水层铺筑<br>7. 沉降缝</td></tr>
<tr><td>040303016</td><td>混凝土挡墙压顶</td><td>1. 混凝土强度等级<br>2. 沉降缝要求</td></tr>
<tr><td>040303017</td><td>混凝土楼梯</td><td>1. 结构形式<br>2. 底板厚度<br>3. 混凝土强度等级</td><td>1. $m^2$<br>2. $m^3$</td><td>1. 以 $m^2$ 计量，按设计图示尺寸以水平投影面积计算<br>2. 以 $m^3$ 计量，按设计图示尺寸以体积计算</td><td rowspan="2">1. 模板制作、安装、拆除<br>2. 混凝土拌和、运输、浇筑<br>3. 养护</td></tr>
<tr><td>040303018</td><td>混凝土防撞护栏</td><td>1. 断面<br>2. 混凝土强度等级</td><td>m</td><td>按设计图示尺寸以长度计算</td></tr>
<tr><td>040303019</td><td>桥面铺装</td><td>1. 部位<br>2. 混凝土强度等级<br>3. 沥青品种<br>4. 厚度<br>5. 配合比</td><td>$m^2$</td><td>按设计图示尺寸以面积计算</td><td>1. 模板制作、安装、拆除<br>2. 混凝土拌和、运输、浇筑<br>3. 养护<br>4. 沥青混凝土铺装<br>5. 碾压</td></tr>
<tr><td>040303020</td><td>混凝土桥头搭板</td><td rowspan="2">混凝土强度等级</td><td rowspan="6">$m^3$</td><td rowspan="6">按设计图示尺寸以体积计算</td><td rowspan="5">1. 模板制作、安装、拆除<br>2. 混凝土拌和、运输、浇筑<br>3. 养护</td></tr>
<tr><td>040303021</td><td>混凝土搭板枕梁</td></tr>
<tr><td>040303022</td><td>混凝土桥塔身</td><td rowspan="2">1. 形状<br>2. 混凝土强度等级</td></tr>
<tr><td>040303023</td><td>混凝土连系梁</td></tr>
<tr><td>040303024</td><td>混凝土其他构件</td><td>1. 名称、部位<br>2. 混凝土强度等级</td></tr>
<tr><td>040303025</td><td>钢管拱混凝土</td><td>混凝土强度等级</td><td>混凝土拌和、运输、压注</td></tr>
</table>

注：台帽、台盖梁均应包括耳墙、背墙。

## C.4 预制混凝土构件

预制混凝土构件工程量清单项目设置、项目特征描述的内容、计量单位及工程量计算规则,应按表 C.4 的规定执行。

**表 C.4 预制混凝土构件**(编码:040304)

<table>
<tr><th>项目编码</th><th>项目名称</th><th>项目特征</th><th>计量单位</th><th>工程量计算规则</th><th>工程内容</th></tr>
<tr><td>040304001</td><td>预制混凝土梁</td><td rowspan="3">1. 部位<br>2. 图集、图纸名称<br>3. 构件代号、名称<br>4. 混凝土强度等级<br>5. 砂浆强度等级</td><td rowspan="5">$m^3$</td><td rowspan="5">按设计图示尺寸以体积计算</td><td rowspan="3">1. 模板制作、安装、拆装<br>2. 混凝土拌和、运输、浇筑<br>3. 养护<br>4. 构件安装<br>5. 接头灌缝<br>6. 砂浆制作<br>7. 运输</td></tr>
<tr><td>040304002</td><td>预制混凝土柱</td></tr>
<tr><td>040304003</td><td>预制混凝土板</td></tr>
<tr><td>040304004</td><td>预制混凝土挡土墙墙身</td><td>1. 图集、图纸名称<br>2. 构件代号、名称<br>3. 结构形式<br>4. 混凝土强度等级<br>5. 泄水孔材料种类、规格<br>6. 滤水层要求<br>7. 砂浆强度等级</td><td>1. 模板制作、安装、拆装<br>2. 混凝土拌和、运输、浇筑<br>3. 养护<br>4. 构件安装<br>5. 接头灌缝<br>6. 泄水孔制作、安装<br>7. 滤水层铺设<br>8. 砂浆制作<br>9. 运输</td></tr>
<tr><td>040304005</td><td>预制混凝土其他构件</td><td>1. 部位<br>2. 图集、图纸名称<br>3. 构件代号、名称<br>4. 混凝土强度等级<br>5. 砂浆强度等级</td><td>1. 模板制作、安装、拆装<br>2. 混凝土拌和、运输、浇筑<br>3. 养护<br>4. 构件安装<br>5. 接头灌浆<br>6. 砂浆制作<br>7. 运输</td></tr>
</table>

## C.9 其 他

其他工程量清单项目设置、项目特征描述的内容、计量单位及工程量计算规则,应按表 C.9的规定执行。

**表 C.9 其他**(编码:040309)

| 项目编码 | 项目名称 | 项目特征 | 计量单位 | 工程量计算规则 | 工程内容 |
|---|---|---|---|---|---|
| 040309001 | 金属栏杆 | 1. 栏杆材质、规格<br>2. 油漆品种、工艺要求 | 1. t<br>2. m | 1. 按设计图示尺寸以质量计算<br>2. 按设计图示尺寸以延长米计算 | 1. 制作、运输、安装<br>2. 除锈、刷油漆 |

续上表

| 项目编码 | 项目名称 | 项目特征 | 计量单位 | 工程量计算规则 | 工程内容 |
| --- | --- | --- | --- | --- | --- |
| 040309002 | 石质栏杆 | 材料品种、规格 | m | 按设计图示尺寸以长度计算 | 制作、运输、安装 |
| 040309003 | 混凝土栏杆 | 1. 混凝土强度等级<br>2. 规格尺寸 | | | |
| 040309004 | 橡胶支座 | 1. 材质<br>2. 规格、型号<br>3. 形式 | 个 | 按设计图示数量计算 | 支座安装 |
| 040309005 | 钢支座 | 1. 规格、型号<br>2. 形式 | | | |
| 040309006 | 盆式支座 | 1. 材质<br>2. 承载力 | | | |
| 040309007 | 桥梁伸缩缝装置 | 1. 材料品种<br>2. 规格、型号<br>3. 混凝土类别<br>4. 混凝土强度等级 | m | 以m计量，按设计图示尺寸以延长米计算 | 1. 制作、安装<br>2. 混凝土拌和、运输、浇筑 |
| 040309008 | 隔声屏障 | 1. 材料品种<br>2. 结构形式<br>3. 油漆品种、工艺要求 | $m^2$ | 按设计图示尺寸以面积计算 | 1. 制作、安装<br>2. 除锈、刷油漆 |
| 040309009 | 桥面排（泄）水管 | 1. 材料品种<br>2. 管径 | m | 按设计图示以长度计算 | 进水口、排（泄）水管制作、安装 |
| 040309010 | 防水层 | 1. 部位<br>2. 材料品种、规格<br>3. 工艺要求 | $m^2$ | 按设计图示尺寸以面积计算 | 防水层铺涂 |

注：支座垫石混凝土按C.3混凝土基础项目编码列项。

# 附录E 管网工程

## E.1 管道铺设

管道铺设工程量清单项目设置、项目特征描述的内容、计量单位及工程量计算规则，应按表E.1的规定执行。

**表E.1 管道铺设**（编码：040501）

| 项目编码 | 项目名称 | 项目特征 | 计量单位 | 工程量计算规则 | 工程内容 |
| --- | --- | --- | --- | --- | --- |
| 040501001 | 混凝土管 | 1. 垫层、基础材质及厚度<br>2. 管座材质<br>3. 规格<br>4. 接口方式<br>5. 铺设深度<br>6. 混凝土强度等级<br>7. 管道检验及试验要求 | m | 按设计图示中心线长度以延长米计算。不扣除附属构筑物、管件及阀门等所占长度 | 1. 垫层、基础铺筑及养护<br>2. 模板制作、安装、拆除<br>3. 混凝土拌和、运输、浇筑、养护<br>4. 预制管枕安装<br>5. 管道铺设<br>6. 管道接口<br>7. 管道检验及试验 |

续上表

| 项目编码 | 项目名称 | 项目特征 | 计量单位 | 工程量计算规则 | 工程内容 |
| --- | --- | --- | --- | --- | --- |
| 040501002 | 钢管 | 1. 垫层、基础材质及厚度<br>2. 材质及规格<br>3. 接口方式<br>4. 铺设深度<br>5. 管道检验及试验要求<br>6. 集中防腐运距 | m | 按设计图示中心线长度以延长米计算。不扣除附属构筑物、管件及阀门等所占长度 | 1. 垫层、基础铺筑及养护<br>2. 模板制作、安装、拆除<br>3. 混凝土拌和、运输、浇筑、养护<br>4. 管道铺设<br>5. 管道检验及试验<br>6. 集中防腐运输 |
| 040501003 | 铸铁管 | | | | |
| 040501004 | 塑料管 | 1. 垫层、基础材质及厚度<br>2. 材质及规格<br>3. 连接形式<br>4. 铺设深度<br>5. 管道检验及试验要求 | | | 1. 垫层、基础铺筑及养护<br>2. 模板制作、安装、拆除<br>3. 混凝土拌和、运输、浇筑、养护<br>4. 管道铺设<br>5. 管道检验及试验 |
| 040501005 | 直埋式预制保温管 | 1. 垫层材质及厚度<br>2. 材质及规格<br>3. 接口方式<br>4. 铺设深度<br>5. 管道检验及试验的要求 | | | 1. 垫层铺筑及养护<br>2. 管道铺设<br>3. 接口处保温<br>4. 管道检验及试验 |
| 040501006 | 管道架空跨越 | 1. 管道架设高度<br>2. 管道材质及规格<br>3. 接口方式<br>4. 管道检验及试验要求<br>5. 集中防腐运距 | | 按设计图示中心线长度以延长米计算。不扣除管件及阀门等所占长度 | 1. 管道架设<br>2. 管道检验及试验<br>3. 集中防腐运输 |
| 40501007 | 隧道(沟、管)内管道 | 1. 基础材质及厚度<br>2. 混凝土强度等级<br>3. 材质及规格<br>4. 接口方式<br>5. 管道检验及试验要求<br>6. 集中防腐运距 | | 按设计图示中心线长度以延长米计算。不扣除附属构筑物、管件及阀门等所占长度 | 1. 基础铺筑、养护<br>2. 模板制作、安装、拆除<br>3. 混凝土拌和、运输、浇筑、养护<br>4. 管道铺设<br>5. 管道检测及试验<br>6. 集中防腐运输 |
| 040501008 | 水平导向钻进 | 1. 土壤类别<br>2. 材质及规格<br>3. 一次成孔长度<br>4. 接口方式<br>5 泥浆要求<br>6. 管道检验及试验要求<br>7. 集中防腐运距 | | 按设计图示长度以延长米计算。扣除附属构筑物(检查井)所占的长度 | 1. 设备安装、拆除<br>2. 定位、成孔<br>3. 管道接口<br>4. 拉管<br>5. 纠偏、监测<br>6. 泥浆制作、注浆<br>7. 管道检测及试验<br>8. 集中防腐运输<br>9. 泥浆、土方外运 |
| 040501009 | 夯管 | 1. 土壤类别<br>2. 材质及规格<br>3. 一次夯管长度<br>4. 接口方式<br>5. 管道检验及试验要求<br>6. 集中防腐运距 | | | 1. 设备安装、拆除<br>2. 定位、夯管<br>3. 管道接口<br>4. 纠偏、监测<br>5. 管道检测及试验<br>6. 集中防腐运输<br>7. 土方外运 |

续上表

<table>
<tr><th>项目编码</th><th>项目名称</th><th>项目特征</th><th>计量单位</th><th>工程量计算规则</th><th>工程内容</th></tr>
<tr><td>040501010</td><td>顶(夯)管工作坑</td><td>1. 土壤类别<br>2. 工作坑平面尺寸及深度<br>3. 支撑、围护方式<br>4. 垫层、基础材质及厚度<br>5. 混凝土强度等级<br>6. 设备、工作台主要技术要求</td><td rowspan="2">座</td><td rowspan="2">按设计图示数量计算</td><td>1. 支撑、围护<br>2. 模板制作、安装、拆除<br>3. 混凝土拌和、运输、浇筑、养护<br>4. 工作坑内设备、工作台安装及拆除</td></tr>
<tr><td>040501011</td><td>预制混凝土工作坑</td><td>1. 土壤类别<br>2. 工作坑平面尺寸及深度<br>3. 垫层、基础材质及厚度<br>4. 混凝土强度等级<br>5. 设备、工作台主要技术要求<br>6. 混凝土构件运距</td><td>1. 混凝土工作坑制作<br>2. 下沉、定位<br>3. 模板制作、安装、拆除<br>4. 混凝土拌和、运输、浇筑、养护<br>5. 工作坑内设备、工作台安装及拆除<br>6. 混凝土构件运输</td></tr>
<tr><td>040501012</td><td>顶管</td><td>1. 土壤类别<br>2. 顶管工作方式<br>3. 管道材质及规格<br>4. 中继间规格<br>5. 工具管材质及规格<br>6. 触变泥浆要求<br>7. 管道检验及试验要求<br>8. 集中防腐运距</td><td>m</td><td>按设计图示长度以延长米计算。扣除附属构筑物(检查井)所占的长度</td><td>1. 管道顶进<br>2. 管道接口<br>3. 中继间、工具管及附属设备安装拆除<br>4. 管内挖、运土及土方提升<br>5. 机械顶管设备调向<br>6. 纠偏、监测<br>7. 触变泥浆制作、注浆<br>8. 洞口止水<br>9. 管道检测及试验<br>10. 集中防腐运输<br>11. 泥浆、土方外运</td></tr>
<tr><td>040501013</td><td>土壤加固</td><td>1. 土壤类别<br>2. 加固填充材料<br>3. 加固方式</td><td>1. m<br>2. m</td><td>1. 按设计图示加固段长度以延长米计算<br>2. 按设计图示加固段体积以立方米计算</td><td>打孔、调浆、灌注</td></tr>
<tr><td>040501014</td><td>新旧管连接</td><td>1. 材质及规格<br>2. 连接方式<br>3. 带(不带)介质连接</td><td>处</td><td>按设计图示数量计算</td><td>1. 切管<br>2. 钻孔<br>3. 连接</td></tr>
</table>

续上表

| 项目编码 | 项目名称 | 项目特征 | 计量单位 | 工程量计算规则 | 工程内容 |
| --- | --- | --- | --- | --- | --- |
| 040501015 | 临时放水管线 | 1. 材质及规格<br>2. 铺设方式<br>3. 接口形式 |  | 按放水管线长度以延长米计算,不扣除管件、阀门所占长度 | 管线铺设、拆除 |
| 040501016 | 砌筑方沟 | 1. 断面规格<br>2. 垫层、基础材质及厚度<br>3. 砌筑材料品种、规格、强度等级<br>4. 混凝土强度等级<br>5. 砂浆强度等级、配合比<br>6. 勾缝、抹面要求<br>7. 盖板材质及规格<br>8. 伸缩缝(沉降缝)要求<br>9. 防渗、防水要求<br>10. 混凝土构件运距 |  | 按设计图示以延长米计算 | 1. 模板制作、安装、拆除<br>2. 混凝土拌和、运输、浇筑、养护<br>3. 砌筑<br>4. 勾缝、抹面<br>5. 盖板安装<br>6. 防水、止水<br>7. 混凝土构件运输 |
| 040501017 | 混凝土方沟 | 1. 断面规格<br>2. 垫层、基础材质及厚度<br>3. 混凝土强度等级<br>4. 伸缩缝(沉降缝)要求<br>5. 盖板材质、规格<br>6. 防渗、防水要求<br>7. 混凝土构件运距 | m |  | 1. 模板制作、安装、拆除<br>2. 混凝土拌和、运输、浇筑、养护<br>3. 盖板安装<br>4. 防水、止水<br>5. 混凝土构件运输 |
| 040501018 | 砌筑渠道 | 1. 断面规格<br>2. 垫层、基础材质及厚度<br>3. 砌筑材料品种、规格、强度等级<br>4. 混凝土强度等级<br>5. 砂浆强度等级、配合比<br>6. 勾缝、抹面要求<br>7. 伸缩缝(沉降缝)要求<br>8. 防渗、防水要求 |  | 按设计图示以延长米计算 | 1. 模板制作、安装、拆除<br>2. 混凝土拌和、运输、浇筑、养护<br>3. 渠道砌筑<br>4. 勾缝、抹面<br>5. 防水、止水 |
| 040501019 | 混凝土渠道 | 1. 断面规格<br>2. 垫层、基础材质及厚度<br>3. 混凝土强度等级<br>4. 伸缩缝(沉降缝)要求<br>5. 防渗、防水要求<br>6. 混凝土构件运距 |  |  | 1. 模板制作、安装、拆除<br>2. 混凝土拌和、运输、浇筑、养护<br>3. 防水、止水<br>4. 混凝土构件运输 |
| 040501020 | 警示(示踪)带铺设 | 规格 |  | 按铺设长度以延长米计算 | 铺设 |

注:1. 管道架空跨越铺设的支架制作、安装及支架基础、垫层应按本附录 E.3 支架制作及安装相关清单项目编码列项。

2. 管道铺设项目中的做法如为标准设计,也可在项目特征中标注标准图集号。

## 表 E.2 管件、阀门及附件

管件、阀门及附件安装工程量清单项目设置、项目特征描述的内容、计量单位及工程量计算规则,应按表 E.2 的规定执行。

**表 E.2 管件、阀门及附件安装**(编码:040502)

<table>
<tr><th>项目编码</th><th>项目名称</th><th>项目特征</th><th>计量单位</th><th>工程量计算规则</th><th>工程内容</th></tr>
<tr><td>040502001</td><td>铸铁管管件</td><td rowspan="2">1. 种类<br>2. 材质及规格<br>3. 接口形式</td><td rowspan="11">个</td><td rowspan="3">按设计图示数量计算</td><td>安装</td></tr>
<tr><td>040502002</td><td>钢管管件制作、安装</td><td>制作、安装</td></tr>
<tr><td>040502003</td><td>塑料管管件</td><td>1. 种类<br>2. 材质及规格<br>3. 连接形式</td><td rowspan="4">安装</td></tr>
<tr><td>040502004</td><td>转换件</td><td>1. 材质及规格<br>2. 接口形式</td><td rowspan="15">按设计图示数量计算</td></tr>
<tr><td>040502005</td><td>阀门</td><td>1. 种类<br>2. 材质及规格<br>3. 连接形式<br>4. 试验要求</td></tr>
<tr><td>040502006</td><td>法兰</td><td>1. 材质、规格、结构形式<br>2. 连接形式<br>3. 焊接方式<br>4. 垫片材质</td></tr>
<tr><td>040502007</td><td>盲堵板制作、安装</td><td>1. 材质及规格<br>2. 连接形式</td><td rowspan="2">制作、安装</td></tr>
<tr><td>040502008</td><td>套管制作、安装</td><td>1. 形式、材质及规格<br>2. 管内填料材质</td></tr>
<tr><td>040502009</td><td>水表</td><td>1. 规格<br>2. 安装方式</td><td rowspan="3">安装</td></tr>
<tr><td>040502010</td><td>消火栓</td><td>1. 规格<br>2. 安装部位、方式</td></tr>
<tr><td>040502011</td><td>补偿器(波纹管)</td><td rowspan="2">1. 规格<br>2. 安装方式</td></tr>
<tr><td>040502012</td><td>除污器组成、安装</td><td>套</td><td>组成、安装</td></tr>
<tr><td>040502013</td><td>凝水缸</td><td>1. 材料品种<br>2. 型号及规格<br>3. 连接方式</td><td rowspan="6">组</td><td>1. 制作<br>2. 安装</td></tr>
<tr><td>040502014</td><td>调压器</td><td rowspan="3">1. 规格<br>2. 型号<br>3. 连接方式</td><td rowspan="5">安装</td></tr>
<tr><td>040502015</td><td>过滤器</td></tr>
<tr><td>040502016</td><td>分离器</td></tr>
<tr><td>040502017</td><td>安全水封</td><td rowspan="2">规格</td></tr>
<tr><td>040502018</td><td>检漏(水)管</td></tr>
</table>

注:040502013 项目的凝水井应按本规范附录 E.4 管道附属构筑物相关清单项目编码列项。

## E.3　支架制作及安装

支架制作及安装工程量清单项目设置、项目特征描述的内容、计量单位及工程量计算规则,应按表 E.3 的规定执行。

**表 E.3　支架制作及安装**(编码:040503)

| 项目编码 | 项目名称 | 项目特征 | 计量单位 | 工程量计算规则 | 工程内容 |
| --- | --- | --- | --- | --- | --- |
| 040503001 | 砌筑支墩 | 1. 垫层材质、厚度<br>2. 混凝土强度等级<br>3. 砌筑材料、规格、强度等级<br>4. 砂浆强度等级、配合比 | $m^3$ | 按设计图示尺寸以体积计算 | 1. 模板制作、安装、拆除<br>2. 混凝土拌和、运输、浇筑、养护<br>3. 砌筑<br>4. 勾缝、抹面 |
| 040503002 | 混凝土支墩 | 1. 垫层材质、厚度<br>2. 混凝土强度等级<br>3. 预制混凝土构件运距 | | | 1. 模板制作、安装、拆除<br>2. 混凝土拌和、运输、浇筑、养护<br>3. 预制混凝土支墩安装<br>4. 混凝土构件运输 |
| 040503003 | 金属支架制作、安装 | 1. 垫层、基础材质及厚度<br>2. 混凝土强度等级<br>3. 支架材质<br>4. 支架形式<br>5. 预埋件材质及规格 | t | 按设计图示质量计算 | 1. 模板制作、安装、拆除<br>2. 混凝土拌和、运输、浇筑、养护<br>3. 支架制作、安装 |
| 040503004 | 金属吊架制作、安装 | 1. 吊架形式<br>2. 吊架材质<br>3. 预埋件材质及规格 | | | 制作、安装 |

## E.4　管道附属构筑物

管道附属构筑物工程量清单项目设置、项目特征描述的内容、计量单位及工程量计算规则,应按表 E.4 的规定执行。

**表 E.4　管道附属构筑物**(编码:040504)

| 项目编码 | 项目名称 | 项目特征 | 计量单位 | 工程量计算规则 | 工程内容 |
| --- | --- | --- | --- | --- | --- |
| 040504001 | 砌筑井 | 1. 垫层、基础材质及厚度<br>2. 砌筑材料品种、规格、强度等级<br>3. 勾缝、抹面要求<br>4. 砂浆强度等级、配合比<br>5. 混凝土强度等级<br>6. 盖板材质、规格<br>7. 井盖、井圈材质及规格<br>8. 踏步材质、规格<br>9. 防渗、防水要求 | 座 | 按设计图示数量计算 | 1. 垫层铺筑<br>2. 模板制作、安装、拆除<br>3. 混凝土拌和、运输、浇筑、养护<br>4. 砌筑、勾缝、抹面<br>5. 井圈、井盖安装<br>6. 盖板安装<br>7. 踏步安装<br>8. 防水、止水 |

续上表

| 项目编码 | 项目名称 | 项目特征 | 计量单位 | 工程量计算规则 | 工程内容 |
|---|---|---|---|---|---|
| 040504002 | 混凝土井 | 1. 垫层、基础材质及厚度<br>2. 混凝土强度等级<br>3. 盖板材质、规格<br>4. 井盖、井圈材质及规格<br>5. 踏步材质、规格<br>6. 防渗、防水要求 | 座 | 按设计图示数量计算 | 1. 垫层铺筑<br>2. 模板制作、安装、拆除<br>3. 混凝土拌和、运输、浇筑、养护<br>4. 井圈、井盖安装<br>5. 盖板安装<br>6. 踏步安装<br>7. 防水、止水 |
| 040504003 | 塑料检查井 | 1. 垫层、基础材质及厚度<br>2. 检查井材质、规格<br>3. 井筒、井盖、井圈材质及规格 | | | 1. 垫层铺筑<br>2. 模板制作、安装、拆除<br>3. 混凝土拌和、运输、浇筑、养护<br>4. 检查井安装<br>5. 井筒、井圈、井盖安装 |
| 040504004 | 砖砌井筒 | 1. 井筒规格<br>2. 砌筑材料品种、规格<br>3. 砌筑、勾缝、抹面要求<br>4. 砂浆强度等级、配合比<br>5. 踏步材质、规格<br>6. 防渗、防水要求 | m | 按设计图示尺寸以延长米计算 | 1. 砌筑、勾缝、抹面<br>2. 踏步安装 |
| 040504005 | 预制混凝土井筒 | 1. 井筒规格<br>2. 踏步规格 | | | 1. 运输<br>2. 安装 |
| 040504006 | 砖砌出水口 | 1. 垫层、基础材质及厚度<br>2. 砌筑材料品种、规格<br>3. 砌筑、勾缝、抹面要求<br>4. 砂浆强度等级及配合比 | 座 | 按设计图示数量计算 | 1. 垫层铺筑<br>2. 模板制作、安装、拆除<br>3. 混凝土拌和、运输、浇筑、养护<br>4. 砌筑、勾缝、抹面 |
| 040504007 | 混凝土出水口 | 1. 垫层、基础材质及厚度<br>2. 混凝土强度等级 | 座 | 按设计图示数量计算 | 1. 垫层铺筑<br>2. 模板制作、安装、拆除<br>3. 混凝土拌和、运输、浇筑、养护 |
| 040504008 | 整体化粪池 | 1. 材质<br>2. 型号、规格 | | | 安装 |
| 040504009 | 雨水口 | 1. 雨水篦子及圈口材质、型号、规格<br>2. 垫层、基础材质及厚度<br>3. 混凝土强度等级<br>4. 砌筑材料品种、规格<br>5. 砂浆强度等级及配合比 | | | 1. 垫层铺筑<br>2. 模板制作、安装、拆除<br>3. 混凝土拌和、运输、浇筑、养护<br>4. 砌筑、勾缝、抹面<br>5. 雨水篦子安装 |

注：管道附属构筑物为标准定型附属构筑物时，在项目特征中应标注标准图集编号及页码。

## E.5 相关问题及说明

**E.5.1** 本章清单项目所涉及土方工程的内容应按本附录A土石方工程中相关项目编码列项。

**E.5.2** 刷油、防腐、保温工程、阴极保护及牺牲阳极应按现行国家标准《通用安装工程工程量计算规范》(GB 50856)附录 M 刷油、防腐蚀、绝热工程中相关项目编码列项。

**E.5.3** 高压管道及管件、阀门安装,不锈钢管及管件、阀门安装,管道焊缝无损探伤应按现行国家标准《通用安装工程工程量计算规范》(GB 50856)附录 H 工业管道中相关项目编码列项。

**E.5.4** 管道检验及试验要求应按各专业的施工验收规范及设计要求,对已完管道工程进行的管道吹扫、冲洗消毒、强度试验、严密性试验、闭水试验等内容进行描述。

**E.5.5** 阀门电动机需单独安装,应按现行国家标准《通用安装工程工程量计算规范》(GB 50856)附录 K 给排水、采暖、燃气工程中相关项目编码列项。

**E.5.6** 雨水口连接管应按本规范附录 E.1 管道铺设中相关项目编码列项。

# 附录J 钢筋工程

## J.1 钢筋工程

钢筋工程工程量清单项目设置、项目特征描述的内容、计量单位及工程量计算规则,应按表 J.1 的规定执行。

**表 J.1 钢筋工程**(编码:040901)

<table>
<tr><th>项目编码</th><th>项目名称</th><th>项目特征</th><th>计量单位</th><th>工程量计算规则</th><th>工程内容</th></tr>
<tr><td>040901001</td><td>现浇构件钢筋</td><td rowspan="4">1. 钢筋种类<br>2. 钢筋规格</td><td rowspan="7">t</td><td rowspan="7">按设计图示尺寸以质量计算</td><td rowspan="4">1. 制作<br>2. 运输<br>3. 安装</td></tr>
<tr><td>040901002</td><td>预制构件钢筋</td></tr>
<tr><td>040901003</td><td>钢筋网片</td></tr>
<tr><td>040901004</td><td>钢筋笼</td></tr>
<tr><td>040901005</td><td>先张法预应力钢筋(钢丝、钢绞线)</td><td>1. 部位<br>2. 预应力筋种类<br>3. 预应力筋规格</td><td>1. 张拉台座制作、安装、拆除<br>2. 预应力筋制作、张拉</td></tr>
<tr><td>040901006</td><td>后张法预应力钢筋(钢丝、钢绞线)</td><td>1. 部位<br>2. 预应力筋种类<br>3. 预应力筋规格<br>4. 锚具种类、规格<br>5. 砂浆强度等级<br>6. 压浆管材质、规格</td><td>预应力筋孔道制作、安装<br>锚具安装<br>预应力筋制作、张拉<br>安装压浆管道<br>孔道压浆</td></tr>
<tr><td>040901007</td><td>型钢</td><td>1. 材料种类<br>2. 材料规格</td><td>1. 制作<br>2. 运输<br>3. 安装、定位</td></tr>
<tr><td>040901008</td><td>植筋</td><td>1. 材料种类<br>2. 材料规格<br>3. 植入深度<br>4. 植筋胶品种</td><td>根</td><td>按设计图示数量计算</td><td>1. 定位、钻孔、清孔<br>2. 钢筋加工成型<br>3. 注胶、植筋<br>4. 抗拔试验<br>5. 养护</td></tr>
</table>

续上表

| 项目编码 | 项目名称 | 项目特征 | 计量单位 | 工程量计算规则 | 工程内容 |
|---|---|---|---|---|---|
| 040901009 | 预埋铁件 | 1. 材料种类<br>2. 材料规格 | t | 按设计图示尺寸以质量计算 | 1. 制作<br>2. 运输<br>3. 安装 |
| 040901010 | 高强螺栓 | | 1. t<br>2. 套 | 1. 按设计图示尺寸以质量计算<br>2. 按设计图示数量计算 | |

注：1. 现浇构件中伸出构件的锚固钢筋、预制构件的吊钩和固定位置的支撑钢筋等，应并入钢筋工程量内。出设计标明的搭接外，其他施工搭接不计算工程量，由投标人在报价中综合考虑。

2. 钢筋工程所列"型钢"是指劲性骨架的型钢部分。

3. 凡型钢与钢筋组合(除预埋铁件外)的刚格栅，应分别列项。

# 参考文献

[1]中华人民共和国住房和城乡建设部．建设工程工程量清单计价规范(GB 50500—2013)[S]．北京：中国计划出版社，2013.

[2]中华人民共和国住房和城乡建设部．市政工程工程量计算规范(GB 50857—2013)[S]．北京：中国计划出版社，2013.

[3]张红金．建设工程工程量清单计价编制与实例详解系列[M]．北京：中国计划出版社，2015.

[4]雷建平，史永红．市政工程计量与计价[M]．北京：中国电力出版社，2015.

[5]内蒙古自治区建设工程标准定额总站．内蒙古自治区建设工程计价依据．北京：中国建材工业出版社，2018.

[6]郭良娟，王云江．市政工程计量与计价[M]．北京：北京大学出版社，2013.

[7]王云江．市政工程定额与预算[M]．北京：中国建筑工业出版社，2010.

[8]袁建新．市政工程计量与计价[M]．北京：中国建筑工业出版社，2012.

[9]杨玉衡．桥涵工程(第二版)[M]．北京：中国建筑工业出版社，2014.

[10]姚立晨．市政道路工程(第二版)[M]．北京：中国建筑工业出版社，2012.

[11]杨岚．市政工程基础[M]．北京：中国建材工业出版社，2010.